西安市

专利信息分析报告

选集

西安市知识产权局 编

钕铁硼烧结工艺专利分析报告

废水资源化利用系统专利分析报告

高低压交流电机专利分析报告

煤炭洗选和煤化工行业用离心机专利分析报告

烟碱类杀虫剂复配技术专利分析报告

双金属复合管技术专利分析报告

壁纸生产成套设备专利分析报告

知识产权出版社
全国百佳图书出版单位

图书在版编目（CIP）数据

西安市专利信息分析报告选集 / 西安市知识产权局编. —北京 : 知识产权出版社, 2016.10
ISBN 978-7-5130-4337-3

Ⅰ. ①西… Ⅱ. ①西… Ⅲ. ①专利文献－情报分析－研究报告－西安市 Ⅳ. ①G306.72

中国版本图书馆CIP数据核字(2016)第174756号

内容提要

本书由7个具有代表性的专利项目分析报告组成，涉及新材料、环保、电子、生物医药等战略性新兴产业领域，具体包括钕铁硼烧结工艺、废水资源化利用系统、高低压交流电机、煤炭洗选和煤化工行业用离心机、烟碱类杀虫剂复配技术、双金属复合管技术、壁纸生产成套设备专利分析报告。

本书以需求为导向，从企业遇到的具体研发问题出发，分别介绍专利项目的研究背景、研究方法、专利现状及关键专利技术等，深入挖掘专利的技术信息、法律信息和经济信息，给出解决企业技术问题可供选择的技术方案，为企业研发提供直接的指引和有益借鉴。

责任编辑：唐学贵　李海波　　　**责任出版**：刘译文

西安市专利信息分析报告选集

XI'ANSHI ZHUANLI XINXI FENXI BAOGAO XUANJI

西安市知识产权局　编

出版发行：知识产权出版社有限责任公司　　**网　　址**：http：// www. ipph. cn
　　　　　　http：// www. laichushu. com
电　　话：010－82004826
社　　址：北京市海淀区西外太平庄55号　　**邮　　编**：100081
责编电话：010－82000860转8582　　**责编邮箱**：277199578@qq.com
发行电话：010－82000860转8101 / 8539　　**发行传真**：010－82000893 / 82003279
印　　刷：三河市国英印务有限公司　　**经　　销**：各大网上书店、新华书店及相关专业书店
开　　本：787mm×1092mm　1/16　　**印　　张**：25.5
版　　次：2016年10月第1版　　**印　　次**：2016年10月第1次印刷
字　　数：633千字　　**定　　价**：80.00元

ISBN 978-7-5130-4337-3

本书编委会

主编：付兆阳　郭勇强　王祥兵　王双元　李超凡

褚战星　汪　勇　蒋路帆　杨　熙　阚　泓

编委：（按姓氏笔画排序）

王　娜　王　萌　王嘉丽　权雪婷　朱　平

朱彦臻　刘　云　刘　敏　刘　瑞　刘宝帅

刘宗建　闫玉红　李　聪　李红霖　何　锐

汪海艳　张荣莉　赵文君　赵逸宸　徐　磊

郭宝红　唐　沛　黄小军　鲁　莎

作 者 单 位

钕铁硼烧结工艺专利分析报告

陕西省知识产权服务中心

废水资源化利用系统专利分析报告

西安护航宝科技创新有限公司

高低压交流电机专利分析报告

西安护航宝科技创新有限公司

煤炭洗选和煤化工行业用离心机专利分析报告

西安智邦专利商标代理有限公司

烟碱类杀虫剂复配技术专利分析报告

陕西锦路律师事务所

双金属复合管技术专利分析报告

西安市专利信息服务中心

壁纸生产成套设备专利分析报告

北京路浩知识产权代理有限公司

前　言

伴随着知识经济时代的到来，实施创新驱动发展战略、推动经济转型升级已深入人心，加快落实知识产权强国战略也将成为我国经济新常态下的必然选择。专利信息作为一切创新主体的重要情报来源，在原始创新、集成创新、技术引进、技术升级、产业转型、人才引进乃至开拓海外市场中，均发挥着独有的、重要的指引性作用。总而言之，谁能迅速、充分地获取和利用专利信息情报，谁就能在激烈的市场竞争中立于不败之地。

借助国家知识产权局从 2013 年起在全国知识产权示范城市推广专利信息分析利用项目的契机，西安市知识产权局按照“试点示范、体系推动、形成标准”的思路，连续两年实施了 70 个专利信息分析试点项目，涉及企业 70 家、服务机构 14 个。聘请国家知识产权局专利分析普及推广项目的多名专家给予业务指导和培训，为西安地区的企业和服务机构培育了一批精通检索、熟悉分析、掌握工具的专利分析实务人才。聘请专利分析专家对所有专利分析项目进行全过程监理，推动了项目质量逐年提高。通过试点工作，西安市知识产权局探索建立了专利分析项目的全过程管理制度，覆盖了现场检查、项目申报、立项评审、中期检查、成本预算、项目监理、项目验收等全流程，形成了《西安市专利信息项目管理暂行办法》和《西安市专利信息项目监理管理办法》2 个体系性文件。

本书从 70 余个专利分析项目中，选取了 7 个具有代表性的专利分析项目成果物，涉及机械、电子、电气、化工、生物医药等各个领域。由于专利信息分析工作尚处于培育阶段，专利服务机构的检索和分析能力尚需持续提升，项目报告肯定会有不足和疏漏之处，恳请读者指正。同时，本书的报告的信息和结论，仅代表各分析报告作者的个人观点，仅供参考。

本书的出版工作，得到了专利分析专家李超凡老师的悉心指导，蒋路帆、杨熙老师对报告内容进行认真审定，阚泓老师对图表部分进行了统一审定，知识产权出版社给予大力支持，在此表示衷心感谢！

西安市知识产权局

2016 年 9 月

目　　录

第一篇　钕铁硼烧结工艺专利分析报告

第二篇 废水资源化利用系统专利分析报告

第三篇　高低压交流电机专利分析报告

第四篇　煤炭洗选和煤化工行业用离心机专利分析报告

第五篇 烟碱类杀虫剂复配技术专利分析报告

第六篇　双金属复合管技术专利分析报告

第七篇 壁纸生产成套设备专利分析报告

第一篇
钕铁硼烧结工艺
专利分析报告

第 1 章　项目概述与研究需求

1.1　项目概述

西安西工大思强科技有限公司（简称“西工大思强”）长期从事稀土永磁材料研究、开发及生产工作等。本项目旨在帮助企业了解钕铁硼甩带片（SC 片）厚度与晶相控制及烧结变形问题等技术上的专利申请和发展趋势，找出竞争对手及其专利布局。通过对国内外同领域的专利技术进行检索和分析，结合企业发展需求，运用数据对比、市场调研、专家论证等方式，对目标技术领域内的专利项目进行深度分析，为企业在制定发展战略中有针对性地提供研发方向，合理地利用专利布局占领产业和行业高地，不断提升企业自有专利的阶梯化、层次化和综合化水平提供科学依据，达到利用专利信息分析为企业产业布局提供科学合理参考，为公司发展方向提供可靠技术支撑的目的。

钕铁硼磁体是由日本当代科学家佐川真人于 1983 年发明的一种新型永磁体，它是由钕、铁、硼三种元素组成的合金磁体，是目前磁性最强的永磁体。作为稀土最重要的应用领域之一，钕铁硼稀土永磁材料是支撑现代社会的重要基础材料，与人们的生活息息相关。小到手表、照相机、录音机、CD 机、VCD 机、计算机硬盘、光盘驱动器，大到航空、航天、微波通信技术、电子、电声、机电、汽车工业、石油化工、磁分离技术、仪器仪表、磁医疗技术等，永磁材料无所不在。低碳生活中也充满了磁性材料，其中稀土永磁钕铁硼材料扮演着非常重要的角色，比如在风力发电、混合动力电动汽车、节能家电等方面，都离不开稀土永磁材料。

有赖于丰富的稀土资源、充足的技术人才、较低的人工成本和广阔的市场，中国不仅是全球最大的稀土永磁钕铁硼生产基地，也将成为钕铁硼应用的广阔市场。20 世纪 80 年代中期，中国已能生产钕铁型永磁合金，由于它的磁性能比 $SmCo_5$ 和 Sm_2Co_{17} 更为优良，且所用的材料如钕、铁和硼更易供给及价格低廉，故发展迅速。

中国产业信息网发布的《2014—2019 年中国钕铁硼永磁材料产业市场分析及投资前景预测报告》指出：2000 年全球钕铁硼产量 13650t，到 2010 年全球钕铁硼产量达到 98200t，10 年间全球钕铁硼产量年均复合增速 21.81%。中国钕铁硼行业后发先至，2000 年中国钕铁硼产量仅 5600t，到 2013 年中国钕铁硼产量 94300t，13 年间中国钕铁硼产量年均复合增速高达 24.26%。目前，全球钕铁硼磁体市场容量已超过 100 亿美元，应用市场不断拓宽。中国钕铁硼产业以高质量产品和成本优势不断地扩大在国际市场的份额，如今以近 80%的份额占领全球市场，成为世界烧结钕铁硼磁体的产业中心。

1.2 企业问题及需求

1.2.1 SC 片厚度及晶相控制问题

在铸造 SC 片过程中，合金液流量过大或过小，铜辊带料时多时少，速凝过程中的剥离及 SC 片冷却不均匀都会导致稀土永磁钕铁硼甩带厚度分布不能控制，无法正态分布于 250～450μm。因此，影响甩带厚度及晶相控制的主要因素有两个：恒流量浇注和冷却凝固。

企业重点关注有关钕铁硼甩带厚度控制设备工艺方面的专利申请，希望通过专利分析确定坩埚倾倒角度与熔液量变化比、合适的辊轮转速，以及冷却水的温度与流速或有关算法，此为企业最关注的问题。

1.2.2 压型烧结问题

通过检索分析国内外有关钕铁硼烧结成形工艺的专利文献，希望找出在压型过程中造成毛坯凹陷、密度不均匀、烧结后毛坯变形等问题的解决方法，以及有效克服料与料盒摩擦力的专利文献，供企业参考和借鉴。

1.3 技术背景

1.3.1 SC 片生产工艺背景技术

目前，工业生产钕铁硼磁体最先进的熔炼工艺为速凝甩带工艺（SC 工艺）。该工艺是将熔融态合金浇注到快速旋转的冷却辊上，使之快速固化形成速凝薄带。速凝甩带工艺最早由日本的三德金属工业株式会社与住友特殊金属株式会社采用并获得专利权。速凝甩带工艺的特点在于制备的合金薄带中合金组织主要为柱状晶均匀生长，晶粒细小，富钕相分布均匀，有效地消除了软磁相α-Fe，容易得到高剩磁及高矫顽力的产品；由于富钕相均匀分布，在烧结工艺中有利于液相烧结，提高磁体密度，降低磁体中稀土使用量。中国从 1997 年后开展此工艺的研究，经过十多年的发展，铸片工艺对磁体磁性能提高作用非常大。该工艺已经成为生产制备高性能钕铁硼磁体的重要熔炼工艺技术。厚度分布均匀的铸片有以下优点：铸片的凝固速度快，抑制了α-Fe 枝状晶的生长，不需要传统工艺的等温热处理过程；铸片的粉碎性很好，主相晶粒中间的富钕晶粒间界相薄层，在氢爆碎后形成许多裂纹，确保了在氢爆碎和气流磨制粉后，形成取向排列的单晶粉末，提高磁体的剩磁；铸片中富钕晶粒间界相的分散性好，有利于在较低烧结温度下得到高性能磁体。SC 技术的出现具有里程碑的意义，但目前关于制造速凝甩带片的核心技术仍被日本掌握。

1.3.2 钕铁硼压型与烧结工艺背景技术

磁场取向压型工艺涉及压制压力、粉末的松装密度、压制模具的选择等技术。目前已有湿压成形技术、脉冲磁场取向技术、橡皮模压技术、近终成形磁场压机这四项粉末压型技术。粉末磁场取向所采用的取向磁场，开始阶段较低，约 800kA/m，后来逐渐提高到1600kA/m，现在最高可达 2000～2400kA/m。中国是最早采用橡皮模具等静压技术的国家，但仅应用在小样品上。为了保持 2:14:1 晶粒取向度，中国是世界上唯一采用二步压制成形的国家，取向时用小压力的垂直模压成形，最后采用准等静压成形，这是中国烧结钕铁硼产业最重要的特色之一。在保护气氛和恒温恒湿环境下称料，磁场取向和压制成形是中国烧结钕铁硼产业的特色之二。中国烧结钕铁硼产业关于粉末压型技术的薄弱环节在自动化称料、装料、磁场取向、模压与脱模的自动化设备等方面，与日本还有相当大的差距，这些环节还有待进一步的提高。

烧结工艺的发展主要表现在合理控制升温速度或台阶式升温的台阶温度与时间，控制烧结温度与时间在烧结过程中非常重要，在保证磁体相对密度达到 99.9%以上的前提下，尽可能地采用低温烧结，避免磁体晶粒长大；部分生产厂已经能够将磁体平均晶粒尺寸（d）控制在 8μm 以下；已建立温度均匀和均匀冷却的技术措施；部分公司对相同牌号批量大的产品采用连续烧结炉等。烧结成形的进步不大，钕铁硼毛坯在烧结过程中存在不可避免的变形问题，此外，回火温度与时间相对单一，有的还需要二次回火处理，造成了能源的浪费和低效率。

虽然中国在高性能烧结钕铁硼的研究和开发方面都取得了一些进展，但在制备工艺、材料性能、结构等方面还存在许多问题需要解决，特别是中国高性能烧结钕铁硼永磁材料的产业化关键共性技术还未得到很好的解决，影响了产品在高端领域的应用，这些问题需要迫切解决。就中国钕铁硼磁体产业整体而言，与日本等发达国家仍有一定差距。如日本厂家已能大批量生产磁能积为 50MGOe 以上的烧结磁体，中国除个别企业能少量生产外，大多数厂家则停留于 45MGOe 左右，产品一致性和稳定性方面也不如日本。

第 2 章　研究方法

2.1　技术分解表（见表 1-2-1）

表 1-2-1　钕铁硼烧结工艺技术分解表

<table>
<tr><th>一级分类</th><th>二级分类</th><th>三级分类</th><th>四级分类</th></tr>
<tr><td rowspan="11">铸造速凝片
（SC 片）</td><td rowspan="5">厚度均匀</td><td rowspan="3">恒流量浇注</td><td>调整坩埚结构</td></tr>
<tr><td>喷嘴</td></tr>
<tr><td>中间包</td></tr>
<tr><td rowspan="2">辊轮转速</td><td>辊轮转速</td></tr>
<tr><td>辊轮结构</td></tr>
<tr><td rowspan="6">晶相良好、抑制α-Fe</td><td rowspan="5">冷却凝固</td><td>加速冷却</td></tr>
<tr><td>均匀冷却</td></tr>
<tr><td>双辊冷却</td></tr>
<tr><td>冷却速度</td></tr>
<tr><td>水冷机构</td></tr>
<tr><td>配料</td><td>配料</td></tr>
<tr><td rowspan="6">压型、烧结</td><td rowspan="6">防止变形</td><td>密度均匀</td><td rowspan="6">调节压模装置结构、
放电等离子烧结法、
调节粉料流动性、
振动、
压制压力、
添加润滑剂、
烧结温度</td></tr>
<tr><td>防止开裂</td></tr>
<tr><td>均匀收缩</td></tr>
<tr><td>减小摩擦</td></tr>
<tr><td>消除粉末间隙</td></tr>
<tr><td>改善粉末取向精度</td></tr>
</table>

2.2 数据检索及处理

2.2.1 检索对象描述

1. SC片厚度均匀

速凝铸带工艺的基本原理是将钕铁硼合金原料在坩埚中熔化后保持在一定温度，然后浇入中间包并保证一定的过冷度，将过冷的金属液浇注到具有一定转速的水冷铜辊上，控制辊轮表面线速度，在较快的冷速下（通常为 102～104℃/s）形成厚度均匀的合金薄带。影响恒流量浇注的主要因素为坩埚倾倒角度及速度。同时，浇注温度、甩带宽度、辊轮转速也会影响甩带片厚度，因此将稳定的合金液流量、稳定的甩带宽度、稳定的浇注温度和稳定的水冷辊转速这四项优化组合，即可得到厚度均匀的稀土合金铸片。

2. 晶相控制

速凝片显微组织不仅对制粉、取向、烧结工艺，而且对粉末性质和最终烧结磁体的磁性能均有重要影响。良好的显微组织应是：柱状晶生长良好，尺寸细小；不应有大块的富钕相，以及不存在α-Fe。

当速凝片与铜辊接触时，如果凝固速度过慢，则会产生包晶反应，析出α-Fe，影响主相生成；同时，凝固速度较慢，SC 片的厚度较厚，自由面与贴辊面之间存在较大的温度梯度，靠近贴辊面的晶粒细小，靠近自由面的晶粒粗大，整个速凝片内部的显微组织不均匀，不利于制备高性能钕铁硼磁体。如果凝固速度过快，速凝片较薄，贴辊面会产生非晶，经制粉后，磁粉中存在较多的超细粉，超细粉不利于磁场取向，导致最终磁性能变差。因此，冷却凝固速度的合理及均匀冷却对 SC 片厚度及内部显微组织均有重要影响。

3. 压型

粉末压型有两个目的：一是按用户需求将粉末压制成一定形状与尺寸的压坯；二是保持在磁场取向中所获得的晶粒取向度。为了获得外形规则、密度均匀、取向度好、不开裂的压坯，应注意以下影响因素：第一，粉末初始填充密度。初始填充的相对密度达 37%左右的效果较好，不易使压坯产生变形及开裂。第二，磁场取向度。不同程度的磁场取向强度对磁体性能会产生一定的影响。第三，压制压力。压制压力要求较好地将粉末压实，但模腔内壁与粉末间不能产生相对运动，压制时不破坏取向度。第四，润滑剂。加入一定的润滑剂有利于提高磁体的取向度，提高磁性能，润滑剂为有机溶剂，当润滑剂加入量过多时，容易造成磁体中碳含量过高，从而影响磁体的磁能积等性能。

4. 烧结

钕铁硼粉末压坯的相对密度一般为 50%～70%，孔隙率为 30%～50%，颗粒间的接触是机械接触，结合强度低。当压型的压力较大时，已相互接触的粉末颗粒有的已变形（弹性或塑性变形），这样的粉末压结体不具备高永磁性能的显微组织。为了进一步提高密度，改进粉末颗粒之间的接触性质，提高强度，使磁体具有高永磁性能的显微组织特征，需要将压坯加热到粉末基本相熔点以下的温度，进行热处理一段时间，这一过程称为烧结。压型过程会造成毛坯密度不均匀，烧结过程中密度小的地方收缩大，密度大的地方收缩小；自重及料与料盒之间的摩擦力也会导致烧结变形。磁体的密度和性能与烧结温度、保温时间密切相关，随着温度的升高，磁体密度迅速增加，但当温度过高、保温时间过长时会出现反常晶粒长大现象，造成磁性能降低。

2.2.2 检索策略及要素

1. 检索策略

在检索过程中，本项目采取分筐检索策略，将需要研究的技术主题拆分为几个技术点。如企业需求一：SC 片厚度及晶相控制技术，根据前期对技术上的了解，发现影响 SC 片厚度的主要因素为恒流量浇注，影响晶相是否良好的主要因素为冷却凝固。

在关键词的确定方面，检索过程中不断对关键词进行补充及调整，逐一增减关键词并将检索结果与增减前的结果对比，以判断是否在检索中引入该关键词。首先，关键词扩展包括检索词的同义词、反义词、近义词、上下位概念等。其次，在英文关键词的确定方面，充分考虑形式上的全面性和准确性，考虑对同一关键词表达的各种可能形式，如关键词的不同词性、单复数、简称或缩写、英美拼写差异等，对中文关键词应该主要考虑申请人名称的差别、曾用名、俗语、俗称或别称等。最后，关键词扩展应不局限于对关键词本身直接的扩展，还需要从技术分解表中直接确定的关键词所组成的技术方案的对应面进行考虑，即考虑采用关键词的方式对该技术方案所解决的技术问题、技术效果或用途进行表述，并将以此获得的关键词作为检索的关键词。

在关键词的使用方面，在项目进行过程中发现，有些作为技术效果的关键词在检索时由于会引入较大的噪声，而未被用于数据的检索，但是在后期数据处理过程中，可有效地被用于技术功效的标引。在检索过程中发现，当某级技术分支没有适于检索的关键词，或者用所选择的某些关键词作为检索要素进行检索难以获得完整而准确的检索结果集时，可以考虑用其下属各技术分支的关键词的组合或者这些关键词的检索结果的组合来为该技术分支划定数据边界。在分类号的确定及选择方面，本项目首先通过使用关键词进行试检索以圈定一个较大的文献集合，然后使用已有的分类号和关键词检索属于不同级别的技术分支中的专利文献，在获得各技术分支检索结果后，浏览相关度较高的文献并搜集分类号，不断地对分类号进行修正和补充。

2. 检索要素（见表 1-2-2）

表 1-2-2 钕铁硼烧结工艺项目检索要素表

需求	中文关键词	英文关键词	IPC
需求一	浇铸，铸造，铸锭，铸型，浇注，铸片，SC 片，SC 工艺，铸锭，速凝，片铸，合金薄带，铸造工艺，速凝片，甩带，甩片，合金薄片	cast，pour，teem，“fill in”，mould，mold	B22D11/06 B22D11/10 B22D35/06
	凝固，冷却	solidification，concreting，freeze，freezing，concretion，cooling，burial，chill down，cooling action，refrigeration	B22D11/124 B22D11/22 B22D35/06 B22D11/12
	辊子，铜辊	roller，copper roller	B22D11/06
	控制，调节，操控，调控	control，dominate，regulate，govern，“apron string”，operate，operating	B22D11/16 B22D11/22
	转速，温度	temperature，“rotate speed”	
需求二	压型，轧制，压制，压坯，模压，等静压	mould，mold，press，compact	B21J1/04 B21J5/00 B22D17/10 B22D17/12
	烧结，烧制，焙烧，热处理	Sinter，furnace	B22F3/00 B22F3/02 B22F3/10 B22F3/12
	变形，密度，凹陷，凹面	deformation，deform，deformed，density，camber，concavity，“rearward face”，concave，hollow，sunken，depressed，pit	

2.2.3 检索范围及结果

1. 检索范围

烧结钕铁硼永磁材料是第三代稀土永磁材料，也是重要的新型稀土功能材料。烧结钕铁硼材料的磁性能很好，最大磁能积比一般永磁体都好，被人们称为“永磁王”。钕铁硼永磁材料按生产工艺可以分为烧结钕铁硼和粘结钕铁硼。烧结钕铁硼永磁体是将甩带片经过气流磨制粉后压制成形与烧结而成，结构非常坚硬，但可以切割加工不同的形状和钻孔。粘结钕铁硼是将钕铁硼粉末与树脂、塑胶或低熔点金属等粘接剂均匀混合，然后用压缩、挤压或注射成形等方法制成的复合型钕铁硼永磁体。产品一次成形，无须二次加工，可直接做成各种复杂的形状。本项目应检索的范围是烧结钕铁硼磁体，不包含关于粘结钕铁硼磁体的文献，并且烧结钕铁硼永磁体为一种特殊的永磁体，不能将检索策略改为检索一般的稀土永磁体。因此，本项目的技术边界为在烧结钕铁硼永磁体的范围下检索企业需要的专利文献并对其进行分析总结。

2. 检索结果（见表 1-2-3）

表 1-2-3　钕铁硼烧结工艺检索结果

技术领域	检索结果	
	中文库/件	外文库/件
SC 片厚度及晶相控制技术	523	2020
烧结变形问题	430	1805

2.2.4　标引及数据处理

1. 数据处理

第一，批量去噪。通过分析与检索主题不相关的噪声文献，寻找噪声文献中出现频率较高的关键词或关键词组合，将其作为检索要素可检索出疑似噪声文献。例如，本项目在去噪过程中，通过去除含有和本研究技术主题不相关的关键词（如“粘结”等），进行批量去噪，使检索数据更为准确。

第二，人工逐篇去噪。通过阅读每篇文献的摘要或全文，以发现噪声文献并予以去除，该过程在批量去噪之后。在标引过程中通过深入阅读专利文献进一步去除无关专利文献。

第三，查准验证。当去噪工作结束后，对查准率进行评估，目的是决定是否停止去噪工作。查准率通过对待验证的集合的抽样，统计有效文献量来评估。本项目通过按年代抽样、按申请人抽样、按国家抽样、随机抽样四种抽样方法随机地抽取评估样本，以保证客观性。样本容量保持在总容量的 10%左右。

2. 数据标引

本项目在标引过程中，主要采用人工阅读标引的方法，之所以选择这种方法，是因为在文献量可阅读范围内，通过人工阅读，对技术分支、技术手段、技术功效等进行标引，标引精度高、效果好。

由于人工标引工作量较大，因此需要在标引之前对各技术分支的含义界定清楚，制定标引的标准，在标引过程中，需要和团队工作人员及时进行沟通和交流，以避免由于各分析人员标引标准的不一致引起过多的返工。标引时，根据标引项目的不同选择泛读与精读相结合的方式，以提高标引效率。同时，本项目采取标引和去噪同步的方式，除进行标引外，同时进行噪声文献的去除，记录相关关键词与分类号表达，以便于后续补充检索与去噪。

关于标引标准的制定，本项目将选择出的需标引数据在合享新创系统中按相关度排序，并下载在 Excel 表格中，通过选择排名前 10%的专利文献进行阅读，及时调整技术分解表与标引标准，即在标引中及时调整技术手段与技术功效，并及时与团队合作人员进行沟通，确定最终标准，进行后续文献的标引。

数据标引表的制定是根据技术分解表而定的，最终根据数据标引表的标准进行技术手段及技术功效的标引（见表 1-2-4、表 1-2-5）。

表 1-2-4　SC 片厚度及晶相控制技术标引表

技术手段	技术效果
调节压模装置结构	密度均匀
烧结温度	防止开裂
放电等离子烧结法	防止变形
调节粉料流动性	消除粉末间空隙
振动	减小摩擦
压制压力	均匀收缩

表 1-2-5　钕铁硼烧结成形技术标引表

技术手段	技术效果
调整辊轮结构	厚度均匀
调整坩埚结构	晶相良好
喷嘴	抑制α-Fe
辊轮转速	均匀浇注
加速冷却	
均匀冷却	
双辊冷却	
冷却速度	
配料	
水冷机构	
中间包	

第 3 章　全球专利状况

3.1　申请量

全球有关钕铁硼 SC 片厚度与晶相控制及烧结成形技术等专利申请始于 1980 年，从图 1-3-1 发展趋势来看，该技术发展经历了最初 1980—1990 年共 10 年的萌芽期，这个时期，专利申请量比较少，年申请量基本在 5 件以内；1991—2000 年共 10 年间技术发展开始进入成长期；从 2001 年开始，技术发展呈现一个波峰，当年申请量为 38 件，此后进入快速发展期，专利年申请量大致呈稳定增长趋势，尤其 2010 年以后，专利申请量呈现出逐年增长趋势，至 2014 年申请量接近 60 件。因专利申请公开的滞后性，可以判断 2014 年申请量要高于这个数量，从而可以预估未来几年钕铁硼 SC 片厚度与晶相控制及烧结成形技术相关专利应该还会呈现快速发展的前景。

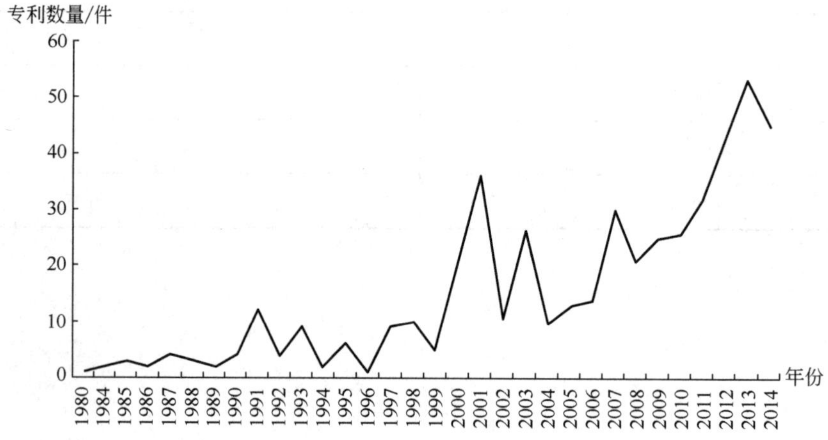

图 1-3-1　钕铁硼 SC 片厚度与晶相控制技术全球专利申请趋势

3.2　技术构成

从图 1-3-2 可以看出，在钕铁硼 SC 片厚度与晶相控制及烧结成形技术相关的专利文献中，一共涉及 19 种技术手段，其中调节辊轮转速、加速冷却、调整辊轮结构、均匀冷却、改变配料、水冷机构、冷却速度、双辊冷却、调整坩埚结构、中间包、喷嘴、浇注温度为控制钕铁硼 SC 片厚度及晶相相关的技术手段，根据标引数据统计得出，专利重点集中在利用辊轮转速、加速冷却的技术手段来达到控制 SC 片厚度及晶相的目的。合适的辊轮转速直接影响甩带片的厚度分布，涉及的相关专利有 97 件，若辊轮速度过快，则甩带片偏薄，之后在冷却的过程中则会析出非晶，一旦产生非晶，在之后的制粉过程中则会出现较多的细粉，超细粉不利于磁体取向，最终导致磁性能变差；若辊轮转速过慢，制成的甩带片则偏厚，之后在冷却过程中则会有柱状晶及α-Fe 产生，会影响主相生成，也不利于磁体取向，导致最终磁性能变差，因此，调整合适的辊轮转速对甩带片的厚度分布极为重要。加速冷却也是控制 SC 片厚度及晶相的一个重要技术手段，涉及的相关专利有 70 件，如果冷却速度过慢，甩带片在形成的同时，自由面温度过高，则会产生包晶反应，析出α-Fe，这会降低在烧结磁体生产过程中的破碎效率，甚至在烧结后α-Fe 仍然保持，烧结产品的磁性能会恶化。其他技术手段如均匀冷却、改变配料、水冷机构、冷却速度、双辊冷却、调整坩埚结构、中间包、喷嘴、浇注温度等专利数量分布较为平均，集中在 20 件左右。

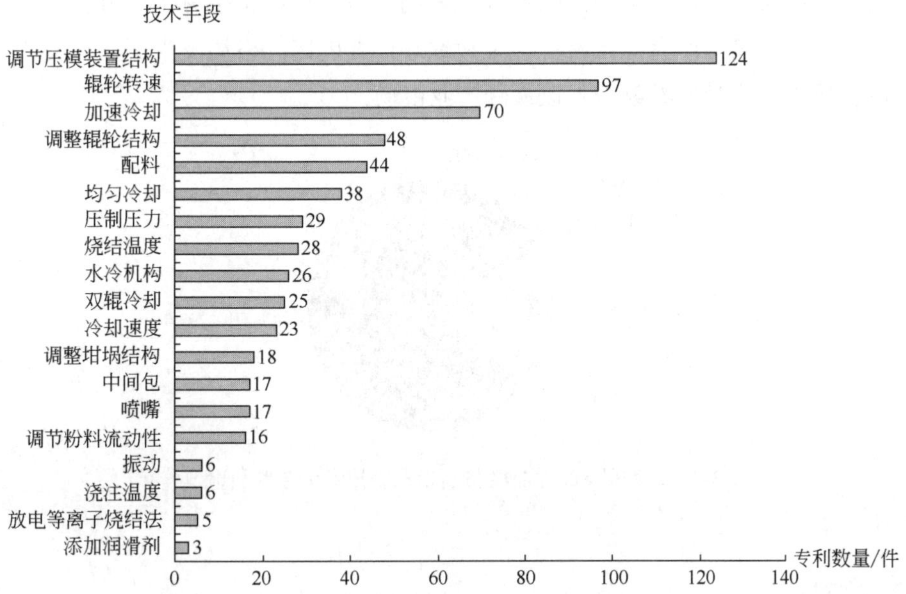

图 1-3-2 钕铁硼 SC 片厚度与晶相控制技术技术手段构成分析图

在烧结成形技术方面，主要采取调整压模装置结构、调节烧结温度、放电等离子烧结法、调节粉料流动性、振动、调节压制压力、添加润滑剂的技术手段。其中采取调整压模装置结构的专利最多，有 124 件，模内部空间的形状及大小需要考虑最终产品的形状及大小和烧结时的收缩等因素，模具材料的选择也是影响烧结成形的一个很重要的因素，如专利 WO2009025086A1 提到，模具材料使用与烧结体的摩擦小的碳材料，不会产生以烧结收缩引起的摩擦为原因的弯曲及变形。其次为调节压制压力，专利有 29 件，粉末压制成形后通过施加压力消除磁环毛胚自身和相互间的密度空间，而把多个磁环毛胚合成一个磁环，使其达到预定密度，因为在之后烧结过程中，密度大的地方收缩小，密度小的地方收缩大，只有合适的密度才不会引起以烧结收缩为原因的变形。其他技术手段如放电等离子烧结法、调节粉料流动性、振动、调节烧结温度、添加润滑剂，专利申请数量较少，专利数量集中在 10 件左右。

3.3 全球专利主要技术输出国家/地区分布图

从图 1-3-3 可以看出，有关钕铁硼 SC 片厚度与晶相控制及烧结成形技术的专利在全球分布情况。在所标引的 486 件专利中，中国以 297 件申请量高居第一，占比 61%；日本专利申请量为 80 件，占比 16%，排名第二；接下来专利申请量依次为美国、世界知识产权组织、欧洲和韩国等。综观稀土产业发展，在钕铁硼生产应用之初，钕铁硼的生产能力主要集中在日本、美国、中国、欧洲等少数国家手中。其中，日本、美国在永磁的开发、生产和推广应用等方面一直位居世界前列，也是最大的永磁消费市场，并形成了几家能力大、质量好、竞争力强的超大规模企业。近年来，在国际制造业转移及稀土原料价格、人工成本居高不下等多重因素的影响下，以美国、欧洲为代表的西方发达国家磁材企业进行了产业调整，纷纷关闭了国内钕铁硼生产企业或减产，使钕铁硼产业的国际格局发生了重大变化。目前，中国已经取代日本，成为世界第一大钕铁硼产业市场。

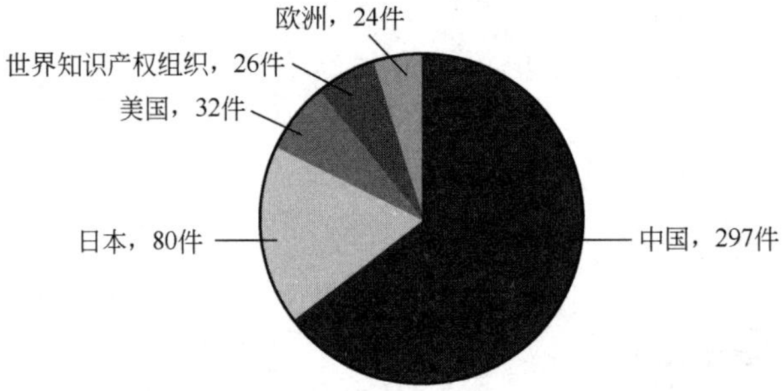

图 1-3-3 钕铁硼 SC 片厚度与晶相控制技术全球专利申请分布

3.4 本章小结

全球有关钕铁硼 SC 片厚度与晶相控制及烧结成形技术的专利申请自 1980 年至今，申请数量大致呈稳定增长趋势，从最初几年的年申请量 5 件左右到 2014 年的接近 60 件，表明专利申请呈现出快速发展的前景。从总体上讲，中国、日本及欧美为主要专利输出国。从技术构成上看，SC 片厚度与晶相控制技术所用技术手段主要为调节辊轮转速及加速冷却，钕铁硼烧结成形技术所用技术手段主要为调整压模装置结构及调节压制压力。

第4章 需求一：SC片厚度及晶相控制

全球有关速凝甩带工艺生产技术专利申请始于 1987 年，通过对全球分布情况分析，可以看到中国以占比 67%的申请量高居第一；日本申请量占 13%，排名第二；后面依次为美国、欧洲、世界知识产权组织和韩国等。

关于烧结钕铁硼 SC 片厚度及晶相控制排名前十的专利申请人，均集中在日本和中国。速凝甩带工艺最早就是由日本的三德金属工业株式会社与住友特殊金属株式会社采用并获得专利权，依靠技术实现规模化生产，其地位无可撼动。而中国申请量最多的申请人是浙江大学，排名靠前的还有钢铁研究总院、沈阳中北通磁科技股份有限公司和北京中科三环高技术股份有限公司三家企业，中国的技术力量有近一半集中在高等院校及研究所。

综上，本报告在 SC 片厚度及晶相控制技术方面重点分析日本及中国专利。

4.1 日本专利

4.1.1 专利申请趋势

日本住友特殊金属株式会社 1982 年在全球首次申请了钕铁硼磁体的专利，从而开辟了钕铁硼产业的先河。1987 年开始具体申请有关 SC 片厚度及晶相控制的专利，至 1992 年一直缓慢发展，1995 年此技术稳步发展，到 2001 年快速发展，此为日本钕铁硼产业发展的鼎盛时期；2002 年后受本国经济衰退的影响，日本整体申请量出现下滑，2010 年后申请量又开始上升（见图 1-4-1），而这是日本开始关注中国市场并积极在中国进行专利布局的结果。

4.1.2 技术功效趋势

图 1-4-2 至图 1-4-5 反映了日本在钕铁硼烧结领域有关恒流量浇注的技术分支发展趋势，可以看出关于速凝铸片直接控制厚度均匀、均匀浇注及在晶相控制和通过抑制 α-Fe 而改善晶相的专利申请均从 1987 年开始，最初的 6 年处于萌芽状态，年申请量很少。从 1993 年开始日本在四个技术分支上均有不同程度发展，之后的 6 年都呈现平稳发展的势头，此阶段日本大量从中国购买稀土，做好稀土储备，并且有越来越多的企业关注此领域。从 2000

年开始日本的钕铁硼产业蓬勃发展，相应地，几个关键技术的专利申请量都有了较大幅度提升，其中，直接控制 SC 片厚度的专利技术在 2001 年申请较多，在 2010 年达到峰值，当年年申请量为 9 件；有关均匀浇注技术的专利在 2003 年呈现一个较大波峰；通过抑制 α-Fe 而改善晶相的技术也在 2010 年呈现峰值，当年年申请量为 8 件；在恒流量浇注方面关注产品晶相的专利技术这些年来则一直平稳发展。通过专利阅读不难发现，2011 年日本在中国进行了比较多的专利申请，共申请了 9 件有关调整辊轮水冷机构、改善辊轮均匀冷却的专利，2010 年的两个峰值均是日本在华专利布局的结果。

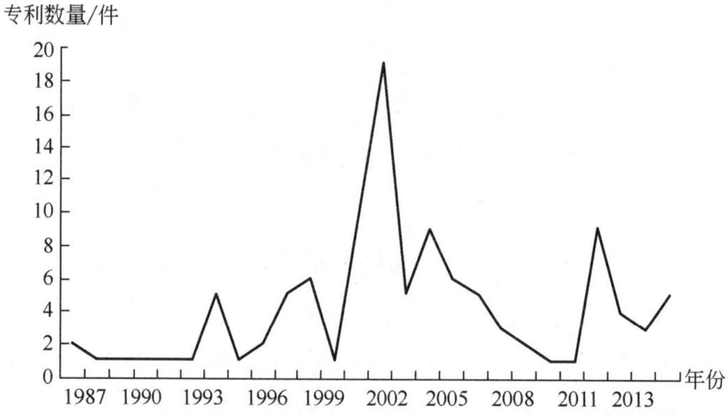

图 1-4-1　烧结钕铁硼 SC 片厚度及晶相控制技术日本专利申请趋势

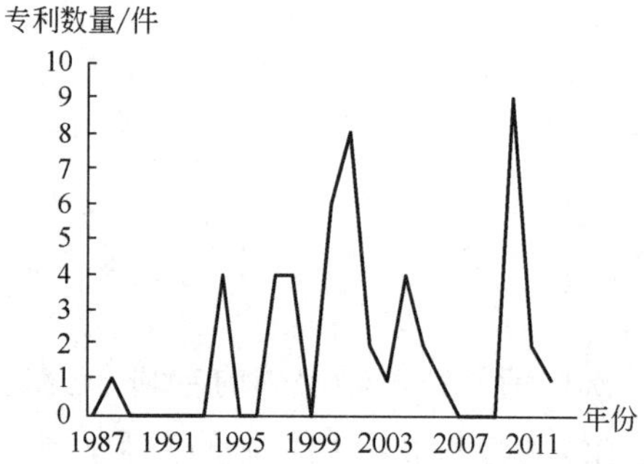

图 1-4-2　日本技术功效——厚度均匀专利申请量

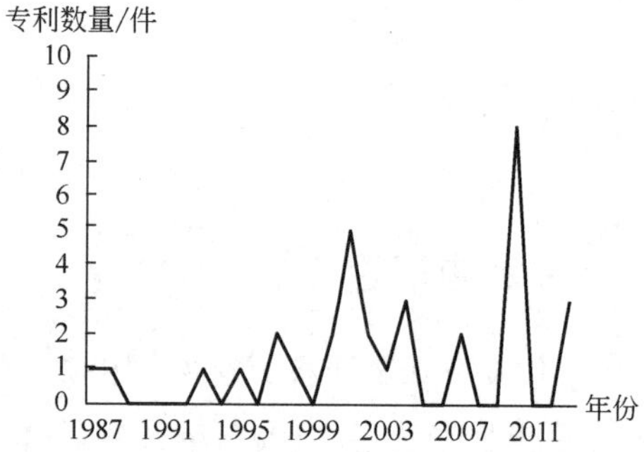

图 1-4-3　日本技术功效——抑制 α-Fe 专利申请量

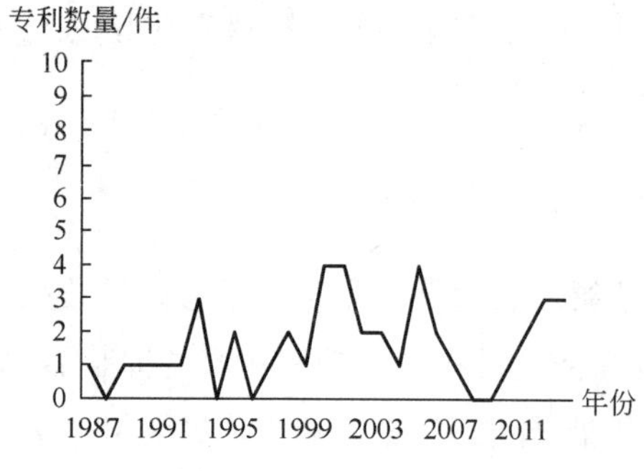

图 1-4-4　日本技术功效——晶相良好专利申请量

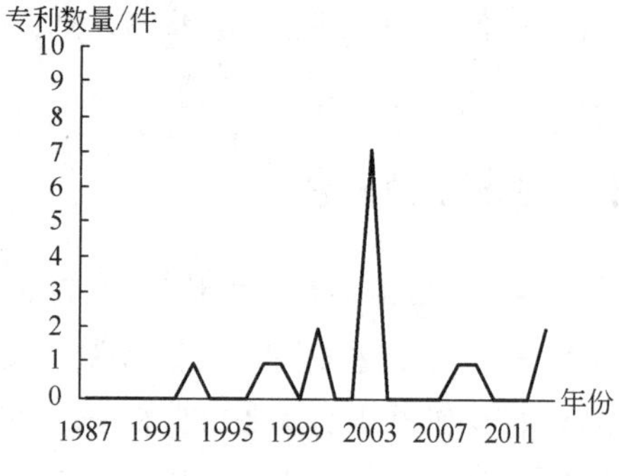

图 1-4-5　日本技术功效——均匀浇注专利申请量

4.1.3　技术手段

图 1-4-6 为日本有关速凝工艺涉及恒流量浇注阶段及此阶段改善晶相所采用的技术手段，可以看出，其重点技术手段集中在加速冷却、研究辊轮转速及均匀冷却，其他如喷嘴、配料、水冷机构及坩埚均有不同数量的专利申请，双辊均匀冷却、中间包及研究冷却速度的专利申请虽有涉及，但申请量较少。从而可以看出其研发热点为加速冷却、调整辊轮转速及均匀冷却方面，而对中间包及冷却速度的研究不是其关注点。

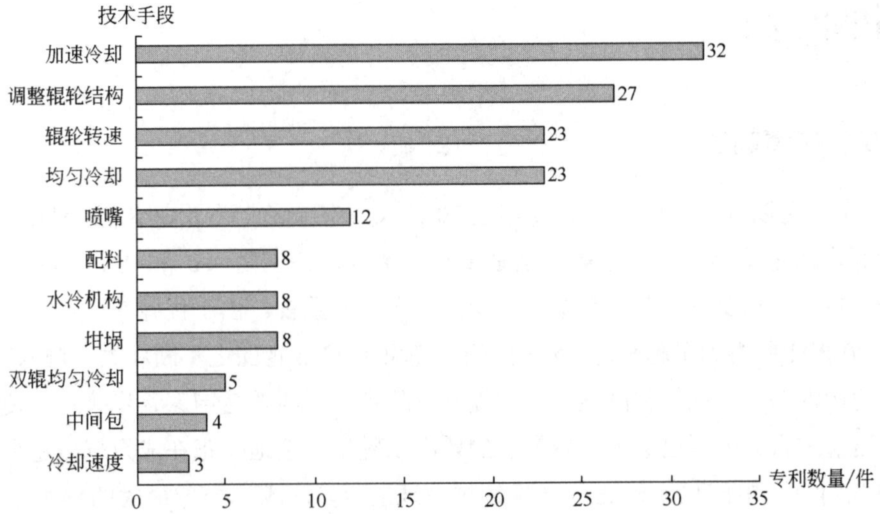

图 1-4-6　烧结钕铁硼 SC 片厚度及晶相控制技术日本专利技术手段申请量

4.1.4　技术矩阵

图 1-4-7 反映的是日本在 SC 片速凝工艺方面的技术矩阵。

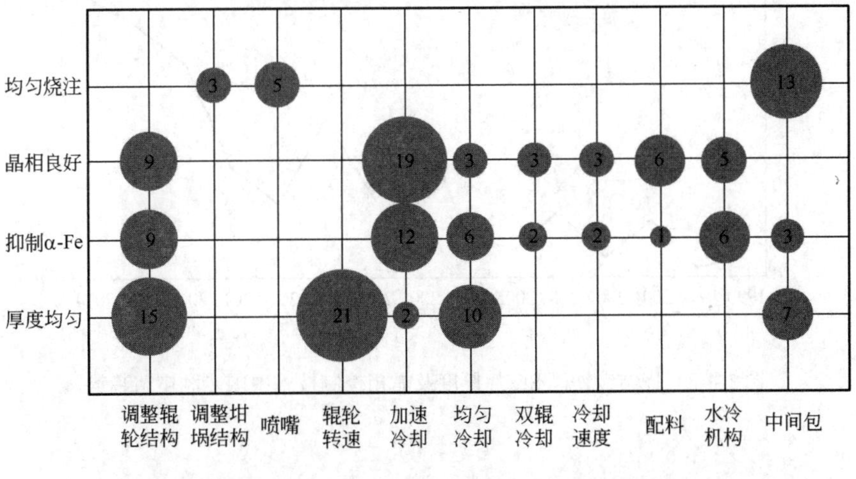

图 1-4-7　烧结钕铁硼 SC 片厚度及晶相控制技术日本专利技术功效矩阵图

从图 1-4-7 中可以看出，通过辊轮转速和调整辊轮结构而控制 SC 片厚度均匀的专利申请分别为 21 件和 15 件，通过加速冷却手段实现 SC 片晶相良好的专利申请为 19 件，这三方面的专利技术为日本的研究重点。横向来看，日本在均匀浇注方面专利申请较少；纵向上看，在调整坩埚结构及喷嘴、双辊冷却、冷却速度、改变配料的投入研发均不多。企业可以借鉴其辊轮结构及辊轮转速这些比较成熟的技术，并注意避开其技术壁垒。在坩埚结构及冷却速度技术方面投入研发，挖掘出自己的技术并做好专利储备。

4.2 中国专利

4.2.1 专利申请趋势

从图 1-4-8 可以看出，1997—2014 年近 20 年来，中国企业关于烧结钕铁硼中 SC 片厚度控制的专利申请量整体呈上升趋势，这是由于稀土价格特别是 Tb 和 Dy 重稀土价格的大幅度上涨，热压（热变形）钕铁硼磁体也受到了人们的重视。由于优异的性价比，钕铁硼磁体在过去 20 多年中得到了越来越广泛的应用，钕铁硼产业也随之不断壮大。进入 21 世纪以来，中国的钕铁硼产品性能和品质大幅度提升，装备水平与发达国家逐步接近，使得中国钕铁硼产业迅猛扩张。中国已成为全球最大的稀土永磁生产基地，正在成为越来越重要的应用市场。与此同时，中国稀土永磁的产量超过全球的 4/5，成为全球最大的稀土永磁生产基地，同时也是重要的稀土永磁应用市场。随着时代的进步，稀土永磁需求量逐年上升，应用日益广泛，中国稀土永磁产业在全球的地位举足轻重，因而承担有较大的责任，企业既面临新机遇，又有新的挑战。

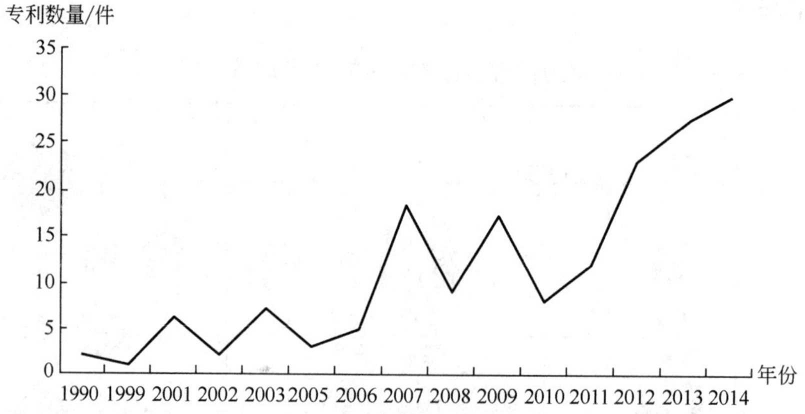

图 1-4-8 烧结钕铁硼 SC 片厚度及晶相控制技术中国专利申请趋势

4.2.2　技术功效趋势

图 1-4-9 至图 1-4-12 反映了中国在钕铁硼烧结领域有关 SC 片厚度及晶相控制技术分支发展趋势，可以看出中国关于速凝铸片直接控制厚度均匀、均匀浇注及在晶相控制和通过抑制α-Fe 而改善晶相的专利申请晚于日本，最早在 1990 年出现专利申请，当年仅申请 1 件，为有关改善钕铁硼晶相的专利，之后长达 11 年的时间只申请了 1 件关于 SC 片厚度控制的专利，这是因为中国此前还依赖于资源大国、稀土资源丰富，此阶段市场上仅大量提供原材料，产品多为初级加工的产物。2001 年后这四个方面的技术才缓慢发展，从图 1-4-9 至图 1-4-12 中可以看到有关抑制α-Fe 和均匀浇注的技术依然呈现缓慢发展但 2013—2014 年有所回升的趋势；其他两项技术 2007 年后发展比较快速，直接控制 SC 片厚度均匀的技术平稳且快速发展，而在 SC 片铸造阶段就关注产品晶相的专利申请更是在 2014 年达到一个较高峰值，这是因为随着钕铁硼磁体在市场上的应用越来越广泛，中国作为稀土资源大国，意识到市场上真正需要的是高附加值的产品，所以国内企业纷纷关注钕铁硼烧结磁体产品。从图 1-4-9 至图 1-4-12 中可以看出中国钕铁硼产业尚处于发展期，可以预判，未来几年中国在钕铁硼烧结技术方面将会出现更为强劲的发展势头。

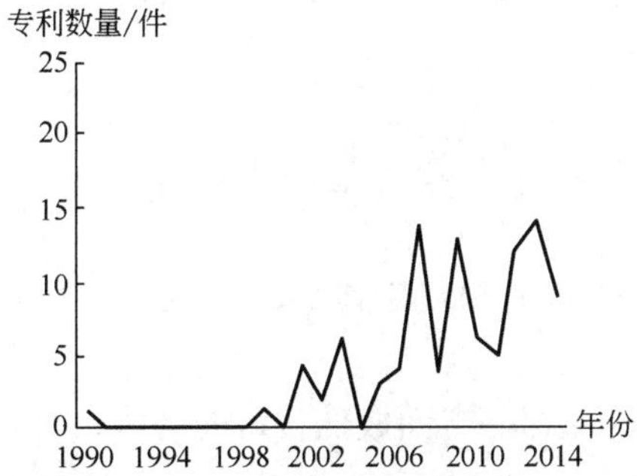

图 1-4-9　中国技术功效——厚度均匀专利申请量

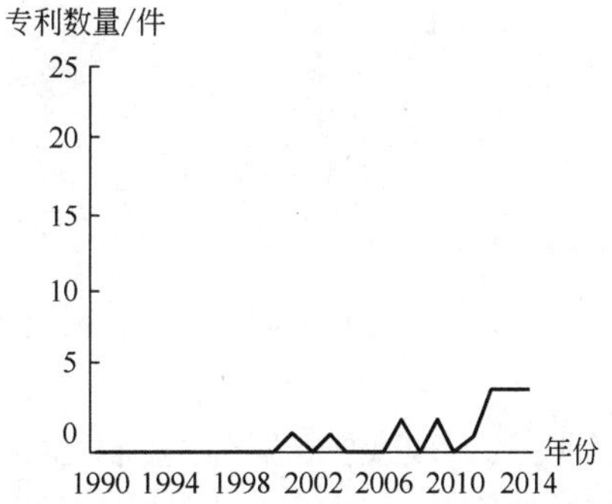

图 1-4-10　中国技术功效——抑制α-Fe 专利申请量

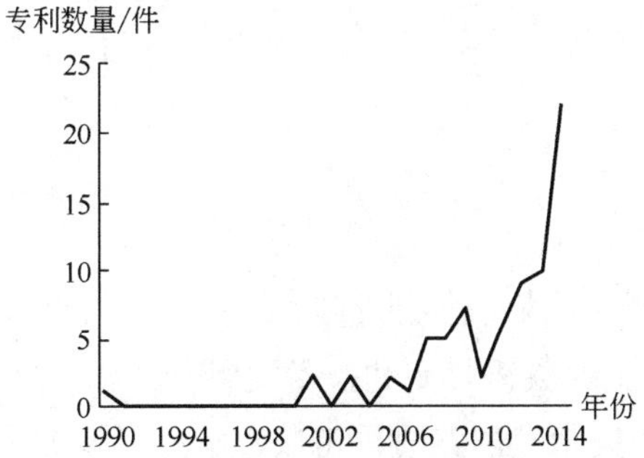

图 1-4-11　中国技术功效——晶相良好专利申请量

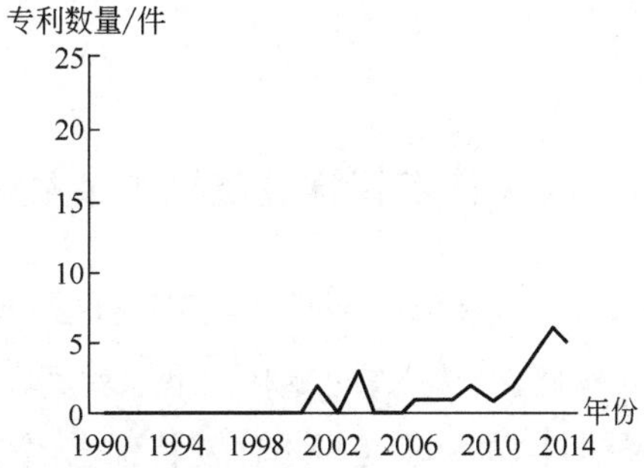

图 1-4-12　中国技术功效——均匀浇注专利申请量

4.2.3 技术矩阵

图 1-4-13 为通过多种技术手段实现均匀浇注而达到厚度控制及直接控制厚度均匀、抑制 α-Fe 和直接改善晶相的矩阵，横向来看，直接实现厚度均匀的专利申请最多，而在 SC 片浇注阶段就改善晶相的专利数量次之，通过各种手段实现均匀浇注的专利数量最少；纵向来看，热点集中在辊轮转速的研究，加速辊轮冷却的次之，而有关浇注温度的专利申请很少。整体来看，通过合适的辊轮转速控制 SC 片厚度均匀的专利申请最多，可以看出此为对 SC 片厚度及晶相控制的研发热点；通过改变冷却速度而抑制 α-Fe 析出及通过调整喷嘴达到控制 SC 片厚度均匀的专利申请量非常少。

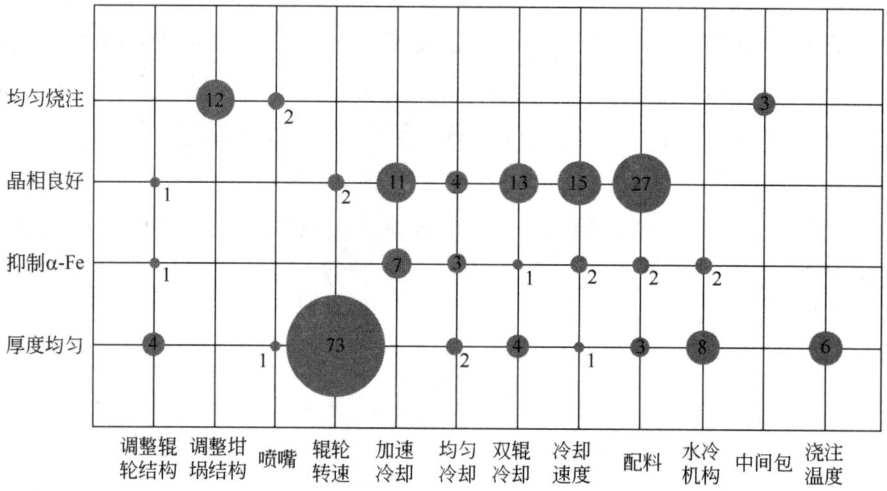

图 1-4-13 烧结钕铁硼 SC 片厚度及晶相控制技术中国专利技术功效矩阵图

企业在借鉴通过辊轮转速控制 SC 片厚度及加速冷却等方面成熟技术的同时，可以适当对改善喷嘴、浇注温度、冷却速度方面研发进行突破，以期提升自己的竞争实力。

4.3 竞争对手

4.3.1 日本住友特殊金属株式会社

日本住友特殊金属株式会社 1982 年于全球首次申请了钕铁硼磁体的专利，其获得了许多与钕铁硼磁体有关的专利。下面就其在钕铁硼合金速凝铸片专利技术发展方面予以分析。

图 1-4-14 所示是日本住友特殊金属株式会社的技术发展路线，可以看出，其有关 SC 片铸造工艺的发展大致可以分为三个阶段。

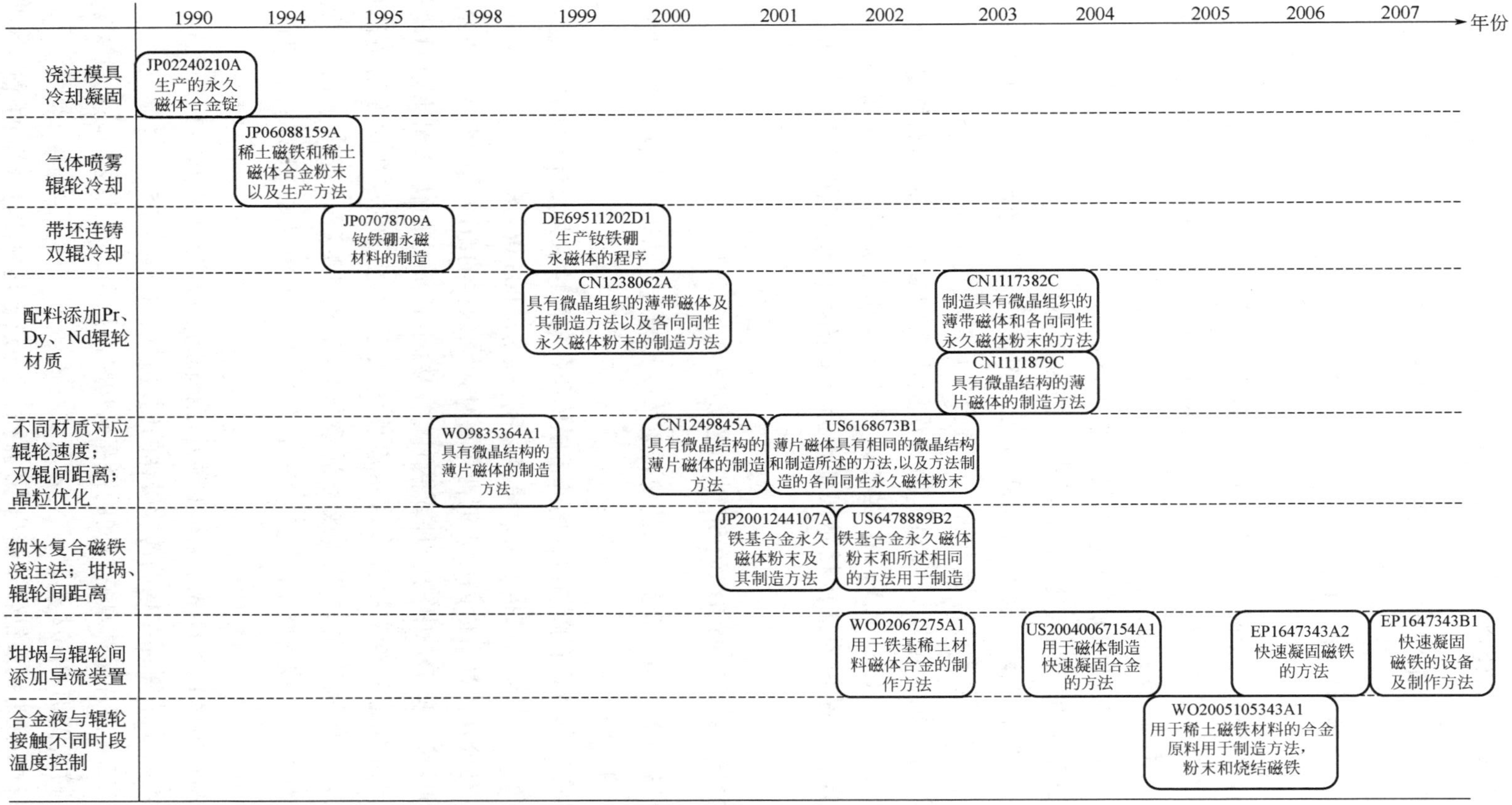

图 1-4-14　日本住友特殊金属株式会社SC片厚度及晶相控制技术路线图

1. 第一阶段：钕铁硼合金铸造的基本工艺流程

（1）JP02240210A 生产的永久磁体合金锭 1990-09-25

一种熔融永久磁体合金，将金属硼和铁浇注到所规定的模具中，通过冷却固化，所得到的铸锭被保持在一种惰性气氛下。第一次提出钕铁硼合金锭的加工工艺技术，技术显现一个雏形。

（2）JP06088159A 稀土磁铁和稀土磁体合金粉末以及生产方法 1994-03-29

提出了激冷熔淬技术，熔淬方法、产生与熔淬法相同冷却速度的气体喷雾方法，以及将熔融合金颗粒喷向旋转辊的方法。

（3）JP07078709A 钕铁硼永磁材料的制造 1995-03-20

DE69511202D1 生产钕铁硼永磁体的程序 1999-09-09

通过这两件专利申请，提出带坯连铸法，由快速凝固熔融合金，浇注成铸片具有 $R_2Fe_{14}B$ 相作为主相的带材铸造方法。铸造合金是厚度为 0.03～10mm 的薄板，它根据板的厚度可以用单辊也可以用双辊，第一次提出双辊冷却。制得的特定组成的钕铁硼系合金的截面结构中主相 $R_2Fe_{14}B$ 晶体的尺寸小于用常规铸造方法得到的锭坯中的晶体尺寸的 1/10。主晶相的富钕相是很细地分布着的，即使存在局部的偏析，其尺寸也小于 20μm。

2. 第二阶段：具有微晶组织的 SC 片工艺方法

（1）CN1238062A 具有微晶组织的薄带磁体及其制造方法以及各向同性永久磁体粉末的制造方法 1999-12-08

CN1117382C 制造具有微晶组织的薄带磁体和各向同性永久磁体粉末的方法 2003-08-06

CN1111879C 具有微晶结构的薄片磁体的制造方法 2003-06-18

这三件专利公开了具有微晶组织的薄带磁体，该磁体的组成式可表示为 $Fe_{100-x-y}B_xR_y$，其中 R 是 Pr、Nd 或 Dy 中的一种或两种，并给出各成分的优选配比。对辊轮材质给出合理建议，提出辊轮转速和合金薄带厚度的关系。这三件专利均提出浇注应在压力为 30kPa 或以下的减压惰性气体或不活泼气体气氛中进行。提出了钕及钕的替代品 Dy，大大节约了生产成本。而且在 CN1117382C 的专利文献里提出了超声波的模冲加工。

（2）WO9835364A1 具有微晶结构的薄片磁体的制造方法 1998-08-13

CN1249845A 具有微晶结构的薄片磁体的制造方法 2000-04-05

US6168673B1 薄片磁体具有相同的微晶结构和制造所述的方法，以及方法制造的各向同性永久磁体粉末 2001-01-02

提出辊轮材质应为铜或钢辊，给出不同材质辊轮进行熔融浇注冷却的优选转速；选用双辊冷却时两个辊之间的距离最好为 0.05～0.2mm，辊子线速度优选地为 1.5～5m/s。两个铁辊圆周速度优选范围是 1.5～5m/s。平均晶粒直径越细微就越好，但是在低于 15nm 的尺寸，引起 iHc 的下降，因此下限是 15nm。

（3）WO2005105343A1 用于稀土磁铁材料的合金原料用于制造方法，粉末和烧结磁铁 2005-11-10

合金熔液与旋转的冷却辊的外周面接触直至从冷却辊的表面脱离不同时间段的温度控制。

3. 第三阶段：快速凝固技术的研究

（1）JP2001244107A 铁基合金永久磁体粉末及其制造方法 2001-09-07

US6478889B2 铁基合金永久磁体粉末和所述相同的方法用于制造 2002-11-12

纳米复合磁铁的薄片浇注方法，详细公开了如坩埚、辊轮等之间的距离及浇注条件：

铁、钴，其具有 99.5%或更高的纯度，钇、铵、镨，称量要在总计 100g，并送入一个石英坩埚，石英坩埚具有直径为 0.8mm 的小孔。将以上的材料在石英坩埚熔化，将材料在通过高频加热的压力为 2kPa 的氩气气氛中熔化。熔液的温度设定为 1350℃。铜冷却辊被布置在所述孔之下距孔口 0.8mm 的位置处。在坩埚的熔融合金的表面施加 32kPa 的压力，以使熔融合金喷靠在铜辊的外圆周上。辊以高速旋转，而其内部被冷却，从而保持了外圆周的温度约在室温下。熔融合金通过孔口失去热量时与辊的外周接触，并且在圆周速度方向进行急冷，急冷凝固合金是细长的薄带的形式（宽：2～5mm，厚度：70～300μm）。

所用的冷却辊（单辊）的方法，该冷却速度是由辊表面速度和熔融合金的每单位时间流过的量限定。熔体流动量取决于孔的直径（截面积）和施加到熔融合金上的压力。在这些例子中，孔的直径设定为 0.8mm，并将施加到熔融合金上的压力设定为 30kPa。因此，流动速率为 0.1kg/s。在这些例子中，辊表面速度设定为 2～12m/s。所得急冷合金薄带的厚度为 85～272μm。为了使急冷凝固合金在其中形成非晶相，冷却速度优选为 103℃/s 以上。为获得在该范围内的冷却速度，辊表面速度优选设定在 2m/s 以上。

采用以上实施方式，将熔融合金的淬火辊表面速度从 15m/s 调整到 30m/s，即可得到厚度范围从 20μm 到 65μm 的淬冷合金带。

其中，US6478889B2 铁基合金永久磁体粉末和所述相同的方法用于制造的专利为其核心专利，被引证 12 次之多。

（2）WO02067275A1 用于铁基稀土材料磁体合金的制作方法 2002-08-29

US20040067154A1 用于磁体制造快速凝固合金的方法 2004-04-08

EP1647343A2 快速凝固磁铁的方法 2006-04-19

EP1647343B1 快速凝固磁铁的设备及制作方法 2007-04-18

公开了将从熔解坩埚的合金熔液导向至急冷的冷却辊规定位置的泻槽（导向机构），泻槽具有相对水平方向以角度 β 倾斜的熔液导向面，将连接熔液开始接触上述冷却辊的表面的位置与上述冷却辊的旋转轴的直线相对垂直方向形成的角度 α，设定为与上述冷却辊的旋转方向相反的方向呈 0° 以上 80° 以下，通过多个管状孔将上述熔液分离成多条液流后，接触于上述冷却辊，各管状孔的开口面积是 $0.02cm^2$ 以上 $0.5cm^2$ 以下，长度是 0.5mm 以上 50mm 以下，管状孔的前端和上述冷却辊表面的间隔是 0.3mm 以上 70mm 以下，可以提高熔液和辊面之间的贴合性，并实现均匀的冷却，得到均质的急冷合金组织，因此，也提高最终得到的磁体的特性。在控制流过导向面上的熔液的流速的同时，将该流整流，由此实现熔液向冷却辊稳定地连续供给。

综上所述，日本住友特殊金属株式会社在钕铁硼烧结方面具有强大的技术优势，许多核心技术就由其挖掘并掌控，19 件专利的申请年份为 1989—2003 年，有 7 件专利是通过调节辊轮转速达到 SC 片厚度均匀的目的，有 7 件专利是通过加速冷却或者均匀冷却甩带片达到抑制 α-Fe 及晶相良好的目的，其余 5 件专利为调整辊轮、配料或坩埚结构来达到均匀浇注及晶相良好的目的。这表明，日本住友特殊金属株式会社对 SC 片生产工艺的要求较为严格，厚度均匀及组织良好同时侧重。在生产过程中，辊轮转速基本调节为 2～10m/s，有 1 件专利提到利用双辊冷却的方法来达到 SC 片厚度均匀及晶相良好的目的，该专利提到两辊之间的距离限制为 0.005～0.5mm，最好为 0.05～0.2mm，铜辊的圆周速度限制为 1.5～10m/s，优选范围是 1～6m/s，这些数据可为西工大思强提供借鉴。

4.3.2 北京中科三环高技术股份有限公司

北京中科三环高技术股份有限公司（简称“中科三环”）是一家从事磁性材料及其应用产品研发、生产和销售的高新技术企业。中科三环下纳四家专利烧结钕铁硼磁体生产企业和一家粘结钕铁硼磁体生产企业，目前是中国稀土永磁材料产业的代表企业，全球第二大钕铁硼永磁制造商，在稀土永磁材料行业中居领先地位。三环公司（中科三环前身）与中国科学院物理研究所共同承担了筹建国家级磁性材料工程研究中心的任务。1995 年，中国科学院与中国有色金属进出口总公司联合美国其他机构，共同收购了美国通用汽车公司下属的 Magnequench 工厂。1993 年，三环公司购买了日本住友公司和美国通用汽车公司的专利许可权，并在此基础上积极研发，自主创新。在专利之星上检索到，中科三环提到钕铁硼烧结工艺的专利有 52 件，专利主要涉及高性能钕铁硼烧结磁体及其制造方法。其有关钕铁硼合金速凝薄片的专利申请有 9 件，下面就其有代表性的 6 件专利予以分析（见表 1-4-1）。

表 1-4-1 北京中科三环高技术股份有限公司 SC 片厚度及晶相控制技术专利分析

序号	申请号	专利名称	申请日	技术方案	附图	技术效果
1	CN200310123402.2	合金薄片制备装置及工艺	2003-12-26	一种合金薄片制备方法和装置，将合金熔液流至冷却滚筒表面形成薄片带；合金薄片带继续在传送过程中得到冷却；合金薄片在传送至集料器时，继续冷却和粉碎；合金薄片从集料器进入排料机构，在惰性气体保护下继续冷却。该装置主要包括有：一个容器，置于感应加热线圈内；一个液流稳定化机构，呈桶形容器，置于容器口下方；一个冷却滚筒，位于能承接液流稳定化机构中底面板流下的熔液的位置，作轴向往复运动；一个传送机构，置于冷却滚筒的下方；一个集料器，为双层水冷漏斗状容器，置于传送机构的下方；一个排料机构，置于集料器的下方，设有上、下两个阀门，两个阀门之间有一个充填惰性气体的锥形管	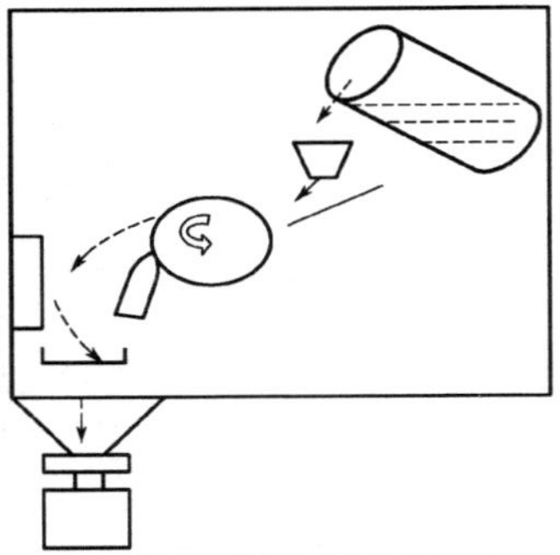	使用本发明提供的装置制备合金薄片，铸造产品在排出前，能得到充分冷却达到合理温度，尤其适于易氧化稀土合金薄片的制备；此外在熔铸的同时，可将先期铸造产品分批转送下道工序，使生产效率大幅提高成为可能；另外本发明使滚筒沿轴向来回移动，使滚筒表面得到循环使用，一方面简化了液流稳定化机构，另一方面使滚筒工作面可得到充分冷却，更易于生产均一厚度的合金薄片
2	CN200910243938.5	一种连续熔炼甩带氢化的装置与方法	2009-12-25	一种连续熔炼甩带氢化的装置，其特征在于：该装置包括由物料通道连通的熔炼区域和氢化区域。熔炼区域内包括：用于熔炼钕铁硼材料的坩埚；将熔液甩带成片状的铜辊；将甩带片传送到物料通道的传送带，该物料通道内置两个挡板阀。氢化区域内包括：用于盛装甩带片的反应盘；位于反应盘内的搅动叶片；位于反应盘的下方用于震动物料的震动电机；使物料顺利流出反应盘的气缸；位于反应盘下方的挡板阀；以及位于挡板阀正下方的出料通道	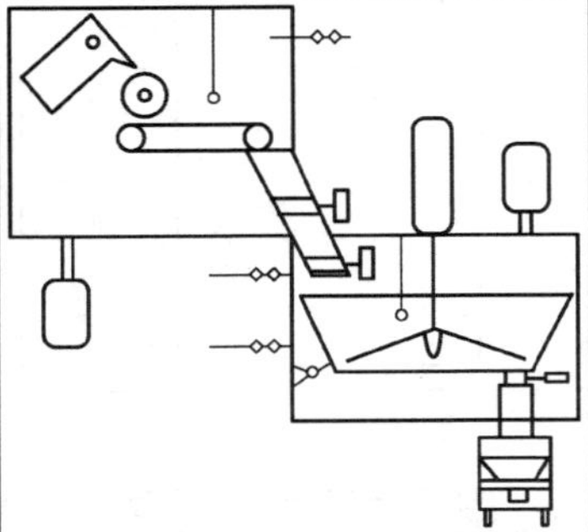	实现了熔炼甩带与氢化一体化，减少了物流时间及甩带片与外界空气接触的机会，同时几乎不用重复抽真空，不用重复加热，因此，节约了能源，提高了工作效率，使甩带片的含氧量降低，提高了产品的性能
3	CN201110008740.6	一种高性能稀土永磁烧结磁体及其制造方法	2011-01-17	所述的磁体组成成分为：Nd+Pr+Dy+Tb 为 29%～30.5%（质量分数），B 为 0.95%（质量分数），Co 为 1%（质量分数），Cu 为 0.1%（质量分数），Ga 为 0.1%（质量分数），Al 为 0.2%（质量分数），Nb 为 0.1%（质量分数），Fe 为 67.55%～68.55%（质量分数）；同时所述磁体的剩磁 Br 为 12.8～13.3kGs，内禀矫顽力 Hcj≥30kOe。优选地，所述的磁体中稀土含量为：Nd 为 14.5%～19.5%（质量分数），Pr 为 6%～9%（质量分数），Dy 为 1.5%～2.5%（质量分数），Tb 为 3%～4%（质量分数）。优选地，所述磁体中氧含量为 500～900ppm；更优选地氧含量为 600～700ppm		通过精细配比及优化工艺路线，可以实现批量制造剩磁 Br 为 12.8～13.3kGs，内禀矫顽力 Hcj≥30kOe 的烧结钕铁硼磁性材料

续表

序号	申请号	专利名称	申请日	技术方案	附图	技术效果
4	CN201120024780.5	新型二级水冷速凝带炉	2011-01-26	该实用新型包括真空系统、感应坩埚、水冷辊、冷却室水冷盘、犁铧和两台风机。所述冷却室水冷盘包括一级水冷盘和二级水冷盘，所述一级水冷盘为一级涡轮形水冷盘；所述二级水冷盘为一级圆盘形水冷盘。所述一级水冷盘和二级水冷盘均由可调速减速电机带动，通过调整转速来调节甩带铸片往下输送的速度。犁铧，用于搅拌速凝带，所述犁铧固定地设置于所述二级水冷盘上但不能转动。两台风机，其中一台风机对一级水冷盘进行风冷，另一台风机对二级水冷盘进行风冷。当铸液经过水冷辊冷却进入冷却室时，启动一、二两级水冷盘和风机，速凝带落到涡轮形水冷盘上时，速凝带边冷却边随着涡轮形水冷盘的转动往下输送，然后落到二级水冷盘上继续冷却，犁铧的搅拌和风机的风冷可以使速凝带得到更好的冷却	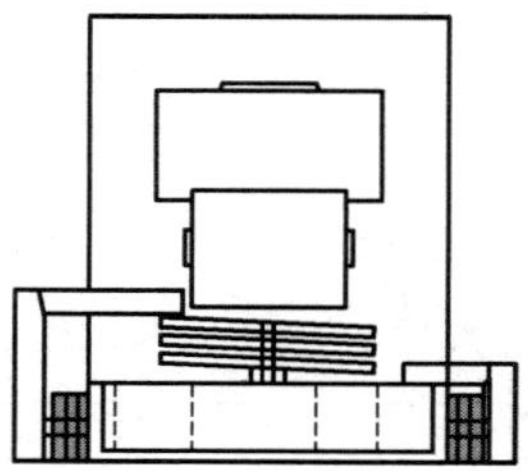	本实用新型能保证速凝带得到及时、高效的冷却，保证了速凝带的性能在浇注始末的稳定性与一致性，促进了速凝带晶粒的生长与富钕相的细化和均匀分布，提高了产品的性能，更提高了生产效率，节约了时间，降低了生产成本
5	CN201120534489.2	一种熔炼甩带装置	2011-12-20	本实用新型的技术方案是：一种熔炼甩带装置包括真空泵、坩埚、导流板、导流架、铜辊、冷却盘和温度控制元件。其特征在于：导流板位于导流架上，导流架包括横向导流架和竖向导流架。优选地，所述导流架包括两个平行的横向导流架和两个平行的竖向导流架，横向导流架和竖向导流架相互垂直。优选地，所述导流板安装在两个平行的竖向导流架上，两个平行的竖向导流架可以在两个平行的横向导流架之间沿横向导流架左右移动，同时导流板可以在两个平行的竖向导流架上上下移动	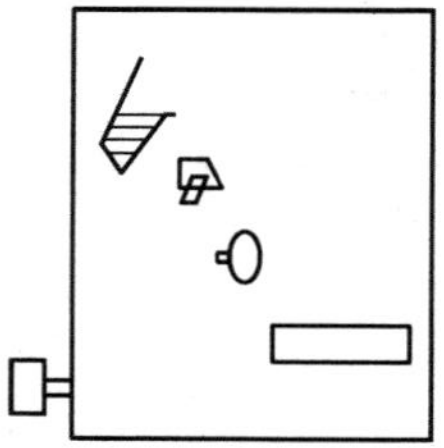	在真空条件下利用可左右上下移动的导流板可以实现钕铁硼熔液均匀地浇注在铜辊的中间包上，保证了钕铁硼永磁材料合金锭的组织均性。本实用新型结构简单、高效、易于推广使用
6	CN201310574776.X	钕铁硼薄片的热处理方法	2013-11-14	本发明提供了一种钕铁硼薄片的热处理方法，所述热处理方法包括如下步骤：①在 15kg 真空熔炼炉中将高温钕铁硼合金熔液通过冷却辊快速甩成速凝薄片。②在真空熔炼炉中，氩气气氛下，速凝薄片散落在水冷盘上缓冷，水冷盘的进水温度为 8～29℃，并同时风冷，冷却时间为 30min，速凝薄片温度降到 50℃以下出炉；取出后，将速凝薄片装入带盖铁盒，放入真空实验烧结炉。③对速凝薄片在真空环境下在温度为 700～1000℃进行等温热处理；熔炼炉中的高温钕铁硼合金熔液的温度为 1420～1460℃。优选地，步骤①中的冷却辊的转速为 1～2m/s，冷却辊中的进水水温为 8～29℃。优选地，步骤①中的速凝薄片的厚度为 0.20～0.30mm。优选地，步骤②中的带盖铁盒底部铺一层干净纯铁片膜以防止铁盒底部的杂质进入速凝薄片中，污染样品；上面覆铁膜是为了防止抽真空时薄片中细小的粉末被抽走；放入薄片后上覆一层干净铁膜再盖紧。优选地，步骤③中的等温热处理的升温速度为 8℃/min，等温时间为 6h		改善速凝薄片的相组织，消除铸片组织的不均匀，采用热处理之后的速凝薄片制作烧结钕铁硼永磁体，从而提高了烧结钕铁硼永磁体的磁性能

4.4 重点专利（见表 1-4-2）

表 1-4-2 烧结钕铁硼 SC 片厚度及晶相控制技术部分重点专利分析

序号	公开号	发明名称	申请日	专利权人	技术方案	附图	法律状态
1	CN104226944A	双辊冷却真空熔炼速凝设备和永磁合金、永磁体的制造方法	2014-09-12	沈阳中北真空技术有限公司	钕铁硼合金原料精炼温度为 1400～1470℃，将熔融的合金液通过中间包浇注到带水冷却的第一旋转辊上形成合金片，合金片随即落到第二旋转辊上继续冷却，合金片离开第二旋转辊的温度为 460～640℃，第一旋转辊转速 1～3m/s，第二旋转辊转速 1～5m/s，从合金液离开中间包与第一旋转辊接触至合金片离开第二旋转辊，在旋转辊上滞留的旋转角度大于 135°，冷却时间长，冷却均匀。晶粒一致性好，晶界相细致，分布均匀		审中
2	CN103317126B	一种中间包及利用中间包进行钕铁硼合金铸片浇注的方法	2013-06-05	爱科科技有限公司	设备包括上中间包和下中间包，上中间包安装在坩埚倾倒口下方用于盛接坩埚中流出的合金熔体，内部安装有液位控制器和上限传感器，下中间包安装在旋转结晶器一侧，下中间包在靠近旋转结晶器的位置开设布液出口，合金熔体通过布液出口均匀浇注在旋转结晶器表面。可达到净化钕铁硼合金熔体，消除熔体中杂质，保证旋转结晶器上合金熔体均匀浇注等目的	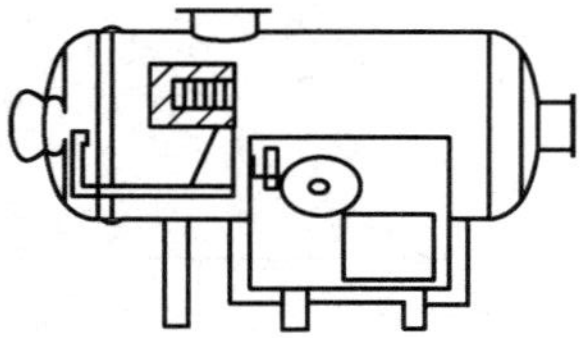 A-A	有效
3	CN201962338U	钕铁硼系稀土类合金的制造装置	2010-12-28	昭和电工株式会社	对于设置在铸造用的冷却辊内部的水冷机构（包括导水管、喷水喷嘴及喷嘴导入管），通过使冷却水的供给装置的构造、喷射方式等合理化，能够均匀且高效率地使冷却辊冷却，抑制冷却辊的温度上升，从而均匀冷却 SC 片，抑制α-Fe	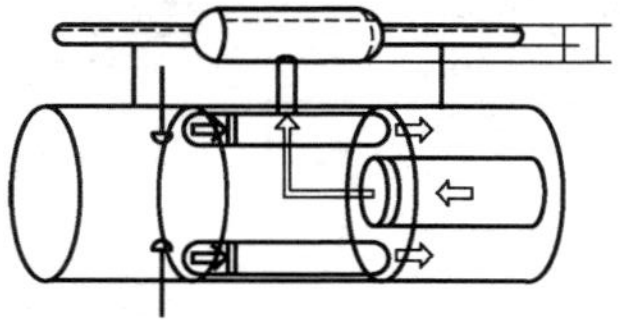	有效
4	CN202461469U	钕铁硼真空甩带熔炼炉用浇注中间包	2012-10-03	烟台正海磁性材料股份有限公司	浇注中间包（包括浇注中间包上包、浇口底板、测温装置、热电偶、热电偶保护管、温度显示记录装置）可以测量浇注连铸时钕铁硼合金液的温度，以及时调整坩埚的加热功率，减少因环境温度变化对烧结钕铁硼产品厚度均匀性的影响		有效

续表

序号	公开号	发明名称	申请日	专利权人	技术方案	附图	法律状态
5	CN202779737U	一种用于真空炉恒流量浇注控制装置	2012-08-23	爱发科中北真空（沈阳）有限公司	一种用于真空炉恒流量浇注控制装置，包括旋转编码器、倾动设定控制仪、继电器、液压站和 PLC 控制器，其中旋转编码器的输出端连接 PLC 控制器高速计数输入端，PLC 控制器数模转换输出端和 I/O 输出端分别连接倾动设定控制仪的输入端和继电器的线圈，倾动设定控制仪的输出端连接继电器的输入端，继电器的输出端连接液压站的输入端。本实用新型与现有技术相比有益效果是：采用 PLC 结合程序控制仪的 PID 闭环系统控制方案，以液压的比例伺服控制驱动熔液坩埚的倾动翻转，实现了浇注的熔液按恒定流量流出；完全满足钕铁硼速凝成型的工艺要求，其控制的速凝成片厚度分布为（δ ±0.05）mm，成片率>85%	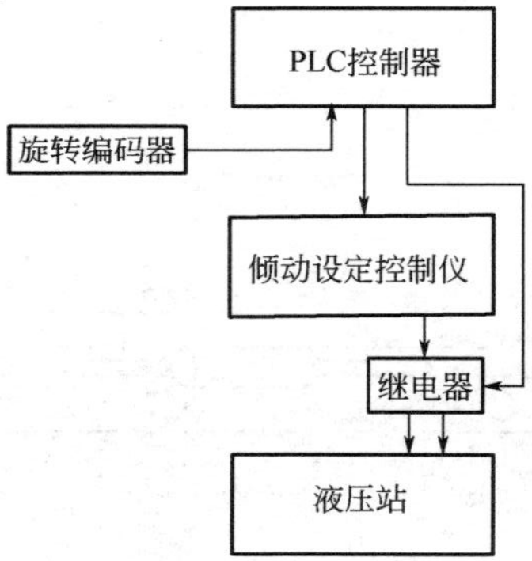	有效
6	CN201960101U	新型二级水冷速凝带炉	2011-01-26	北京中科三环高技术股份有限公司；宁波科宁达工业有限公司	新型二级水冷速凝带炉（包括真空系统、感应坩埚、水冷辊、冷却室水冷盘、犁铧和两台风机）可使速凝带得到及时、高效的冷却，保证了速凝带的性能在浇注始末的稳定性与一致性，促进了速凝带晶粒的生长与富钕相的细化和均匀分布		有效
7	CN1517659A	真空熔炼速凝炉	2003-01-17	沈阳中北真空技术有限公司	真空熔炼速凝炉，由真空系统、真空炉壳、感应加热器线圈、坩埚、中间包、转轮和滚筒等组成，感应加热器线圈、坩埚、中间包、转轮、滚筒等位于真空炉壳内；滚筒内固装螺旋片，滚筒外壁包覆冷却装置，滚筒可以正向或反向旋转并可与水平线呈一定角度倾斜设置。采用这种结构能使合金薄片迅速、均匀冷却，微观结构及外部形状较理想		失效
8	CN1942264A	稀土类烧结磁铁用合金铸片及其制造方法和稀土类烧结磁铁	2005-03-31	三德株式会社	控制合金溶液中凝固核的生成数的同时，控制凝固核的生成位置，能够使得到的合金铸片的 R-rich 区域和由 2-14-1 相组成的枝状晶体的大小等合金组织均匀化；另外，通过控制在冷却辊表面的凝固核的生成位置制造合金铸片，得到适合作为抑制激冷晶生成的稀土类烧结磁铁用原料的合金铸片，达到铸片组织良好的目的		有效

续表

序号	公开号	发明名称	申请日	专利权人	技术方案	附图	法律状态
9	CN1783360A	离心铸造方法、离心铸造设备以及利用该方法所生产的铸造合金	2001-08-31	昭和电工株式会社	将熔融材料浇注到旋转体上；利用旋转体的转动来喷淋熔融材料；以及使被喷淋的熔融材料沉积并凝固在转动的圆筒形铸型的内表面上。使旋转体的转动轴线和圆筒形铸型的转动轴线不相互平行。这种离心铸造方法会降低平均沉积速率，因此可抑制树枝状α-Fe 相的产生		有效
10	CN1267744A	稀土/铁/硼基磁体合金的快淬薄带	2000-02-15	信越化学工业株式会社	当作为其基体材料的合金薄带具有含 1%～10%体积的“四相区”的金相结构时，可以极大地改善烧结永磁体的磁性能，特别是剩余磁通密度。四相区的组成如下：（a）α-铁钼；（b）富R 相，R 选自镨、钕、铽和镝；（c）$R_xT_4B_4$ 相，T 是铁或铁和除铁及稀土元素之外的过渡金属的组合，x 是随稀土元素含量变化的正数；（d）$R_2T_{14}B$ 相，其中 R 和 T 的定义均与上述相同，每种相以处于限制范围内的晶粒直径分散。最终可使速凝带晶相良好		有效
11	CN102693800B	在线渗 Dy 的钕铁硼永磁速凝鳞片及制造方法	2012-06-12	钢铁研究总院	在速凝辊的两侧施加电磁场，控制辊的表面初始温度保持为100～500℃恒定；控制辊速为 1～12m/s；然后将合金液倒入导流槽，通过导流槽流到冷却辊表面上，使钕铁硼永磁速凝鳞片在辊面成型和运动过程中在线渗 Dy，磁场范围是 0.1～0.8T，交变磁场的频率范围为 1500～12000Hz，可使速凝片组织良好，厚度均匀		有效
12	WO9835364A1	具有微晶结构的薄片磁体的制造方法	1998-08-13	住友特殊金属株式会社	提出辊轮材质应为铜或钢辊，给出不同材质辊轮进行熔融浇注冷却的优选转速；选用双辊冷却时两个辊之间的距离最好为 0.05～0.2mm，辊子线速度优选地为 1.5～5m/s。两个铁辊圆周速度优选范围是 1.5～5m/s。平均晶粒直径越细微越好，但是在低于 15nm 的尺寸，会引起 iHc 的下降，因此下限是 15nm		

续表

序号	公开号	发明名称	申请日	专利权人	技术方案	附图	法律状态
13	JP2001244107A	铁基合金永久磁体粉末及其制造方法	2001-09-07	住友特殊金属株式会社	将连结熔液开始接触冷却辊的表面的位置与上述冷却辊的旋转轴的直线相对垂直方向形成的角度α，设定为与上述冷却辊的旋转方向相反的方向呈 0° 以上 80° 以下，通过多个管状孔将上述熔液分离成多条液流后，接触于上述冷却辊，各管状孔的开口面积是 0.02cm^2 以上 0.5cm^2 以下，长度是 0.5mm 以上 50mm 以下，管状孔的前端和上述冷却辊表面的间隔是 0.3mm 以上 70mm 以下，可以提高熔液和辊面之间的贴合性，并实现均匀的冷却，得到均质的急冷合金组织，因此，也提高最终得到的磁体的特性	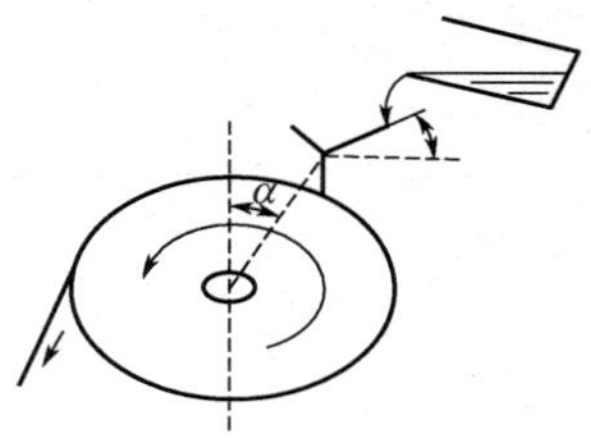	
14	CN1278803C	合金薄片制备装置及工艺	2003-12-26	北京中科三环高技术股份有限公司	使铸造产品在排出前，能得到充分冷却达到合理温度，此外在熔铸的同时，可将先期铸造产品分批转送下道工序，使生产效率大幅提高成为可能；另外使滚筒沿轴向来回移动，使滚筒表面得到循环使用，一方面简化了液流稳定化机构，另一方面使滚筒工作面得到充分冷却，更易于生产均一厚度的合金薄片		有效
15	US7442262B2	用于稀土磁体合金薄片及其生产方法	2004-06-16	昭和电工株式会社	稀土磁体的合金薄片利用带坯连铸方法与改进的旋转辊，合金薄片具有一个指定的精细的表面粗糙度和一个可精细调节的富 R 相的数量区域。因此，稀土磁体合金薄片不含α-Fe 并具有均匀的形态		有效
16	CN101256859A	一种稀土合金铸片及其制备方法	2007-09-17	有研稀土新材料股份有限公司	合金液流量大小为 100～10000g/s；甩带宽度为 50～600mm；浇注温度为 1300～1600℃；水冷辊转速在 0.2～5.0m/s 可调并且可以稳定控制，将这四项优化组合，得到厚度均匀的稀土合金铸片		有效

4.5 解决方案

通过对以上重要申请人及重点专利的分析，本报告在解决钕铁硼 SC 片厚度及晶相控制的问题上，整理出以下的解决方案：坩埚应优选石英材质，辊轮采取铜或钢质，浇注应在压力为 30kPa 或以下的减压惰性气体气氛中进行；流动速率为 0.1kg/s，辊轮可以采用单辊和双辊冷却两种方式，单辊表面速度设定为 2～12m/s；选用双辊冷却时两辊间距最好为 0.05～0.2mm，辊子线速度优选地为 1.5～5m/s。两个铁辊圆周速度优选范围是 1.5～5m/s。平均晶粒直径越细微越好，但是在低于 15nm 的尺寸，会引起 iHc 的下降，因此下限是 15nm 等。

重点专利方面，日本住友特殊金属株式会社在美国申请的 US20040067154A1 专利比较重要，提出将从熔解坩埚的合金熔液导向至急冷的冷却辊规定位置的泻槽（导向机构），泻槽具有相对水平方向以角度 β 倾斜的熔液导向面，将连接熔液开始接触上述冷却辊的表面的位置与上述冷却辊的旋转轴的直线相对垂直方向形成的角度 α，设定为与上述冷却辊的旋转方向相反的方向呈 0° 以上 80° 以下，通过多个管状孔将上述熔液分离成多条液流后，接触于上述冷却辊，各管状孔的开口面积是 $0.02cm^2$ 以上 $0.5cm^2$ 以下，长度是 0.5mm 以上 50mm 以下，管状孔的前端和上述冷却辊表面的间隔是 0.3mm 以上 70mm 以下，可以提高熔液和辊面之间的贴合性，并实现均匀的冷却，得到均质的急冷合金组织，因此，也提高最终得到的磁体的特性。在控制流过导向面上的熔液的流速的同时，将该流整流，由此实现熔液向冷却辊稳定地连续供给。这些专利技术均可通过恒流量浇注实现 SC 片厚度均匀、改善晶相的目的。

4.6 本章小结

根据本章分析可以看出，钕铁硼 SC 片厚度及晶相控制技术方面的专利申请主要集中在日本和中国，日本的技术发展趋于成熟平稳，而中国正处于高速发展阶段；中国成为目前国际上最重要的市场，市场前景向好，但日本已经开始在中国积极进行专利布局，中国企业也纷纷加入此研发领域，国内国外企业竞争激烈。重要的申请人日本主要有住友特殊金属株式会社、日立金属株式会社，中国主要有北京中科三环高技术股份有限公司、浙江大学、钢铁研究总院等。

有关恒流量浇注的主要技术热点集中在辊轮转速的研究，加速辊轮冷却次之，而有关浇注温度的专利申请很少。整体来看，通过合适的辊轮转速控制 SC 片厚度均匀的专利申请最多，相关技术较为成熟；通过改变冷却速度而抑制 α-Fe 析出及通过调整喷嘴达到控制 SC 片厚度均匀的专利申请量较少，但日本在此两项技术方面已经得到突破。日本住友特殊金属株式会社在 SC 片厚度及晶相控制的技术研究上，不管是从辊轮材料的选择、辊轮转速的确定、辊轮结构的设计（单辊或双辊），还是在 SC 片的快速冷却凝固方面，技术均趋于成熟，相关数据可以为企业提供参考。

第5章　需求二：压型烧结

钕铁硼压型烧结（成形）问题的研究上，全球专利申请整体呈现上升趋势，这也说明各国对烧结钕铁硼成形问题的探索，竞争越来越激烈，该领域也慢慢成为产业的研发热点。

从专利申请量的比重上看，中国的专利申请量最高，占全球专利量的一半以上；其次为日本，约占全球专利申请量的20%；其余30%专利为世界知识产权组织、欧洲专利局、美国等申请的专利。

将前十位申请人进行排名，排名前五的申请人均为日本企业，日本因太金属株式会社位居第一，日本住友特殊金属株式会社是世界烧结钕铁硼永磁的专利拥有者和最大生产厂家，其AlNiCo永磁在日本也排第一位（其次是三菱制钢公司），排名第三的为东电化集团。排名后五位的申请人均为中国企业，专利申请量较少。由此可见，在钕铁硼烧结成形问题研究上，日本企业的实力远远胜于中国企业。

5.1　中日对比

在烧结钕铁硼成形问题这一技术领域，专利申请人主要为日本及中国企业，在全球的专利申请数量上，申请人在中国及日本申请的专利最多，占全球申请量的74%，这也说明烧结钕铁硼产业发展主要集中在中国及日本市场，因此本报告将对中国及日本的烧结钕铁硼成形技术作对比分析。

5.1.1　专利申请趋势对比

日本有关钕铁硼烧结成形技术上的专利申请要早于中国，总体上呈现的是平稳发展的趋势。自20世纪90年代初期以来，日本在其他磁性材料表现平平的情况下，新兴的第三代稀土永磁体钕铁硼仍获得了较大发展。1992—1999年申请趋势较为平稳；1999年日本烧结钕铁硼产量6404t，占世界产量的42.4%，处于绝对的领先地位，产品大部分用在计算机硬盘驱动器（HDD）用音圈电机（VCM）、核磁共振成像仪（MRI）及其他电机上；1999—2000年专利申请呈现小范围增长态势；2000年以后，日本烧结钕铁硼技术进入较为成熟时期，申请趋势也呈现出平稳发展态势（见图1-5-1）。

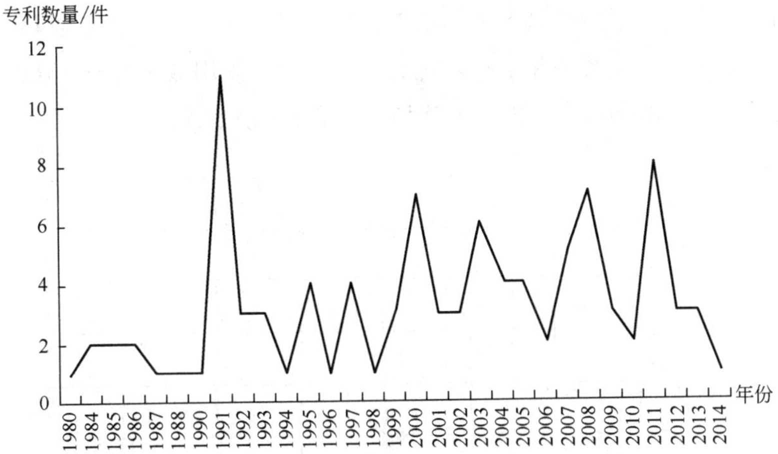

图 1-5-1　烧结钕铁硼成形技术日本专利申请趋势

从中国申请人在钕铁硼烧结成形技术上的专利申请趋势可以看出（见图 1-5-2），1987—2013 年近 30 年间，申请量大体呈逐年增加趋势，2010 年以前均在每年 5 件上下的申请量徘徊；2012 年以后，申请量突破每年 10 件；2013 年为 15 件，已经赶超日本 1991 年的最高申请量。因此，2012—2014 年为钕铁硼烧结成形技术的累积发展期，这也是中国申请人近年来纷纷关注该产业发展的结果。

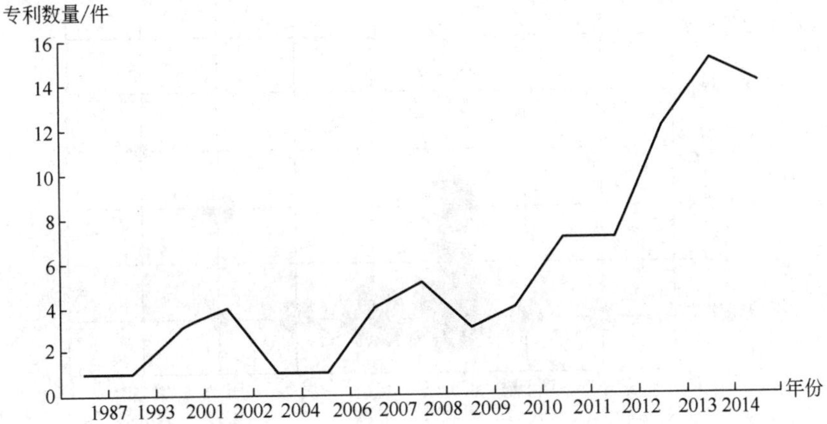

图 1-5-2　烧结钕铁硼成形技术中国专利申请趋势

5.1.2　技术矩阵对比

从图 1-5-3、图 1-5-4 技术功效矩阵可以看出，日本和中国的专利申请，技术手段主要采用调节压模装置结构，从而使钕铁硼毛坯达到密度均匀、防止开裂及防止变形等目的。图 1-5-3 中明显看到日本在此领域的专利技术比较单一，除调节压模装置结构和改进压制压力有较多申请外，其他技术虽有涉及，但申请量都很少。

而中国的专利申请除了通过调节压模装置结构最多之外，对烧结温度保温时间进行设定从而达到密度均匀及防止变形效果的技术也有一定保护，采用放电等离子烧结法、调节粉料流动性、振动、添加润滑剂等方法的专利申请中国企业则关注较少。

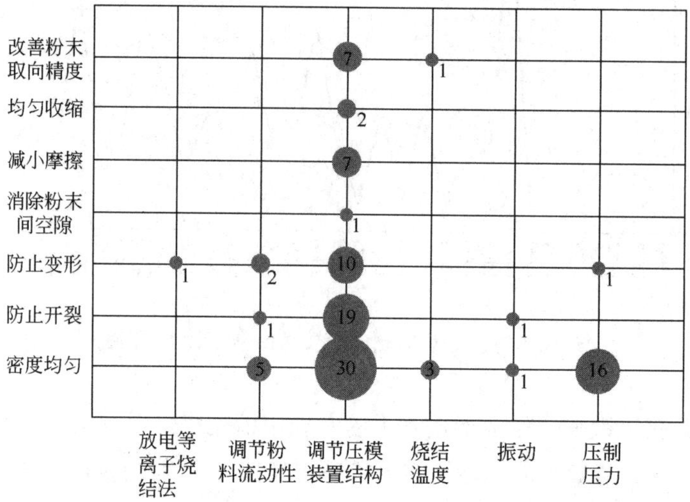

图 1-5-3　烧结钕铁硼成形技术日本专利技术功效矩阵

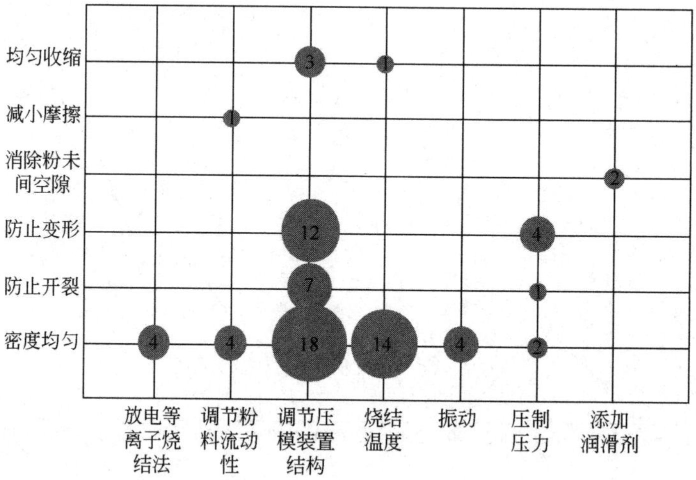

图 1-5-4　烧结钕铁硼成形技术中国专利技术功效矩阵

在压型及烧结过程中，压模材料、烧结箱材料及压坯程序、压模装置结构等方面选择较为重要，无论是日本还是中国企业普遍研发申请的是这些技术方面的专利。西工大思强可以借鉴这些调节压模装置结构的专利技术，并适时关注其他如放电等离子烧结法、调节粉料流动性、振动、添加润滑剂这些中日都尚不成熟的技术，在这些技术方面进行研发并做好专利布局。

5.2 中国市场

5.2.1 中国专利申请人排名

从图 1-5-5 可以看出，在中国申请专利的申请人中，钕铁硼烧结成形技术专利申请人排名靠前的几位，前两家均为日本企业：因太金属株式会社及日立金属株式会社，其余均为中国企业。综合其技术及市场实力，下面对因太金属株式会社、日立金属株式会社、北京中科三环高技术股份有限公司和烟台正海磁性材料股份有限公司的专利技术作重点分析。

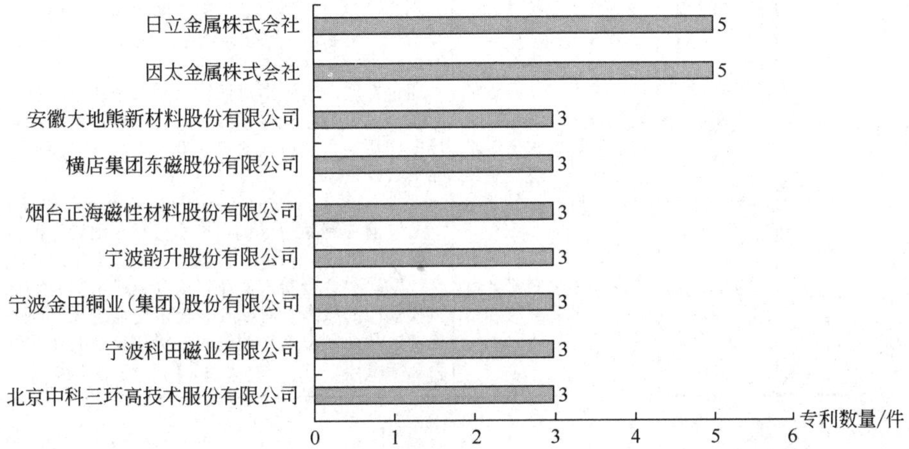

图 1-5-5 钕铁硼烧结变形技术中国专利申请人排名

5.2.2 竞争对手技术分析

1. 日本企业在华专利分析

（1）因太金属株式会社。

因太金属株式会社于 1988 年创建，董事长为佐川真人，即钕铁硼永久磁性材料的发明人。作为钕铁硼领域创始人的佐川真人，1972 年在日本东北大学获得博士学位，先后在日本富士通公司、日本住友特殊金属公司从事研究工作，佐川真人的发明使日本在永久磁性金属材料的生产上不仅赶上了美国，并在短期内超过了美国，而其创建的因太金属株式会社在钕铁硼领域的技术实力自是不言而喻。

因太金属株式会社在中国申请的关于烧结钕铁硼成形技术的专利一共有 5 件，表 1-5-1 对其技术要点及法律状态进行一一列举。

表 1-5-1 因太金属株式会社专利分析

序号	公开号	申请日	发明名称	技术要点	法律状态
0	CN1062808A	1991-11-30	制造永磁铁的方法和装置及用于在磁场作用下成形的橡胶模具	提供一种橡胶模具，在成形过程中采用弹性橡胶模，使磁性取向和磁性得以增强，不会使未烧结压坯产生裂纹	失效
2	CN1969347A	2005-06-30	磁各向异性稀土类烧结磁体的制造方法及其制造装置	第一，将微粉末填充到具有由尺寸、形状预先定好的型腔的模具中，从外部施加磁场对粉末进行取向后，就可以进行烧结或预烧结。第二，对粉末进行取向后不进行加压成形。在模具内被取向的粉末，不会像现有的方法那样施加压力后使取向发生紊乱，可以在维持高取向的状态下进行烧结	有效
3	CN101809689A	2008-08-20	钕铁硼系烧结磁铁的制造方法及钕铁硼烧结磁铁制造用模	模的材料使用与烧结体的摩擦小的碳材料，所以不会产生以烧结收缩引起的摩擦为原因的弯曲及变形，可制造钕铁硼系烧结磁铁	无效
4	CN102498531B	2010-08-27	钕铁硼系烧结磁铁的制造方法、制造装置及该制造方法所制造的钕铁硼系烧结磁铁	通过在取向工序中对钕铁硼系合金粉末进行加热且使各合金粉末粒子的矫顽力下降，可抑制磁场取向后的合金粉末的取向度的紊乱，从而使产品形状一致	有效
5	CN102893348A	2011-05-09	钕铁硼类烧结磁体制造装置	通过向与制品的形状和尺寸相对应地设计的铸模模腔中以 3.0～4.2g/cm^3 的预定的填充密度来填充钕铁硼类合金粉末，在将该合金粉末填充于该铸模模腔的状态下对该合金粉末进行磁场取向和烧结，从而制造具有期望的形状和尺寸的钕铁硼类烧结磁体	审中

从表 1-5-1 可以看出，因太金属株式会社在研究钕铁硼烧结成形技术方面，技术上一共可分为四个阶段。

第一，1991 年，代表专利 CN1062808A，技术要点为弹性橡胶模具的使用。主要体现为在磁场作用下进行模压和取向的方法中同时将磁场和成形压力施加于磁粉，从而增强未烧结压坯的磁性取向，并且通过利用橡胶模的弹性可以改善磁性，而不会使未烧结压坯产生裂缝、裂纹和破裂。

第二，2005 年，代表专利 CN1969347A，技术要点为不压型直接烧结，具体特征为将微粉末填充到具有由尺寸、形状预先定好的型腔的模具中，从外部施加磁场对粉末进行取向后，就可以进行烧结或预烧结。对粉末进行取向后不进行加压成形。在模具内被取向的粉末，不会像现有的方法那样施加压力后使取向发生紊乱，可以在维持高取向的状态下进行烧结。该技术可以提高粉末的磁场取向精度，从而达到烧结体收缩一致的效果。

第三，2008 年，代表专利 CN101809689A，技术要点为模的材料使用碳材料，可使烧结过程不会产生以烧结收缩引起的摩擦为原因的弯曲及变形。

第四，2010—2011 年，代表专利 CN102893348A，技术要点为将钕铁硼类合金粉末以预定的填充密度填充到铸模模腔内。技术特征为通过向与制品的形状和尺寸相对应地设计的铸模模腔中以 3.0～4.2g/cm^3 的预定的填充密度来填充钕铁硼类合金粉末，在将该合金粉末填充于该铸模模腔的状态下对该合金粉末进行磁场取向和烧结，从而制造具有期望的形状和尺寸的钕铁硼类烧结磁体。

可以看出，因太金属株式会社在钕铁硼压型模具材料的选择、模具的尺寸形状及粉末的填充方法上均进行了专利申请。

（2）日立金属株式会社。

日立金属株式会社于 1956 年设立，发展至今，其产品涵盖电子、汽车、机械、建筑和环境等领域，如 IT 部品和材料、磁性应用部件、平板显示屏、计算机和半导体集成电路器件、汽车零部件和材料、环保系统产品、航空航天和核电工业材料等。为开拓中国市场，1996 年在广东省东莞市成立了从事高性能钢的加工、热处理、销售及技术服务业务的日立金属（东莞）特殊钢有限公司。2001 年，日立金属株式会社在江苏设立了日立金属（苏州）电子有限公司，2010 年 3 月更名为日立金属（苏州）科技有限公司，并增资扩建，引进多个高科技新项目，成为集团在中国地区的重要生产基地。新工厂于 2011 年 4 月完工，2011 年 12 月进行量产。建设完工后的新工厂总面积达到 15612m^2，主要生产汽车用活塞环材料、金属靶材、太阳电池用电杆材料等。

从表 1-5-2 可以看出，日立金属株式会社在钕铁硼烧结成形技术方面进行专利布局时，可以大致分为四个阶段。

表 1-5-2 日立金属株式会社专利分析

序号	公开号	申请日	发明名称	技术要点	法律状态
1	CN1139083C	1997-08-09	径向各向异性钕铁硼基烧结磁体及其制造方法	通过调整生坯密度，可使烧结处理期间接合部分堆积压制体之间的界面的破裂降至最少，同时保持制成高磁特性磁体	有效
2	CN1187152C	2000-02-25	稀土磁铁烧结用烧结箱及用该箱烧结处理的稀土磁铁制法	采用以钼为主要材料的烧结箱，避免烧结体吸收烧结炉内杂质，从而防止烧结体变形	有效
3	CN1273153A	2000-05-11	稀土合金粉末加工装置及方法	通过对充填在模具通孔的腔室内的稀土合金粉末进行压缩，改进模具结构，从而防止烧结体弯曲变形	有效
4	CN1240088C	2002-06-25	制备稀土烧结磁体的方法	以一定的方向在接受平面上排列压坯，使得每个该压坯在接受平面上的投影面积不是最大的；加热压坯，从而烧结压坯并获得大量的烧结体	有效
5	CN101379574B	2007-11-15	钕铁硼系微晶高密度磁铁及其制造方法	通过优化 HD 以及 DR 工序，制备高密度小型化烧结体	有效

第一，1997 年，专利 CN1139083C，技术要点为调整生坯密度。主要技术特征是通过向上移动模具和芯两个物体同时固定上下两凸模，或通过向下移动上下的两凸模同时固定模具和芯，把预压制体移至由模具的非磁性部分围成的空间。移动期间，预压制体在与模具的内

表面和芯的外表面摩擦接触的情况下移动。当预压制体的密度为 2～3g/cm^3 时，由于预压制体包括大量的空隙，预压制体中的粉末微粒会因与模具和/或芯的表面之间的摩擦而移动或转动。粉末微粒的移动和转动，扰乱了取向磁场方向上粉末微粒的取向，从而降低了磁特性。当预压制体的密度为 3.1g/cm^3 或更高时，能在不产生粉末微粒移动和转动的情况下，把预压制体移到由非磁性部分围成的空间。当预压制体和最终压制体之间的密度差较小时，烧结步骤期间在生坯之间的粘合部分很可能出现破裂。当最终压制体的密度比预压制体高 0.2g/cm^3 或更高时，就可有效地避免破裂。日立金属株式会社已将该专利许可给中国的北京京磁强磁材料有限公司、安泰科技股份有限公司、北京中科三环高技术股份有限公司及宁波韵升股份有限公司这四家公司使用。

第二，2000 年，专利 CN1187152C 与专利 CN1273153A，技术要点为烧结箱采用钼材料为主及改善模具结构。主要技术特征为采用以钼为主要材料的烧结箱，避免烧结体吸收烧结炉内杂质，通过对充填在模具通孔的腔室内的稀土合金粉末进行压缩，改进模具结构，从而防止烧结体变形。这两件专利也由日立金属株式会社在 2013 年 7 月许可给中国的北京京磁强磁材料有限公司、安泰科技股份有限公司、北京中科三环高技术股份有限公司，以及 2014 年 1 月许可给宁波韵升股份有限公司这四家公司使用。

第三，2002 年，专利 CN1240088C，技术要点为以一定的方向在接受平面上排列压坯，使得每个压坯在接受平面上的投影面积最小。主要技术特征为：压制稀土烧结磁体用合金粉，由此制备大量的压坯；以一定的方向在接受平面上排列压坯，使得每个该压坯在接受平面上的投影面积不是最大的；并且加热压坯，从而烧结压坯并获得大量的烧结体，该方法使得被破坏或变形的烧结体的数量最小并且大大提高生产率。和上面三个专利类似，该专利由日立金属株式会社于 2013 年 7 月许可给中国的北京京磁强磁材料有限公司、安泰科技股份有限公司、北京中科三环高技术股份有限公司，以及 2014 年 1 月许可给宁波韵升股份有限公司这四家公司使用。

第四，2007 年，专利 CN101379574B，技术要点为优化 HD 以及 DR 工序，制备高密度小型化烧结体。技术特征体现为：在 HD 工序，在氢气中，在 550℃以上小于 1000℃的温度下，对压粉体实施热处理，由此引起氢化和歧化反应；在 DR 工序，在真空或惰性气氛中，在 550℃以上小于 1000℃的温度下，对压粉体实施热处理，由此引起脱氢和再化合反应，制作密度为真密度的 60%以上 90%以下且具有平均粒径 0.01～2μm 的微晶粒的多孔体。然后，在真空或惰性气氛中，在 750℃以上小于 1000℃的温度下，对多孔材料实施热处理，由此进行致密化，使密度达到真密度的 93%以上，制作钕铁硼系微晶高密度磁铁，并使变形及破裂最小化。

总结了以上日立金属株式会社关于钕铁硼烧结成形技术的专利，可以看出，日立金属株式会社在对压坯密度的选择、模具结构及烧结箱材料的选择以及压型程序上均进行了专利布局，不得不说其在华的专利布局是成功的，其有 3 件专利都已经限制了中国企业的发展，对中国多家重要企业成功地进行了许可。虽然日立金属株式会社在钕铁硼烧结成形技术的专利布局中，申请的专利看起来是局部专利，只有 5 件，数量较小，但往往是关键部件专利，其含金量高。

日本企业通常在华申请该项专利技术的一部分，随着专利逐渐到期，他们会把另外的部分再逐渐申请下来，由此延长了专利技术的生命期，进而帮助企业获得更多的许可费用，或者阻止竞争对手的竞争。

虽然获得日立金属株式会社专利许可，企业外贸之路顺利一些，但从长远来看，中国企业也要走自主研发之路，进行专利布局，努力增加与巨头进行专利交叉许可的筹码。

2. 中国国内企业竞争对手分析

（1）北京中科三环高技术股份有限公司。

北京中科三环高技术股份有限公司是一家钕铁硼稀土永磁生产企业，其前身是隶属于中国科学院的北京三环新材料高技术公司（简称“三环公司”），成立于 1985 年 8 月 1 日，中科三环延续了三环公司的主要业务。为迅速扩大生产规模，形成规模优势，实施低成本扩张战略，三环公司先后在北京、天津、宁波、肇庆等经济发达地区创办了 4 家中外合资企业和 2 家内联企业，作为其主要的钕铁硼永磁材料生产基地，同时组建了 5 家全资附属企业，作为开拓钕铁硼永磁材料应用产品开发基地。公司主要从事磁性材料及其应用产品研发、生产和销售，以烧结钕铁硼磁体、粘结钕铁硼磁体、软磁铁氧体和电动自行车为主要产品。目前公司是中国最大、全球第二大钕铁硼永磁材料生产企业。公司有 NEOMAX 和麦格昆磁的钕铁硼专利许可，其专利产品通过北京中科三环国际贸易公司以“SANMAG”商标远销世界各地。公司还参股 2 家上游原料企业，确保了稀土原材料的稳定供应；在下游产业控股南京大陆鸽高科技股份有限公司，生产由钕铁硼稀土永磁电机驱动的绿色环保电动自行车。中科三环关于钕铁硼烧结成形技术的专利一共有 3 件，可以分为三个阶段。表 1-5-3 对 3 件专利作重点分析。

表 1-5-3 北京中科三环高技术股份有限公司专利分析

序号	公开号	申请日	发明名称	技术要点	法律状态
1	CN201089012Y	2007-08-30	钕铁硼圆角模具	阴模由硬质合金制成，阴模模腔四周均设有过渡圆角，上、下冲头分别设有非压制向倒角。阴模四周过渡圆角半径为 1.5mm；其表面粗糙度为 0.2μm，上、下与阴模之间单边间隙 ≤0.02mm，可以用于大批量生产，减少产品缺角	有效
2	CN102110522A	2009-12-25	一种提高稀土永磁体自动压机初装密度的装置和方法	通过对筛网锯齿形状的改变，使其在运动过程中始终产生一个向下的压力，这个力作用在磁粉上，增加添入阴模的粉末的重量，进而提高粉末初装密度	有效
3	CN102528030A	2010-12-21	一种高性能轴向环状烧结钕铁硼永磁体的生产方法及其模具	柱芯设置于橡胶模具的内层，模筒设置于所述橡胶模具的外层，并且所述柱芯与所述模筒同轴，模盖垂直地设置于所述柱芯与所述模筒的两端；柱芯的形状和大小与所述模筒的形状和大小相匹配	有效

第一，2007 年，专利 CN201089012Y，技术要点为改变模具结构，减少烧结体产品缺角。主要技术特征为提供一种钕铁硼圆角模具，包括阴模、上冲、下冲。其特点是：阴模由硬质合金制成，阴模模腔四周均设有过渡圆角，上、下冲头分别设有非压制向倒角。阴模四周过渡圆角半径为 1.5mm；其表面粗糙度为 0.2μm，上、下与阴模之间单边间隙 ≤0.02mm。该模具成形过程中，阴模四个圆角可以建立边角部分的压制密度，形成向心力，使产品在成形、烧结过程中不易缺角；上、下倒角可以建立压制面四边的密度，使产品不易缺角。

第二，2009 年，专利 CN102110522A，技术要点为通过对筛网锯齿形状的改变，使其在运动过程中始终产生一个向下的压力，这个力作用在磁粉上，增加添入阴模的粉末的重量，进而提高粉末初装密度。主要技术特征为：将装粉的料盒设置在阴模的上面；将自动装粉的筛网整体被埋设在料盒内的粉末中，位于粉末的中下部分；在料盒的外侧设置与筛网相连的震动气缸，在该筛网面向阴模的侧面上设有数个锯齿形状的凸起，当筛网在外部气缸的带动下左右往复运动时，该锯齿形状的凸起的侧边缘对粉末产生可以打散粉末球的水平力和可以把筛网下面的粉末推进阴模的垂直方向力。最终提高阴模内部填充粉末初装密度，使产品密度均匀，不易变形。

第三，2010 年，专利 CN102528030A，技术要点为改善模具结构，生产轴向环状烧结钕铁硼永磁体。主要技术特征为：柱芯设置于所述橡胶模具的内层，模筒设置于所述橡胶模具的外层，并且柱芯与所述模筒同轴，模盖垂直地设置于所述柱芯与所述模筒的两端；柱芯的形状和大小与所述模筒的形状和大小相匹配。通过采用脉冲充磁取向的方式，提高了产品性能，防止破裂。

总结表 1-5-3 分析的情况可知，中科三环在钕铁硼烧结成形技术方面，申请的专利主要集中在改善压模装置结构方面，加上前面提到的日立金属株式会社许可给中科三环的 3 件专利，可以看出中科三环在稀土永磁材料方面有雄厚的研发实力和坚实的产业基础，在中国、亚洲及欧美拥有广泛和稳定的市场。中科三环通过成立合资公司，利用优良经营资源来扩大生产规模，从而能够增强中国钕铁硼磁体产业的龙头地位，进一步提高公司的竞争力，使公司能够长期、稳定、健康地发展。

（2）烟台正海磁性材料股份有限公司。

烟台正海磁性材料股份有限公司是专业生产高性能磁性材料及磁体组件的高新技术企业。它能够批量生产当今世界顶级的 55N、53N、50M、48M、48H、44SH、40UH、38EH、35AH、28ZH 等 30 多个牌号的烧结钕铁硼磁体。公司产品被广泛应用于信息产业、汽车行业、电力设备、家用电器、石油化工、机械制造、航空航天、医疗器械等领域。烟台正海磁性材料股份有限公司关于钕铁硼烧结成形技术的专利一共有 3 件，可以分为两个阶段。表 1-5-4 对其作详细分析。

表 1-5-4　烟台正海磁性材料股份有限公司专利分析

序号	公开号	申请日	发明名称	技术要点	法律状态
1	CN103000324A	2012-10-17	一种烧结稀土永磁材料及其制备方法	控制压坯密度、取向磁场强度、压制压力、烧结温度等程序，使产品一致性好，不易变形	审中
2	CN103258634A	2013-05-30	一种制备高性能钕铁硼系烧结磁体方法	通过在晶粒表面布置重稀土粉，最终使烧结体不受磁体尺寸的限制，大小均匀	审中
3	CN103680918A	2013-12-11	一种制备高矫顽力磁体的方法	优化永磁体中添加重稀土的工艺	审中

第一，2012 年，专利 CN103000324A，技术要点为控制压制压力及烧结温度。主要技术特征为：压坯密度控制在 $4.0g/cm^3$ 以上；成形装置中的取向磁场强度控制在 1.5T 以上，成形装置内气氛氧含量控制在 200ppm 以下，压坯在氧含量低于 200ppm 的环境下进入烧结炉，先在 200～800℃的温度下进行 2～10h 的脱蜡脱气处理，然后在 900～1060℃的某一温度下进行 1～4h 烧结；在烧结过程中让渗入晶界的物质进一步沿晶界均匀分布，同时发生固液相变反应 L（Rh）+S（$Nd_2Fe_{14}B$）$\longrightarrow$ L（Nd）+$Rh_2Fe_{14}B$，在主相晶粒的四周形成一层均匀的 5～50nm 厚度的具有高各向异性场 HA 的 $Rh_2Fe_{14}B$ 相，从而大大提高磁体的内禀矫顽力及一致性。

第二，2013 年，专利 CN103258634A 及 CN103680918A，技术要点为在晶粒表面添加重稀土。主要技术特征为通过在晶粒表面布置重稀土粉，经压制成形后在压力烧结装置中采用低于正常温度烧结至其相应致密度，然后通过长时间低温度烧结使晶界上布置的重稀土元素沿晶界液相富稀土相扩散，最终使烧结体不受磁体尺寸的限制，大小均匀。

从以上的专利可以看出，烟台正海磁性材料股份有限公司关于钕铁硼烧结成形技术的专利主要集中在调节压制压力、优化添加重稀土工艺等方面。

5.3　重点专利

表 1-5-5 列出了关于钕铁硼烧结成形技术的部分重点专利。重点专利是综合考虑了其被引证频率、同族情况及技术专家的意见筛选确定的。

表 1-5-5　钕铁硼烧结成形技术部分重点专利

序号	公开号	发明名称	申请日	专利权人	被引证频次	技术方案	法律状态
1	US5250255A	Method for producing permanent magnet and sintered compact and production apparatus for making green compacts	1991-12-02	因太金属株式会社	37	通过提高压粉体的磁场取向，改善磁特性；通过利用橡胶模的弹性，使橡胶模具的形状可以调整，最终使生坯无裂缝、龟裂或断裂	失效

续表

序号	公开号	发明名称	申请日	专利权人	被引证频次	技术方案	法律状态
2	US20040101429A1	Powder compacting method，powder compacting apparatus and method for producing rare earth magnet	2003-05-02	日立金属株式会社	11	通过对模腔内填充的粉末材料相接触的面当中，一对加压面只有至少一个加压面由于加压压力而发生弹性变形的单轴加压工序；以及从模腔中取出所述成形体的工序。按照这种粉末加压成形方法，即使粉末材料的填充密度不均匀，也能够以高生产率制造密度分布均匀的成形体	有效
3	CN1062808A	制造永磁铁的方法和装置及用于在磁场作用下成形的橡胶模具	1991-11-30	因太金属株式会社	6	提供一种橡胶模具，在成形过程中采用弹性橡胶模，使磁性取向和磁性得以增强，不会使未烧结压坯产生裂纹	失效
4	CN1293436A	一次成形辐射取向烧结钕铁硼磁环的制作工艺及其模具	2000-09-08	宁波金鸡强磁股份有限公司	4	提供一种以一次成形辐射取向的工艺方法来取代垂直取向的成形工艺，采用上、下模结构，实行双向压制，保证产品密度一致，提高产品质量	有效
5	CN1358595A	一种利用放电等离子烧结制备稀土永磁材料的方法	2001-11-16	清华大学	5	采用熔体快淬法制取永磁材料非晶带；将非晶带进行晶化处理并粉碎成细粉；在压力为 1～5t/cm^2、磁场强度≥15.0kOe 条件下进行压力成形，再在 2～4t/cm^2 条件下进行冷等静压；将压制体置入放电等离子烧结装置中进行烧结及热压变形，烧结温度为 500～900℃，保温 5～40min，烧结产品不易变形，性能稳定	失效
6	CN1273153A	稀土合金粉末加工装置及方法	2000-05-11	日立金属株式会社	2	通过对充填在模具通孔的腔室内的稀土合金粉末进行压缩，改进模具结构，从而防止烧结体弯曲变形	有效
7	CN1033543A	准等静压法压制钕铁硼磁场	1987-12-16	中国科学院三环新材料研究开发公司	3	通过将普通压制成形的磁块毛坯放入乳胶套内，在放有液体介质的压力容器内，在普通压机上加一次压即可成形，从而达到密度均匀一致，烧结后所得磁体的磁性能的均匀性大大提高	失效
8	CN1176471A	径向各向异性钕铁硼基烧结磁体及其制造方法	1997-08-08	日立金属株式会社	3	通过调整生坯密度，可使烧结处理期间接合部分堆积压制体之间的界面的破裂降至最少，同时保持制成高磁特性磁体	有效
9	JP2009049202A	基于制造钕铁硼的烧结磁体的方法和模具用于制造烧结钕铁硼磁体	2008-08-20	因太金属株式会社；三菱商事株式会社	4	模的材料使用与烧结体的摩擦小的碳材料，所以不会产生以烧结收缩引起的摩擦为原因的弯曲及变形，可制造钕铁硼系烧结磁铁	有效

续表

序号	公开号	发明名称	申请日	专利权人	被引证频次	技术方案	法律状态
10	JP06295836A	铁氧体芯的制备	1993-06-30	三星康宁株式会社	1	通过制造一个铁氧体磁芯的方法，磁芯上有多个槽，环状线圈缠绕在其中。上、下模上都有一个以上的突起。上模的槽和下模的突起相互对准。上模的突起和下模的槽也相互对准。这些槽和突起可以使被压缩体在铁氧体磁芯的厚度方向上密度均匀，防止烧结变形	失效
11	CN103594243A	防止烧结钕铁硼磁体开裂的制造方法	2013-11-20	宁波科田磁业有限公司；宁波金田铜业（集团）股份有限公司	0	对已进行磁场取向的磁体进行二次不同压力的压制以减少内应力，经二次模压品进行三个阶段不同升温速度与不同真空度的升温烧结，分别消除水分、去除有机添加剂、消除磁体孔隙内气体和内应力，去除引起磁体开裂的内在隐患，采用三阶段不同冷却速度降温，防止大块磁体因冷却过快而导致冷却开裂	审中
12	CN203791618U	一种可提高烧结钕铁硼成形压坯密度一致性的设备	2014-03-28	宁波恒粲磁业科技有限公司	0	通过对钕铁硼粉末进行预压压制和成形压制，使得毛坯体的各部位均历经压缩比相对较大和压缩比相对较小的前后两次压制，这样压制成形得到的压坯各处密度均匀，烧结后可均匀收缩，不会变形	有效
13	CN201089012Y	钕铁硼圆角模具	2007-08-30	北京中科三环高技术股份有限公司	0	阴模采取硬质合金制成，阴模模腔四周均设有过渡圆角，上、下冲头分别设有非压制向倒角。阴模四周过渡圆角半径为1.5mm；其表面粗糙度为0.2μm，上、下与阴模之间单边间隙≤0.02mm，可以用于大批量生产，减少产品缺角	有效
14	CN202606858U	一种钕铁硼环形毛坯的等静压袋	2012-03-27	安徽大地熊新材料股份有限公司；天津市大地熊机电有限公司	0	通过将环形毛坯套设在圆管上，包覆层将环形毛坯包围在密闭的空间内，液压油可以穿过圆管，挤压环形毛坯通孔的内壁，使整个环形毛坯处于相同的压力作用下，由于毛坯的各部分收缩率一致，所以环形毛坯的密度较为均匀，有效避免在烧结后产生开裂等现象，提高了产品质量	有效

5.4　解决方案

通过对以上重要申请人及重点专利的分析，本报告在解决钕铁硼烧结成形技术问题上，整理出以下的解决方案。

模具材料的选择：建议西工大思强采取碳材料与金属材料结合的方式，模的材料使用与烧结体摩擦小的碳材料，不会产生以烧结收缩引起的摩擦为原因的弯曲及变形，该方法在专利 JP2009049202A 中提到。

压制压力及烧结温度的调节上：建议西工大思强采取二次压制及三阶段升温的方法。二次压制：第一次模压力为 3～5MPa，压制时间为 5～10s；第二次模压力为 1～3MPa，压制时间为 8～15s。三阶段烧结：第一阶段，从常温升温至 350℃时，当温度升至 150～200℃，保温 3～5h 去水汽，当温度升至 300～350℃，保温 3～5h 去除有机添加剂；第二阶段，从 350℃升温至 700℃，保持真空度≤5Pa，当温度升至 580℃时，保温 3～6h 进行脱氢；第三阶段，从 700℃升温至烧结温度 1030～1100℃，保持真空度≤3Pa，当温度升至 800℃时，保温 5～8h，消除孔隙中的气体和内应力，升温至烧结温度 1030～1100℃后，保温 3～6.5h，该方法在专利 CN103594243A 中提到。

在压型的程序调节上：建议西工大思强对钕铁硼粉末进行预压压制和成形压制，预压工序具体表现为设立预压上冲及预压上冲驱动器，先使用预压上冲和下冲对阴模模腔内的钕铁硼粉末进行预压压制，得到预压坯，然后使用上冲头和下冲头对预压坯进行成形压制。得到最终的毛坯体的各部位均历经压缩比相对较大和压缩比相对较小的前后两次压制，这样压制成形得到的压坯各处密度均匀，烧结后可均匀收缩，不会变形，该方法在专利 CN203791618U 中提到。

根据全球及中国专利发展态势，西工大思强应该加强自身的专利布局，迎合钕铁硼烧结技术处于高速发展期的大趋势。日本及中国的企业对压制压力的调节、采用振动的方法、添加增韧材料等方面专利较少，这也是该项目的技术空白点及可加强点，西工大思强可以避开日本企业钕铁硼烧结技术方面的专利“地雷阵”（主要体现在调节模压装置结构方面的专利），进行技术空白点的研发。

5.5 本章小结

第一，全球专利发展态势上，钕铁硼烧结成形技术的全球专利申请方面，申请人数量相对稳定，申请量增长较快，1980—2014 年 30 多年间整体呈现逐年上升趋势，日本专利优势尤为明显，是专利输出主要国家，中国市场近些年来受到日本企业的极大重视，竞争也越来越激烈。

第二，中国专利发展态势上，中国在钕铁硼烧结成形技术上的专利申请进入了高速发展期，表明了中国企业对这一技术的重视程度加深。从专利申请人所在的地区看，浙江、北京、江苏、山西、安徽、天津等省市申请人相对活跃。

第三，钕铁硼烧结成形技术的主要技术研发方向仍然集中在调整压模装置结构、调节烧结温度、调整压制压力、改善压模烧结程序等方面。具体而言，促使钕铁硼毛坯产生变形、凹陷、裂纹的主要原因是在压型过程中，造成毛坯密度不均匀，最终导致密度小的地方收缩大，密度大的地方收缩小。所以，改善压模装置结构是各个企业目前研究的主要技术主题。

第四，目前来看，关于钕铁硼烧结成形技术潜在技术点主要表现在利用振动磁场使钕铁硼粉末在模具腔中产生抖动、添加增韧材料使钕铁硼毛坯不易产生裂纹、添加润滑剂消除粉末间空隙等。以上技术目前是各个企业研究较少的潜在技术点，西工大思强可从这些方面加强自己的研发及专利布局。

第五，主要申请人方面，钕铁硼烧结成形技术的主要申请人包括因太金属株式会社、住友特殊金属株式会社、东电化集团、日立金属株式会社、三菱商事株式会社、北京中科三环高技术股份有限公司、安徽大地熊新材料股份有限公司、宁波韵升股份有限公司等。其中，因太金属株式会社的技术特长主要体现在对钕铁硼压型模具材料的选择、模具的尺寸形状及粉末的填充方法上。日立金属株式会社的技术特长主要体现在对压坯密度的选择、模具结构及烧结箱材料的选择以及压型程序等方面。北京中科三环高技术股份有限公司的技术特长主要体现在压模结构的布置、压模材料的选择及调整压制压力上。烟台正海磁性材料股份有限公司的技术特长主要集中在调节压制压力、优化添加重稀土工艺等方面。以上国内外申请人的重要技术特长可为西工大思强提供借鉴。

第 6 章　结论与建议

6.1　结论

在钕铁硼烧结工艺技术领域。根据本报告研究分析可知，专利申请人数量相对稳定，申请量增长较快，主要集中于日本和中国，日本的技术发展趋于成熟平稳，是专利输出主要国家，而中国正处于高速发展阶段，中国市场近年来受到日本企业的极大重视，竞争也越来越激烈。从中国专利申请人所在的地区看，浙江、北京、江苏、山西、安徽、天津等省市申请人相对活跃。国内外企业竞争激烈。重要申请人中，日本主要有住友特殊金属株式会社、日立金属株式会社、因太金属株式会社等。而中国主要有北京中科三环高技术股份有限公司、宁波韵升股份有限公司、浙江大学、钢铁研究总院等企业或科研院所。

在 SC 片厚度及晶相控制方面。技术热点集中在辊轮转速的研究，相关技术较为成熟，加速辊轮冷却次之，而有关浇注温度和改变冷却速度抑制α-Fe 析出及通过调整喷嘴达到控制 SC 片厚度均匀的专利申请量较少。目前关键技术方面：坩埚优选石英材质，辊轮采取铜或钢质，浇注应在压力为 30kPa 或以下的减压惰性气体气氛中进行；流动速率为 0.1kg/s，辊轮可以采用单辊和双辊冷却两种方式，单辊表面速度设定为 2～12m/s；选用双辊冷却时两辊间距最好为 0.05～0.2mm，辊子线速度优选地为 1.5～5m/s。因恒流量浇注的过程是很多因素共同动态作用的结果，企业可以在生产过程中加装物理传感器采用智能控制手段进行动态控制。申请人方面，日本住友特殊金属株式会社在 SC 片厚度及晶相控制的技术研究上，不管是从辊轮材料的选择、辊轮转速的确定、辊轮结构的设计（单辊或双辊），还是在 SC 片的快速冷却凝固方面，技术均趋于成熟。

在钕铁硼烧结成形技术方面。第一，主要技术研发方向仍然集中在调整压模装置结构、调节烧结温度、调整压制压力、改善压模烧结程序等方面。具体而言，促使钕铁硼毛坯产生变形、凹陷、裂纹的主要原因是在压型过程中，造成毛坯密度不均匀，最终导致密度小的地方收缩大，密度大的地方收缩小。所以，改善压模装置结构是各个企业目前研究的主要技术主题。第二，本项目整理出的主要重点技术有以下几个方面：模具材料的选择上，西工大思强可采取碳材料与金属材料结合的方式，模的材料使用与烧结体摩擦小的碳材料，不会产生以烧结收缩引起的摩擦为原因的弯曲及变形，该方法在专利 JP2009049202A 中提到；压制压力及烧结温度的调节上，西工大思强可采取二次压制及三阶段升温的方法，该方法在专利

CN103594243A 中提到；在压型的程序调节上，对钕铁硼粉末进行预压压制和成形压制，预压工序具体表现为设立预压上冲及预压上冲驱动器，先使用预压上冲和下冲对阴模模腔内的钕铁硼粉末进行预压压制，得到预压坯，然后使用上冲头和下冲头对预压坯进行成形压制，得到最终的毛坯体的各部位均历经压缩比相对较大和压缩比相对较小的前后两次压制，这样压制成形得到的压坯各处密度均匀，烧结后可均匀收缩，不会变形，该方法在专利CN203791618U 中提到。第三，主要申请人方面，钕铁硼烧结成形技术国外主要申请人包括因太金属株式会社、住友特殊金属株式会社、东电化集团、日立金属株式会社等。中国主要申请人包括北京中科三环高技术股份有限公司、安徽大地熊新材料股份有限公司、宁波韵升股份有限公司等。其中，因太金属株式会社的技术特长主要体现在对钕铁硼压型模具材料的选择、模具的尺寸形状及粉末的填充方法上。日立金属株式会社的技术特长主要体现在对压坯密度的选择、模具结构及烧结箱材料的选择以及压型程序等方面。北京中科三环高技术股份有限公司的技术特长主要体现在压模结构的布置、压模材料的选择及调整压制压力上。烟台正海磁性材料股份有限公司的技术特长主要集中在调节压制压力、优化添加重稀土工艺等方面。以上国内外申请人的重要技术特长可为西工大思强提供借鉴。

6.2　建议

根据全球及中国专利发展态势，西工大思强应该加强自身的专利布局，迎合钕铁硼烧结技术处于高速发展期的大趋势。建议其加强研发创新，及早将创新成果专利化，将企业的发展方向与专利布局相结合，构建适合企业自身发展的专利战略，完善专利管理制度，提高技术专利质量化。

SC 片厚度及晶相控制技术研发方面，借鉴大量辊轮转速控制 SC 片厚度均匀的专利技术，将更多研发实力投入改变冷却速度和调整辊轮转速等冷门技术上，并注意避开国内外比较强劲的竞争对手如日本住友特殊金属株式会社、日立金属株式会社及国内竞争对手北京中科三环高技术股份有限公司等的专利壁垒；可以在生产中利用日本精确控制坩埚方面以控制 SC 片厚度均匀和改变冷却速度以抑制α-Fe 的相关数据，提高自己的生产效率。

钕铁硼烧结成形技术方面，日本及中国的企业采用振动的方法、添加增韧材料等方面专利研究较少，西工大思强可在这些技术分支领域进行研发，尽快占领专利制高点。钕铁硼烧结成形技术潜在技术点主要表现在利用振动磁场使钕铁硼粉末在模具腔中产生抖动、添加增韧材料使钕铁硼毛坯不易产生裂纹、添加润滑剂消除粉末间空隙等。以上技术目前是各个企业研究较少的潜在技术点，西工大思强可从这些方面加强自己的研发及专利布局。

在一些必须用到的关键技术方面，建议西工大思强向北京中科三环高技术股份有限公司或宁波韵升股份有限公司学习，采取专利许可的方式，引进日本企业的重点专利技术。西工大思强只有紧跟国际先进技术水平，搞好技术自主创新，并与国际先进企业通过合资、合作构成战略联盟，创出知名品牌，以充分发挥资源优势，才能在竞争中立于不败之地。

第二篇
废水资源化利用系统专利分析报告

第 1 章　项目背景与需求

1.1　项目背景

兰炭产业肇始于 20 世纪 90 年代的陕西省榆林市神木及周边县区。神木群众将当地特有的优质煤炭用明火堆烧，并将堆烧熄灭后的固体炭化产品称为兰炭，供给电石、铁合金企业应用，取得良好效果。自此，企业开始大量生产及利用兰炭。之后，国家取缔土法炼焦，兰炭开始了第一轮升级换代，进入炭化炉冶炼时代。到目前，经过近 30 年的不断发展，榆林市的兰炭产业已逐渐成为该市经济发展的支柱产业之一，被纳入了国家产业目录[1]。

随着兰炭产业不断壮大，伴随而来的兰炭废水处理问题也越来越突出。近些年，中国的环境污染日益严重，中国在环保方面受到来自国际社会的压力也越来越大。不仅如此，自“雾霾事件”以来，环境问题也引起中国社会各界高度重视，这使得国家和地方在环保标准的制定、污染产业的准入门槛等方面都有提高之势，并且在环境保护的行政执法力度上也在不断加强。

2014 年，中国炼焦行业协会同陕西省行业管理部门，共同组织行业专家编制了《半焦（兰炭）企业焦化准入基本技术条件》，为申请焦化准入的半焦（兰炭）企业提供技术参考，引导企业严格执行焦化行业准入条件，提高装备、技术和管理水平，实现污染物达标排放[2]，该基本技术条件于 2017 年开始正式实行[3]。

另外，中国国家及地方的相关文件、法规对污染物排放标准有着详细规定，其中，国家废水排放标准见表 2-1-1，陕西省污水排放标准见表 2-1-2。

表 2-1-1　国家污水综合排放标准之五种污染物最高排放浓度

单位：mg/L

污染物	适用范围	一级标准	二级标准	三级标准	备注
色度	一切污染单位	50	80	—	①此表依中国《污水综合排放标准》GB 8978—1996 及《地面水环境质量标准》GB 3838—88 制作
化学需氧量（COD）	味精、酒精、医药原料药、生物制药、苎麻脱胶、皮革、化纤浆粕工业	100	300	1000	
	石油化工工业（包括石油炼制）	60	120	—	
	城镇二级污水处理厂	60	120	500	
	其他排污单位	100	150	500	

续表

污染物	适用范围	一级标准	二级标准	三级标准	备注
挥发酚	一切排污单位	0.5	0.5	2.0	②本报告以国家二级标准为参考 ③中国 1998 年 1 月 1 日前后建立的单位使用标准不同，本例以 1998 年 1 月 1 日后建设的单位为准
氨氮	医药原料药、染料、石油化工工业	15	50	—	
	其他排污单位	15	25	—	
	黄磷工业	10	15	20	
五日生化需氧量（BOD5）	甜菜制糖、酒精、味精、皮革、化纤浆粕工业	20	100	600	
	城镇二级污水处理厂	20	30	—	
	其他排污单位	20	30	300	
	甜菜制糖、合成脂肪酸、湿法纤维板、染料、洗毛、有机磷农药工业	100	200	1000	

表 2-1-2　陕西省污水综合排放标准之五种污染物最高排放浓度

单位：mg/L

污染物	一级标准	二级标准	三级标准	备注
BODs	20	25	300	此表依《渭河水系（陕西段）污水综合排放标准》DB 61/224—2006 制作
COD	80	135	500	
挥发酚	0.3	0.4	2.0	
氨氮	12	18	25	
石油类	5	8	15	

兰炭废水主要源于煤气净化工段的剩余循环水、熄焦废水及厂区生活污水，此外，相关资料表明：兰炭废水中化学需氧量（COD）和氨氮（NH_3-N）含量较高，属于难处理的工业废水之一[4]。典型的兰炭废水水质成分见表 2-1-3。

表 2-1-3　典型兰炭废水水质成分

单位：mg/L

COD	苯酚	NH_3-N	石油类	CN^-
＜30000	＜3000	＜4000	＜2000	＜1000

由此可见，兰炭废水属于典型的难降解有机废水，处理难度大，目前已成为环境保护领域亟待解决的一个难题。

1.2　企业问题及研究需求

全球对环境污染问题的重视，驱使企业周围的政策环境发生着改变。这可以从新旧版本的焦化行业准入条件对比中窥见一斑。旧版《焦化行业准入条件（2008 年修订）》在有关污水处置方面作了如下规定："生产污水应配套建设污水焚烧处理或蒸氨、脱酚、脱氰生化等有效处理设施，并按照设计规范配套建设生产污水事故储槽（池），生产废水严禁外排。"在新版《半焦（兰炭）企业焦化准入基本技术条件》中，此内容改为"生产废水应配套建设废水焚烧处理设施或其他有效废水处理装置，并按照设计规范配套建设事故储槽（池），企业熄焦水必须闭路循环"。新版明显更有针对性，措辞更加严厉。这反映了国家严控污水排放的决心，意味着企业不仅在废水处理问题上的责任更加明晰，而且可能面临更强的执法力度。

面对日益严峻的政策环境，陕西华祥能源科技集团有限公司（简称"华祥公司"）要达到国家排污标准，并且符合 2017 年实行的新版《半焦（兰炭）企业焦化准入基本技术条件》的要求，就有必要在兰炭废水处理技术领域取得进一步成果。

目前，华祥公司在兰炭废水资源化利用方面的工艺流程如图 2-1-1 所示。兰炭废水首先经过油水分离系统回收煤焦油，接着通过萃取脱酚系统回收酚，接下来通过蒸氨系统回收氨盐。

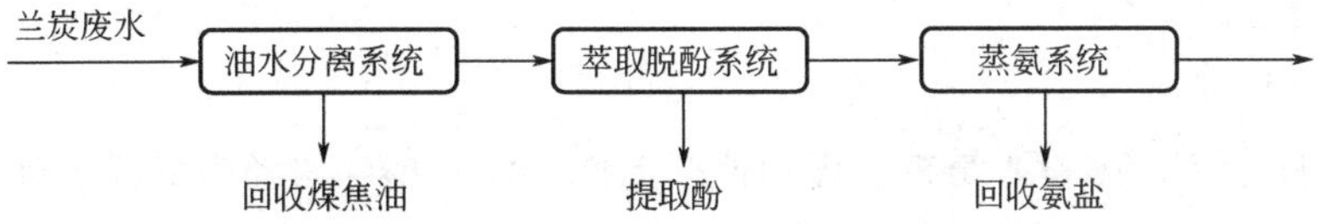

图 2-1-1 兰炭废水资源利用工艺流程图

1.2.1 油水分离

油水分离是整个兰炭废水处理的第一步，也是最关键的步骤，其目的是回收兰炭废水中的煤焦油，使废水中的油和水分离。兰炭废水中的油包括浮油、分散油、乳化油、溶解油和固体合油，其中，乳化油滴粒径小于 10μm，不易从废水中分离出来。因此，除油技术的关键点是对乳化油进行破乳并分离。

目前，华祥公司处理乳化油的方式为：在油水分离系统中，安装一个装有填充材料的粗粒化装置，当兰炭废水通过该装置时，借助填料间隙的作用，将油滴聚集为油膜，随着油膜厚度的增加，最终破裂。

实践发现，该乳化油的处理方式效果并不理想，加大了后续的酚提取环节和氨盐提取环节的难度。因此，本项目的第一需求是：如何处理兰炭废水中的乳化油，且鉴于资源化利用的考虑，本项目重点关注采用物理方法处理乳化油。

1.2.2 萃取脱酚

萃取脱酚指依据萃取原理回收废水中酚的过程，目前比较成熟的方法是通过萃取剂萃取脱酚。

华祥公司目前已有萃取效果较好的萃取剂，但该萃取剂价格比较昂贵，并且在循环使用的过程中损失较大，导致成本较高，所以减少萃取剂损失，提高萃取剂的循环使用寿命，进而降低成本，是目前华祥公司在萃取回收酚方面亟须解决的难题。

针对上述问题，华祥公司的需求是：萃取脱酚系统中如何更好地回收萃取剂，减小损失，提高萃取剂循环使用寿命。

1.2.3 蒸氨系统设备堵塞

蒸氨系统是在蒸氨塔中将含氨废水通过热载体传热而挥发出氨气的过程。华祥公司在废水脱氨过程中所采用的是蒸氨的方式，但蒸氨设备中往往会造成系统堵塞，其原因主要是本级系统水中的 CO_2 与 NH_3 反应形成的碳酸氢铵结晶物质易堵塞蒸氨设备。对此，华祥公司采取的措施是在蒸氨塔结构方面进行改进，将蒸氨塔由原来的填料结构改为现在的空塔结构，但效果仍不理想。

针对上述问题，华祥公司的需求是：蒸氨系统中，如何防止碳酸氢铵结晶物质形成，以及如何去除碳酸氢铵结晶物质。

1.3 技术背景

兰炭（又称半焦、焦粉）是神府煤田盛产的优质侏罗精煤块经中低温干馏（约 650℃）烧制而成的一种碳素材料。兰炭主要分布在陕西府谷、内蒙古包头、山西大同等地。作为一种新型的碳素材料，以其固定炭高、比电阻高、化学活性高、含灰分低、铝低、硫低、磷低的特性，正逐步取代冶金焦而广泛运用于电石、铁合金、硅铁、碳化硅等产品的生产，成为一种不可替代的碳素材料。

在兰炭生产过程中会产生大量的兰炭废水，其主要来源为冷却洗涤煤气的循环水和生产过程中的分离水。另外，兰炭在生产过程中产出的焦油量大，低分子质量有机质多，因而废水中含有大量未被高温氧化的污染物，其浓度要比焦化废水高出 10 倍左右，这导致其比焦化废水更难处理[5][6]。兰炭废水和焦化废水水质对比情况见表 2-1-4。

表 2-1-4 中国焦化及兰炭废水水质

水质指标	COD/（mg/L）	NH_3-N/（mg/L）	挥发酚/（mg/L）	色度/倍	油/（mg/L）
焦化废水	1500～4000	300～600	600～900	230～600	50～70
兰炭废水	30000～40000	2500～3000	3000～5000	10000～30000	1000～1500

由于兰炭行业兴起较晚，目前国内外还没有成熟的兰炭废水处理工艺，现有的处理方法主要借鉴与其水质相似的焦化废水的处理方式。兰炭废水处理系统通常包括常规的两级处理，一级处理为物化处理，二级处理为生化处理[7]。

物化处理是从高浓度废水中回收污染物，工艺包括油水分离、萃取脱酚及蒸氨等。一般在油水分离系统中，可实现油、水、渣的分离，浮油定期排入回收油池，罐底的油泥定期排入泥渣池，废水则送入萃取脱酚系统。经脱酚处理后的废水再送入蒸氨系统，对废水进行脱氨处理。由于经物化处理后的废水很难达到熄焦回用水标准，废水中的COD 值及氨氮含量仍然很高，导致生化处理难度非常大，因此，需要进一步提高废水的可生化性。

生化处理是对物化处理后的废水进行无害化处理，以活性污泥法为主，利用微生物来处理污水中呈溶解或胶体状的有机污染物质。废水经过上述处理后，其中某些有毒有害物质（如氰化物、COD 及氨氮等）仍达不到国家允许的排放标准，主要污染物需要进一步深度处理，但是深度处理费用非常昂贵。因此，提高物化处理和生化处理的效果，是目前兰炭行业内亟须解决的技术难题。

1.3.1　油水分离系统

兰炭废水油水分离系统是指经过中、深度除油设备，资源化回收废水中煤焦油的系统。该系统的基本流程如图 2-1-2 所示。

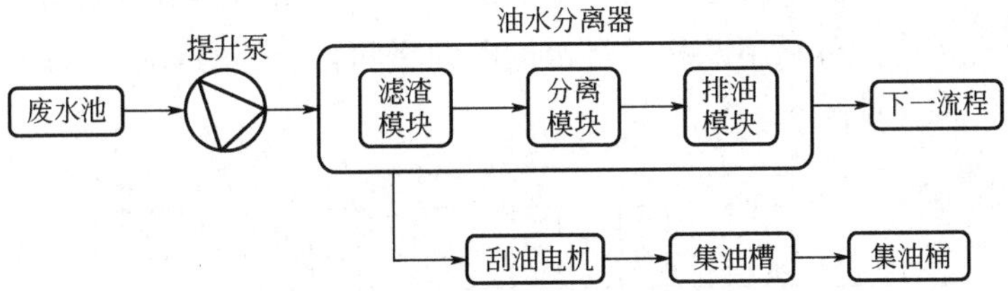

图 2-1-2　油水分离系统基本流程示意图

油水分离所依据的技术原理有许多种，大体可归类为物理分离法、化学分离法及电浮分离法[8]。物理分离法是利用油水的密度差或过滤吸附等物理现象使油水分离的方法，主要特点是不改变油的化学性质而将油水分离。其主要包括重力分离法、过滤分离法、聚结分离法、气浮分离法、吸附分离法、超滤膜分离法及反渗透分离法等。化学分离法是向含油污水中投放絮凝剂或聚集剂，其中絮凝剂可使油凝聚成凝胶体而沉淀，而聚集剂则使油凝聚成胶体使其上浮，从而达到油水分离的一种方法。电浮分离法是把含油污水引进装有电极的舱柜中，利用电解产生的气泡在上浮过程中附着油滴而加以分离，从而实现油水分离的方法，实际上是一种物理化学分离方法。此外，乳化油可用活性污泥法（生物化学法）分离。

依据不同的原理制造的油水分离器结构也各异。在选择分离方法的过程中有必要考虑废水中油的成分及状态。由前可知，除油技术的关键点是对乳化油进行破乳并分离。

现有的破乳方法包括物理方法和化学方法[9][10][11]。

物理破乳法主要是聚结破乳。聚结破乳是含油废水通过一个装有填充材料粗粒化装置。当经过特殊填充物床层时，借助填料间隙的作用，将一定粒径的小油滴聚集成油膜。随着油膜的厚度不断增加，油膜外层的附着能力降低，在水流的作用下，油膜最终破裂，形成大的油滴迅速上升。经过聚结处理后的废水更容易用重力分离法去除其中的分散油。该技术关键是粗粒化填充材料，材料的形状主要有纤维状和颗粒。此外，物理破乳法还包括高压静电法、剧烈搅拌和震荡法、高速离心法及加热或冷冻法破乳。

化学破乳法主要利用破乳剂改变油水界面性质或膜强度。由于药剂与油水面上存在天然乳化剂作用，发生物理或化学反应，吸附在油水界面上降低水中油滴的表面张力，降低界面膜强度，使乳状液滴絮凝、聚并，最终破乳，提高油水分离的效率。常用的无机乳化剂有硫酸铝、硫酸亚铁、三氯化铁、聚合氯化铝等。常用的有机乳化剂有聚醚型、聚酰胺型、聚丙烯酸型等，不同破乳剂的 pH 使用范围不同。为增强絮凝效果，往往两个或几种破乳剂复合使用。

在废水资源化利用过程中进行油水分离的目的是为了回收焦油，但是化学方法破乳易破坏乳化油的本质，影响油的回收。因此，物理方法破乳更受到企业的青睐。

1.3.2 萃取脱酚系统

萃取脱酚是采用萃取法脱酚的过程，萃取法是由有机相和水相相互混合，水相中要分离出的物质进入有机相后，再利用两相质量密度不同将两相分开的方法。萃取脱酚是工业废水处理过程中重要一环（见图 2-1-3）。

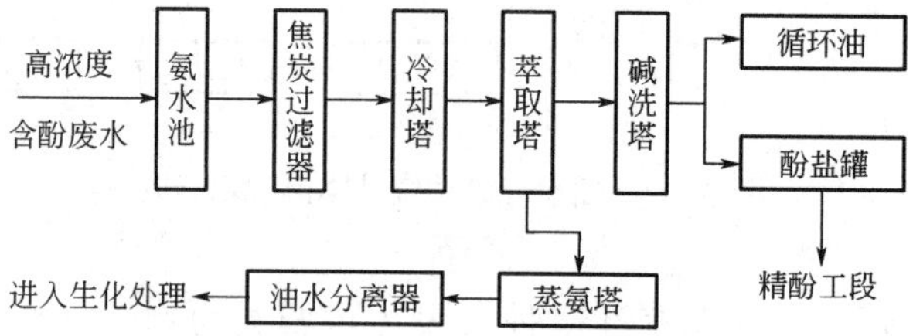

图 2-1-3　萃取脱酚处理工艺流程

萃取脱酚法主要有两种方式：配位萃取脱酚及物理萃取脱酚。

配位萃取脱酚[12][13]是在萃取塔内使废水与配位萃取剂逆流接触，进行萃取脱酚的过程。配位萃取剂一般是由配位剂、助溶剂及稀释剂组成的。在配位萃取过程中，助溶剂和稀释剂的作用是十分重要的。常用的助溶剂有辛醇、甲基异丁基酮、乙酸丁酯、二异丙醚、氯仿等。常用的稀释剂有脂肪烃类（正己烷、煤油等），芳烃类（苯、甲苯、重苯等）。

物理萃取脱酚[14]是在萃取塔内使废水与物理萃取剂逆流接触，进行萃取脱酚的过程。物理萃取剂主要选用苯、重苯、重溶剂油、乙酸乙酯、异丙醚等，它们对酚类物质均能提供比较高的平衡分配系数 D 值。物理萃取过程的分配系数的大小是选择物理溶剂的重要标准之一。

目前，工业废水处理采用的萃取脱酚工艺已趋于成熟，但萃取剂在循环使用中的部分损失将降低经济效益。所以，如何提高萃取剂的循环使用寿命，是该技术领域的难点。

1.3.3　蒸氨系统

蒸氨系统是在蒸氨塔中将含氨废水通过热载体传热而挥发出氨气的系统（见图 2-1-4）。

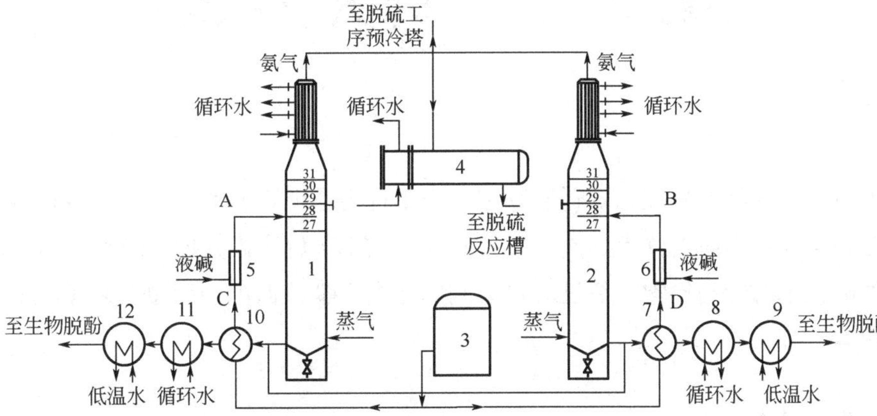

图 2-1-4　蒸氨系统流程示意图

1—3#蒸氨塔；2—1#、2#蒸氨塔；3—剩余氨水槽；4—氨气冷凝器；5，6—混合器；7，10—废水剩余氨水换热器；8，11—废水一段冷却器；9，12—废水二段冷却器；图中 A 与 B 相连，C 与 D 相连

该系统中蒸氨塔的工作原理为：采用一般的载热体水蒸气作为加热剂，使循环水液面上氨气的平衡蒸气压大于热载体中氨气的分压，气液两相逆流接触，进行传质传热。从而使氨气逐渐从循环水中释放出来，在塔顶得到氨蒸气与水蒸气的混合物，在塔底得到较纯净的循环水[15]。

但在蒸氨系统中，废水中同时存在较高浓度的 CO_2 与 NH_3 时，两者易反应形成碳酸氢铵结晶物质，从而造成设备堵塞。如何防止设备和管道的堵塞是目前蒸氨方面的难点。针对此问题，行业中有企业进行了从工艺方面改进以解决设备堵塞问题的研究。具体来说，是先脱酸（除 CO_2）再脱氨（除 NH_3），蒸氨塔上部除 CO_2，中部除 NH_3。这种方法效果更好，但也存在蒸气消耗量大的问题。

第 2 章　研究方法

本报告通过采用非专利文献资料研究和合作单位需求调查的形式，结合多种专利文献体系、多个专利文献数据库的优点，确定研究对象的技术分解表，并据此进行废水资源化利用领域及其关键技术的专利检索。通过对检索到的专利文献数据进一步加工整理，形成专利数据分析的样本。

2.1　技术分解

本报告基于行业习惯，并结合本次项目的需求，进行了技术分解。技术分解如表 2-2-1 所示。

表 2-2-1　技术分解表

<table>
<tr><th>一级技术分支</th><th>二级技术分支</th><th>三级技术分支</th><th>四级技术分支</th></tr>
<tr><td rowspan="14">煤化工废水资源利用系统</td><td rowspan="7">兰炭废水资源利用系统</td><td rowspan="2">深度油水分离系统</td><td>物理破乳</td></tr>
<tr><td>化学破乳</td></tr>
<tr><td rowspan="2">萃取脱酚系统</td><td>物理萃取脱酚</td></tr>
<tr><td>配位萃取脱酚</td></tr>
<tr><td rowspan="2">蒸氨系统</td><td>单塔气提</td></tr>
<tr><td>双塔气提</td></tr>
<tr><td>生化系统</td><td></td></tr>
<tr><td rowspan="7">焦化废水资源利用系统</td><td rowspan="2">深度油水分离系统</td><td>物理破乳</td></tr>
<tr><td>化学破乳</td></tr>
<tr><td rowspan="2">萃取脱酚系统</td><td>物理萃取</td></tr>
<tr><td>配位萃取</td></tr>
<tr><td rowspan="2">蒸氨系统</td><td>单塔气提</td></tr>
<tr><td>双塔气提</td></tr>
<tr><td>生化系统</td><td></td></tr>
</table>

技术分解表包括两个技术分支，兰炭废水资源利用和焦化废水资源利用，由上而下逐级进行技术分解。一级为煤化工废水资源利用系统，二级分别为两种主要煤化工废水资源化利用系统，即兰炭废水资源化利用系统和焦化废水资源化利用系统。在二级技术分解的基

础上进行下位分解，得到各个二级技术分支下的三级技术分支，分别为深度油水分离系统、萃取脱酚系统、蒸氨系统和生化系统。再在三级技术分支的基础上进行下位分解得到四级技术分支。

对技术分解表中的每一个技术分支均给出了技术定义，技术定义如表 2-2-2 所示。

表 2-2-2　技术定义表

术语	定义
煤化工废水资源利用系统	煤化工废水资源利用系统即煤化工废水处理系统，煤化工废水以高浓度煤气洗涤废水为主，含有大量酚、氰、油、氨氮等有毒、有害物质，煤化工废水资源化利用即降解废水中有毒、有害物质的过程，降低废水中 CODcr、氨氮、色度和浊度等指标，并回收废水中的有价物质，如酚、氨氮等
兰炭废水资源利用系统	兰炭废水是煤在中低温干馏（约 650℃）过程中产生的废水，主要来源于冷却洗涤煤气的循环水和生产过程中的分离水，兰炭废水资源化利用即降解废水中 COD、BOD、SS、油等含量，并回收废水中的有价物质，如酚、氨氮
焦化废水资源利用系统	焦化废水是煤制焦炭、煤气净化和焦化产品回收的过程中大量产生的以含酚为主的高浓度有机废水，焦化废水处理即降解废水中有机污染物、油、氨氮等含量，并回收废水中的有价物质
深度油水分离系统	深度油水分离系统是采用粗粒化（聚结）原理，利用除油装置除去废水中焦油的过程
萃取脱酚系统	萃取脱酚系统是利用萃取剂萃取回收废水中有机物酚的过程
蒸氨系统	蒸氨系统是在蒸氨塔将含氨废水通过热载体传热而挥发出氨气的过程
生化系统	经过除油、脱酚、脱氨处理的废水仍然不能达到废水排放标准，则需要通过生化法进一步处理。生化处理技术主要包括普通活性污泥法、A/O（缺氧/好氧）法、AA/O（厌氧-缺氧/好氧）法、A/OO（缺氧/好氧-好氧）法、O-A/O（初曝-缺氧/好氧）法及 SBR（序批式活性污泥）法
物理破乳	物理破乳包括高压静电法、剧烈搅拌和震荡法、高速离心法及加热或冷冻法破乳
化学破乳	化学破乳是在乳液中投加酸类、盐类、换型乳化剂、混凝剂及各种专用有机高分子破乳剂等
物理萃取脱酚	物理萃取主要是选用苯、重苯、重溶剂油、乙酸乙酯、异丙醚等作为萃取溶剂进行萃取脱酚
配位萃取脱酚	一般是由配位剂、助溶剂及稀释剂组合进行萃取脱酚
单塔气提	利用一个气提塔将含氨废水通过热载体传热而挥发出氨气
双塔气提	利用两个气提塔，即一个脱酸塔和一个脱氨塔将含氨废水通过热载体传热而挥发出氨气

2.2　数据检索及处理

2.2.1　检索对象描述

本项目研究的是废水资源化利用系统中存在的具体问题的解决方案，包括油水分离系统中乳化油的破乳方法、萃取脱酚系统中萃取剂的循环使用方法、蒸氨系统中防止碳酸氢铵结晶物质堵塞设备的方法。

2.2.2 检索策略及要素

1. 检索策略

经过对废水资源化利用领域的初步分析，我们制定了以下检索策略：①对全领域各技术分支采用分总模式。主要是借助关键词之间的或与并的方式进行检索，检索数据库主要是采用专利信息服务平台和 IncoPat 科技创新情报平台。②对关键技术采用多种检索手段相组合的模式，选用专利信息服务平台和 IncoPat 科技创新情报平台数据库进行检索，检索思路如图 2-2-1 所示。

图 2-2-1 检索思路图

2. 检索要素

本次检索首先是使用关键字和分类号进行组合检索。其次进行补充检索，通过阅读多篇技术特征较明显的专利文献后，基于技术特征进行检索。检索要素如表 2-2-3 所示。

表 2-2-3 检索要素表

问题点	关键词	分类号
废水资源化利用	兰炭，半焦，焦粉，焦块，焦炭，侏罗精煤块，焦化，废水，污水，洗涤水，资源化，净化，利用，处理，回用，回收，循环，semicoke，coking，wastewater，waste water，effluent，outlet water，waste liquids，wastewaters，washes，waste fluid	C02F9 C02F1 C10C1 C02F3 C02F103
乳化油破乳	乳化油，焦油，破乳，除油，脱除、油水分离，emulsified，oil，breaking，demulsifying，demulsification，recovery，recovering，distillation，distilling，separators，separation，removal	
萃取剂循环	萃取剂，酚，萃取，脱除，回收，循环，extractant，extraction，phenol，phenols，phenole，polyphenol，bisphenol，phenolate	
防碳酸氢铵堵塞	蒸氨，堵塞，碳酸氢铵，碳酸，二氧化碳，氨，脱酸，脱氨，脱氮，deacidified，deacidification，ammonia，carbonic acid，clogging，clogged，nitrogen，ammonical，ammonium，ammoniacal，CO2，NH3	

2.2.3 检索范围及结果

1. 检索范围

（1）时间范围：中文检索时间为公开日在 2015 年 3 月 27 日以前；外文检索时间为公开

日在 2015 年 3 月 30 日以前。

（2）数据范围：专利文献来源为专利信息服务平台和 IncoPat 科技创新情报平台。非专利文献来源：中文来源为 Baidu 搜索引擎、中国知网文献库、Google 搜索引擎；外文来源为 Baidu 搜索引擎和 Google 搜索引擎。

（3）技术边界：

油水分离系统中乳化油的破乳方法，处理的对象是废水中的乳化油，分析的对象是破乳方法，所以在焦化废水、含油废水处理中，对乳化油进行破乳。分离乳化油的专利在本项目研究范围内，其他除油的专利不在本项目研究范围内。

萃取脱酚系统中萃取剂的循环使用方法，处理的对象是废水中的酚，分析的对象是如何循环使用萃取剂，包括如何回收萃取剂、如何减少萃取剂的损失。关于萃取剂选取的专利不在本项目研究范围内。

蒸氨系统中防止碳酸氢铵结晶物质堵塞设备，处理的对象是含氨废水中的氨和二氧化碳，分析的对象是如何脱氨、脱酸，如何除去碳酸氢铵结晶物质。关于蒸氨塔的设备、处理含氨废水中其他物质的专利不在本项目研究范围内。

2. 检索结果

一般来说，任何一个检索式都不可避免会有噪声。本报告的数据去噪处理主要采取检索工具批量去噪，同时结合人工逐篇阅读去噪的方式。利用检索工具进行批量去噪时，我们对清理出来的“噪声数据”再次进行分析，找回被误清理的有效文献，直至达到满意的去噪效果。

检索结果评估所使用的指标是查全率和查准率。全面而准确的检索结果是后续专利分析的基础，该评估结果是调整检索策略、能否终止检索的重要依据。查全率用来评价检索的全面性，即评价检索结果涵盖检索主题下的所有专利文献的程度。查准率用来衡量检索结果的准确性，即评价检索结果是否与检索主题密切相关。查全率的评估通常在初步查全和去噪后进行，查准率的评估通常在查全工作结束后进行。

本报告的关键技术点、主要竞争对手及总样本的检索结果和评估结果见表 2-2-4。

表 2-2-4　检索结果和评估结果

数据块	数据类别	检索结果/件	查全率/%	去噪后数据/件	查准率/%
关键技术点	中文	2380	96.4	914	94.9
	外文	7476	92	1800	90
主要竞争对手	中文	701	98	135	96.8
	外文	4944	95.8	310	90
总样本	中文	7743	97.6	3148	90.1
	外文	10976	87	2365	88

2.2.4 标引及数据处理

本报告进行人工阅读手动标引技术分支和技术功效是多人同步进行的，在进行标引之前先统一标引标准。

由于不同数据库格式存在差异、某些数据库在加工录入数据时可能有差错、不同国家或地区的专利部门对申请人的要求有差别等原因，随意在检索中获得的原始数据格式并不统一，需要进行归一化处理，以便满足后续的统计分析软件 Excel 要求。数据项归一化主要包括分类号、日期格式、公开号的规范化、申请人国别的处理、申请人名称的去重和归一化、发明人名称统一化等。涉及申请人名称合并、申请人关系确定、申请人国际认定等方面的规范至关重要。在申请人规范中主要考虑以下情况：①申请人名称的标书差异；②总公司与子公司，总公司及其下属的子公司可能在同一领域都有相关申请，应当将子公司和母公司合并为一个申请人；③合资公司，由几个出资方共同组成合资公司的专利申请，一般将其归属于股份最大的出资方。

第 3 章　油水分离系统中乳化油处理技术

油水分离系统中存在的技术问题是乳化油难处理，处理乳化油即破坏乳化油的状态，简称破乳。破乳方法主要包括物理方法和化学方法，化学方法易破坏油的本质，在废水资源化利用中需要回收废水中的有用物质，因此，本报告主要关注物理方法破乳。

本章针对油水分离系统中乳化油破乳的相关技术专利状况进行了分析，主要涉及申请趋势、技术构成及技术发展路线分析。在此基础上，本章提出了多种具体解决方案，并通过对比分析各解决方案，最终创造性地提出了适合华祥公司的两级破乳方案。

3.1　专利概况

3.1.1　申请趋势

图 2-3-1 所示是油水分离系统全球相关专利申请量的发展态势。从中可以看出，该领域的专利申请最早可以追溯到 1898 年，而且发展态势大致可以分为两个阶段。

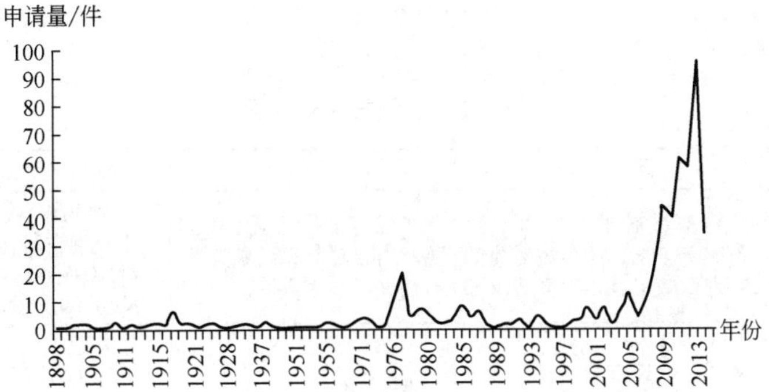

图 2-3-1　油水分离系统专利申请趋势

第一阶段，在 2006 年之前有关油水分离技术的专利申请量较少，且总体上一直处于比较平稳的状态，仅在 1975—1977 年，申请量有小幅度的增长，其中 1977 年申请量达到了 20 件。

第二阶段，自 2006 年起，油水分离技术领域的专利申请量开始陡增，且在 2013 年申请量达到了一个峰值，数量突破了 90 件。据查，2006 年之后，该领域技术所增加的专利申请主要集中在中国。出现这种现象的原因主要是在政策标准方面，中国于 2006 年实施新的《煤炭工业污染物排放标准》GB 20426—2006，其对废水污染物排放限值提出了更高的要求。这使得有关企业纷纷进行废水处理技术的升级，以期达到政策标准的要求。

3.1.2 技术构成

技术构成统计分析表明（见图 2-3-2）：油水分离系统中乳化油的分离技术主要分为两类：物理破乳法和化学破乳法。在统计中发现，通过物理方法进行破乳的专利申请占总申请的 77.8%，化学方法破乳占 22.2%，而且华祥公司正在使用的也是物理破乳技术，故本报告重点分析物理破乳方法。该方法包含了超声波破乳、疏水纤维破乳、膜分离破乳、物理破乳剂、多孔板法、流体水击法、微电场法等。

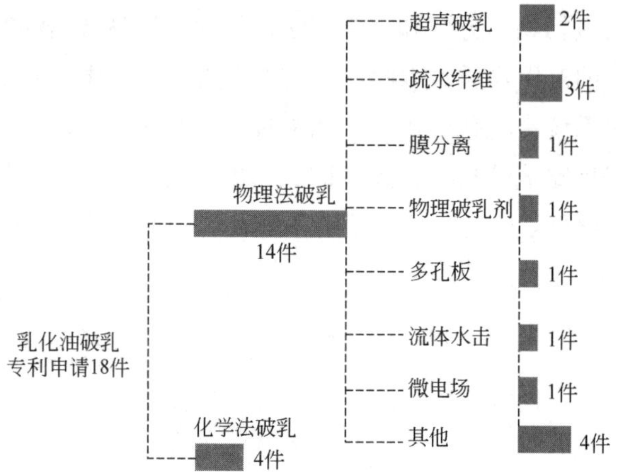

图 2-3-2　乳化油破乳技术构成专利申请量

虽然物理破乳方法种类很多，但是每种方法均有各自的优势和劣势，详细的对比分析见表 2-3-1。

表 2-3-1　破乳方法对比分析

方案	优势	劣势	主要申请人
利用超声波破乳	超声波破乳脱水，使用寿命长，可改善工艺，超声波对焦油渣颗粒聚结效果好，破乳效率高	在现有装置中无法实现，需要更新系统装置，消耗大，成本高	中冶焦耐工程技术有限公司； 南京南自科林系统工程有限公司； FUJI SHIRISHIA KAGAKU KK； NISHINIHON FURETSUKUSU KK
利用亲油疏水性纤维破乳	成本低，快速破乳，设备维护方便	除油率低	华东理工大学； 天津市茂联科技有限公司； 自贡川滤设备制造有限公司； HEISHIN PUMP WORKS
加微电场破乳	除油率高，低能耗	不利于对含有杂质的废水进行处理	常州大学； AKER PROCESS SYSTEMS AS
利用物理破乳剂破乳	低成本，无毒副作用，处理单元结构简单，除油率高，适用于华祥公司现有技术		天津亿利科能源科技发展股份有限公司； 朱同德； 上海交通大学； 加州联合石油公司
利用流体水击谐波破乳	应用范围广	除油率低，不适用于华祥公司目前处理的焦化废水	重庆工商大学
用多孔板破乳	设备结构简单，除油率高	实用性不强	常州大学
利用膜分离技术破乳	油水分离效率高	不利于处理含有杂质的废水	中国科学院新疆化学研究所

3.2　乳化油破乳技术发展路线

物理方法破乳的技术发展路线如图 2-3-3 所示。从技术路线得知：经过长期的研发积累，物理破乳手段不断丰富，至今已发展出许多种破乳方法。从时间维度上看，物理破乳法经历了超声波破乳法、物理破乳剂法、纤维破乳法和水击谐波破乳、微电场破乳、多孔板破乳这几个阶段的发展。

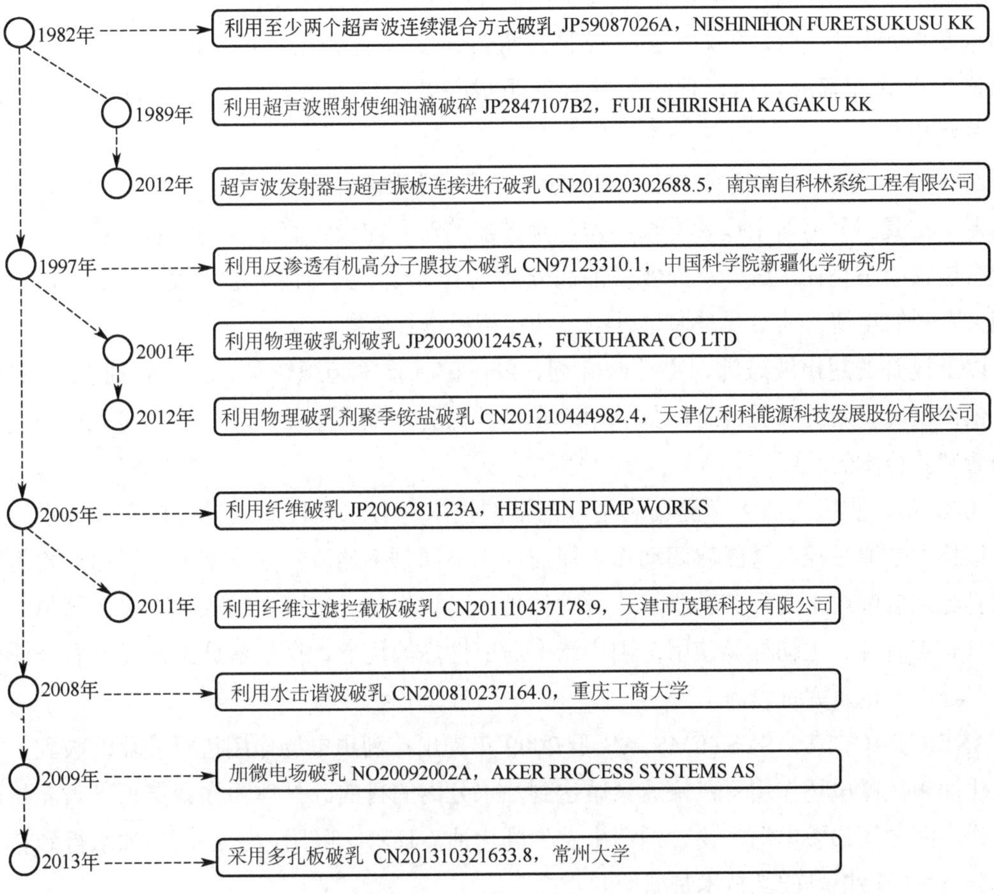

图 2-3-3　乳化油破乳技术发展路线图

从 1982 年 NISHINIHON FURETSUKUSU KK 提出了具有代表性的超声波破乳方法起，该方法开始被研究人员关注。1989 年，日本的 FUJI SHIRISHIA KAGAKU KK 提出利用超声波照射破乳，该技术是在出口孔设置多孔膜或隔板壁，通过加压和导入的水溶液制备一种质量高的水-油型乳液，通过该多孔膜或隔板壁的油被超声波照射，经超声波作用后细液滴被破碎。这一技术对超声波破乳产生了较为深远的影响。2012 年，南京南自科林系统工程有限公司在此技术上采用超声波发射器与超声振板连接对废水中的乳化油进行破乳，破乳效率高。

20 世纪 90 年代末，中国的破乳技术有了较快发展。其中，中国科学院新疆化学研究所提出利用膜分离技术破乳，该技术是采用反渗透膜管作用于破坏污水中乳化油、分散油微粒表面，反渗透膜管是由 5～10 张有机高分子复合膜片组成，该有机高分子复合膜片是由聚砜塑料同高交联度的芳香聚酰胺制成。21 世纪初，日本的 FUKUHARA CO LTD 提出利用物理破乳剂破乳技术。该技术是在吸附罐里面设置附着有吸附剂的破乳颗粒，利用该破乳颗粒进行破乳，从而实现油水分离。另外，中国在 2012 年出现了类似的技术，是天津亿利科能源科技发展股份有限公司提出的，其物理破乳剂采用聚季铵盐。乳化油滴界面膜一般具有负电性，带有正电荷的阳离子高聚物和聚季铵盐反相破乳剂可以中和乳化油滴界面膜负电荷，压缩破坏双电层，减弱界面膜强度，使得乳化液滴相互碰撞聚结，同时可以产生桥联和絮凝作用，促使乳化油滴形成粒径大的油珠，在水的浮力作用下逐渐从水中分离出来。

2005 年，日本 HEISHIN PUMP WORKS 提出纤维破乳技术，该技术使乳化油进入凝固分离器，在凝固分离器中设置有聚结器，聚结器的流入侧设置有层状的大直径纤维，流出侧设置有层状的小直径纤维，从而实现油水分离。中国纤维破乳技术起步较晚，到 2011 年才有相关专利的申请，其主要是通过纤维过滤拦截板进行破乳。

以上提到的超声波破乳、物理破乳剂、纤维破乳技术起源较早，技术较成熟。2005 年后，依次出现了新的破乳技术，如利用水击谐波破乳、加微电场破乳、采用多孔板破乳等，推动着破乳技术的发展。

2008 年，重庆工商大学提出利用水击谐波技术对含水乳化油或者乳化含油废水进行破乳。该技术是通过控制阀的启闭动作规律而产生不同频率的流体水击谐波，进而对含水乳化油或者乳化含油废水进行破乳脱水或者除油处理。该方法可实现在线破乳，设备简单、成本低，具有实时性、主动性及使用范围广泛、适应性好等优点。据了解此方法还没有产业化，目前仍处于理论研究阶段。

AKER PROCESS SYSTEMS AS 于 2009 年提出：利用电场作用进行乳化油破乳，水中的乳化油滴在微电场作用下可快速聚结达到油水分离的目的。具体为在聚结板下表面与油水聚结罐底面之间加微电场，使含油污水发生乳化油滴迁移、吸附、上浮，使油水得到有效分离。分析表明微电场破乳技术是研究热点之一。

2013 年，常州大学采用多孔板破乳，利用多孔板对流体截留，在流体经多孔板后，多孔板的两侧分别形成高流速的低压区和低流速的高压区，乳化油滴流经多孔板后迅速进入低压区，乳化油滴体积迅速膨胀。随后膨胀后的乳化油滴迅速进入高压区，经过低压和高压的交替作用，以及流体之间的相互撞击，乳化油滴得以破乳、分离。据了解此方法还没有产业化，目前仍处于理论研究阶段。

3.3 典型破乳专利技术

通过专利分析得知，目前的破乳技术包括超声波破乳、物理破乳剂破乳、纤维破乳及其他破乳技术。超声波破乳技术能制造出颗粒小、分布均匀且稳定的乳状液，同时，该方法使用寿命长，破乳效率高。物理破乳剂破乳技术无毒副作用，处理单元结构简单。纤维破乳技术成本低，破乳速度快，设备维护方便。其他破乳技术可分为水击谐波破乳、微电场破乳和多孔板破乳。

3.3.1　超声波破乳

专利文献表明，超声波破乳技术中，具有代表性的是中冶焦耐工程技术有限公司于2014年提出的利用超声波技术进行焦油氨水分离的技术。

该技术中的焦油氨水分离装置如图 2-3-4 所示，该装置包括焦油氨水分离槽、超声波发生装置，超声波发生装置包括超声波发生器 7、超声波换能器 6，若干个超声波换能器设置在氨水分离槽四周。

使用时，先将焦油氨水分离装置的各管口连接好，打开超声波发生装置，超声波发生器 7 把普通的交流电变为所需要的特定频率的电流，超声波换能器 6 再把这种高频的电流转换成机械能，即超声波。焦油氨水由焦油氨水入口 1 进入焦油氨水分离槽内，在超声波破乳脱水的作用和超声波对焦油渣颗粒聚结的作用下，焦油渣沉淀到焦油氨水分离槽底部，由焦油渣出口 4 排出。焦油浮在焦油渣上，由焦油出口 3 排出，氨水漂浮在焦油上，通过氨水溢流装置 5，流入到焦油氨水分离槽下部锥壳的外侧，对焦油进行保温，防止其凝固，最后由氨水出口 2 排出。

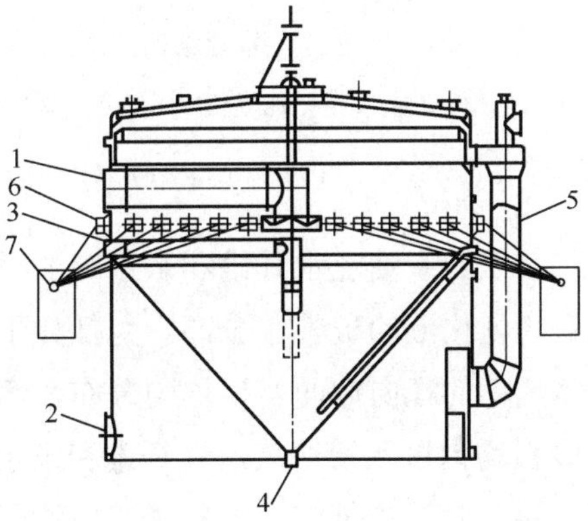

图 2-3-4　应用超声波技术进行焦油氨水分离装置示意图

1—焦油氨水入口；2—氨水出口；3—焦油出口；4—焦油渣出口；

5—氨水溢流装置；6—超声波换能器；7—超声波发生器

该技术是利用超声波破乳脱水的机理及超声波对颗粒聚结的作用，进行焦油氨水和焦油渣的分离，分离效果较好。若在今后的设计和老厂改造中加以利用，将会取得很大的社会效益。

3.3.2 纤维破乳

专利文献表明，利用纤维破乳的技术也是破乳技术中较典型的一类。纤维破乳技术中，具有代表性的有以下几种。

（1）华东理工大学于 2014 年提出了一种对含低浓度污油的废水进行深度除油的方法及装置，该装置的结构示意图如图 2-3-5 所示。

该除油装置包括壳体 1、含油废水进口 2、流体整流器 3、X 形编织层 4（纤维聚结分离层）、波纹强化分离层 5、Ω 形编织层 10（纤维聚结补集层）、油包 6、油相出口 7、液面计 8 及净化水相出口 9。流体整流器 3、X 形编织层 4、波纹强化分离层 5、Ω 形编织层 10 位于壳体 1 的内部并依次互不相连地排列，Ω 形编织层 10 的面积为流体流动截面面积的 30%～80%且处于流体流动截面的下部。波纹强化分离层 5 采用的是亲油性材料，其中波纹板的间距为 5～25mm，波峰处开有直径 5～10mm 的圆孔，圆孔之间的间距为 50～300mm。其中，壳体 1 为卧式圆形罐或长方体罐。

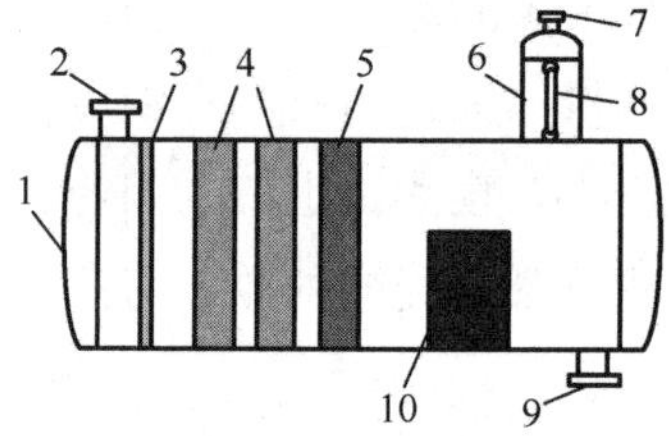

图 2-3-5　纤维破乳装置结构示意图

1—壳体；2—含油废水进口；3—流体整流器；4—X 形编织层（纤维聚结分离层）；5—波纹强化分离层；6—油包；7—油相出口；8—液面计；9—净化水相出口；10—Ω形编织层（纤维聚结补集层）

该技术采用按照一定方式编织的亲油疏水纤维和亲水疏油纤维编织层进行微量油滴的捕获、聚结长大及微量水包油形式乳化液的破乳、分离。包括如下步骤：①通过流体整流器对废水进行整流，使流体在流体流动的径向截面实现均匀分布，废水中低浓度污油的浓度不大于 100mg/L。②经整流后的废水均匀进入亲油疏水性纤维和亲水疏油性纤维交错编织形成的 X 形编织层，在 X 形编织层中进行油滴的捕获、聚结长大及微量水包油形式乳化液的破乳和分离。③聚结分离后的油水进入波纹强化分离层进行油滴的快速长大和分离，经该过程后废水中油含量降为 8～20mg/L。④分离污油后的废水在出口前进入亲油疏水性纤维和亲水疏油性纤维编织形成的 Ω 形编织层，在 Ω 形编织层中对废水中未分离的分散油滴和乳化油滴进行深度补集分离，经该过程分离后废水中含油量降为 0.1～8mg/L。

该方法适用于浓度不大于 100mg/L 的含油废水，发明人专利中给出了其长期研究成果，即当亲油疏水性纤维与水平线（亲水疏油性纤维）夹角为 25°～45°时，对乳化油滴有着高效的分离效率。

（2）天津市茂联科技有限公司于 2011 年提出了一种自充气微泡除油器装置及除油方

法，该技术应用领域为有色冶金生产领域，该领域要求溶液含油量低，如氯化镍产品要求溶液含油量小于 1mg/L。

该技术是在自充气微泡除油器的澄清室内设有多块纤维过滤拦截板，利用亲水疏油的纤维进行固体破乳。该自充气微泡除油器的结构示意图如图 2-3-6 所示。

自充气微泡除油器的一端设有循环室 2 和气浮室 4，气浮室上设有喷射器 3，在循环室和气浮室的另一端设有澄清室 5，在澄清室内设有多块纤维过滤拦截板 6，在澄清室的端头设有有机相槽和出口 7 及水相出口 8，该除油器还包括循环泵 1，该循环泵的进液端设在循环室内，出液端连接到喷射器。

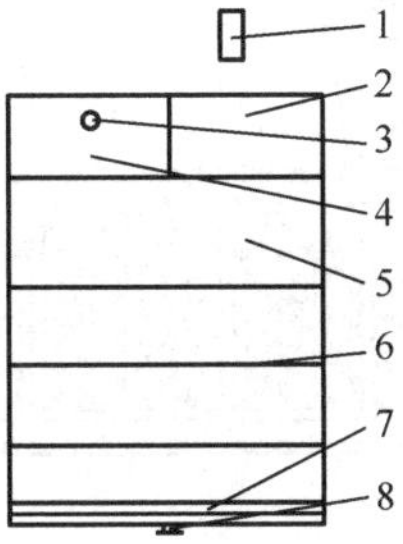

图 2-3-6　自充气微泡除油器的结构示意图

1—循环泵；2—循环室；3—喷射器；4—气浮室；5—澄清室；
6—纤维过滤拦截板；7—有机相槽和出口；8—水相出口

使用上述除油器进行除油的具体工艺是：萃取水相从萃取箱的澄清室自流进入自充气微泡除油器的循环室，利用循环泵的高速旋转机械破乳，即破坏液滴界面上的稳定薄膜，使乳化的乳状液滴猛烈相碰撞而合并，破坏乳状液，使油滴聚集而合并。再利用亲水疏油的纤维作为固体破乳剂并过滤拦截被水包围的油滴，使油、水得以分离。利用真空吸入的空气使水相中的油滴上浮，空气在循环器中被高速剧烈剪切成微小气泡，通过微小气泡的捕集作用，使水相中的油滴上浮，从而达到气浮除油的目的。利用亲水疏油的纤维进行固体破乳和过滤拦截被水包围的油滴，油水分离后的水相通过自流进入溶液贮槽或者低位槽，澄清分离的油层通过有机相槽和出口导出回收。

该技术是利用离心输送泵的高速旋转机械破乳，利用亲水疏油的纤维进行固体破乳和过滤拦截被水包围的油滴，利用喷射器真空吸入空气并产生粒径很小的分散气体，达到捕集气浮的目的，提高了除油效果。

（3）自贡川滤设备制造有限公司于 2011 年提出了一种采用纤维破乳的前级油水分离器装置，其结构示意图如图 2-3-7 所示。

该技术是在油水分离器中设置破乳罐，在破乳罐内设置有纤维袋和波形板组成的破乳板组件，乳化液在压力作用下经导流板的导流孔进入破乳罐，利用纤维快速物理破乳的原理实现对乳化液的油水分离处理。

乳化液经进液口 2-1 流入油水分离罐 2 右侧，在油压的作用下，经导流板 5 的导流孔 5-1 分流后进入破乳罐 4。与此同时，在重力作用下，部分乳化液的油、水进行分离，水体部分向下沉积，并直接从油水分离罐 2 罐体底部的 2-4 排出。而另一部分乳化液经导流孔 5-1 分流并进入破乳罐 4，乳化液在波纹板 6 开的通孔 6-1 的导流作用下再次分流后渗入纤维袋 7，由于纤维袋 7 内装有带突刺的纤维材料，乳化液被其内部密集纤维突刺所阻，并在压力作用下强行划过，此时乳化液的油膜被纤维突刺溃破，油体和水体自然分离。经过初次穿刺分离后的乳化液再经过一次叠放的多组波形板 6 和纤维袋 7 组成的破乳板组件的分流和破乳，并在重力分离作用下，油水得到自然分离，分离后的油液上浮至顶部经出油口 2-3 排出，水体沉降至油水分离罐 2 的底部存水区域，并从 2 号出水口 2-5 排出。

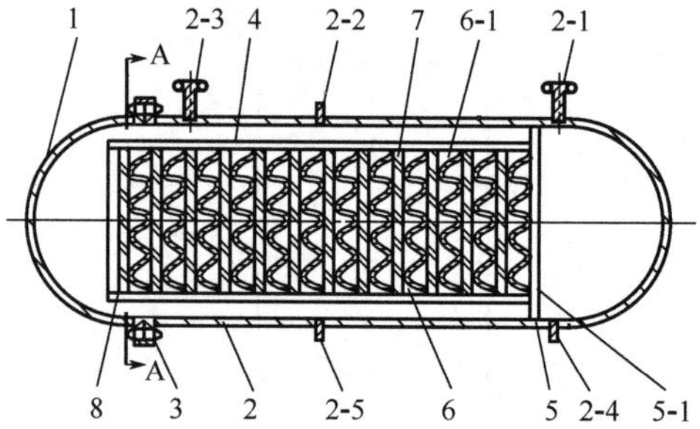

图 2-3-7　纤维破乳的前级油水分离器结构示意图

1—封头；2—油水分离罐；2-1—进液口；2-2—排气口；2-3—出油口；2-4—1 号排水口；2-5—2 号排水口；3—螺栓；4—破乳罐；5—导流板；5-1—导流孔；6—波纹板；6-1—通孔；7—纤维袋；8—螺杆

采用该技术可快速破乳，破乳周期仅为 20～40s，可对油中 70%以上的水分进行分离，提高了后续设备的使用寿命，同时降低了用户的运行成本，延长了设备维护周期。

3.3.3　物理破乳剂破乳

专利文献表明，利用破乳剂破乳也是一种比较典型的方式，其中具有代表性的有以下几种。

（1）天津亿利科能源科技发展股份有限公司于 2012 年提出了一种含聚采油废水处理剂。

该技术是在废水中加入含聚采油废水处理剂，含聚采油废水处理剂的各组分质量分数为：PAC 80%～90%，有机阳离子高聚物 5%～10%，聚季铵盐反相破乳剂 5%～10%。破乳原理是：乳化油滴界面膜一般具有负电性，带有正电荷的阳离子高聚物和聚季铵盐反相破乳剂可以中和乳化油滴界面膜负电荷，压缩破坏双电层，减弱界面膜强度，使得乳化液滴相互碰撞聚结，同时可以产生桥联和絮凝作用，促使乳化油滴形成粒径大的油珠，在水的浮力作用下逐渐从水中分离出来，从而达到反相破乳的目的。

该破乳剂采用复配的方法制备，有极强的絮凝破乳效果，可有效地去除聚采油废水中含有的有机杂质和乳化油，同时具有成本低廉、应用面广、破乳效率高的优点。

（2）朱同德于 2010 年提出了一种双亲性高分子聚合物聚结除油材料及制备和应用方

法，并于2014年转让给北京欧派斯环保工程有限公司。

该技术中首先由聚乙烯、聚氯乙烯、聚丙烯、二氧化硅制备聚合物聚结除油材料。将多组件的材料叠加固定在一起，含油污水从材料间流过时，在材料的上表面（亲水性及大量凸起颗粒）不断发生强烈的摩擦和碰撞作用，迅速降低乳化油的表面张力，打破乳化油的油包水和水包油结构，释放出细小油滴；同时在材料下表面（亲油性）发生润湿作用，细小油滴不断聚结成大油滴，再通过自身或外加浮力作用从通油孔上浮至液面，从而实现乳化油的破解与分离。

该技术中制备而成的聚合物材料具有极强的亲油性，提高了细小油滴的聚结效率，同时具有强亲油性和强亲水性，提高了聚结除油效率。

（3）上海交通大学于2003年提出了阴阳混合离子树脂处理含油废水的方法。

该技术是先将含油废水经隔油池过滤后进入水泵，再进入粗粒化装置将油水分离，粗粒化装置采用阴阳混合离子树脂等亲水亲油且带电荷的材料作为乳化油的脱稳聚结介质填充，形成阴阳离子树脂柱。利用阴阳离子树脂具有破坏乳化液双电层的作用和高度亲油与亲水的性质，完成乳化颗粒的破乳，并实现油水两相分离。

该技术中油水分离装置为粗粒化装置，利用阴阳混合离子树脂破乳，处理废水除油率可达97%，但存在杂质堵塞树脂的问题。

3.3.4　其他破乳方法

1. 加微电场破乳

常州大学于 2013 年提出了微电场作用下油水乳状液物理破乳聚结及油水分离方法，其应用领域为石油、石化、食品、机械加工、船运行业等。

该技术是在聚结板下表面与油水聚结罐底面之间加微电场，使含油污水发生乳化油滴迁移、吸附、上浮，使油水得到有效分离。

如图 2-3-8 所示，聚结板板材由聚结板浮油孔 1、聚结板上表面 2、聚结板沉沙孔 3、聚结板支撑杆 4、聚结板下表面 5 组成。聚结板板材的上表面 2 选用聚四氟乙烯，在聚四氟 乙烯板材制作过程中加入骨粉。聚结板板材的下表面 5 选用不锈钢 316，并使之通正电，以加速油滴上浮速度。聚结板的外形为倒“√”，角度为 80°～100°，长边长与短边长之比为 2:1～2.3:1，以增加乳化油与聚结板的接触时间。在聚结板板材的顶部和底部分别挖切 4～8mm 的圆形浮油孔 1 和圆形沉沙孔 3，以有利于聚结后油滴上浮，以及固态颗粒的沉降。聚结板支撑杆 4 将各层聚结板板材支撑起来，还可以调整聚结板之间的板间距。

如图 2-3-9 所示，微电场破乳油水分离装置由进水口 6、出油口 7、聚结板 8、中间出油口 9、箱体 10、隔板 11、溢流口 12 和出水口 13 组成。聚结板的表面与水平方向呈 5°～15°以增大含油污水和聚结板的接触面积，增加乳化油滴与聚结板下表面的碰撞机会。隔板 11 将油水分离装置聚结板 8 与进水口 6 和出水口 13 隔开，在聚结板所在的中间箱体 10 底板的上表面，附着 0.5mm 厚的不锈钢 316 层，并与外接电源相连，使之带有 10～100mV 的负电，以增加油滴的上浮速度。

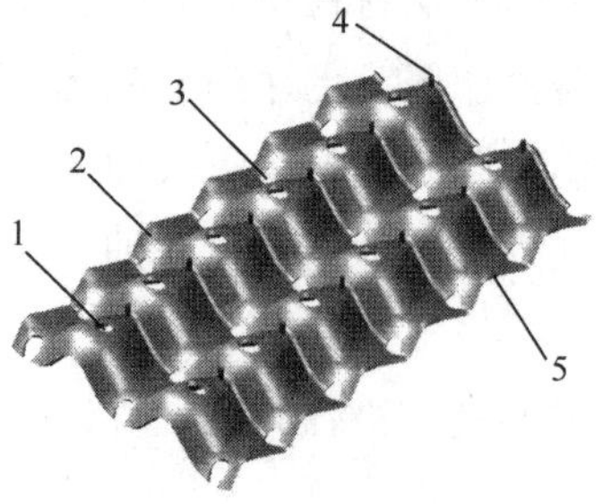

图 2-3-8　聚结板结构示意图

1—聚结板浮油孔；2—聚结板上表面；3—聚结板沉沙孔；4—聚结板支撑杆；5—聚结板下表面

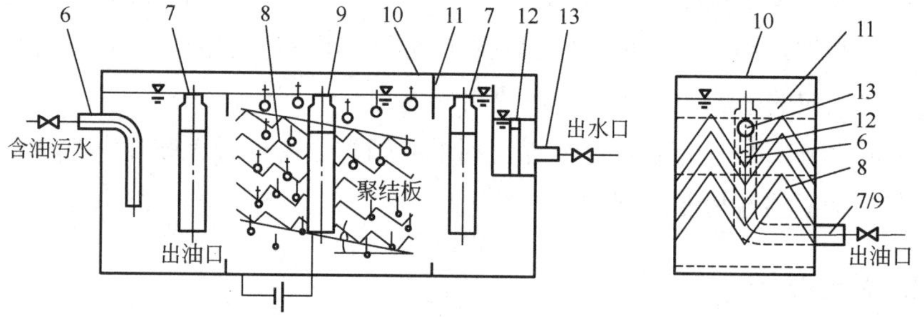

图 2-3-9　微电场破乳油水分离装置主视图和左视图

6—进水口；7—出油口；8—聚结板；9—中间出油口；10—箱体；11—隔板；12—溢流口；13—出水口

除油过程如下：含油污水通过进水口 6 进入微电场破乳油水分离装置箱体 10 中，由于 O/W 型油水乳化油滴通常带负电荷，在油水聚结板下表面 5 与箱体 10 底板之间的微电场作用下，油滴上浮聚结吸附在聚结板的下表面 5，当油滴体积聚结长大到一定粒径后由聚结板浮油孔 1 上浮，通过中间出油口 9 排出，使油水得到有效分离。

该技术是利用纯物理方法实现油水分离，除油效率高，油水分离率能达到 98%以上。但存在的问题是对含有杂质的废水，油和杂质不能区分开，微电场对杂质也会产生电的作用。

2. 利用流体水击谐波破乳

重庆工商大学于 2008 年提出了乳化液的水击谐波破乳方法，其应用领域为油田。该技术是通过控制阀的启闭动作规律而产生不同频率的流体水击谐波，进而对含水乳化油或者乳化含油废水进行破乳脱水或者除油处理。

对含水乳化油或者乳化含油废水进行破乳的工艺流程如图 2-3-10 所示。其过程如下：通过检测沉降分离装置分离后的油相（或水相）中的水相（或油相）含量，实时地调节控制阀的启闭动作规律曲线，产生相应频率的水击谐波。将循环到控制阀处的乳化液进行在线破乳处理，使乳化液中的分散相在水击谐波作用下，产生径向谐振，振幅增大，降低油-水界面膜的界面能和油液的黏度，分散相向波峰（器壁附近）移动，发生碰撞、积聚，形成体积较大的分散相液滴，乃至在器壁部分形成薄分散相层。通过设置执行机构后的沉降分离装置上不同的出口而实现油相和水相的自动分离，经过流体的破乳分离循环直接进入原系统进行工作。

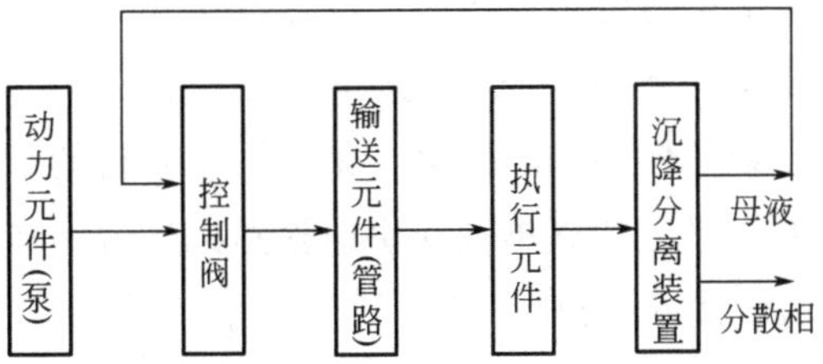

图 2-3-10　乳化液的水击谐波破乳方法工艺流程图

该技术除油效果较好，可在线破乳处理，设备简单、成本低，但不适用于含有杂质的含油废水。

3. 利用多孔板破乳

常州大学于 2013 年提出了含乳化油污水物理破乳处理装置及其处理方法，其应用领域为油田。

该含乳化油污水物理破乳处理装置结构如图 2-3-11 所示，该装置包括油气水三相分离器 1 和沉降罐 2、多孔板破乳系统 3、油水聚结系统 4 和管式膜错流过滤系统 5。油田采出液 23 依次通过油气水三相分离器 1、沉降罐 2、多孔板破乳系统 3（见图 2-3-12）、油水聚结系统 4、管式膜错流过滤系统 5。

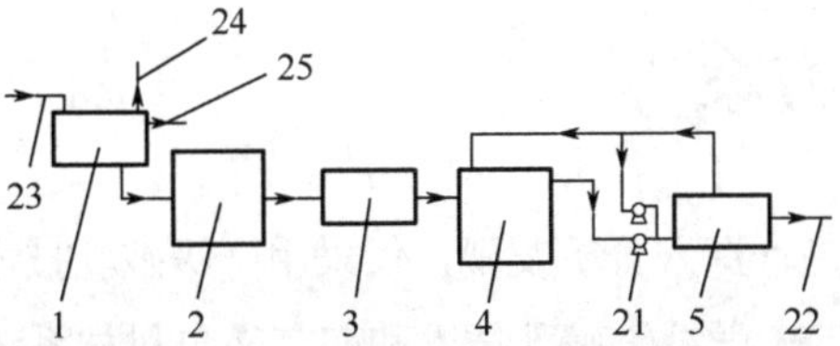

图 2-3-11　含乳化油污水物理破乳处理装置结构简图

1—油气水三相分离器；2—沉降罐；3—多孔板破乳系统；4—油水聚结系统；5—管式膜错流过滤系统；21—循环泵；22—处理后水；23—油田采出液；24—原油伴生气；25—漂浮油

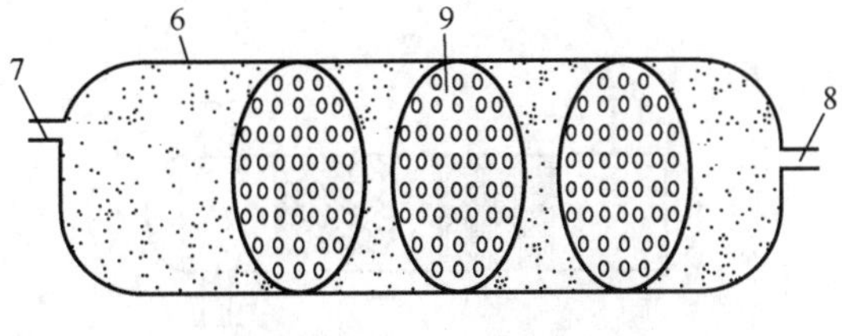

图 2-3-12　多孔板破乳系统

6—第三罐体；7，8—第三出水口；9—多孔板

破乳的处理过程如下：从沉降罐 2 排出的污水进入多孔板破乳系统 3 进行破乳，利用多孔板对流体截留，在流体经多孔板 9 后，多孔板 9 的两侧分别形成高流速的低压区和低流速的高压区。水包油型（O/W）乳化油滴流经多孔板 9 后迅速进入低压区，乳化油滴体积迅速膨胀，随后膨胀后的乳化油滴迅速进入高压区，经过低压和高压的交替作用，以及流体之间的相互撞击，乳化油滴得以破乳、分离。从多孔板破乳系统 3 出来的污水进入油水聚结系统 4，微小油滴水平层流过程中在聚结板的表面碰撞、聚结。在基材的亲油性与涂层的亲水性及微小空隙的组合的共同作用下，可以使微小油滴快速聚结，当过油滴直径聚结到一定粒径时，油滴通过通道上浮，进而实现油水分离。

污水采用该技术处理后，其含油量小于 1mg/L，处理效果好，可用于油水分离的二级系统。

4. *利用膜分离技术破乳*

中国科学院新疆化学研究所于 1997 年提出了含原油污水处理的方法。

该技术是在含原油污水处理中采用了反渗透膜管作用于破坏污水中乳化油、分散油微粒表面，反渗透膜管是由 5～10 张有机高分子复合膜片组成，该有机高分子复合膜片是由聚砜塑料同高交联度的芳香聚酰胺制成。处理过程如下：含原油污水通过 10μ 过滤器、5μ 过滤器进行过滤，再由高压泵将污水泵入由 5～10 张有机高分子复合膜片采用涡卷式制成的反渗透膜管中。当污水通过膜表面时各种微粒的亲水、亲油平衡被破坏，污水在膜管中进行，同时完成乳液颗粒的破乳，再聚集，粗粒化，进而达到分离状态。

该技术油水分离效率高，施工简便，操作方便，但是存在杂质堵塞反渗透膜的问题，对含有杂质的含油废水不适用。

3.4 企业破乳解决方案

我们对国内外破乳技术进行深入分析发现，仅采用一级破乳技术很难达到废水排放的标准。因此，本报告在分析华东理工大学纤维破乳技术和南京南自科林系统工程有限公司超声破乳的基础上，创造性地提出了一种两级破乳方案，其中，一级采用纤维破乳，二级采用超声破乳。

3.4.1 第一级：纤维破乳

第一级破乳技术采用如下分段式聚结器装置（见图 2-3-13）。

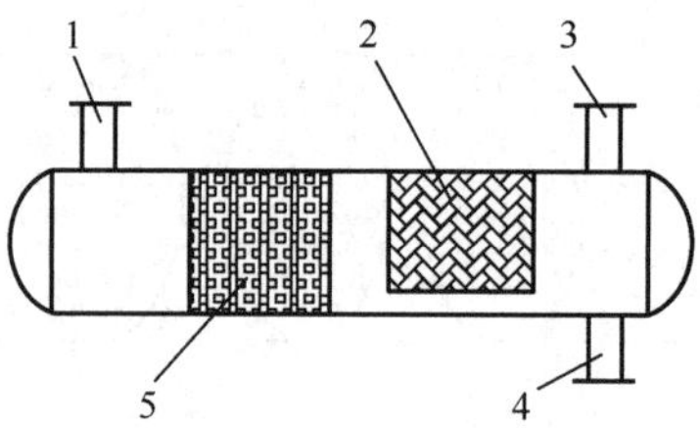

图 2-3-13　分段式聚结器装置

1—进口；2—二级填料；3—清氨水出口；4—焦油出口；5—一级填料

分段式聚结器装置包括进口 1、一级填料 5、二级填料 2、清氨水出口 3 及焦油出口 4。该分段式聚结器的内部分别填充有一级填料 5 和二级填料 2 两段填料。其中，二级填料 2 与分段式聚结器内壁之间具有一定的缝隙，在一定程度上可防止剩余氨水中的杂质使系统发生堵塞。

一级填料 5 由多层经过表面处理的不锈钢片波纹弯折后堆叠而成，其表面呈亲水性；二级填料 2 由不锈钢丝和有机纤维材料互相缠绕编织而成，其表面呈亲油性。二级填料 2 的编织密度为 0.90～0.97。

在分段式聚结器装置中快速地完成乳化状的剩余氨水破乳，分离氨水和焦油快速聚结和分层的过程。利用该装置的破乳过程具体为：剩余氨水从进口 1 中进入分段式聚结器，流经分段式聚结器一级填料 5 时，由不锈钢片的表面特性完成初步聚结分层，同时完成除沫功能。之后再经过分段式聚结器二级填料 2，经过一级填料初步聚结的油滴进一步聚结成为大油滴，由于重力作用，大油滴沉降快速，与剩余氨水分层明显。分层后的清剩余氨水从分段式聚结器的出口 3 流出，焦油经分段式聚结器焦油的出口 4 流出，从而实现剩余氨水的乳化油破乳。

经过第一级纤维破乳处理之后，可将原剩余氨水中焦油含量 400～500mg/L 降为 50～100mg/L。

3.4.2　第二级：超声波破乳

虽然经过一级处理后，废水中的焦油含量已经降低到了 50～100mg/L，但是，经过检索并分析专利文献后，我们发现，如果在第一级处理后，再经过第二级处理，那么废水中的焦油含量将进一步降低。因此，第二级破乳技术采用如下超声波破乳装置（见图 2-3-14）。

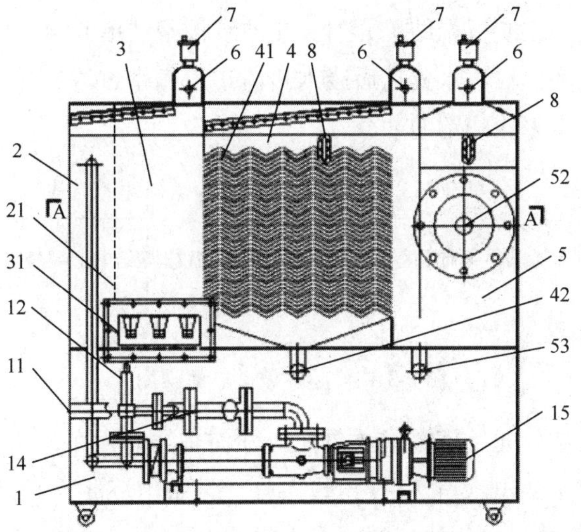

图 2-3-14　超声波破乳装置

1—进水单元；2—配水区；3—超声处理单元；4—波纹板聚结单元；5—精密过滤单元；
6—排油口；7—自动排气阀；8—视镜；11—进水口；12—安全阀；14—Y 形过滤器；15—螺杆泵；
21—布水板；31—超声振板；41—改型波纹板；42—第一排污口；52—出水口；53—第二排污口

超声波破乳装置包括进水单元 1、配水区 2、超声处理单元 3、波纹板聚结单元 4 和精密过滤单元 5。超声处理单元 3 包括超声振板 31 和与超声振板 31 通信连接的超声发射器；波纹板聚结单元 4 包括改型波纹板 41 和设置在改型波纹板 41 底部的第一排污口 42。

进水单元 1 包括进水口 11、与进水口 11 相接的安全阀 12 和冲洗排放口、与安全阀 12 相连的 Y 形过滤器 14 及与 Y 形过滤器 14 相连的螺杆泵 15。配水区 2 中设有布水板 21。

超声处理单元 3 包括超声振板 31 和与超声振板 31 通信连接的超声发射器，超声振板 31 为浸没式超声振板，超声处理单元 3 的顶部设有排油口 6 和与排油口 6 相连的自动排气阀 7。

波纹板聚结单元 4 包括改型波纹板 41、设置在改型波纹板 41 底部的第一排污口 42、设置在改型波纹板 41 上部的排油口 6 和与排油口 6 相连的自动排气阀 7，改型波纹板 41 为波峰、波谷进行开孔的波纹板，在波纹板聚结单元 4 上还设有视镜 8。

精密过滤单元 5 包括精密滤芯、设置在精密滤芯底部的出水口 52，以及设置在精密过滤单元 5 和波纹板聚结单元 4 之间的第二排污口 53，该排污口可供精密过滤单元 5 和波纹板聚结单元 4 共用，在出水口 52 的上方还设有视镜 8，在精密滤芯的顶部还设有排油口 6 和与排油口 6 相连的自动排气阀 7。

该超声波破乳装置的工作流程如图 2-3-15 所示，含油废水由进水口 11 进入，经 Y 形过滤器 14 截留大颗粒污染物后，由螺杆泵 15 输送至主工艺设备中。进入主工艺设备的废水经布水区 2 的布水板 21 均匀布水后流入超声处理单元 3，超声处理单元 3 内经超声振板 31 作用破乳，破乳后废水进入波纹板聚结单元 4。在波纹板聚结单元 4 内经改型波纹板 41 作用油、水分离，颗粒物沉降；油、水分离后废水折流进入精密过滤单元 5。精密过滤单元 5 内经精密滤芯作用，进一步去除残留的油分。

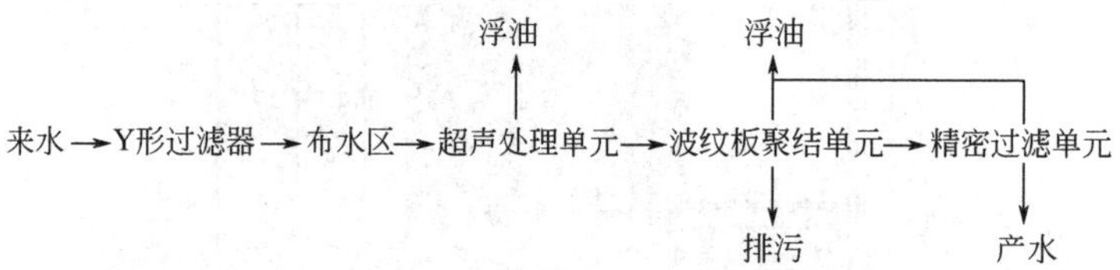

图 2-3-15　超声波破乳流程图

布水区、波纹板聚结单元、精密过滤单元上部均有浮油存在，油分在浮油腔内聚集后经排油口 6 排出。处理出水从出水口 52 排出设备外。设备内沉淀物经第一排污口 42 和第二排污口 53 排出。设备中气体从自动排气阀 7 自动排出。设备需要清洗时从第一排污口 42 和第二排污口 53 进水，冲洗水从冲洗排放口排出。

两级破乳技术的工艺流程如图 2-3-16 所示。该两级破乳技术的工作过程如下：兰炭废水经初步沉降处理之后，流入兰炭废水槽 1，进行重力沉降分离。经由泵 2 泵入分段式聚结器装置 3 进行第一级破乳，在分段式聚结器装置 3 中快速完成破乳，废水和焦油快速聚结和分层。

分层后的焦油经焦油出口和与之相连接的管道返回至兰炭废水槽 1，焦油在兰炭废水槽 1 的底部大量沉积，通过兰炭废水槽 1 底部的出口排入焦油槽 5。

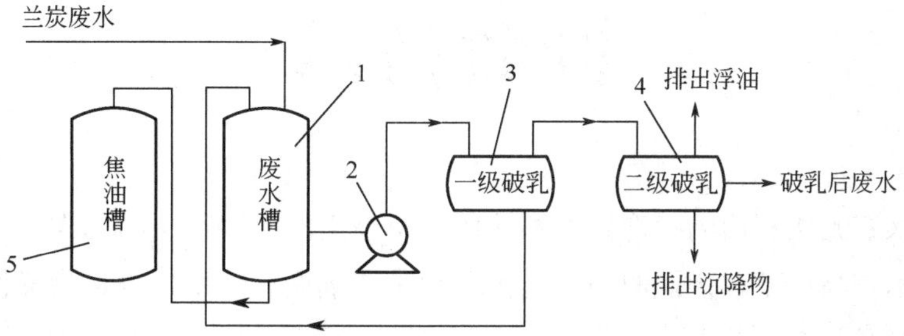

图 2-3-16　两级破乳技术工艺流程示意图

1—兰炭废水槽；2—泵；3—分段式聚结器装置；4—超声波破乳装置；5—焦油槽

分层后的废水进入超声波破乳装置 4 中进行第二级破乳，经过第二级破乳后可分离出浮油、沉降物和处理后的废水。浮油聚集后经排油口排出，沉降物经排污口排出，破乳后的废水经出水口排出。

上述两级破乳工艺如此循环往复，从而实现兰炭废水的油水分离。总之，采用一级纤维破乳和二级超声波破乳相结合的工艺，可将废水中的乳化油更加高效地进行破乳。实验数据表明：将经过一级纤维破乳后焦油含量为 50～100mg/L 的废水，再经过二级超声波破乳，可将废水的含油量降到 5mg/L 甚至更低。华祥公司目前经过破乳后废水的含油量为 300mg/L 左右，远高于上述两级破乳后废水中的含油量。因此，华祥公司若采用上述两级破乳技术，虽然成本有所增加，但是破乳效率能够大幅提高，处理后的废水焦油含量更低，从长远考虑，可以为华祥公司带来巨大的经济效益。

第4章　萃取脱酚系统中萃取剂回收技术

在兰炭废水资源化利用的萃取脱酚系统中，所使用的萃取剂不易回收，损失较大，导致整个系统的成本较高。萃取剂回收技术是为了使萃取剂循环使用，以达到降低成本的目的。本章针对萃取脱酚系统中萃取剂回收技术专利状况进行了分析，主要涉及申请趋势、技术构成、重点技术的发展路线及典型专利的分析，进而针对萃取剂循环使用寿命短、成本高的问题提出了具体的解决方案，并对每种解决方案进行了分析。

4.1　专利概况

4.1.1　申请趋势

图 2-4-1 所示是萃取脱酚系统全球相关专利申请量的发展态势。从中可以看出，该领域的专利申请可以追溯到 1927 年，之后的申请量变化趋势略有起伏，总体保持稳定。

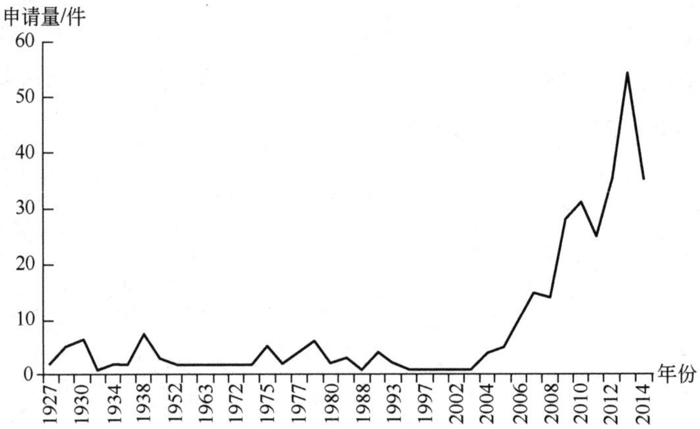

图 2-4-1　萃取脱酚系统专利申请趋势

2003 年之前有关萃取脱酚技术的专利申请量较少，且一直处于一个平滑期，说明当时技术发展比较平稳；但自 2003 年起，萃取脱酚技术领域的专利申请量开始大幅度增长。在 2013 年申请量达到了一个顶峰值，专利申请量突破了 50 件，据查，2006 年之后，该领域技术所增加的专利申请主要集中在中国。出现这种现象主要是由于在政策标准方面，中国于 2006 年实施新的《煤炭工业污染物排放标准》GB 20426—2006，其对废水污染物排放限值提出了更高的要求。这使得有关企业纷纷进行废水处理技术的升级，以达到政策标准要求。

4.1.2 技术构成

技术统计分析表明，萃取剂回收方法主要包括蒸馏法和反萃法两类（见图 2-4-2）。

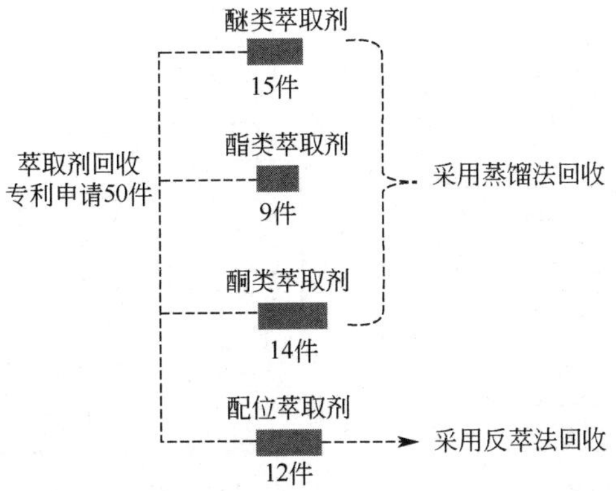

图 2-4-2 萃取剂回收技术构成专利申请量

由图 2-4-2 可知，蒸馏法进行萃取剂回收的专利申请占总申请的 76%，反萃法回收萃取剂的专利占总申请的 24%。目前，华祥公司主要采用蒸馏法回收萃取剂。蒸馏法即采用蒸馏塔结合气提塔分离萃取剂的方法。用蒸馏法进行回收萃取剂的重点专利共 38 件，其主要针对醚类、酮类及酯类萃取剂的回收，其中针对酮类萃取剂回收的专利申请较多，约占总申请量的 36.8%。反萃法通常用于回收配位萃取剂，该方法的申请量为 12 件，较之蒸馏法，数量不多。

不论是蒸馏法还是反萃法，均有各自的优势及劣势，详细的对比分析如表 2-4-1 所示。

表 2-4-1 萃取剂回收方法对比分析

方案	优势	劣势	主要申请人	
蒸馏法回收萃取剂	适用范围广，可用于醚类萃取剂、酮类萃取剂及酯类萃取剂的回收	能耗较高，操作复杂	醚类萃取剂	青岛君扬化工科技有限公司；神华集团有限责任公司；中国神华煤制油化工有限公司；东华工程科技股份有限公司；ABB 鲁玛斯公司；三光制作所
			酮类萃取剂	华南理工大学；中钢集团鞍山热能研究院有限公司；清华大学；德国金属公司
			酯类萃取剂	河南龙成煤高效技术应用有限公司；德国金属公司
反萃法回收萃取剂	操作简单	使用范围有限，多用于配位萃取剂的回收循环使用	西安建筑科技大学；山西焦化股份有限公司；中国中化股份有限公司；沈阳化工研究院有限公司；沈阳化工研究院设计工程有限公司；USS ENG & CONSULT；美国钢铁股份有限公司；ABB 鲁玛斯公司	

4.2 萃取剂回收技术发展路线

萃取剂回收方法主要有蒸馏法和反萃法。总体上看，这两种技术方法在历史上“并驾而行”，故将其发展路线分开整理，详见图 2-4-3 所示。

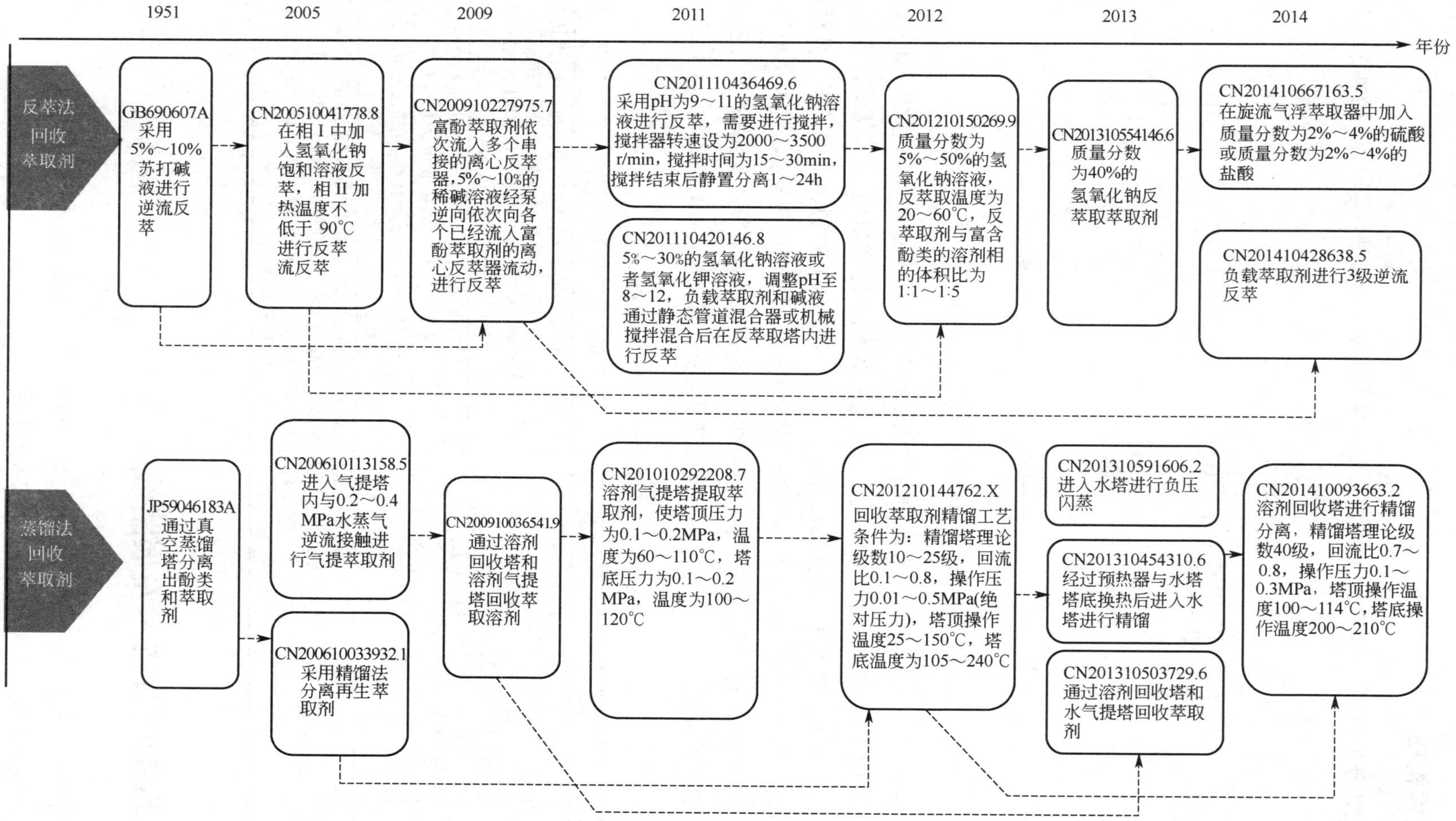

图 2-4-3　萃取剂回收技术路线图

反萃法因其工艺操作简便，近几年来是行业内研发的重点。目前，中国在反萃法回收萃取剂领域得到较大发展，这是技术不断积累与发展的结果。技术发展路线（见图 2-4-3）表明，反萃法回收萃取剂经历了由苏打碱液回收萃取剂到稀酸旋流气浮萃取器回收萃取剂的过程。

从 1951 年德国金属公司提出了具有代表性的反萃法回收萃取剂的专利起，使用一定浓度碱液回收萃取剂便开始成为萃取剂回收领域的主体研发方向。然而，在取得良好回收效果的同时，又出现了反萃过程中碱用量太大的新问题。

21 世纪初，中国的企业及研究机构在相关领域也展开了反萃法回收萃取剂的技术研究。其中，中国石油化工股份有限公司于 2005 年提出了配位萃取脱酚的方法。该项技术针对当时配位萃取法对于 pH 较高的体系由于酚的离解，萃取率较低（<90%）且反萃时碱用量大的问题提出了解决方案。该方法以磷酸三丁酯为主配位剂，再辅以 C4、C5、C6 或 C7 的杂醇和含烷基侧链的芳香烃组成配位萃取剂 I，三者的协同效应提高了萃取剂 I 在弱碱性，pH<12 的条件下对碱渣中酚的脱除率；在萃取剂 I 的萃取相中加入由 C8、C9、C10、C11 或 C12 的饱和烃，C4、C5、C6 或 C8 的杂醇和甲苯、乙苯或二甲苯组成的配位萃取剂 II，通过萃取剂 II 的作用对上述萃取相中硫化物进行萃取分离，在保证脱酚率>95%的基础上，减少酚中硫化物的含量，提高酚的纯度和利用率。这种方法虽然有效地解决了碱液用量大的问题，但是萃取剂回收效果不太理想。

2009 年，山西焦化股份有限公司提出一种技术，即将富酚萃取剂依次逆向流入各个反萃器，然后将 5%～10%的稀碱溶液依次向各个已经流入富酚萃取剂的反萃器流动进行反萃反应。此方法有效地提高了反萃效率。随着环境保护及行业发展的需要，低损失率的萃取剂仍然是行业内研究的重心。2011 年，蓝星环境工程有限公司提出一种技术方案，即使用稀碱液在搅拌器搅拌过程中进行反萃，搅拌器转速设为 2000～3500r/min，搅拌时间为 15～30min，搅拌结束后静置分离 1～24h。同年，在该方案基础上，中蓝连海设计研究院提出一种技术方案，即向负载萃取剂中投加浓度为 5%～30%的氢氧化钠溶液或者氢氧化钾溶液，调整 pH 至 8～12，负载萃取剂与氢氧化钠溶液或者氢氧化钾溶液的质量比为 20:1～1:2，反萃取温度为 0～80℃，并将负载萃取剂和碱液通过静态管道混合器或机械搅拌混合后在反萃取塔内分层反萃。该方法有效地降低了废水处理成本。2012 年，西安建筑科技大学在上述氢氧化钠反萃回收萃取剂的技术上，提出了使用质量分数为 5%～50%的氢氧化钠，温度设为 20～60℃的反萃方法。该方法进一步实现了兰炭废水的资源化利用。

东北大学在 2013 年提出了使用质量分数为 40%的氢氧化钠溶液回收萃取剂的方法，能够使萃取剂回收效率高达 99%以上。2014 年，江苏天成生化制品有限公司提出了采用 3 级逆流方式进行反萃；郑州航空工业管理学院提出在旋流气浮萃取器中加入质量分数为 2%～4%的硫酸或质量分数为 2%～4%的盐酸进行反萃，均较大程度上降低了萃取剂的损失，推进了反萃技术的发展。

蒸馏法也为回收萃取剂中一种重要的方法。自 SANKOU SEISAKUSHO 于 1982 年提出通过真空蒸馏塔回收萃取剂的典型技术开始，蒸馏法便成为回收萃取剂重要的研发方向。

清华大学于2006年提出了在气提塔内与0.2～0.4MPa水蒸气逆流接触进行气提回收萃取剂的方法，其原理为负载酚的有机溶剂进入溶剂回收塔内，塔釜温度为120～160℃，进行常压精馏操作，得到混合酚由塔釜通过管道排出回收，精馏后的萃取剂在溶剂回收塔的顶部冷凝后送至萃取塔的底部连续回用，由萃取塔底部流出的废水进入气提塔内与0.2～0.4MPa水蒸气逆流接触，气提出水中溶解的萃取剂送至萃取塔回用。同年，华南理工大学提出采用精馏法分离再生萃取剂。

2009年，华南理工大学、中煤龙化哈尔滨煤化工有限公司及南昌大学联合提出了通过溶剂回收塔和溶剂气提塔双塔回收萃取剂的方法，其原理为废水经冷却到40～60℃后送入以二异丙醚为萃取剂的萃取塔上部进行逆流萃取，二异丙醚与污水的体积比为1:5～10；将萃取塔下部采出的萃余相送至溶剂气提塔，使塔顶压力为0.1～0.2MPa，温度为60～100℃，塔底压力为0.1～0.2MPa，温度为100～120℃，从塔底采出釜液送后续生化处理。2010年，仲恺农业工程学院在气提回收萃取剂技术的基础上进行了改进，该方法限定塔顶压力为0.1～0.2MPa，温度为60～110℃，塔底压力为0.1～0.2MPa，温度为100～120℃，经该技术净化的煤气化废水完全符合后续生化处理要求，萃取剂损失率极低。

随着蒸馏技术的发展，到2012年，青岛科技大学在前期常压精馏的基础上进行了改进，提出回收萃取剂精馏工艺条件为：精馏塔理论级数10～25级，回流比0.1～0.8，操作压力0.01～0.5MPa（绝对压力），塔顶操作温度为25～150℃，塔底温度为105～240℃，该方法更有力地减轻后续生化段的负荷，保证废水的达标排放。2013年，焦伟祥提出了兰炭高浓度含酚废水的协同萃取负压闪蒸脱酚方法，该专利技术中萃余相采用进入水塔进行负压闪蒸回收萃取剂，该方法萃取剂用量少，且可循环使用。同年，天华化工机械及自动化研究设计院有限公司和哈尔滨瑞格能源环境技术发展有限责任公司联合提出了通过溶剂回收塔和水蒸气气提塔回收萃取剂的方法，该方法保证煤气化污水处理达标的同时降低了污水处理能耗。2014年，中钢集团鞍山热能研究院有限公司在前期回收萃取剂精馏设备的基础上，将精馏塔理论级数提高至40级，回流比为0.7～0.8，操作压力为0.1～0.3MPa，塔顶操作温度为100～114℃，塔底操作温度为200～210℃，有效降低了萃取剂的损失率。

4.3 典型萃取剂回收方法

专利信息分析表明，萃取脱酚系统中萃取剂主要包括醚类萃取剂、酮类萃取剂、酯类萃取剂及配位萃取剂四大类。前三类萃取剂主要是通过蒸馏法进行回收再循环使用，配位萃取剂主要是通过反萃法进行回收再循环使用（见图2-4-4）。

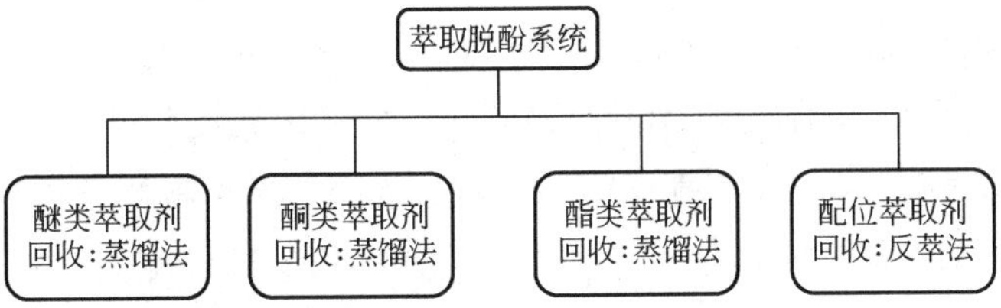

图 2-4-4 萃取剂种类及回收方法

4.3.1 蒸馏法回收萃取剂

蒸馏法回收萃取剂主要应用于醚类萃取剂、酮类萃取剂及酯类萃取剂的回收，将回收后的萃取剂返回萃取塔中进行循环使用，节约资源，降低成本。按照萃取剂类型可分为如下具体方案。

1. *蒸馏法回收醚类萃取剂*

（1）青岛君扬化工科技有限公司于 2011 年 6 月提出了采用蒸馏法回收萃取剂的方法，可应用于煤化工含酚废水处理领域。

该方法是首先将萃取后的溶剂相精馏，回收溶剂和粗酚；其精馏工艺条件为：精馏塔理论级数 15～25 级，回流比 0.1～1，操作压力 0.01～0.11MPa，塔顶操作温度为 25～90℃，塔底温度为 105～210℃。然后将萃余水相蒸馏，回收残留萃取溶剂；其蒸馏回收溶剂的工艺条件为：塔顶温度 72～80℃，塔底温度 95～110℃。塔顶蒸出物料量为进料的 1.5%～5%，回收的萃取剂循环使用。

该方法能够有效地使处理后废水中的总酚含量小于 300mg/L，COD 小于 3500mg/L；溶剂回收能耗低，酚的回收效率高。

（2）神华集团有限责任公司和中国神华煤制油化工有限公司于 2011 年 6 月提出了采用蒸馏法回收萃取剂的方法，可应用于煤气化废水处理领域。

该方法是先将来自萃取塔顶部的醚类溶剂经换热后进入萃取物蒸馏塔，通过蒸馏分离酚和醚类溶剂，醚类溶剂从蒸馏塔顶部流出，经冷却后返回萃取塔循环使用，而粗酚从蒸馏塔底部引出。然后将来自萃取塔底部的脱酚后的水经换热后进入硫化氢气提塔，使水中的醚类和硫化氢从硫化氢气提塔的顶部流出，经冷却后醚类凝结为液相并返回萃取塔循环使用。

该方法能够有效地使净化水的酚含量低于 100ppm、溶剂含量低于 80ppm。

（3）东华工程科技股份有限公司于 2012 年 9 月提出了一种采用蒸馏法回收萃取剂的方法，该方法可应用于焦化、中低温热解或固定床煤气化等煤化工生产领域的含酚废水处理领域。

该方法首先将从萃取塔顶出来的溶剂萃取物经换热后以 75℃进入酚回收塔，在酚回收塔内通过 2.5MPa(G)饱和蒸气间接加热方式，分别在塔顶和塔底分离出二异丙基醚和粗酚。入酚回收塔萃取混合物温度控制在 75℃，出酚回收塔顶二异丙基醚温度控制在 70℃，出酚回收塔塔底温度控制在 205℃，入酚回收塔萃取混合物压力控制在 0.4MPa(G)，出酚回收塔顶二异丙基醚压力控制在 0.01MPa(G)，出酚回收塔塔底压力控制在 0.02MPa(G)，酚回收塔塔顶回流比为 3:1。然后从萃取塔底出来的稀酚废水，经换热至 85℃进入水分离塔，在水分离塔中通过 0.5MPa(G)饱和蒸气间接加热，分别从塔顶、侧线和塔底分离出二异丙基醚、氨水和废水。含氨废水入水分离塔温度控制在 86℃，含氨废水出水分离塔温度控制在 105℃，出水分离塔塔顶温度控制在 65℃，水分离塔侧线切取氨气温度控制在 98℃，入水分离塔含氨废水压力控制在 3.5MPa(G)，出水分离塔废水压力控制在 0.8MPa(G)，出水分离塔塔顶气体压力控制在 0.1MPa(G)，水分离塔侧线切取压力控制在 0.02MPa(G)。

该方法中采用二异丙基醚萃取剂，该萃取剂在水中的溶解度很小；20℃时仅溶解二异丙基醚 0.2%，溶剂损失最少，可用低位能或废热能且在常压下蒸馏回收二异丙基醚，能耗低。

2. 蒸馏法回收酮类萃取剂

酮类萃取剂主要为甲基异丁基酮及甲基异丁基甲酮，溶剂损失率小，甲基异丁基酮的溶剂损失率低（2‰以下）；当处理 100t 废水时，甲基异丁基甲酮损耗量<0.3kg，其中，甲基异丁基甲酮适合作为既含单元酚又含多元酚的废水的萃取体系，能有效地萃取高浓度含酚废水中的酚类物质，酮类萃取剂再生循环的方法主要是通过精馏法分离进行回收。

（1）华南理工大学于 2013 年 8 月提出了采用蒸馏法回收酮类萃取剂的方法，可应用于煤化工含酚废水处理领域。

该方法包括一级萃取、二级萃取和溶剂回收。一次萃取：将甲基异丁基甲酮与高浓含酚煤化工废水先用静态混合器混合，再采用油水分离器澄清，得到萃取相和萃余相。或者直接将甲基异丁基甲酮与高浓含酚煤化工废水再澄清在混合澄清装置中预先萃取，得到萃取相和萃余相。二次萃取：将一次萃取出来的萃取相和萃余相在萃取塔内逆流萃取，分别得到二次萃取相和二次萃余相。溶剂回收：二次萃取相进入精馏塔分离得到甲基异丁基甲酮和粗酚，二次萃余相进入另一精馏塔分离得到甲基异丁基甲酮和萃取后的水，分离得到的甲基异丁基甲酮集中进入溶剂储槽，回收循环利用。

该方法的处理效果：处理前，煤气化高浓酚氨废水 180t/h，游离氨 2300mg/L，固定氨 3000mg/L，挥发酚 6000mg/L，总酚 9600mg/L，COD 为 23000mg/ L，油含量 300mg/L；处理后，萃取后的水总酚 128mg/L，COD 为 1365 mg/L。

（2）中钢集团鞍山热能研究院有限公司于 2014 年 3 月提出了采用蒸馏法回收酮类萃取剂的方法，可应用于处理石油化工厂、树脂厂、塑料厂、合成纤维厂、炼油厂、焦化厂等化工企业产生的含酚污水。

该方法使含酚污水和萃取剂同时进入离心机进行萃取分离，离心机理论级数 1～10 级，转速 1200～4000r/min，分离因数 300～600。分离后生成萃取相含酚溶剂和萃余相污水，萃取相含酚溶剂进入溶剂回收塔进行精馏分离，回收溶剂和粗酚。精馏工艺条件为：精馏塔理论级数 40 级，回流比为 0.7～0.8，操作压力为 0.1～0.3MPa，塔顶操作温度为 100～114℃，塔底操作温度为 200～210℃。萃余相污水进入后续处理装置。塔顶采出的萃取剂重新进入离心机循环使用，粗酚从塔底回收，具体工艺流程和离心机结构分别如图 2-4-5、图 2-4-6 所示。

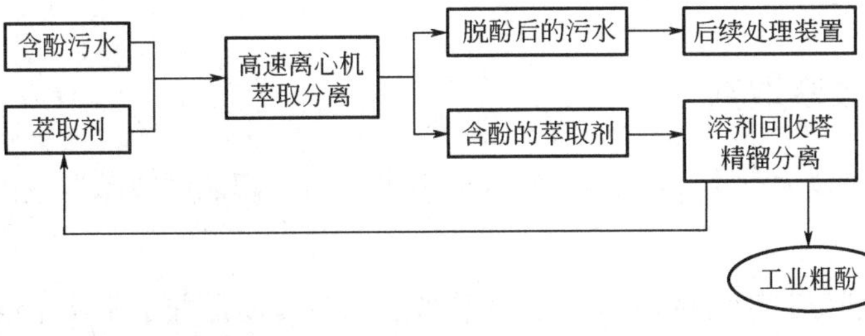

图 2-4-5　离心萃取污水脱酚工艺的工艺流程图

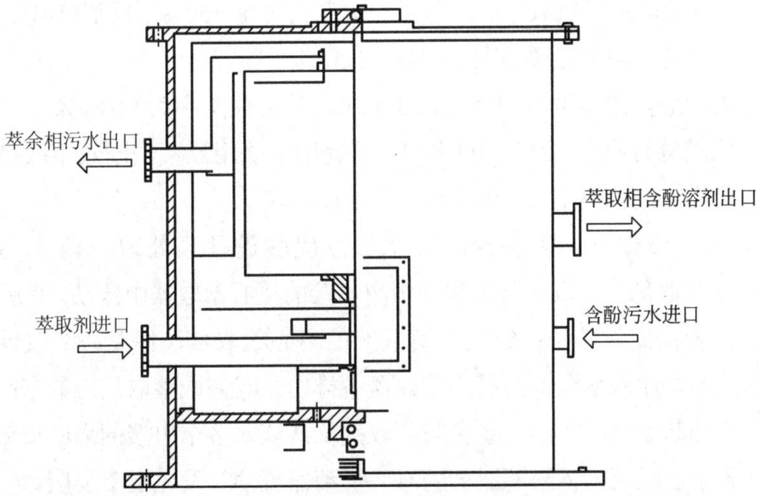

图 2-4-6　高速离心机的结构示意图

该方法将萃取剂的损失率降至 2‰以下，整套工艺运行成本低；除酚效果好，经处理后的污水中酚的去除率达到 94%～99%；回收粗酚纯度超过 90%，经济效益好。

3. 蒸馏法回收酯类萃取剂

通过解读专利，酯类萃取剂较典型的代表为乙酸丁酯。

河南龙成煤高效技术应用有限公司于 2013 年 9 月提出了采用蒸馏法回收酯类萃取剂的方法，可应用于煤化工含酚废水处理领域。

该方法首先将乙酸丁酯萃取剂与高浓度含酚氨煤化工废水在萃取塔中逆流接触，获得萃取相和萃余相，萃取温度为 25～75℃，萃取 pH 为 3.0～8.0，乙酸丁酯与高浓度含酚氨煤化工废水进料体积比为 1:10～30，萃取的级数为 1～12 级。其次将萃取相进行精馏，回收乙酸丁酯和产品粗酚。精馏工艺条件为：精馏塔级数 8～25 级，回流比 0.3～0.5，操作压力 0.01～0.09MPa，塔顶操作温度为 35～110℃，塔底操作温度为 90～150℃。将萃余相蒸馏，回收残留乙酸丁酯，蒸馏回收工艺条件为：蒸馏塔顶操作温度为 35～98℃，蒸馏塔底操作温度为 105～140℃。将以上步骤中回收的乙酸丁酯循环使用。

该方法的处理效果：处理前，总酚含量为 5000mg/L，COD 为 40000mg/L，处理后废水中的总酚含量约为 350mg/L，COD 小于 1800mg/L。同时，乙酸丁酯的回收能耗更低，工艺流程简单，酚的萃取率高。

4.3.2 反萃法回收萃取剂

（1）西安建筑科技大学于 2012 年 5 月提出了采用反萃法回收萃取剂的方法，可应用于兰炭废水处理领域。

该方法将萃取剂与兰炭含酚废水置于恒温水浴锅中震荡，并于常温下静置分相，得到萃余液水相和富含酚类的溶剂相。萃取剂组成为配位剂+稀释剂，其中配位剂为磷酸三丁酯，稀释剂为甲苯，萃取剂的体积配比为配位剂占 10%～40%，其余为稀释剂。萃取剂重复使用的工艺参数是：作为反萃取剂的氢氧化钠溶液质量分数为 5%～50%，反萃取温度为 20～60℃，反萃取剂与富含酚类的溶剂相的体积比为 1:1～1:5。

采用该方法处理后，废水酚含量为 273.3mg/L，酚类脱除率为 90.89%。

（2）山西焦化股份有限公司于 2009 年 12 月提出了采用反萃法回收萃取剂的方法，可应用于高浓度含酚废水（酚浓度高于 1000mg/L）处理领域。

该方法的具体步骤如下：①将含酚废水加浓硫酸进行预处理，调节 pH 至 4～5。②使萃取剂槽内的萃取剂经萃取剂泵依次向多个串接的离心萃取器中流动。③预处理后的含酚废水经进水泵逆向依次流入各个已经流入萃取剂的离心萃取器，在离心萃取器内发生萃取反应。④脱酚废水从最先注入萃取剂的离心萃取器中排出。⑤完成萃取反应的富酚萃取剂从最先注入含酚废水的离心萃取器中排出。⑥富酚萃取剂依次流入多个串接的离心反萃器，稀碱溶液经泵逆向依次向各个已经流入富酚萃取剂的离心反萃器流动，发生反萃反应。⑦反萃反应生成的酚盐从最先流入富酚萃取剂的离心反萃器排出，进行回收利用，经过反萃反应的萃取剂从最先流入稀碱溶液的离心反萃器中排出，回到萃取剂槽中循环使用。具体流程如图 2-4-7 所示。

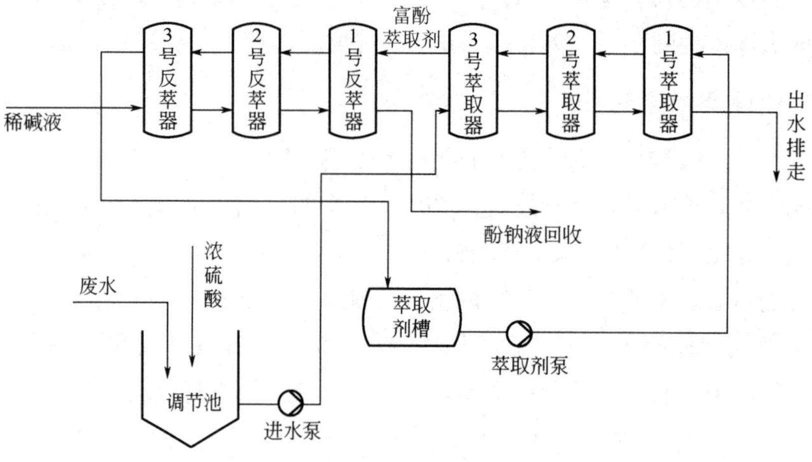

图 2-4-7　高浓度含酚废水的配位离心萃取法的废水处理工艺流程图

该方法能将溶剂损失量控制在 2/10000 左右，不会对废水造成二次污染；处理后的水含酚降至 200ppm 以下，酚去除率在 99%以上。

（3）中国中化股份有限公司、沈阳化工研究院有限公司及沈阳化工研究院设计工程有限公司于 2012 年 9 月联合提出了采用反萃法回收萃取剂的方法，可应用于煤化工废水处理领域。

配位萃取回收酚类物质主要包括以下步骤。①配制油相：将配位萃取剂与稀释剂配成油相，其中配位萃取剂用量占油相总体积的 30%～50%。配位萃取操作中油相的用量为被萃取的废水体积的 10%～20%。②配位萃取：将精馏后釜残液用无机酸调节 pH 至 1～3，然后在搅拌条件下投加油相，控制转速为 100～150r/min，萃取 30～60min，静置分层。废水中的酚类物质进入上层油相（也称负载油相），下层水相即为经过预处理的生产废水，送至生化处理系统。③液碱反萃：向配位萃取后得到的负载油相加入质量分数为 15%～30%的氢氧化钠溶液进行反萃取，搅拌 30～60min，静置分层。分出油相和回收相（酚钠水溶液），油相返回配位萃取步骤循环套用，反萃取操作碱液的加入量为负载油相体积的 15%～30%。具体流程如图 2-4-8 所示。

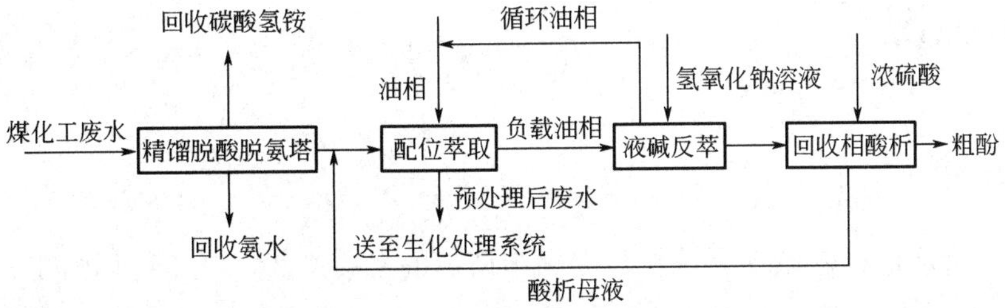

图 2-4-8 煤化工废水预处理工艺流程图

采用该方法总酚的去除率高达 99%，选用的配位萃取剂水溶性低，周期损耗小于 0.1%，处理每吨煤化工废水成本小于 20 元人民币（不包括回收价值）。

第 5 章　蒸氨系统防堵塞技术

本章针对废水资源化利用中蒸氨系统的专利状况进行了研究，主要涉及申请趋势分析、技术构成分析及技术发展路线分析。目前，在蒸氨系统中，通过蒸氨塔将含氨废水通过热载体传热而挥发出氨气，但由于水中 CO_2 与 NH_3 反应形成的碳酸氢铵结晶物质会导致蒸氨系统堵塞，影响废水处理的效果。因此，在定量分析的基础上，本章聚焦到防止碳酸氢铵结晶物质的形成，提出了具体的解决方案，并对每种解决方案进行了分析。

5.1　专利概况

5.1.1　申请趋势

图 2-5-1 所示是蒸氨系统全球相关专利申请量的发展态势。从中可以看出，总体上，在 20 世纪 70 年代以前，蒸氨系统领域的专利申请量变化趋势比较平稳。70 年代初，申请量有小幅度陡增，但是在 1961—1990 年申请趋势出现了较大的波动，说明这个时间段该相关技术发展不是特别稳定。

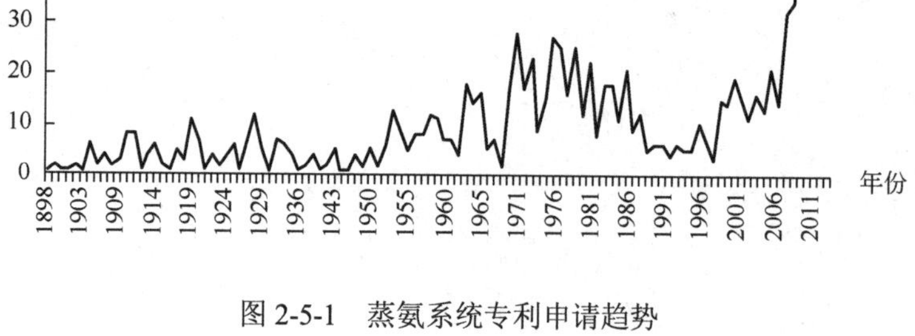

图 2-5-1　蒸氨系统专利申请趋势

到了 21 世纪初，该领域的专利申请量开始大幅度攀升，且专利申请几乎都集中在中国，说明中国相关产业开始稳定发展，直至 2012 年达到峰值，专利申请量接近 80 件。出现这种现象的主要原因是，在政策标准方面，中国于 2006 年实施新的《煤炭工业污染物排放标准》GB 20426—2006，其对废水污染物排放限值提出了更高的要求。这使得有关企业纷纷进行废水处理技术的升级，以达到政策标准要求。

5.1.2 技术构成

技术构成统计分析表明，蒸氨系统防堵塞技术主要涉及脱酸、脱氨、脱酸脱氨及除去碳酸氢铵结晶物（见图 2-5-2）。

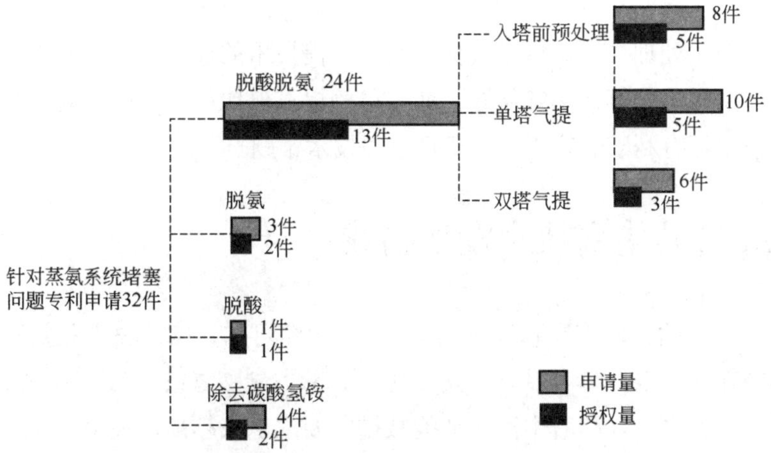

图 2-5-2 蒸氨系统防堵塞技术构成专利申请量/授权量

蒸氨系统防堵塞的技术构成统计分析表明：防蒸氨系统堵塞技术的专利申请共有 32 件，从专利申请的技术构成来看，脱酸脱氨技术的申请量占总申请量的 75%，远远多于其他技术手段。蒸氨系统防堵塞技术主要涉及脱酸、脱氨、脱酸脱氨及除去碳酸氢铵结晶物（具体数据见图 2-5-2）。在脱酸脱氨技术领域，专利申请主要包括入塔前预处理技术、单塔气提及双塔气提技术。

通过脱酸脱氨技术防止蒸氨系统堵塞的专利申请，在脱酸脱氨技术领域，涉及单塔气提的专利技术较多，约占总申请的 41.7%；其次为入塔前预处理，约占专利总申请的 33.3%。进一步，从授权情况来看，专利申请较多的脱酸脱氨技术，其总体授权率约为 54.2%。其中，涉及入塔前预处理技术的专利申请授权率达到了 62.5%，超出了其在脱酸脱氨技术领域的平均水平。单塔气提技术和双塔气提技术的授权率均为 50%。因此可以看出，尽管在专利申请中涉及单塔气提的专利量较大，但入塔前预处理技术的优势似乎更加明显。

脱酸脱氨技术中的入塔前预处理技术、单塔气提及双塔气提技术均有各自的优劣势，其对比分析见表 2-5-1。

表 2-5-1　防止碳酸氢铵结晶物质堵塞设备方法对比分析

方案	优势	劣势	主要申请人
入塔前预处理	简单可行，处理费用低，可进一步提高蒸氨塔效率	只能减轻碳酸氢铵结晶物质对蒸氨设备的堵塞，不能从根本上解决堵塞问题	天津天铁冶金集团有限公司；武汉科技大学；马永伟
单塔气提进行脱酸脱氨	单塔工艺流程简单，设备少，投资低，控制系统简单，操作简单，运行稳定，气提效果明显	脱酸脱氨不彻底，设备复杂	华南理工大学；中国五环工程有限公司
双塔气提进行脱酸脱氨	脱酸脱氨效果好	设备多，投资高，操作系统复杂，需要分别控制两塔的操作压力，系统稳定性低	青岛科技大学；天津市昊永化工科技有限公司；北京阳光欣禾科技有限公司；中国石油化工集团公司

通过对入塔前预处理技术、单塔气提及双塔气提技术的优劣势对比分析发现：入塔前预处理技术并不能从根本上解决堵塞问题。而双塔气提虽然比单塔气提能耗较高，但处理效果好，因此，该技术更有利于解决华祥公司目前的技术难题。

5.2　蒸氨系统防堵塞技术发展路线

蒸氨系统防堵塞的技术发展路线见图 2-5-3。由图可知，国外关于蒸氨系统防堵塞技术起步较早，集中在 20 世纪 70 年代，经历了脱氨、除去碳酸氢铵结晶物和脱酸脱氨技术发展阶段。进入 21 世纪之后，随着中国对节能减排的要求越来越高，关于工业废水处理的技术也蓬勃发展。同时，从时间上看，防止蒸氨系统堵塞的技术，脱酸、脱氨、脱酸脱氨及除去碳酸氢铵结晶物之间的发展路线在时间上是交错的。

1974 年，USS ENG & CONSULT 提出脱氨技术，并在英国申请专利，该专利披露了通过蒸气蒸馏回收氨，适用于直接从含氨和酸的气体中回收氨，但并非用于处理废水的领域。而在此基础上，中国于 2006 年出现了废水入塔前脱氨技术，在进入塔体设备前提取工业碱（氢氧化钠溶液）和剩余氨水反应生成的固定盐。

1976 年，除去碳酸氢铵结晶物技术和脱酸脱氨技术同年出现，相关专利技术的申请人分别为伯利恒钢铁公司和美国钢铁公司。除去碳酸氢铵结晶物技术是通过加入石灰乳实现，该技术主要用于焦炭行业和钢铁行业的废水处理；而在 2010 年，出现了生物法除碳酸氢铵的技术，该技术主要是采用脱气膜生物处理抑制碳酸氢铵沉积，处理效果更环保。

脱酸脱氨技术是在废水中加入石灰，通过石灰与固定氨盐反应，并加入一种阻垢剂化合物（如有机磷酸酯），蒸馏后除去废水中氨和酸。脱酸脱氨技术的提出，为解决蒸氨系统堵塞问题奠定了基础。

2006 年，华南理工大学提出了单塔气提脱酸脱氨技术，可缓解铵盐结晶和结垢。2008 年，南昌大学提出了双塔气提脱酸脱氨技术，可将酸性气体的残留量降低至 10mg/L 以下，总氨含量降低至 100mg/L 以下，减轻无机盐在设备上结垢结晶的程度。该技术适用于处理含酚、氨煤化工废水。双塔气提脱酸脱氨技术的提出，对解决蒸氨系统防堵塞问题具有巨大贡献。

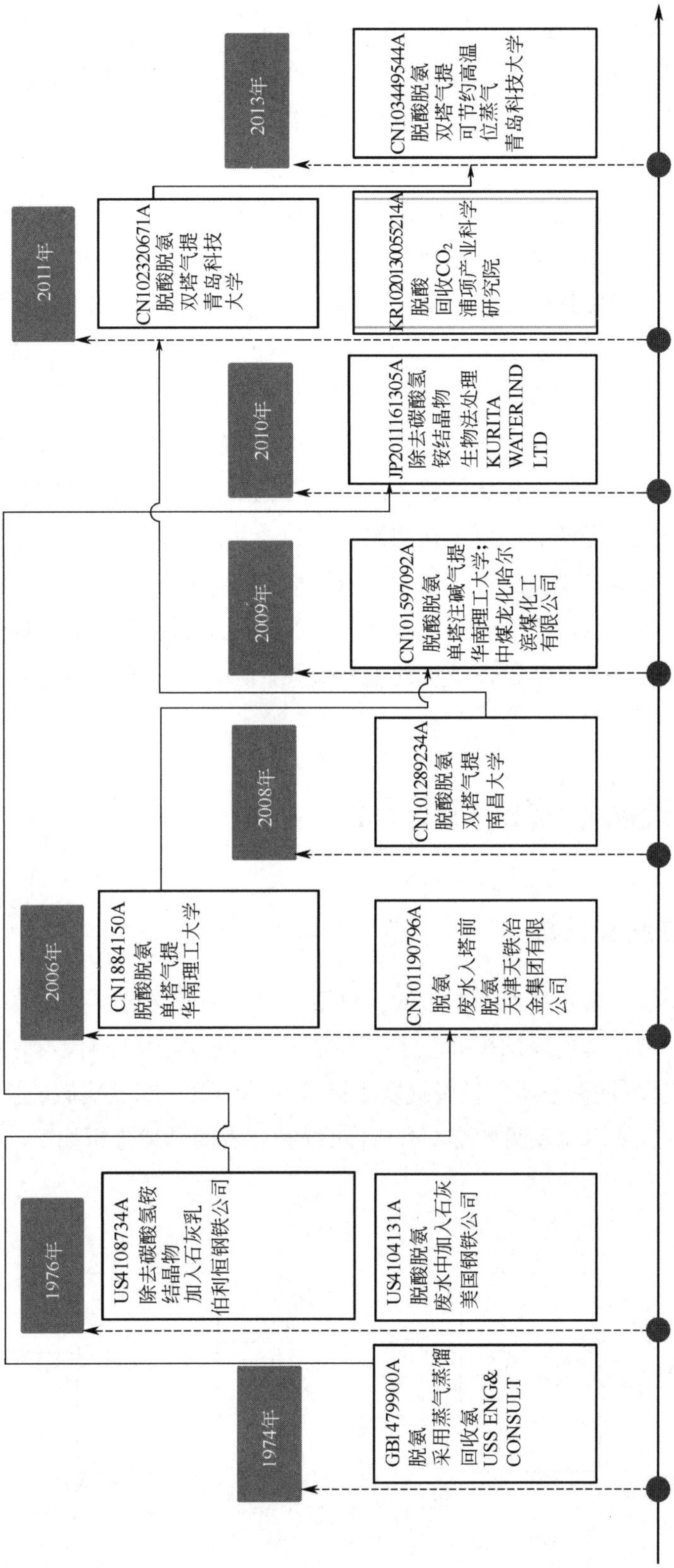

图 2-5-3　蒸氨系统防堵塞的技术发展路线图

2009 年，华南理工大学和中煤龙化哈尔滨煤化工有限公司共同提出了单塔注碱气提脱酸脱氨技术，提高了 CO_2 和氨的脱除率，与 2006 年华南理工大学的直接单塔气提技术相比，单塔注碱气提的方法可有效脱除污水中的固定氨含量。

2011 年，青岛科技大学和浦项产业科学研究院分别提出了双塔气提脱酸脱氨技术和回收 CO_2 脱酸技术，该双塔气提脱酸脱氨技术与 2008 年南昌大学提出的双塔气提脱酸脱氨技术相比，在现有成熟装置的基础上，实现节能性温度和压力条件的有效控制，可以最佳化地脱除酸性气体和氨，且使能耗较大幅度降低，同时，该技术可广泛应用在各种含酸和氨的废水处理场合。目前，该技术已于 2014 年 5 月 20 日转让给青岛君扬化工科技有限公司，实现了技术产业化。

2013 年，青岛科技大学再次提出了双塔气提脱酸脱氨的改进技术，该技术是在 2011 年双塔气提脱酸脱氨技术基础上优化了整体流程的工艺条件，氨从废水中的提取在低压脱酸脱氨塔中进行，操作压力远低于以前工艺的操作压力，从而可以采用低压蒸气做热源，而氨的浓缩净化在高压脱酸脱氨塔中进行。由于高压脱酸脱氨塔仅需要处理低压脱酸脱氨塔采出的氨凝液，凝液量已经很少，因而高压脱氨塔所需的高温位加热蒸气量非常少，进一步大幅度节约中压蒸气的消耗，并且能保证较优的处理效果。该技术为解决蒸氨系统堵塞问题作出了巨大贡献。

5.3 蒸氨系统防堵塞的典型方法

5.3.1 单塔气提脱酸脱氨

经分析蒸氨系统防堵塞重点专利可知，单塔气提脱酸脱氨技术可有效缓解铵盐结晶和结垢，是解决蒸氨系统堵塞问题的重要技术手段之一。该技术手段的代表性技术包括直接单塔气提技术、单塔气提+注碱技术，以及提取工艺冷凝液中氨和二氧化碳的技术。

单塔气提脱酸脱氨示意图见图 2-5-4，针对每种技术的具体分析如下。

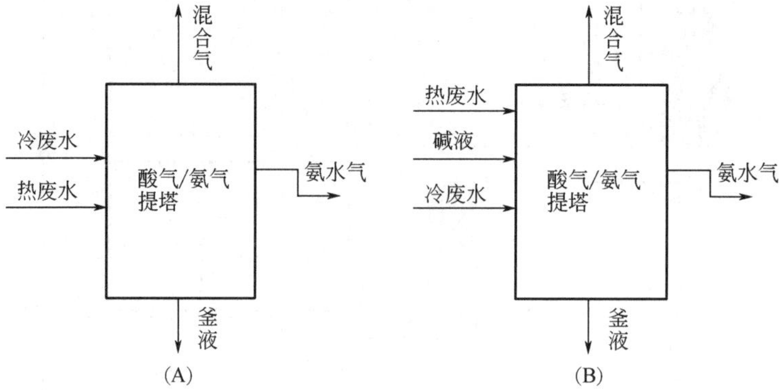

图 2-5-4 单塔气提脱酸脱氨示意图

1. 直接单塔气提技术

在直接单塔气提技术领域，参考价值较大的是华南理工大学于 2006 年 6 月 23 日提出的直接单塔气提技术（见图 2-5-4 中的 A 图）。

该技术是将废水分冷、热两股从带侧线抽出的气提塔上部和中上部进入塔内，塔顶压力为 0.2～0.6MPa，温度为 40～80℃，塔底压力为 0.25～0.6MPa，温度为 120～160℃，从塔顶气提出混合气在压力为 0.25～0.45MPa、温度为 110～150℃的条件下分凝。然后经分相、洗涤分离出氨、酸性气体、轻油和水，回收轻油，回流氨、水，排出酸性气体并焚烧，从侧线采出氨水气经两级分凝，然后回流液相，精制气相，从塔底采出釜液。

采用该技术可将原有流程中的 CO_2 残留量由 2000mg/L 左右降低至 10mg/L 以下，总氨含量降低至 150mg/L 以下。

2. 单塔气提+注碱技术

在使用单塔气提+注碱技术的方案中，比较典型的是华南理工大学、中煤龙化哈尔滨煤化工有限公司和南昌大学合作，于 2009 年 1 月 9 日提出的单塔气提+注碱技术（见图 2-5-4 中的 B 图），并针对注碱位置的改进同一天申请了 2 件专利。

（1）注碱位置在侧线以下 3～15 块塔板。

该技术是将废水分成两股进料进入污水气提塔，其中一股原料水经冷却至 30～50℃后作为冷进料进入污水气提塔塔顶的填料段上部，塔顶压力为 0.2～0.6MPa，温度为 40～80℃。另一股原料水为热进料，经与侧线抽出气换热至 130～155℃后，作为热进料进入污水气提塔填料段下第一层塔盘。原料水的冷进料与热进料质量比为 0.1～1:1，冷进料吸收氨气后与热进料会合，再与塔釜上升的蒸气进行热交换，将氨气、二氧化碳和硫化氢气提出来。在侧线以下 3～15 块塔板位置将质量分数为 20%～60%的烧碱水溶液加压后注入气提塔塔内，将固定氨转化为氨气脱除。烧碱水溶液与含酚氨煤气化废水的质量比为 2～4:1000，从单塔塔顶排出混合气经冷却分相后从污水气提塔塔顶排出，从单塔侧线采出混合气经三级分凝得高浓度氨气，凝液回原料罐。其中塔底压力为 0.35～0.65MPa，温度为 120～170℃；从塔底采出釜液 pH 为 5～7。

采用该技术提高了 CO_2 和氨的脱除率，总氨含量降低至 300mg/L 以下。

（2）注碱位置在侧线氨混合气采出口下第 2～8 块塔板位置。

该技术是在侧线氨混合气采出口下第 2～8 块塔板位置将碱液加压后注入气提塔塔内，碱液质量分数为 20%～40%，将固定铵转化为氨气脱除。含氨混合气从气提塔中部塔盘段侧线氨混合气采出口抽出，经三级分凝得高浓度氨气，凝液回原料罐，原料罐塔底压力为 0.25～0.64MPa，温度为 120～165℃。塔底温度为整个气提塔提供热量，蒸发水中的酸性气体和氨气。

采用该技术提高了 CO_2 和氨的脱除率，可以将原有煤气化污水流程中的 CO_2 残留量由 2000mg/L 左右降低至 300mg/L 以下，总氨含量降低至 300mg/L 以下，CO_2 残留量更低。与直接单塔气提相比，单塔气提+注碱的方法更有效地脱除了污水中的固定氨含量。

3. 提取工艺冷凝液中氨和二氧化碳的技术

采用此技术的方案中，比较典型的是中国五环工程有限公司于 2012 年 12 月 19 日提出的提取工艺冷凝液中氨和二氧化碳的技术（见图 2-5-5）。

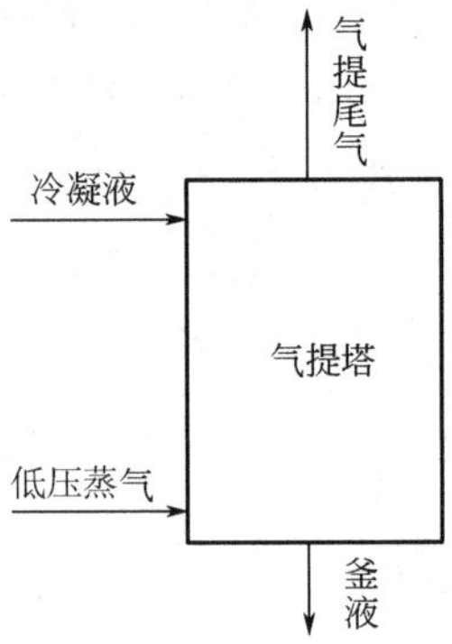

图 2-5-5　提取工艺冷凝液中氨及二氧化碳示意图

该技术是将工艺冷凝液送入冷凝液气提塔上部，与低压蒸气逆流接触，进行蒸气气提，将变换工艺冷凝液中的 NH_3、CO_2 气提出来。控制气提的压力为 0.1～0.2MPa(G)，气提后塔顶部出来的气提尾气经冷却至 85～110℃后进入尾气分离器。

该技术通过控制系统的气提压力及气提气的冷凝温度，将冷凝液中 CO_2 和 NH_3 同时气提出来，有效降低了变换系统的 NH_3 聚集，解决了一氧化碳变换装置腐蚀严重和冷凝液气提工序的设备、管线堵塞及腐蚀的问题。同时，其运行稳定，气提效果明显，经试运行三年，变换装置及气提装置均未发生腐蚀现象，大大延长了设备的使用寿命。

5.3.2　入塔前预处理

蒸氨系统防堵塞重点专利的分析表明，入塔前预处理技术可降低废水中的氨含量，减轻由碳酸氢铵结晶物质导致的蒸氨塔堵塞现象。该技术手段的代表性技术包括加入氢氧化钠进行脱氨预处理，以及加入氢氧化钠（或碳酸钠）再加入表面活性剂进行脱氨预处理。针对每种技术的具体分析如下。

1. 加入氢氧化钠进行脱氨预处理

采用此技术的方案中，比较典型的是天津天铁冶金集团有限公司于 2006 年 11 月 27 日提出的加入氢氧化钠进行脱氨预处理技术。

该技术只需要在进塔前的管路上设置固定盐提取装置即可，提取固定钙（镁）盐。在为蒸氨塔输送剩余氨水的泵后、进塔前的管路上设置两个（组）并联槽体，槽体内附填料或折流板，一开一备，使工业碱和剩余氨水在槽体内混合（或工业碱和剩余氨水在槽体前 3m 内混合）。

采用该技术可在进入塔体设备前提取工业碱（氢氧化钠溶液）和剩余氨水反应生成的固定盐，有效避免固定盐进入管路和蒸氨塔内及之后工序设备中造成堵塞的问题。

2. 加入氢氧化钠（或碳酸钠）再加入表面活性剂进行脱氨预处理

采用此技术的方案中，比较典型的是武汉科技大学于 2010 年 8 月 27 日提出的加入氢氧化钠（或碳酸钠）再加入表面活性剂进行脱氨预处理技术。

该技术是在含氨废水入塔前，先向进入调节池的焦化废水加入氢氧化钠或碳酸钠，调节 pH 至 10～12 后进入沉淀池，再加入表面活性剂。其中，表面活性剂为阳离子表面活性剂、阴离子表面活性剂、氟碳型表面活性剂中的一种或多种混合。

经过表面活性剂处理后的焦化废水表面张力降低，起提高蒸氨塔效率的作用，在原蒸氨工艺不变的条件下氨氮脱除率提高 3%～5%，蒸氨后的氨氮含量为 100～200mg/L。

小结：针对入塔前预处理过程，通过以上两种技术方案对比，在加入氢氧化钠的基础上还加入了表面活性剂，经过表面活性剂处理后的焦化废水表面张力降低，提高了蒸氨塔效率。因此，在含氨废水入塔前加入氢氧化钠后再加入表面活性剂，可降低废水中的氨含量，减轻由于碳酸氢铵结晶物质而导致的蒸氨塔堵塞现象。

5.3.3 双塔气提脱酸脱氨

蒸氨系统防堵塞重点专利的分析表明，双塔气提脱酸脱氨技术可高效去除氨氮，去除率高，并可有效防止蒸氨系统堵塞，是解决蒸氨系统堵塞问题的重要技术手段之一。该技术手段的代表性技术为青岛科技大学于 2011 年 6 月 17 日披露的双塔气提脱酸脱氨技术，该技术于 2014 年 5 月 20 日转让给青岛君扬化工科技有限公司，实现了技术产业化，具有非常大的经济效益。

双塔气提脱酸脱氨示意图见图 2-5-6，针对每种技术的具体分析如下。

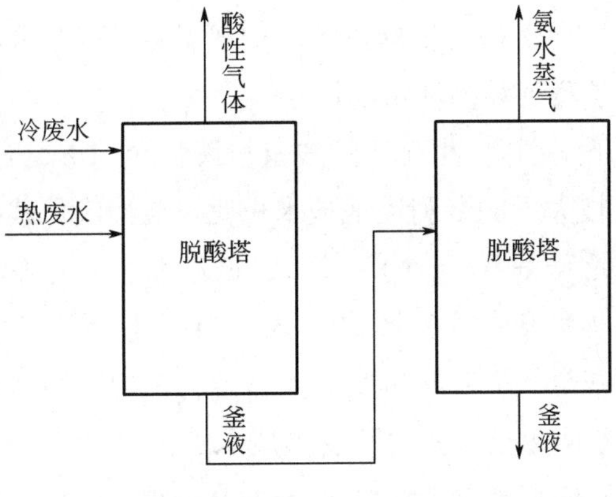

图 2-5-6 双塔气提脱酸脱氨示意图

（1）青岛科技大学于 2011 年 6 月 17 日披露了双塔气提脱酸脱氨技术。

该技术先使待处理的含酸与氨的废水分为冷、热两部分从气提式废水处理装置的脱酸塔上部和中上部分别进入塔内，分别调节控制脱酸塔的塔顶压力为 0.1～0.4MPa，塔顶温度为 40～80℃，塔底压力为 0.12～0.42MPa，塔底温度为 110～155℃。待处理废水中的酸性气体从脱酸塔顶部气提出来后，再经过塔顶冷凝和分液，使酸性气体进入酸性回收器，然后对酸性气体进行再加工利用或释放。同时，从脱酸塔底部通过管道或泵采出釜液废水，再使已脱除酸性气体的釜液废水从脱氨塔的中上部进入脱氨塔内。调节控制脱氨塔的塔顶压力为 0.4～0.8MPa，塔顶温度为 110～160℃，塔底压力为 0.45～0.85MPa，塔底温度为 130～180℃，使含氨水蒸气从脱氨塔顶气提出来，同时从脱氨塔底采集釜液。

采用该技术处理后的废水中二氧化碳的残留量低于 50mg/L，总含氨量低于 100mg/L。该技术于 2014 年 5 月 20 日转让给青岛君扬化工科技有限公司，目前处于有效状态。

在脱酸脱氨采用双塔气提技术方面，青岛科技大学于 2013 年又申请了 2 件专利 CN103449550A 和 CN103449544A。将以上 3 件专利进行对比发现，2012 年披露的双塔气提脱酸脱氨技术所需蒸气的压力要在 1.0MPa 以上，而 CN103449550A 号专利提供了一种节约高温位蒸气的处理含酸性气体和氨废水的方法，采用通用的化工分离装置，实现用能需求的优化匹配，可以大幅度节约中压蒸气的消耗，并且能保证较优的处理效果。但是该技术仍存在两个缺陷，一是低压脱酸脱氨塔塔顶采出的酸性气体压力太低，靠自压难以送到下游装置。二是低压脱酸脱氨塔是复杂塔结构，由于低压操作时，同等处理量下设备尺寸需要加大，因而设备的投资较高。而专利 CN103449544A 是在 CN103449550A 的基础上作了进一步改进，以克服上述缺陷。该发明优化了整体流程的工艺条件，将氨从废水中的提取与氨的净化分成两个塔来进行：氨从废水中的提取在低压脱酸脱氨塔中进行，操作压力远低于以前工艺的操作压力，从而可以采用低压蒸气做热源；而氨的浓缩净化在高压脱酸脱氨塔中进行。由于高压脱酸脱氨塔仅需要处理低压脱酸脱氨塔采出的氨凝液，凝液量已经很少，因而高压脱氨塔所需的高温位加热蒸气量非常少。

（2）天津市昊永化工科技有限公司于 2011 年 7 月 21 日申请了双塔气提脱酸脱氨技术。

该技术是通过脱酸塔、脱氨塔和水塔之间设备的耦合，即脱氨塔的塔顶粗氨气冷凝器作为脱酸塔和水塔的再沸器，利用差压精馏技术，实现了热源的阶梯综合利用，降低了废水处理的能力消耗，大大节省了蒸气和循环水的用量。

采用该技术处理后的废水中酸性气体的残留量降低至 10mg/L 以下，总氨含量降低至 100mg/L 以下。与青岛科技大学的专利申请技术相比，酸性气体残留量更低，以 75t/h 废水规模，减少投资约 200 万元人民币，节约了蒸气、循环水、电力等资源。

（3）北京阳光欣禾科技有限公司于 2014 年 6 月 30 日披露了双塔气提脱酸脱氨技术。

该技术是将气提脱酸塔与气提脱氨塔串联操作，将常规脱酸塔顶冷进料改为热进料，脱酸工序先于脱氨工序，每小时可处理的含氨含酸废水达 1t 以上。

采用该技术可处理废水中氨氮含量：500～50000mg/L；处理后排放废水中氨氮含量低：1～10mg/L。

（4）其他一些可借鉴的双塔气提脱酸脱氨技术：解决变换冷凝液气提系统发生铵盐结晶堵塞的技术，以下逐一介绍。

中国石油化工集团公司、中国石化集团宁波工程有限公司和中国石化集团宁波技术研究院合作，于 2009 年 5 月 22 日披露了双塔气提脱酸脱氨技术。

该技术是将二氧化碳和氨分别在上、下两个塔进行气提，上塔气提二氧化碳、下塔气提氨。避免了二氧化碳和氨在冷凝系统中同时存在，延长了变换装置稳定运行的周期。但该技术仍然存在以下的问题：一是出二氧化碳气提塔的气提气温度较高的问题，后续工序必须对气提气进行冷凝，冷凝循环用水量高，能耗高；二是气提塔操作系统控制复杂且欠稳定。

中国石油化工股份有限公司、中国石化集团宁波工程有限公司和中国石化集团宁波技术研究院合作，于 2011 年 8 月 30 日披露了双塔气提脱酸脱氨技术。

该技术是对 2009 年 5 月 22 日申请的双塔气提脱酸脱氨技术进行改进，根据来自上游的变换冷凝液温度的不同，分成多股物流分别进入冷凝液气提塔的不同部位，将变换冷凝液中的二氧化碳在塔的顶部气提出，氨在塔的中部气提抽出。科学合理地利用不同变换冷凝液的温位和能量梯度，节省了用于气提的低压蒸气用量，减少了系统用于冷凝气提气的循环冷却水用量，并省掉了二氧化碳气提塔后续程序必须设置的余热回收装置。

小结：上述技术对于华祥公司解决蒸氨系统堵塞问题均具有较高的参考价值。其中，可应用到华祥公司现有设备中的具有代表性的技术是将氨从废水中的提取与氨的净化分成两个塔来进行，采用低压蒸气做热源，从而使得高压脱氨塔所需的高温位加热蒸气量非常少。

第 6 章　结论与建议

本次专利信息分析项目主要围绕华祥公司提出的针对废水资源化利用系统的三大需求：

一是油水分离系统中如何处理兰炭废水中的乳化油；

二是萃取脱酚系统中如何更好地回收萃取剂，减小损失，提高萃取剂循环使用寿命；

三是蒸氨系统中如何防止设备堵塞，即如何防止碳酸氢铵结晶物质形成，以及如何去除碳酸氢铵结晶物质。

通过检索国内外专利信息，并结合华祥公司目前处理兰炭废水的设备和工艺，分别从油水分离系统、萃取脱酚系统及蒸氨系统三个方面进行深入分析，本报告最终得出如下结论与建议。

6.1　结论

（1）油水分离系统的破乳技术。

油水分离系统中存在的技术问题是乳化油难处理，即破乳问题。破乳方法主要包括物理方法和化学方法，化学方法易破坏油的本质，鉴于资源化利用的考虑，本次专利信息分析项目重点关注物理方法破乳。

通过专利信息分析可知，含油废水利用物理方法破乳的技术包括利用超声波破乳、利用亲油疏水性纤维破乳、加微电场破乳、利用物理破乳剂破乳、利用流体水击谐波破乳、利用多孔板破乳、利用膜分离技术破乳等。

本次分析项目围绕企业的第一需求，分析了油水分离系统中乳化油破乳相关技术的专利状况，主要涉及申请趋势、技术构成及技术发展路线。通过分析，将解决乳化油破乳问题的方法聚焦在 20 世纪 80 年代到 2014 年这个时间段上，并最终将破乳方法锁定到超声波破乳和纤维破乳上。

在对常规的破乳方法进行分析的基础上，本报告创造性地提出了适合企业实际情况的两级破乳技术，一级破乳是利用纤维破乳技术将废水中的焦油含量降低到 50～100mg/L；二级破乳是在一级破乳的基础上再利用超声波破乳，最终将焦油含量降低到 5mg/L 以下。

（2）萃取脱酚系统中萃取剂再生循环技术。

在萃取脱酚系统中，所使用的萃取剂不易回收，循环使用寿命短，导致整个系统的成本较高。

本次分析项目围绕企业的第二需求，分析了萃取脱酚系统中萃取剂再生循环相关技术的专利状况，主要涉及申请趋势、技术构成及技术发展路线。进而针对萃取剂循环使用寿命短、成本高的问题提出了具体的解决方案，并对每种解决方案进行了分析。

这些分析表明，兰炭废水萃取脱酚系统萃取剂回收技术主要集中在中国，且以蒸馏法回收萃取剂的专利技术较多。蒸馏法回收萃取剂的优势在于：适用范围广，可用于醚类萃取剂、酮类萃取剂及酯类萃取剂的回收，该方法溶剂损失率小，能有效地萃取高浓度含酚废水中的酚类物质。但是蒸馏法回收萃取剂的能耗较高，且操作复杂。

反萃法回收萃取剂的优势在于：操作简单，溶剂损失量可控制在 2/10000 左右，不会对废水造成二次污染。但反萃法的适用范围较小，一般用于配位萃取剂的回收。

（3）蒸氨系统防止碳酸氢铵结晶物质堵塞设备的技术。

华祥公司在废水脱氨过程中所采用的是蒸氨的方式，但蒸氨设备中往往会造成系统堵塞，其原因主要是本级系统中水中 CO_2 与 NH_3 反应形成的碳酸氢铵结晶物质易堵塞蒸氨设备。而蒸氨系统堵塞则严重影响兰炭废水的处理效果。

本次分析项目围绕企业的第三需求，分析了兰炭废水处理中蒸氨系统防堵塞相关技术的专利状况，主要涉及申请趋势、技术构成及技术发展路线。进而对防止碳酸氢铵结晶物质形成及如何去除碳酸氢铵结晶物质的问题，提出了具体的解决方案，并对每种解决方案进行了分析。

通过专利申请趋势分析，本报告将蒸氨系统防堵塞解决方案的时间节点定位在 21 世纪以后。技术构成分析表明，通过脱酸脱氨技术防止蒸氨系统堵塞的专利申请量占总申请量的 75%，远远多于其他技术手段。因此，本报告的具体解决方案主要聚焦在脱酸脱氨技术上。而蒸氨系统防堵塞设备重点技术的发展路线表明，近年来双塔气提脱酸脱氨技术可有效进行脱酸脱氨，效率较高，且可大幅度节约中压蒸气的消耗，并且能保证较优的处理效果。

鉴于以上分析，在蒸氨系统防止碳酸氢铵结晶物质堵塞设备方面，本报告提供了三种解决方案，即入塔前预处理技术、单塔气提脱酸脱氨技术和双塔气提脱酸脱氨技术，三种方案各有优缺点。其中，双塔气提脱酸脱氨技术可有效进行脱酸脱氨，效率较高，且能保证较优的处理效果。

6.2 建议

（1）油水分离系统的破乳技术。

鉴于华祥公司目前破乳后废水的含油量为 300mg/L 左右，远高于本报告提出的两级破乳后废水中的含油量，因此，建议华祥公司在油水分离系统中采用上述两级破乳技术，虽然在一定程度上增加了兰炭废水处理成本，但是破乳效率能够大幅提高，且处理后的废水焦油含量更低。从长远考虑，该两级破乳技术不仅能为企业带来巨大的经济效益，而且可以产生良好的社会效益。

（2）萃取脱酚系统中萃取剂再生循环技术。

从兰炭废水的性质和企业的实际工艺设备出发考虑，建议华祥公司将蒸馏法回收酮类萃取剂和反萃法回收配位萃取剂技术作为重点关注对象，但在参考其技术方案时，需要注意规避侵权风险。

（3）蒸氨系统防止碳酸氢铵结晶物质堵塞设备的技术。

将入塔前预处理和双塔气提脱酸脱氨技术相结合的方式，能有效进行脱酸脱氨，效率高，处理效果好，且能耗较低。因此，建议华祥公司将入塔前预处理和双塔气提脱酸脱氨技术相结合，即在废水入塔前先加入氢氧化钠，再加入表面活性剂，然后采用双塔气提脱酸脱氨。该技术可有效防止碳酸氢铵结晶物质形成，进而达到防止蒸氨系统堵塞的目的。

参 考 文 献

[1] 蔡永宽，张智芳，刘浩，等．兰炭废水处理方法评述［J］．应用化工，2012，41（11）：1993-1998．

[2] 兰炭企业焦化准入基本技术条件发布［J］．化学工程师，2015（3）．

[3] 石岩峰．半焦企业准入门槛高了多少［J］．环境经济，2015（9）．

[4] 任源，韦朝海，吴超飞，等．焦化废水水质组成及其环境学与生物学特性分析［J］．环境科学学报，2007，27（7）：1094-1100．

[5] 卢永，申世峰，严莲，等．焦化废水生化处理研究新进展［J］．环境工程，2009，27（4）：13-15．

[6] 吕永涛，王磊，陈帧，等．Fenton 氧化-吹脱法预处理兰炭废水的研究［J］．工业水处理，2010，30（11）：56-58．

[7] 刘敏，李小锋，华媛，等．兰炭废水处理技术的研究［J］．广东化工，2015，42（305）：178-179．

[8] 胡晓林，刘红兵．几种油水分离技术介绍［J］．热力发电，2008（3）．

[9] 王学彬．含油废水及其处理技术的研究进展［J］．化工时刊，2008（11）．

[10] 吴晓根，韩永忠，李俊，等．含油废水处理技术进展［J］．环境科技，2010（2）．

[11] 岳峻，万书超，万红友．含油废水处理技术进展［J］．污染防治技术，2009（1）．

[12] 王心乐，李明玉，宋琳，等．络合萃取法对煤制气高浓度含酚废水的资源化处理［J］．工业水处理，2008（12）．

[13] 叶春林．含酚废水新型高效萃取处理设备及其应用［J］．化工环保，2002（4）．

[14] 李玉标．含酚废水的处理方法［J］．净水技术，2005，24（2）．

[15] 严进．高浓度氨氮废水的处理技术［J］．南通职业大学学报（综合版），2003（4）：51-54．

第三篇
高低压交流电机专利分析报告

第 1 章　项目背景和需求

1.1　项目概述

1.1.1　项目背景

自 1831 年英国法拉第制造出第一台手摇圆盘直流发电机开始，世界电机工业迄今已有 180 多年的历史。现如今，电机设计制造技术主要由欧美和日本几大跨国企业垄断，主要有通用电气公司、西门子股份公司、ABB 公司、东芝公司、三菱集团等。

新中国成立以来，中国电机工业从弱到强、从落后走向先进，先后经历了技术进口、技术引进、技术吸收、技术创新、技术自主研发等阶段。到目前为止，中国电机行业已经形成了一套完整的业务体系，产品的品种、规格、性能和产量都已基本满足中国国民经济的发展需求。近 10 年来，中国电机行业整体呈增长趋势，中小型电动机保有量已经达到 16 亿 kW，成为世界上最大的中小型电动机生产、使用和出口大国。目前，中国电机市场需求较大，但相对国外电机技术，中国电机产业总体技术水平较低，导致电机行业尚不能充分满足市场需求。

政策方面，中国电机产业拥有良好的政策环境。目前中国正努力加快产业结构调整，推动产业优化升级，加强技术创新，促进装备制造业持续稳定发展。自 2006 年 6 月国家发布《国务院关于加快振兴装备制造业的若干意见》（国发〔2006〕8 号）及相关配套政策以来，国家对装备制造业的支持力度不断加大，且重点支持系统成套技术、自动控制技术、关键共性制造技术、基础性技术和原创性技术等的研究开发。另外，根据国家发改委发布的《产业结构调整指导目录（2011 年本）》，一些与电机行业相关的重要产业新纳入或继续纳入国家鼓励类产业，这将大大促进电机行业市场规模和技术实力的整体发展。

1.1.2　技术背景

1. 电机降噪

随着 Y 系列异步电动机在国民经济中的广泛应用，电机噪声问题日益突出。近年来，电机噪声问题更是对工业生产带来了严重危害。例如，降低电机效率、加速轴承磨损，从而影响与其配套的设备的正常应用，进而导致电动机定子绕组的绝缘性能大大下降。

电机噪声主要包括空气动力性噪声、机械性噪声及电磁噪声[1][2][3][4]。

（1）空气动力性噪声。

空气动力性噪声是电动机的主要噪声源，其产生机理与风机的空气动力性噪声机理相似，噪声的强度与叶片的尺寸、形状及转速有关。空气动力性噪声往往在电机进风口和出风口，特别是风扇附近噪声最大，当堵塞电机进风口和出风口或者拆去风扇时噪声显著削弱。

空气动力性噪声的形成原因包括：风扇高速旋转时，空气质点受到风叶周期性力的作用，产生压力脉动而引发旋转噪声；风扇或转子上旋转的零部件在旋转时产生的气流遇到障碍物，致使风路截面剧变或气流方向突变而引发的涡流所产生的噪声。

降低空气动力性噪声的技术手段包括以下几方面：

① 通过叶片结构改善电机噪声。将风扇叶片改为后弯式叶片，且减少叶片数量、缩短风扇的直径、适当增加叶片的宽度。以一台 55kW 电动机为例，将风扇叶片改为后弯式叶片，叶片数量由多片改为 4 片，风扇直径由 350mm 缩短为 325mm。为保证风量，适当增加叶片的宽度。实验表明，该电机的噪声由 97dB(A)降到 88.5dB(A)。

② 通过安装消声器改善电机噪声。安装消声器是降低电机噪声的又一解决方案，难点是消声器的安装位置。一般情况下，消声器安装在电机靠近出入风口位置。根据电动机风冷气的不同走向，加装消声器大体分为两种：冷却风扇加装消声筒、进出气处加装消声器。

冷却风扇加装消声筒：对于冷却风扇位于电机尾部而言，气流从尾部进入，流经电机外壳的散热筋把热量带走。对于这类电机，可以在电机尾部和机壳上加装阻性消声筒，并在消声筒内放置吸声锥。其吸声锥做成可调式，根据实际需要，对通流的断面积进行调节。

进出气处加装消声器：对于功率较大的电动机，通风冷却系统是从电机尾部和联轴节两端进入，从机体两侧向外排气。因此，可以在进、出气处加装适当形式的消声器。为避开电机主轴及电缆线等障碍物，消声器可设计成拼装结构，便于拆卸，可随时检查、维修电动机。试验结果证明，在距机组 1m 处噪声，由 100dB(A)降至 85dB(A)。

（2）机械性噪声。

机械性噪声包括电机转子不平衡引起的低频噪声、轴承摩擦和装配误差引起的高频噪声、结构共振产生的噪声等。它对电动机噪声的影响仅次于空气动力性噪声。转子动平衡不好是产生机械振动和机械噪声最常见的原因之一。提高转子动平衡精度可以有效降低机械性噪声。

当电机装有端罩式风罩时，罩子往往被电动机的振动所摇撼，并发生振动，也会产生噪声。这种情况下，电机定子的振动往往是端罩或风罩的激励源，要减小这种振动噪声，措施是增大端盖和罩子的动态刚度。在端罩和定子的结合处加设吸振材料，如毛毡等，都可减小定子的振动幅值[5]。

（3）电磁噪声[6][7][8][9]。

电磁噪声是由于电动机空隙中磁场脉动、定子与转子之间交变电磁引力、磁致伸缩引起电机结构振动而产生的倍频声。电磁噪声的大小与电动机的功率及极数有关。对于一般小型电动机而言，功率不大，电磁噪声并不突出，但对于大型电机而言，功率很大，电磁噪声在电机噪声中占有一定分量。

适当降低电机的气隙磁通密度、增大气隙，设计时如采用电枢斜槽，直流电动机的不均匀气隙和交流电动机的磁性槽楔，都是降低齿谐波和电磁噪声的有效措施。增加机座刚度，可以减少由于定子、转子气隙场中基波旋转力产生的振动和噪声。提高气隙装配时的均匀度和铁芯的叠装质量，都有利于降低电磁噪声[5]。

2. 电机温升

温升是电机与环境的温度差，是由于电机发热引起的，同时也是电机设计及运行中的一项重要指标。电机允许温升是由电机的绝缘等级所决定的，不同的绝缘等级就有不同的允许温升（见表 3-1-1）。电机的最高允许温度是绕组能够承受的最高温度，在此温度下使用时，绝缘材料的物理、机械、化学和电气性能不发生显著恶性变化。但超过此温度使用，则绝缘材料的性能发生质变，或引起快速老化，影响其使用寿命。

表 3-1-1　各绝缘温度等级的温度标准

绝缘温度等级	A	B	C	D	E
最高允许温度/℃	105	120	130	155	180
绕组温升限值/K	60	75	80	100	125
性能参考温度/℃	83	95	100	120	145

运行中的电机铁芯处在交变磁场中产生铁损、绕组通电后产生铜损，以及其他杂散损耗都会导致电机温度升高。电机温升过高的原因可概括为两大方面，电机损耗大和电机通风散热不良。其中，减少损耗的根本措施，一是抑制谐波，二是限制负载转矩。但是这两种方式都会大大限制电机的应用范围，因此，行业内解决电机温升的问题往往通过改进电机散热性能来实现。

电机散热的改进包括风扇的改进、冷却器的改进、循环通风结构的改进等。

（1）电机风扇的改进。

安装风扇是降低电机温升最常用的手段。电机风扇一般包括内风扇和外风扇，内风扇安装在电机转子转轴端部，包括铝制风扇和铁制风扇。电机在运行过程中，通过风扇叶片的旋转将产生的热量带出。

按不同的冷却风路，电机风扇一般分为离心式风扇和轴流式风扇。

离心风扇包括径向离心风扇、前倾离心风扇、后倾离心风扇。其中，径向离心风扇具有较高的离心压头、可正反转、工艺简单，但效率低，适用于正反转电机。前倾离心风扇具有较高的离心压头、效率高，但工艺复杂、噪声大，适用于单向转向低速电机。后倾离心风扇具有较高的离心压头、噪声低，但效率低，广泛用于单向旋转中高速电机。

轴流风扇包括平凸翼型轴流风扇、凹凸翼型轴流风扇、弧板型轴流风扇。其中，平凸翼型轴流风扇和凹凸翼型轴流风扇具有较好的翼型、效率高，但工艺复杂，适用于轴向通风的高速电机。弧板型轴流风扇工艺简单，但效率低，适用于中高速电机。

（2）冷却器的改进[10]。

影响冷却器冷却效率的因素包括冷却管的排布方式、冷却管的材质及其他因素。

① 冷却管的排布方式。目前，比较成熟的冷却管的排列方式是层型布置（见图 3-1-1），排与排之间交错排列，相邻两根管子之间距离相等。层型布置的优点是：相同截面上管子层数和总数量较多，节省空间和材料，风压均匀、压降小。

此外，冷却管还可以采用 M 型（或 W 型）排布方式（见图 3-1-2）。与层型排布方式相比，在相同空间下，M 型（或 W 型）排布的冷却管数量较少，且风压不均匀、压降大，浪费材料，加工困难。

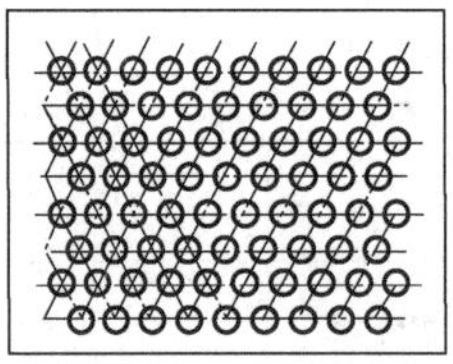

图 3-1-1　层型冷却管排布方式

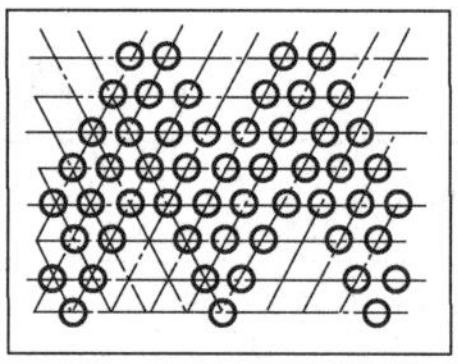

图 3-1-2　M 型冷却管排布方式

② 冷却管材质的选择。空-空冷却器是通过冷却管内的冷空气与冷却管外（机壳内）的热空气进行热量交换而达到冷却目的，因此冷却管的导热系数对换热效率有一定影响。冷却管材料的导热系数与材料的化学成分、组成结构、密度和含水率等因素有关。冷却管常用的材质包括铜管、铝管、钢管。其中，铜管的导热系数是钢管的 5 倍，铝管的导热系数是钢管的 3 倍。为最大限度地提高空-空冷却器的散热效果，提高电机效率，冷却器一般以铝管为冷却管，必要时采用铜管。

③ 其他因素。冷却管的规格与间距也是影响冷却器冷却效率的因素之一。最初研制空-空冷却器时，大多数厂家采用ϕ23mm×1.5mm 的无缝钢管和铝锰圆形轧制合金管（3A21），管间距 5mm。后来发现 1.0mm 厚的铝管完全可以满足强度方面的要求，且导热距离缩短，材料质量减轻，成本也降低了。为了适应低转速电机对低风阻的要求，减少加工量，可以采用ϕ25mm、ϕ28mm、ϕ32mm 规格的铝管，管间距相应增大到 13mm。

（3）电机循环通风结构的改进。

在电机的设计中，如何将电机运行时产生的大量热量由内部的冷却介质有效、迅速地传递到周围环境的冷却介质，使电机温升符合设计要求，一直是电机设计的重要关注点之一。它决定着电机热负荷参数的选取。

根据电机内风路的布置，一般有径-轴混合通风和轴向通风两种，相应地，强风冷却器也包括单风路和双风路两种结构。

单风路结构指电机本体内部的热空气从一端出来，进入冷却器中。在冷却器中通过热交换器形成冷空气，再由风机抽出，补充到电机本体内部，形成内风路循环；外风路是周围环境的冷空气通过热交换器的风管内部，吸收热量形成热空气后，由风机抽出（见图 3-1-3）。

双风路结构指电机本体内部的热空气从中部铁芯位置出来，进入冷却器中。在冷却器中分为两路通过热交换器形成冷空气，再由两端风机抽出，补充到电机本体内部，形成内风路循环；外风路与单风路结构相同（见图 3-1-4）。

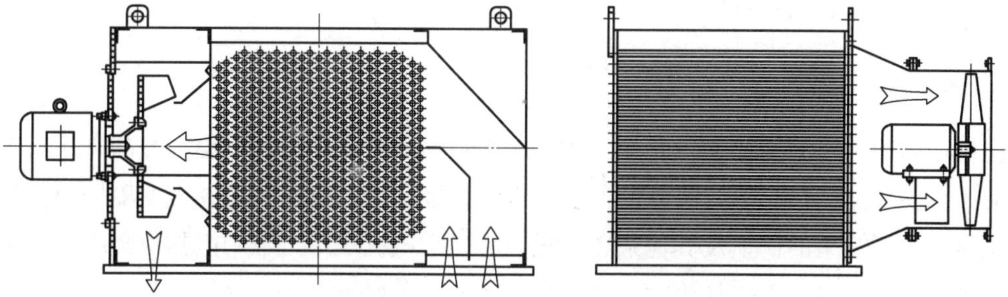

图 3-1-3　轴向通风的单风路结构

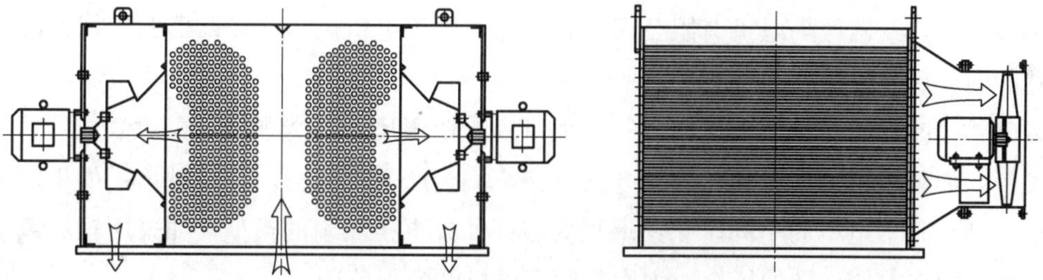

图 3-1-4　轴-径向通风的双风路结构

1.2　企业问题及需求

西安泰富西玛电机有限公司专业生产大中型、高低压、交直流电机，是一家集电机设计制造、电气控制、机械加工、模具、铸造、运输等自动化成套工程为一体的动力系统提供商。企业一贯高度重视产品质量，其旗下产品已取得一系列质量认证。为了进一步满足市场需求，企业积极进行技术革新，不断完善产品性能，提高产品竞争力。目前，企业正在着力提升三相异步交流电机的性能，主要体现在提高电机效率、改善电机安全、降低电机噪声、降低电机温升、延长电机寿命。其中，在提高电机效率、改善电机安全和延长电机寿命方面已经取得了一定的成绩，但是在降低电机温升和噪声方面，尚无有效的技术措施。

1.2.1 电机噪声问题

西安泰富西玛电机有限公司的电机大多采用铸铝转子，电机长时间工作后，产生的热量易导致转轴变形。而转轴变形易加大转轴与其他零部件之间的摩擦，从而引起剧烈的振动，导致电机噪声过大。再者，包括电机基座和风扇在内的其他零部件由于强度不够也会引起电机振动过大，进而导致电机噪声过大。

目前，西安泰富西玛电机有限公司主要是通过提高零部件的强度而改善电机噪声问题，主要手段包括提高电机机座的强度、加厚机座底板等。该方案虽然在一定程度上降低了电机噪声，但是效果并不理想。

因此，本项目的第一需求是如何有效解决电机噪声过大的问题，以满足国家对设备噪声的要求，提高人民的生活质量。

1.2.2 电机温升问题

电机在高速运转的情况下长时间工作后，产生的热量将导致电机温度过高，从而影响电机寿命等各种性能。引起电机温升的主要因素包括运行中的电机铁芯在交变磁场中产生的铁损、绕组通电后产生的铜损及其他杂散损耗。另外，电机运行过程中散热也会导致电机温度升高。当电机的发热与散热相等时即达到平衡状态，温度不再上升而稳定在一个水平上。当发热增加或散热减少时就会破坏平衡，使温度继续上升，扩大温差。增加散热，则在另一个较高的温度下达到新的平衡。

目前，西安泰富西玛电机有限公司主要是通过改善电机风扇和冷却器的结构解决电机温升问题，实现温度平衡。

风扇结构改进的手段主要包括：①加大风扇的轮廓尺寸；②增加风扇的数量；③更换风扇的类型。如果采用加大风扇轮廓尺寸的方案，则会产生轴向力，损伤轴承；如果增加风扇的数量，则受限于电机的空间，无法增加太多；如果更换风扇的类型，如采用轴流风扇，则电机只能应用在单向旋转的场合，大大限制了电机的应用范围。

冷却器结构改进的手段主要是通过改变冷却管的排布方式实现，如冷却管整排并列排布且冷却管采用钢管或铝管。但是，这种排布方式的散热效果不佳。

西安泰富西玛电机有限公司在降低电机温升方面虽然采取了一定的手段，但是效果不佳。故本项目的第二个需求是如何解决电机温升问题，尤其是通过改善风扇和冷却器的结构提高散热效率，以延长电机的使用寿命，提高电机的各项参数指标。

第 2 章　研究方法

本报告采用非专利文献资料研究和项目承担单位需求调查的形式，结合多种专利文献体系、多个专利文献数据库和专题数据库，确定了研究对象的技术分解表。并据此进行高低压交流电机领域及其关键技术的专利检索，通过对检索的专利文献数据进一步加工整理，形成专利数据分析的样本。

2.1　技术分解表

本报告基于行业习惯，结合企业需求，进行技术分解。根据企业需求由上而下逐级进行技术分解，一级为高低压交流电机，二级为定子、转子、其他附属部件。在二级技术分解的基础上从其内部结构上再进一步细化，分出三级分支，包括高低压交流电机的主要部件。有关高低压交流电机的技术分解见表 3-2-1，技术定义见表 3-2-2。

表 3-2-1　技术分解表

一级技术分支	二级技术分支	三级技术分支	四级技术分支
高低压交流电机	定子	定子铁芯	硅钢片
		定子绕组	定子线圈
			槽绝缘
			相间绝缘
			槽楔
	转子	轴	
		转子铁芯	
	其他附属部件	端盖	
		油盖	
		风机	
		轴承	

表 3-2-2　技术定义表

术语	定义
高低压交流电机	高低压交流电机是用于实现机械能和交流电能相互转换的机械。三相交流异步电机是高低压交流电机的一种，是靠同时接入三相交流电源（相位差 120°）供电的一类电动机。由于三相异步电机的转子与定子旋转磁场以相同的方向、不同的转速旋转，存在转差率，所以叫三相异步电机
定子	定子是电动机静止不动的部分，由定子铁芯、定子绕组和机座三部分组成。定子的主要作用是产生旋转磁场
转子	转子是电动机中的旋转部件
机座	机座是指设备的底架或部件，以便设备的使用或安装附件
定子铁芯	定子铁芯是构成电机磁通回路和固定定子线圈的重要部件，由冲片及各种紧固件压紧构成
定子绕组	根据线圈绕制的形状与嵌装布线方式不同，可分为集中式和分布式两类。目前的交流电动机定子绝大部分都是应用分布式绕组，分布式绕组的电动机定子没有凸形极掌，每个磁极由一个或几个线圈按照一定的规律嵌装布线组成线圈组，通电后形成不同极性的磁极
轴	轴是电机上的一种滑动部件，是电机中的重要零件之一，用于支承回转零件和传递运动及动力
转子铁芯	转子铁芯用来增加电感线圈的磁通量，以实现电磁功率的最大转换
端盖	端盖是安装在电机等机壳后面的一个后盖，保护轴承
油盖	电机油盖主要是对电机的轴承起到密闭作用，在电机结构中有着不可替代的作用
风机	风机是依靠输入的机械能，提高气体压力并排送气体的机械
轴承	轴承是支撑机械旋转体，在机械传动过程中起固定和减小载荷摩擦的部件
槽绝缘	槽绝缘用以隔绝不同导电体固体，一般要求固体绝缘材料兼具支撑作用
槽楔	槽楔又叫楔子，把电机的电线放在槽子里后，用槽楔来封口
相间绝缘	各相定子绕组间的绝缘
定子线圈	定子线圈是嵌入定子槽内的绝缘导体，是组成绕组的元件
硅钢片	电机铁芯的材料，一种含碳极低的硅铁软磁合金，一般含硅量为 0.5%～4.5%

2.2　数据检索及处理

2.2.1　检索对象描述

本项目研究的是高低压交流电机存在的具体问题的解决方案，包括电机噪声过大和电机温升过高两个方面。电机噪声方面，关注空气动力性噪声和机械性噪声，重点关注电机转轴、风扇和机座的改进。电机温升方面，关注电机风扇和冷却器的改进，其他方面的改进不在本研究范围之内。

2.2.2　检索策略及要素

1. 检索策略

经过对高低压交流电机领域的初步了解与分析，本报告采用总分式的检索策略，先对总体技术主题检索，然后在总体技术主题的检索结果中进行各技术分支的检索。本报告主要是借助关键词与分类号组合的方式进行检索，检索数据库主要是采用专利信息服务平台和IncoPat科技创新情报平台。

2. 检索要素

本次检索首先是采用关键字和分类号的组合检索，形成初步检索数据库；其次对初步检索数据库进行补充检索。检索要素如表3-2-3所示。

表3-2-3 检索要素表

检索块	关键词	分类号
电机	电机，马达，电动机，electric machinery，motor，motors，electric machine，electrical machine，electromachines	H02K17，H02K1，H02K15，H02K3，H02K5，H02K7，H02K9，H02K11，H02K19，H02K21
降温	风扇，冷却，散热，温升，降低，温度，离心风扇，轴流风扇，内风扇，外风扇，冷却器，冷却装置，换热器，换热装置，换热管，散热管，冷却管，发热，过热，过高，升温，cooling，cooled，cool，fan，fans，reducing，reduce，reduction，preventing，low，reduced，lower，drop，reduce，decreases，decrease，innerfan，outerfan，centrifugalfan，centrifugalfans，axialfan，axial-flowfa，coole，cooler，cools，coolingsyste，heat-exchangetube，heat-exchangingpipe，heatexchangepipes，coolingpipe，coolingtube，coolingcanal，aircooler，aircoolers，condenser，cooling pipe，circulate，circulated，cooling system，absorb heat，remove heat，temperature，temperatures，heating，air outlet，blower	H02K17，H02K1，H02K15，H02K3，H02K5，H02K7，H02K9，H02K11，H02K19，H02K21
降噪	电机转轴，转轴，转子轴，旋转轴，风扇，振动，震动，减震，减振，机座，基座，降噪，降低，噪声，噪音，electromotor axes，rotational axis，rotation axis，rotatingshaft，axisofrotation，rotation axle，rotaryaxis，rotationalaxes，fan，fans，shock，shake，vibration，vibrating，vibrations，shaking，damping，shock absorption，vibration attenuation，motor seat，motorbase，motormount，motorhousing，machinebase，machinecasings，engine base，bedplate，stator frame，stator base，denoise，noise reduction，minimize，reducing，reduce，reduction，preventing，low，reduced，lower，drop，reduce，decreases，decrease，noise，noises	H02K17，H02K1，H02K15，H02K3，H02K5，H02K7，H02K9，H02K11，H02K19，H02K21

2.2.3 检索范围及结果

1. 检索范围

本报告检索2014年9月2日之前公开的所有中文文献和2014年9月18日之前公开的所有外文文献。

本报告检索重点关注电机噪声过大和电机温升过高两个问题的解决方案。其中，电机噪声关注电机风扇的改进、转轴的改进和基座的改进。风扇的改进包括风扇结构的改进、风扇叶片的改进及风扇叶片安装角度的改变。转轴改进包括转轴材质、转轴结构及转轴装配的改进。其他解决电机噪声问题的专利不在本项目研究范围内。电机温升关注电机风扇、电机冷却器和电机循环风路的改进。风扇改进包括风扇叶片结构的改进及风扇叶片安装角度的改进。冷却器改进包括冷却管的布置方式和冷却管的材质选择。其他解决电机温升问题的专利不在本项目研究范围内。

2. 检索结果

全面而准确的检索结果是后续专利分析的基础，是调整检索策略、调节检索进度的重要依据。本报告包括关键技术点检索、主要竞争对手检索及总样本检索。检索结果评估所使用的指标是查全率和查准率。查全率用来评价检索的全面性，即评价检索结果涵盖检索主题下的所有专利文献的程度。查准率用来衡量检索结果的准确性，即评价检索结果是否与检索主题密切相关。查全率的评估通常在初步查全和去噪后进行，查准率的评估通常在查全工作结束后进行。

本报告的关键技术点、主要竞争对手及总样本的检索结果和评估结果见表3-2-4。

表3-2-4　检索结果

数据块	数据类别	检索结果/件	查全率/%	去噪后数据/件	查准率/%
关键技术点	中文	3906	93.9	2607	95.0
	外文	14486	88.6	5148	96.7
主要竞争对手	中文	2088	98.5	760	95.8
	外文	13557	97.9	5843	95.8
总样本	中文	23487	93.9	10409	95.3
	外文	45437	83.7	11896	95.8

2.2.4　数据标引

本报告采用人工阅读并手动标引技术分支和技术功效。在进行标引之前，首先与项目承担单位的专业技术人员共同商讨并统一标引标准。

通过对专利进行分析解读，本次标引重点关注三相异步电机的降温及降噪问题，对降噪方式和降温方式分别进行了重点标引。

降噪标引：将电机的降噪方式分为风扇改进、转轴改进和其他。风扇改进方面包括风扇叶片结构的改进、风扇叶片安装角度的改进、风扇叶片形状的改进等。转轴改进方面包括转轴结构的改进、转轴材质的改进和转轴与转子装配结构的改进。其他改进方面包括机座结构改进、设置消声装置等。

降温标引：将电机的降温方式分为电机风扇的改进、电机冷却器的改进、电机循环风路的改进和其他。电机风扇改进方面包括风扇叶片结构的改进及风扇叶片安装角度的改进。冷却器改进方面包括冷却管的布置方式和冷却管的材质选择。

专利技术功效标注：根据项目需求，本项目主要关注解决电机降温降噪问题的专利，所以技术功效标引主要分为降低噪声和降低温升。

第 3 章　电机降噪降温专利现状

本章围绕项目需求，通过对高低压交流电机降噪降温方面的全球专利进行检索分析，重点研究了该领域国内外专利申请趋势、各技术分支分析及重要专利申请人的概况。

3.1　申请量变化趋势

降噪和降温是西安泰富西玛电机有限公司最关注的两个问题，由于高低压交流电机在矿山、机械工业、石油化工工业等各种工业中的应用量逐渐增加，该领域内的专利申请量也逐渐增加。同时，对电机在工作中的噪声、温度性能的要求也越来越高，从而使得电机的降噪降温出现了快速发展的阶段，促使了专利申请量的增长。

图 3-3-1 所示为高低压交流电机降噪降温领域中国专利申请量随时间的变化趋势。从曲线的斜率可以看出，中国高低压交流电机专利申请主要经历了三个阶段，即 1985—2001 年的缓慢发展阶段、2001—2008 年的第一快速增长阶段及 2008—2014 年的第二快速增长阶段。

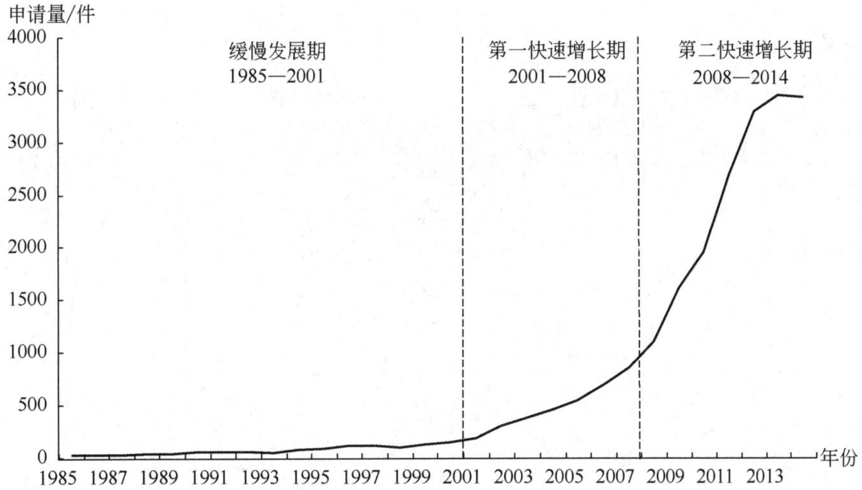

图 3-3-1　中国高低压交流电机降噪降温的专利申请趋势

（1）缓慢发展阶段（1985—2001 年）。1984 年，中国第一部专利法颁布，国民专利申请及保护的意识不强，高低压交流电机在降噪降温方面的专利申请量呈现缓慢增长趋势，每年的专利申请量最高也在 200 件以下。

（2）第一快速发展阶段（2001—2008 年）。至 2008 年，专利法实施已经 15 年。随着企业专利意识的不断提高，加之国际竞争环境越来越激烈，在该阶段，高低压交流电机在降噪降温方面的专利申请量呈现快速增长趋势。专利申请量从 2001 年的 184 件增长至 2008 年的 1094 件，8 年间专利申请增长了近 5 倍。与此同时，虽然 2008 年全球经历了经济危机，部分产业产值呈下降趋势，但是电机行业却没有受到太大影响。其主要原因是，企业积极实施国家节能政策，小型交流电机同比小幅增长，大中型电机增势明显，这与国家经济快速增长的拉动有关。

（3）第二快速发展阶段（2008—2014 年）。从 2009 年开始，中国专利申请量急剧增加，到 2013 年，中国专利申请量高达 3436 件。这是因为：这一时期电机行业开始出现国际转移，中国逐渐成为世界电机的生产制造基地，多家知名电机制造商，如西门子股份公司、ABB 公司、通用电气公司等均在中国设立了制造和研发中心。在国际电机企业纷纷进入中国市场的情况下，为应对全球化格局下的市场竞争，中国电机制造业的发展逐步由“注重大而全”向“注重产品的设计、研发和总装”方向发展。因此，这一阶段，中国专利申请量呈现快速增长的趋势，且逐渐趋于稳定。

与中国专利法相比，国外专利法诞生较早，如英国在 13 世纪中期就建立了专利制度。因此，国外在高低压交流电机降噪降温方面的专利申请趋势相较于国内有较大区别。

图 3-3-2 所示为 1896—2014 年国外关于高低压交流电机降噪降温方面的专利申请趋势。从曲线的斜率可以看出，国外高低压交流电机降噪降温专利申请主要经历了三个阶段，即 1896—1956 年缓慢发展阶段、1956—1986 年第一快速增长阶段及 1986—2014 年第二快速增长阶段。

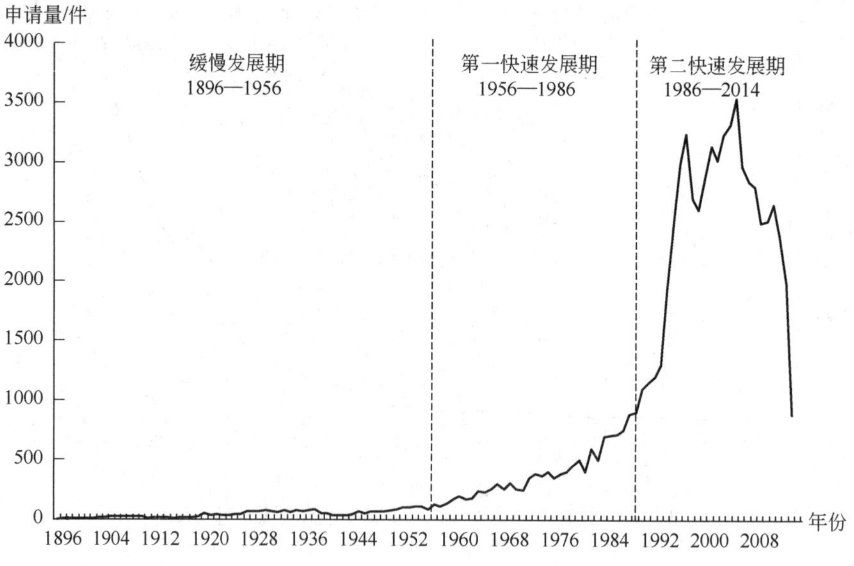

图 3-3-2　国外有关高低压交流电机降噪降温方面的专利申请趋势

（1）缓慢发展阶段（1896—1956 年）。在这一阶段，电机产业刚刚起步，其更关注的是电机运行的最基本性能，降噪和降温尚未引起同行的关注；此外，这一阶段，全球正经历国际战乱，诸多因素导致该阶段高低压交流电机降噪降温的整体发展缓慢，专利申请量较少。

（2）第一快速增长阶段（1956—1986 年）。这一阶段，随着“二战”的结束，各国开始恢复工业生产，高低压交流电机降噪降温专利申请量也呈现快速增长趋势。其中，1986 年申请量达 990 件，与 1956 年相比，专利申请量增加了 10 倍。

（3）第二快速增长阶段（1986—2014 年）。这一时期，高低压交流电机降噪降温专利申请量先是井喷式增长，然后增长量趋于平稳。相较于同时期的中国专利申请量，国外在高低压交流电机降噪降温领域有着巨大的技术优势。2005 年之后，技术趋于成熟，行业发展速度放缓，申请量开始下降。

以上国内外电机降噪降温专利申请的发展趋势表明：中国电机降噪降温的专利申请主要集中在最近 10 年，国外电机降噪降温的专利申请主要集中在最近 20 年。因此，本报告的检索范围聚焦在中国近 10 年和国外近 20 年的专利申请。

3.2 技术构成

经统计，全球关于高低压交流电机在降噪降温方面的专利申请总量为 14826 件。其中，降噪专利申请量为 7628 件，降温专利申请量为 7198 件，二者基本持平。在降噪方面的专利申请中，通过转轴改进实现降噪的申请量最大，占降噪总申请量的 70%；在降温专利申请中，主要是通过风扇和冷却器实现降温，二者的申请量相差不大，各占降温专利申请量的 46%和 43%（见图 3-3-3）。

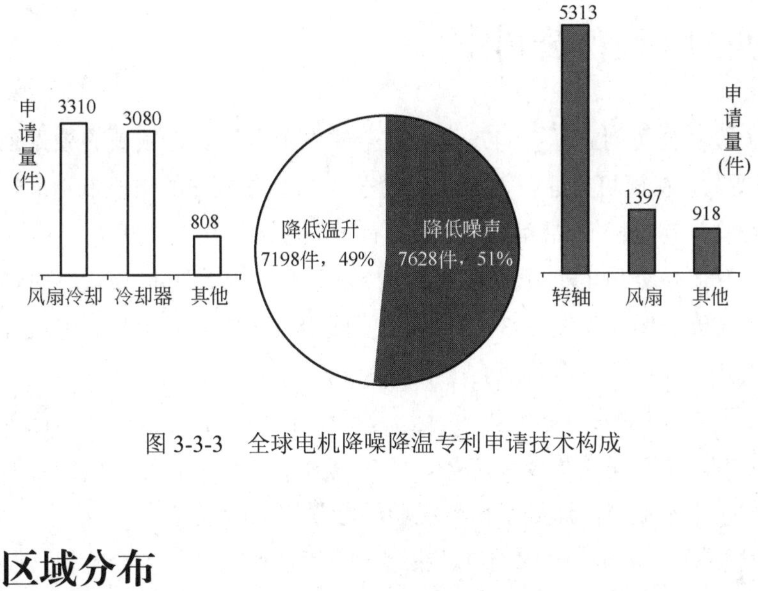

图 3-3-3 全球电机降噪降温专利申请技术构成

3.3 申请区域分布

从图 3-3-4 中可以看出，日本籍技术创新主体的专利申请量达到 4493 件，占全球总申请量的 43%，位居全球首位。在日本，从事电机降噪降温产业的企业众多。自 20 世纪八九十年代以来，这些日本企业就非常重视技术研发和专利布局，专利申请量在业内占据绝对优势，涉及的公司包括三菱集团、日产汽车公司、日立公司、西门子股份公司。

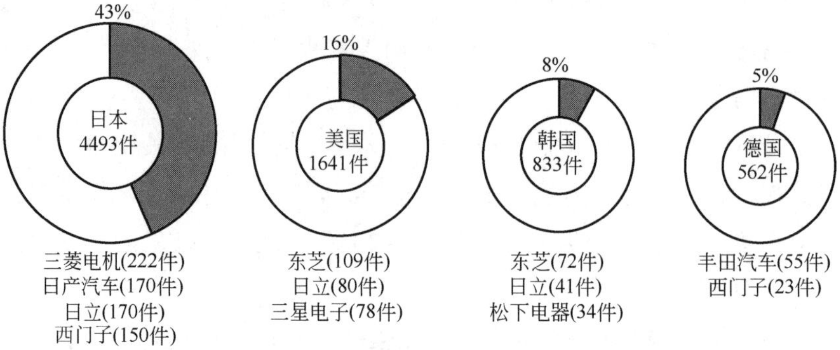

图 3-3-4　降噪降温全球专利主要技术输出国家/地区分布

美国的专利申请量占全球总申请量的 16%，位居全球第二位。由于各国技术创新主体非常重视美国市场的专利保护，很多其他国家或地区的专利申请人优先选择美国作为专利首次申请国，在按照最早优先权统计专利申请量时，其他非美国国籍专利申请人在美国提交的专利申请也被统计进去。东芝公司、日立公司、三星电子等公司专利申请量位居前列。

最近几年，来自韩国和德国技术创新主体的专利申请量增长很快，申请量累计达到 833 件和 562 件。但仅分别占全球总申请量的 8%和 5%，远少于日本、美国，说明该两地的技术储备相对日本和美国显单薄，更偏向于利用成熟技术生产制造。

3.4　德国西门子股份公司

德国西门子股份公司创立于 1847 年，是全球电子电气工程领域的领先企业，业务遍及全球 200 多个国家。在电机方面，西门子股份公司是全球领先的电机制造商，拥有超过 100 年的电机制造经验。其电机产品涵盖了几乎所有工业领域使用的电机。

经研究西门子股份公司电机降噪降温相关专利发现，其在电机领域方面具有悠久的技术发展历史。技术统计表明（见图 3-3-5），西门子股份公司在高低压交流电机降噪降温领域的专利申请趋势大致分为以下三个阶段。

（1）缓慢发展期（1897—1950 年）。这一阶段，西门子股份公司在高低压交流电机降噪降温领域内的专利申请量呈平稳发展趋势，年申请量不超过 14 件。这一时期高低压交流电机降噪降温领域技术不成熟，还处于积累经验不断学习的阶段。

（2）第一发展期（1950—1995 年）。在这一阶段，通过多年的经验积累及学习他人的技术，西门子股份公司自主开发和自主创新的能力不断提升，年申请量呈现增长趋势。1993 年，西门子股份公司在高低压交流电机降噪降温技术领域内的专利申请量达到了 65 件。

（3）第二发展期（1995—2011 年）。随着多年的发展，西门子股份公司高低压交流电机降噪降温技术逐渐发展成熟。这一阶段，高低压交流电机降噪降温技术领域内的专利申请量呈井喷式增长，并在 2006 年达到峰值 205 件。2007 年之后，高低压交流电机降噪降温领域技术发展已经趋于饱和，西门子公司在该领域内的专利申请量整体呈下滑趋势。

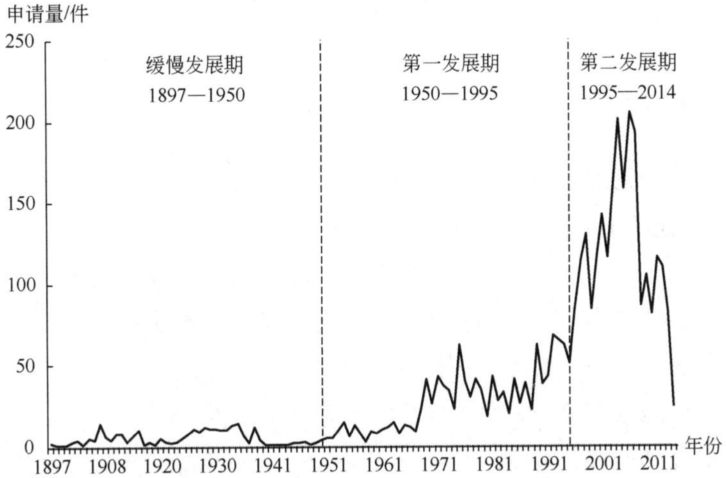

图 3-3-5　德国西门子股份公司降噪降温全球专利申请趋势

第 4 章　降低电机噪声

引起电机产生噪声的因素有很多，其中，空气动力性噪声是电机的主要噪声源，其次是机械性噪声。空气动力性噪声主要是风扇高速旋转时引发的旋转噪声和空气涡流产生的噪声，其强度与叶片的尺寸、形状及转速有关，降低空气动力性噪声主要从风扇的改进方面进行。而机械性噪声主要是由于转子的转轴发生一定的变形，导致电机转动时产生机械振动而引起较大噪声，转子动平衡不好是机械性噪声最常见的原因之一。因此，本章主要从风扇的改进和转子动平衡性的改善两个方面，寻找电机降噪的技术。

本章针对电机降噪的相关技术专利进行了分析，主要涉及申请趋势及技术构成分析。在此基础上，提供了三个核心技术，并对每个核心技术进行了详细的分析。

4.1　专利概况

4.1.1　申请量变化趋势

图 3-4-1 所示为全球电机降噪相关专利申请量的发展态势。从图中可以看出，在 20 世纪 70 年代以前，相关专利申请量相对较少。自 70 年代后期开始出现小幅度的增长，直到 90 年代中后期，呈现快速发展趋势。整体而言，电机降噪全球相关专利申请量的发展态势大致可分为三个阶段。

（1）缓慢发展期（1897—1970 年）。在此期间，电机降噪技术处于发展的萌芽期，每年相关技术的专利申请量非常少，最多不超过 50 件。这一现象说明，在这一阶段，电机噪声问题尚未引起国家和企业的重视。

（2）快速增长期（1971—1997 年）。自 20 世纪 70 年代之后，随着电机的快速发展，市场需求量迅速增加，对电机相关性能也越来越重视。与之相应的是，该技术领域的专利申请量开始迅速攀升，1997 年，电机降噪的专利申请数量突破 1500 件。此外，随着全球各大企业研发力量的不断投入，以及人们知识产权意识的提升，该领域的专利申请量保持快速增长状态。这表明电机降噪已经引起行业的重视，这与国家标准的强制执行有着一定的关系。

（3）成熟期（1998 年之后）。随着电机降噪方案的不断尝试与实践，企业遭遇了技术瓶颈。因此，这一阶段专利申请量出现了波动，整体趋于稳定，说明全球电机降噪技术经过多年的发展已经趋向成熟。

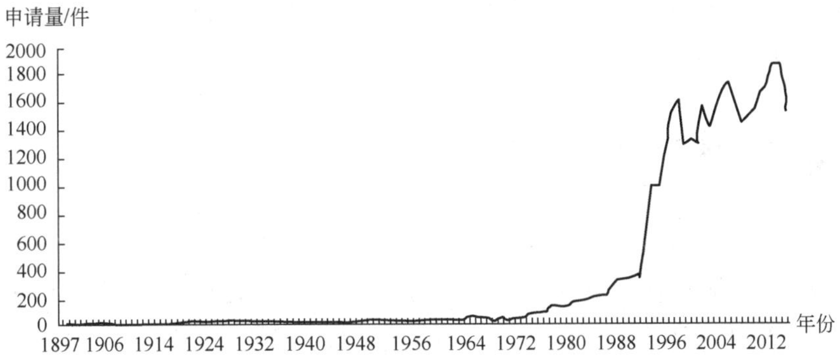

图 3-4-1　电机降噪处理专利申请趋势

4.1.2　技术构成

通过专利分析可知，电机降噪主要的技术手段包括两大类：电机转轴改进及风扇的改进（见图 3-4-2）。其中，通过改进电机转轴实现电机降噪的专利申请量占总申请量的 50%，通过电机风扇改进实现电机降噪的专利申请量占总申请量的 37%。因此，本报告将解决电机噪声问题的重点聚焦在电机转轴和风扇的改进上。

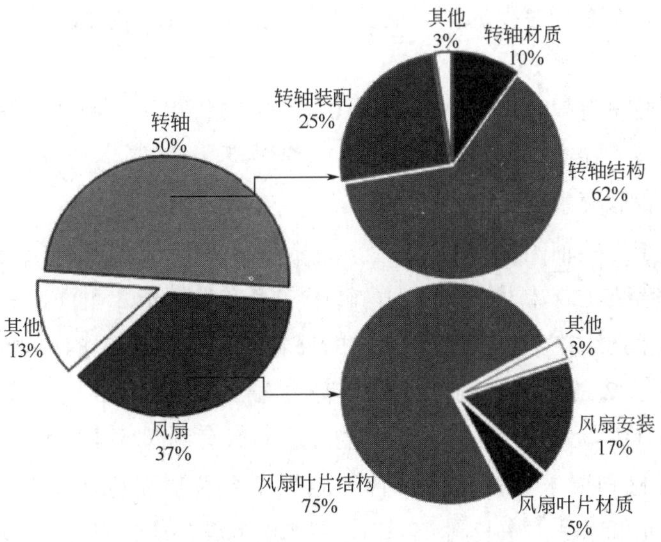

图 3-4-2　电机降噪专利技术构成

通过改进转轴实现电机降噪的手段包括转轴结构的改进、转轴装配的改进、转轴材质的改进等，其中，转轴结构改进的专利申请量占到总申请量的 62%。因此，在通过转轴改进实现电机降噪的问题上，本报告主要聚焦在通过电机转轴结构的改进实现电机降噪。

通过改进风扇实现电机降噪的手段包括风扇叶片结构的改进、风扇安装的改进、风扇材质的改进等，其中，风扇叶片结构改进的专利申请量占到总申请量的 75%。因此，在通过风扇改进实现电机降噪的问题上，本报告主要聚焦在通过风扇叶片结构的改进实现电机降噪。

4.2 电机降噪核心专利技术

在对电机降噪专利分析的过程中，发现重要申请人中山大洋电机股份有限公司提出的通过安装减震元件降噪的专利技术，由同行的另一重要竞争对手日本电产芝浦（浙江）有限公司提出无效宣告请求。该事实表明，该专利技术对同行的电机降噪问题产生了较大的影响。

重要申请人罗伯特·博世有限公司提出的通过改进风扇叶片结构降噪的专利技术，以及由西门子股份公司提出的将叶片形状设置成圆弧线且带有鼻形弧拱的专利技术，不但为多国申请，且均被授权，而且被引证频率很高。由此表明，这些专利技术对电机降噪的问题产生了深远的影响。

4.2.1 核心专利技术（一）

中山大洋电机股份有限公司是微特电机及新能源车辆动力总成系统的专业研发、制造及提供商，作为中国乃至全球主要的微特电机公司及行业的骨干企业之一，确立了在行业中的主导地位。

中山大洋电机股份有限公司于 2005 年 10 月 13 日提出了一种通过设置减震元件降低电机噪声的技术。该技术在中国第 200520065853.X 号专利中披露。

该专利的授权权利要求为：

一种电机的转子与转轴的径向连接装置，包括转子和转轴 1，转子包括内转子 2 和磁性外转子 3，转轴 1 套装在内转子 2 里面，内转子 2 套在外转子 3 里面，其特征在于：在内转子 2 和外转子 3 之间形成空隙 6，内转子 2 的外表面和外转子 3 的内表面分别设置有若干个凹坑 4，在内转子 2 的外表面的凹坑 4 和与之对应的外转子 3 的内表面的凹坑 4 之间的空间中安装有传动减震单元，传动减震单元的外表面嵌套到凹坑 4 里面。

其附属的从属权利要求特征包括：传动减震单元可以是橡胶或人工合成橡胶的插接块 5；传动减震单元可以是由橡胶圈 10 和连接销 8 组成，橡胶圈 10 中间开有孔 7，在孔 7 里面插入有连接销 8；内转子 2 的外表面和外转子 3 的内表面设置的凹坑 4 个数可以是 2～60 个；内转子 2 的外表面设置凹坑 4 和外转子 3 的内表面设置凹坑 4 的位置可以对齐，也可以错开；凹坑 4 的截面可以是圆弧形或矩形，传动减震单元的截面可以是圆形或矩形；连接销 8 可以是贯通的，也可以是不贯通的；内转子 2 和外转子 3 的设置凹坑 4 可以是贯通的，也可以是不贯通的；内转子 2 与外转子 3 之间安装 2～60 个传动减震单元；内转子 2 与外转子 3 之间安装的减震单元可以连接成一体。

该专利于 2006 年授权后，中山大洋电机股份有限公司以邱平阶销售，日本电产芝浦（浙江）有限公司制造、销售、许诺销售涉嫌侵权产品为由，向广东省人民法院提起侵权诉讼。之后，日本电产芝浦（浙江）有限公司于同年 6 月 16 日向专利复审委员会提起无效宣告请求，以 2001 年公开的两件日本专利文献为证据，请求宣告该专利所有专利权无效。无效理由包括权利要求不清楚、权利要求得不到说明书的支持、权利要求缺少必要技术特征、说明书公开不充分、权利要求不具备新颖性、创造性等。

该专利权无效请求于同年 11 月进行了口头审理。经口头审理后，专利复审委员会同意请求人的请求，宣布中山大洋电机股份有限公司拥有的中国第 200520065853.X 号专利的专利权全部无效，该无效于 2015 年 1 月 16 日生效。

在该专利中，公开了一种电机转子与转轴的径向连接装置，见图 3-4-3 至图 3-4-6，该装置包括转子和转轴 1，转子包括内转子 2 和磁性外转子 3，转轴 1 套装在内转子 2 里面，内转子 2 套在外转子 3 里面，在内转子 2 和外转子 3 之间的空隙 6，内转子 2 的外表面和外转子 3 的内表面分别设置有若干个凹坑 4，在内转子 2 的外表面的凹坑 4 和与之对应的外转子 3 的内表面的凹坑 4 之间的空间中安装有传动减震单元，传动减震单元的外表面嵌套到凹坑 4 里面。

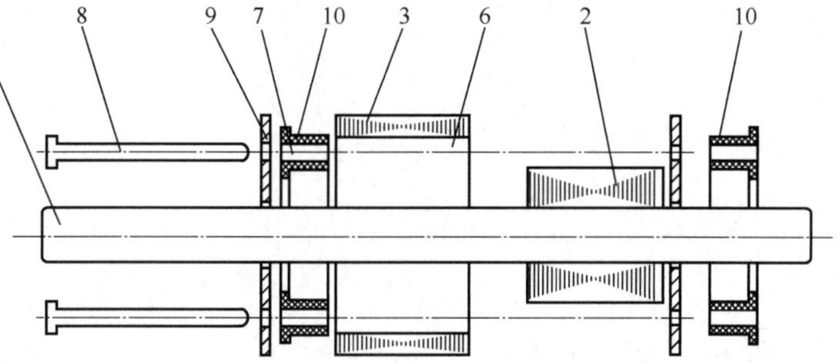

图 3-4-3 电机的转子与转轴的径向连接装置爆炸图

1—转轴；2—内转子；3—外转子；6—空隙；7—孔；8—连接销；9—端面板；10—橡胶圈

传动减震单元可以是橡胶或人工合成橡胶的插接块 5（见图 3-4-6），传动减震单元也可以是由橡胶圈 10 和连接销 8 组成（见图 3-4-4、图 3-4-5），橡胶圈 10 中间开有孔 7，在孔 7 里面插入有连接销 8。内转子 2 的外表面和外转子 3 的内表面设置的凹坑 4 个数可以是 2～60 个。内转子 2 的外表面设置凹坑 4 和外转子 3 的内表面设置凹坑 4 的位置可以对齐，内转子 2 的外表面设置凹坑 4 和外转子 3 的内表面设置凹坑 4 的位置也可以相互错开。凹坑 4 的截面呈圆弧形或矩形，传动减震单元的外表面截面是圆形或矩形，连接销 8 的截面宽度比空隙 6 的宽度大。内转子 2 和外转子 3 的设置凹坑 4 可以贯通或者不贯通。另外，在内转子 2 与外转子 3 的端面安装有端面板 9。

该径向连接装置工作时，电机定子产生旋转磁场，磁性外转子在旋转磁场作用下转动，外转子通过橡胶圈和连接销或者橡胶插接块将动力传递到内转子，内转子带动转轴转动。即使电磁感应中产生高次谐波，使磁性外转子受力产生波动，但橡胶圈或者橡胶插接块可以有效吸收波动，使动力传递平稳，减少振动和噪声。

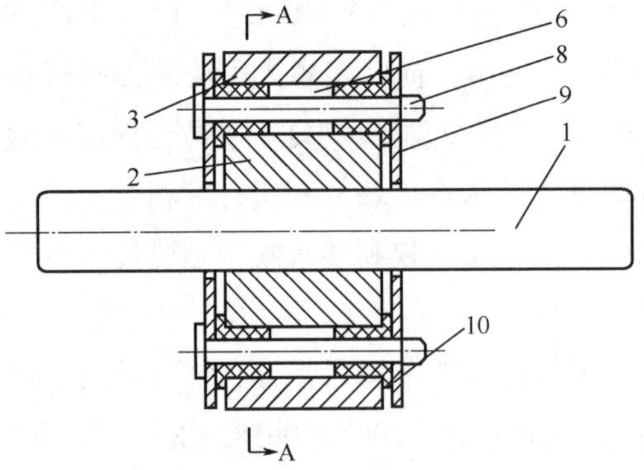

图 3-4-4　电机转子与转轴径向连接装配图

1—转轴；2—内转子；3—外转子；6—空隙；
8—连接销；9—端面板；10—橡胶圈

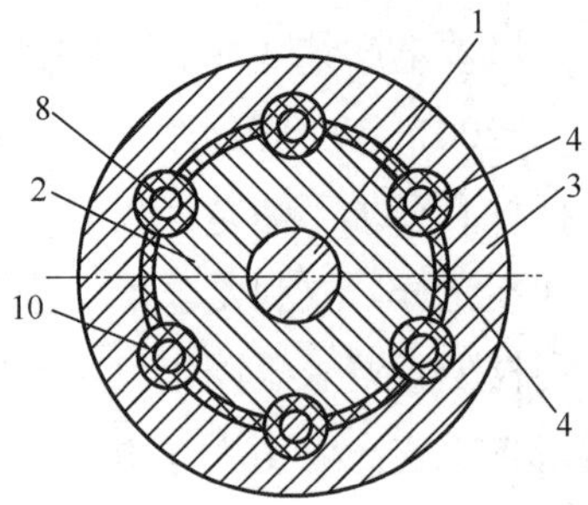

图 3-4-5　图 3-4-4 的沿 A-A 方向的剖视图

1—转轴；2—内转子；3—外转子；4—凹坑；
8—连接销；10—橡胶圈

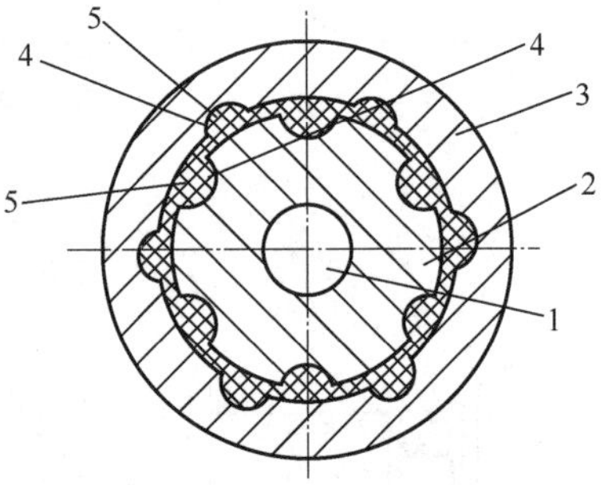

图 3-4-6　电机的转子与转轴的径向连接装置结构示意图

1—转轴；2—内转子；3—外转子；4—凹坑；5—插接块

传统的连接装置采用一整块橡胶块作为传动元件，橡胶传动时变形幅度大，传动响应滞后。该技术通过橡胶圈和连接销合起来进行传动或者通过橡胶插接块进行传动，橡胶插接块和橡胶圈采用薄的橡胶制造，传动减震圈变形小，主要靠金属销或橡胶插接块传递动力，既可以达到减震、降噪的目的，同时加快响应的速度。此外，还可以节省材料，降低成本，大大缩小整个转子的径向尺寸，结构更加简单合理，安装更加方便。

4.2.2　核心专利技术（二）

西门子股份公司于 1995 年 6 月 23 日提出了一种通过改进叶片形状降低电机噪声的技术。该技术在美国第 US08493872 号专利中予以披露。

该专利的授权权利要求的译文如下：

一种用于产生流过热交换器的气流的气流发生器 14（见图 3-4-7），包括可绕旋转轴线旋转的风扇 16 和风扇支承件 18（见图 3-4-8），该风扇包括一组径向伸展的扇叶，该扇叶在风扇绕该旋转轴旋转时产生气流，该气流的一分量相对该旋转轴线具有夹角；所述风扇支承件包括用于在风扇和热交换器之间形成封闭气流通道的罩组件，可旋转地支承该风扇的中心支承件，以及一组从该中心支承件起沿径向向外延伸的细长翼形件，每个翼形件包括带有前缘和位于该前缘下游尾缘的曲线形气流导流面，其中，该前缘处的导流面的切线相对该旋转轴线形成第一夹角，该后缘处的导流面的切线相对该旋转轴线形成小于第一夹角的第二夹角。

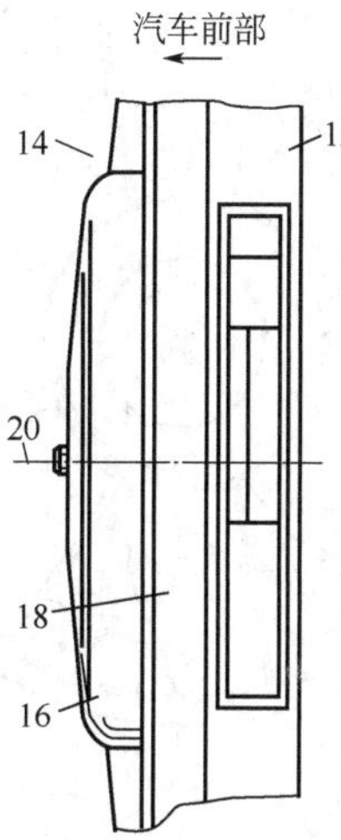

图 3-4-7 热交换器组件的局部顶视图

12—热交换器；14—气流发生器；16—风扇；18—风扇支承件；20—旋转轴线

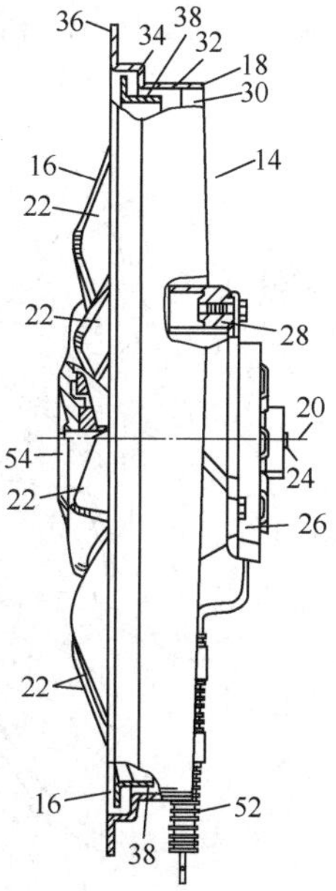

图 3-4-8 气流发生器的侧视图

14—气流发生器；16—风扇；18—风扇支承件；20—旋转轴线；22—扇叶；24—旋转轴；26—电动机；28—电动机支承件；30—翼形件；32—第一外周环；34—外周凸缘；36—外周支承凸缘；38—第二外周环；52—导电体；54—轮毂

风扇 16 由旋转轴 24 及电动机 26 的轴承组件支承并可旋转，包括 8 个径向伸展的扇叶 22，这些扇叶用于在风扇 16 绕旋转轴线 20 旋转时产生气流（见图 3-4-9、图 3-4-12）。该气流包括平行于轴线 20 及相对该轴线呈一角度的各分量。具体地说，该气流分量相对该旋转轴线 20 的夹角的变化范围处于 0°～90°。当风扇 16 绕其旋转轴线 20 旋转时，沿与图 3-4-7 中箭头方向相反的方向产生气流。此气流用于从流过热交换器 12 的液体（防冻液）中带走热量。在图 3-4-7 中，该风扇处于热交换器 12 的上游。

扇叶 22 的角度如图 3-4-15 所示，具体地说，扇叶的弦长 C 从前缘 58 伸展到尾缘 60，并且前伸角 62 为旋转轴线 20 和从前缘 58 伸展到尾缘 60 的连线 64 之间的夹角。

各扇叶 22 相对轮毂 54 最好是等间距设置（见图 3-4-10、图 3-4-12）。各扇叶 22 具有可变的前角、弦长、横截面形状和面积。具体地说，该前角从轮毂处的 70°变化至从轮毂起至扇叶长度的 20%～70%（优选 30%）处的最小值 50°。每个扇叶的最大弦长度大约为扇叶 22 的长度的 44%。轮毂处的弦长大约为扇叶长度的 30%，第二外周环 38 处的弦长大约为扇叶 22 的长度的 30%。

每个扇叶 22（见图 3-4-11、图 3-4-12）包括尾缘 60，该尾缘 60 具有与垂直于风扇 16 的旋转轴线的平面 72 重合的平面 70。该平面 70 沿扇叶 22 的尾缘 60 延伸超过该尾缘 60 的 50%。该平面 70 与翼形件 30 的前缘相配合，从而在风扇 16 与风扇支承件 18 配合工作时，改善其性能并降低噪声。各梁 56 为风扇 16 提供刚性，帮助减小风扇 16 的振动频率。

扇叶 22 具有 C4 厚度的形状，该形状具有圆弧线，另外还带有弧形的鼻形弧拱。当然，依据精度不同，各扇叶 22 也可采用 8 个以上的不同截面或翼形件结构。每个扇叶相对从轴线 20 径向伸展的一直线偏置，从扇叶 22 的前缘到径向延伸线的距离大约为扇叶 22 的总弦长的 5%～35%。

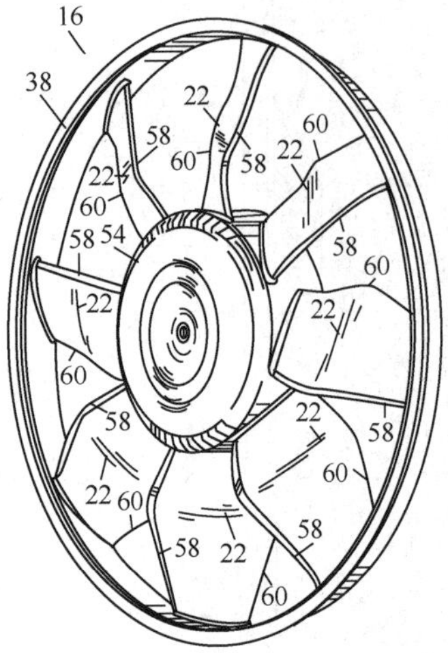

图 3-4-9　风扇的透视图

16—风扇；22—扇叶；38—第二外周环；54—轮毂；58—前缘；60—尾缘

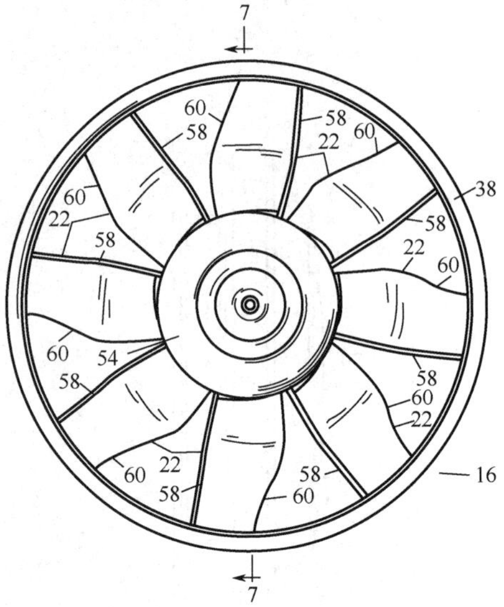

图 3-4-10　风扇的前视图

16—风扇；22—扇叶；38—第二外周环；54—轮毂；58—前缘；60—尾缘

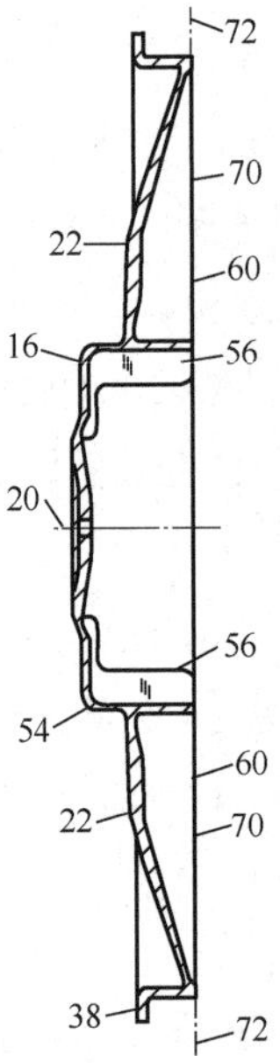

图 3-4-11　风扇剖视图

16—风扇；20—旋转轴线；22—扇叶；38—第二外周环；54—轮毂；56—梁；60—尾缘；70—与平面 72 重合的平面；72—垂直于风扇旋转轴线的平面

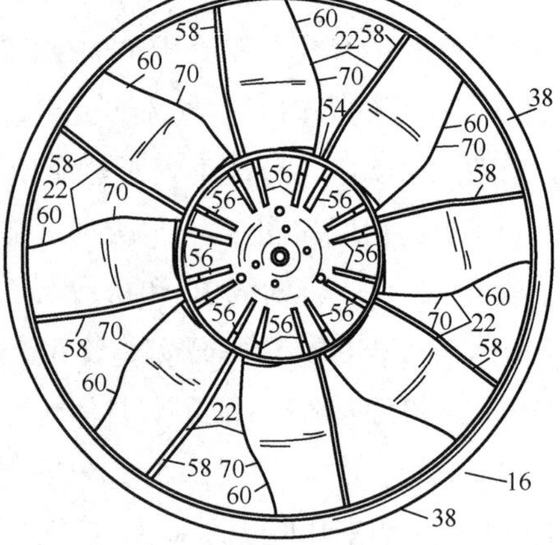

图 3-4-12　风扇的后视图

16—风扇；22—扇叶；38—第二外周环；54—轮毂；56—梁；58—前缘；60—尾缘；70—垂直于风扇旋转轴线的平面

风扇支承件 18（见图 3-4-13）包括中心轴承或电动机支承件 28 及 20 个细长的翼形件 30，翼形件 30 比扇叶 22 稍长并在电动机支承件 28 和第一外周环 32 之间延伸。第一外周环 32 包括外周凸缘 34 和外周支承凸缘 36。外周凸缘 34 与风扇 16 的第二外周环 38 配合，以减小或消除风扇支承件 18 和风扇 16 之间的气流分量（再循环）。

翼形件 30（见图 3-4-14）为曲线形并具有圆的前缘 40 和后缘 42。在前缘 40 处的导流面的切线 44 的正切角为气流方向和旋转轴线 20 之间的夹角 46。对风扇 16 而言，该角度大约为 30°。然而，依据使用场合不同，该夹角 46 可以在 15°～45°选择。在尾缘 42 处的翼形件 30 的导流面的切线 47 相对轴线 20 成一比角度 46 小的角度。对翼形件 30 来说，其角度为 0°～45°，依度 46 而定，然而，当空气约束不存在问题时，该尾缘 42 可伸展到缘 48 处，所以在尾缘 42 处翼形件 30 的导向面的切线 50 相对旋转轴线 20 的角度大约为 0°，该轴线 20 为理想的气流方向的流动轨迹。该翼形件 30 具有恒定的厚度并且形状为由半径 *R*1 和 *R*2 限定而成的圆弧形，其中 *R*1 和 *R*2 之间的差值即为该翼形件 30 的厚度。

为了减小由气流发生器 14 产生的噪声，所述翼形件 30 为 C 形，以遮盖住导电体 52 的上游侧。所述翼形件 30 可减小如果没有气流挡盖时可能由导电体 52 引起的湍流。

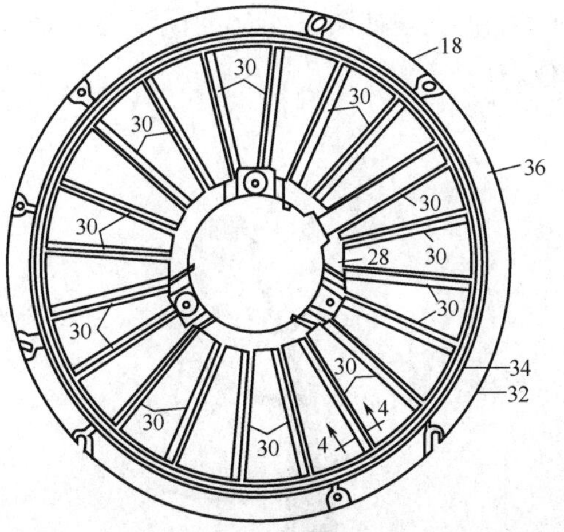

图 3-4-13　风扇支承件的后视图

18—风扇支承件；28—电动机支承件；30—翼形件；32—第一外周环；34—外周凸缘；36—外周支承凸缘

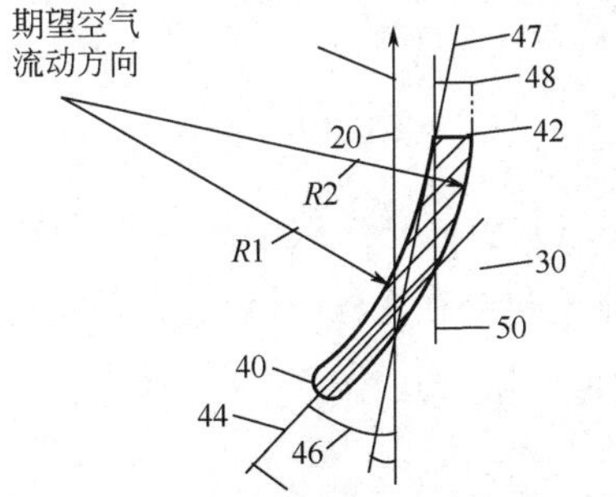

图 3-4-14　翼形件的剖视图

20—旋转轴线；30—翼形件；40—前缘；42—后缘；
44，47，50—切线；46—夹角；48—缘

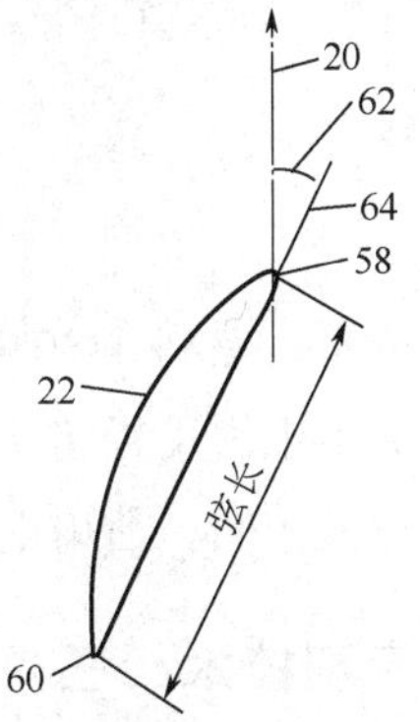

图 3-4-15　风扇叶片的取向示意图

20—旋转轴线；22—扇叶；58—前缘；60—尾缘；
62—前伸角；64—从前缘伸展到尾缘的连线

工作时，风扇电动机驱动风扇绕其旋转轴线旋转，包括 8 个从轮毂起沿径向伸展到一圆环形连接带的扇叶。当风扇绕其旋转轴线旋转时，该风扇产生气流，其中该气流的一分量相对该旋转轴线形成第一夹角。该风扇支承件具有一个中心轴承支承和 20 个从该轴承支承沿径向向外伸展的细长翼形件。每个翼形件具有基本上与扇叶长度相同的长度并包括一个带有一前缘和一处于该前缘下游的尾缘的曲线形气流导流面。该曲线形导流面为大致圆弧形的，同时前缘处的导流面的切线相对该旋转轴大致形成该第一夹角，而该尾缘处的导流面的切线相对该旋转轴线形成小于第一夹角的第二夹角。该风扇支承件处于该热交换器的下游，从而将由该风扇产生的气流导流流过该热交换器。

该技术通过将叶片设置成具有一圆弧线且带有鼻形弧拱的形状，可以有效降低风扇运行的噪声，并大大改善其散热效率。

该专利共在全球 8 个国家和地区进行专利布局，涉及美国、加拿大、中国、墨西哥、日本、欧洲等。目前，该专利的专利权期限已到，已经成为公有技术。该专利在美国的权利要求数量为 36 项，墨西哥的权利要求数量为 15 项，中国的权利要求数量为 38 项，欧洲的权利要求数量为 36 项。该专利引证专利数量为 26 项，引证科技文献 4 篇，被引证专利数量为 61 项，该专利及其被引证专利的关系如图 3-4-16 所示。由此表明，该专利的技术价值度非常高，具有较高的参考价值。

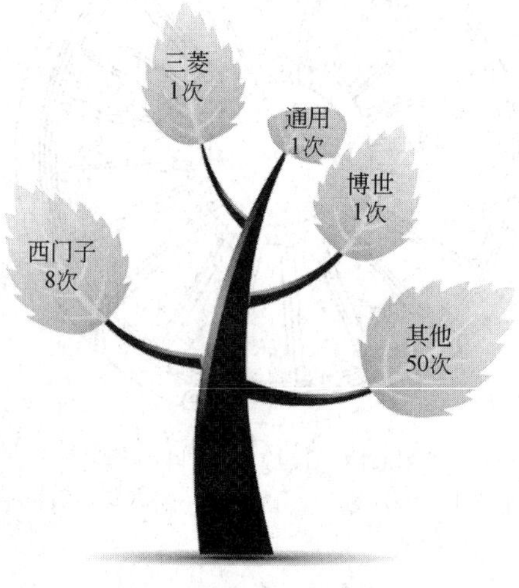

US08493872 共被引用 61 次

图 3-4-16　西门子股份公司重要专利的引用关系

引证专利分析：专利 US08493872 被后续专利文献共引证 61 次，其中除了该专利申请人在后续专利文献中引用了 8 次之外，涉及其他申请人的专利文献引用次数高达 53 次，这些申请人包括三菱集团、通用电气公司、罗伯特·博世有限公司等。

4.2.3　核心专利技术（三）

罗伯特·博世有限公司于 2002 年 8 月 23 日提出了一种通过叶片结构降低电机噪声的技术。该技术在德国第 10238753 号专利中予以披露。

该专利的授权权利要求译文为：

一种用于为电机输送冷空气的径向风机叶轮，其具有许多沿着风机叶轮 10 的圆周而设置的风机叶片 16，叶片端部 18 为圆弧形，这些叶片分别在其径向内边处与叶轮 10 的内圆周 20 上的切线 22 夹有第一个角 β_1，并在其径向外边上与风机叶轮 10 的外圆周 24 上的切线 26 夹有第二个角 β_2，其特征在于，第二个角 β_2 比第一个角 β_1 大 75%以上，以便在风机叶轮 10 运行时最小化风机叶片 16 部位处的涡流噪声。

在该专利中，公开了一种用于为电机输送冷空气的径向风机叶轮，叶片具有圆弧形的叶片端部，出口角 β_2 比入口角 β_1 大 75%以上，以此达到降低噪声的目的。见图 3-4-17、图 3-4-18，该叶轮的叶片具有圆弧形的叶片端部，在径向内边上与风机叶轮的内圆周上的切线夹有第一个夹角 β_1，在其径向外边上与风机叶轮的外圆周上的切线夹有第二个角 β_2，β_2 比 β_1 大 75%以上，可在风机叶轮运行时最小化风机叶片处的涡流噪声。

该叶轮具有许多沿着风机叶轮 10 的圆周而设置的风机叶片 16，叶片端部 18 为圆弧形。风机叶轮 10 由薄板制成的一种冲压弯曲件制成，其通过电动机驱动，而且为此具有一个中心孔 12 用于固定住一个机器主轴。在一个有中心孔 12 的盘状零件 14 上，径向沿着圆周布置有指向外的风机叶片 16，它在轴向具有叶片端部 18。在垂直于轴向方向，叶片端部 18 基本上呈圆弧形且伸展于叶轮的内圆周 20 和外圆周 24 之间。

径向风机具有 10 个叶片。风机叶片 16 沿着叶轮圆周为不等间距布置，以便进一步减小运行时的噪声。两种不同的风机叶片在图 3-4-18 中以其简化的结构表示出，以便可以明显地看到叶片端部 181 和 182 的入口角 β_1 和出口角 β_2。风机叶轮运转时的旋转方向用箭头 28 表示。

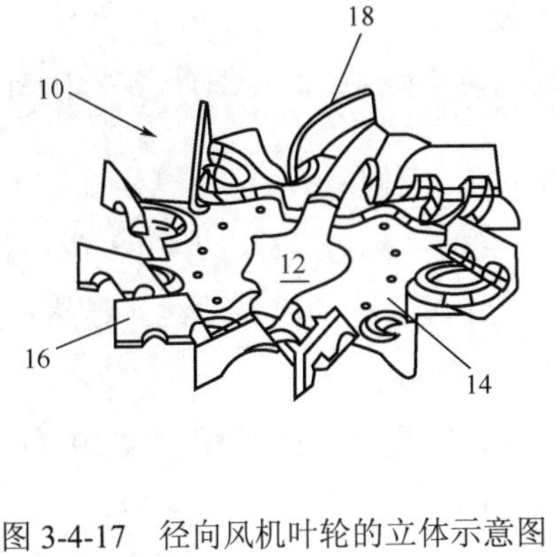

图 3-4-17　径向风机叶轮的立体示意图

10—风机叶轮；12—中心孔；14—盘状零件；16—风机叶片；18—叶片端部

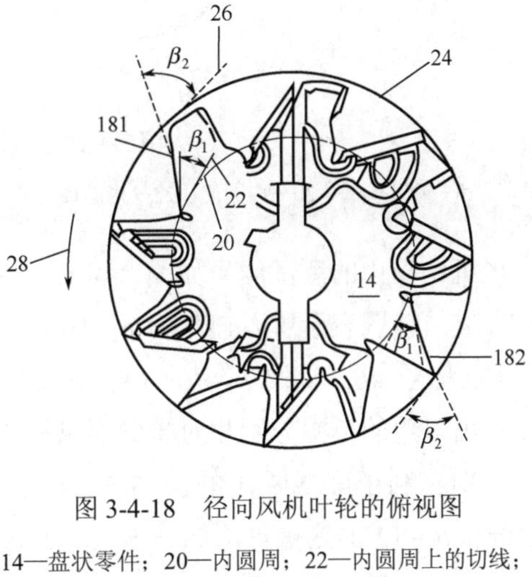

图 3-4-18　径向风机叶轮的俯视图

14—盘状零件；20—内圆周；22—内圆周上的切线；24—外圆周；26—外圆周上的切线；28—风机叶轮旋转方向；181，182—叶片端部；β_1—入口角；β_2—出口角

如图 3-4-19 所示，入口角 β_1 和出口角 β_2 的角度范围对降低噪声是特别有利的：（A）β_1=25°～35°和 β_2=45°～70°以及（B）β_1=5°～15°和 β_2=75°～85°，这两个范围在图 3-4-19

角度图上用标号 30（范围 A）或标号 32（范围 B）表示。

分别对入口角 β_1=30°、出口角 β_2=65°的风机叶轮和入口角 β_1=10°、出口角 β_2=80°的风机叶轮进行比噪声试验（比噪声是指单位冷空气流量的风机噪声），均得到了非常好的实验结果。上述两种角度组合在图 3-4-19 中用标号 34 和 36 分别标出，在图 3-4-20（a）和（b）中分别给出了其简图。

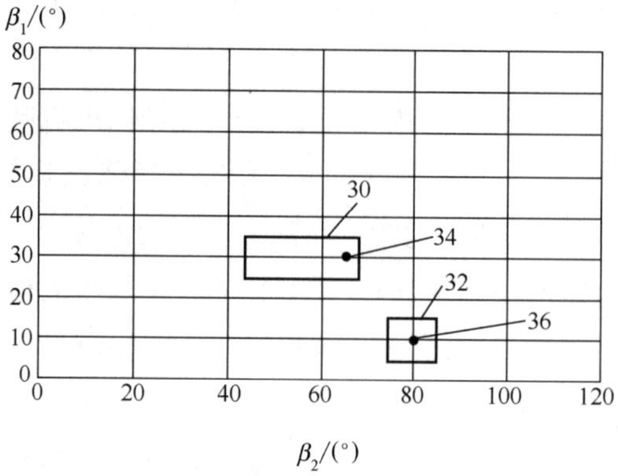

图 3-4-19　入口角 β_1 和出口角 β_2 的角度范围的角度图

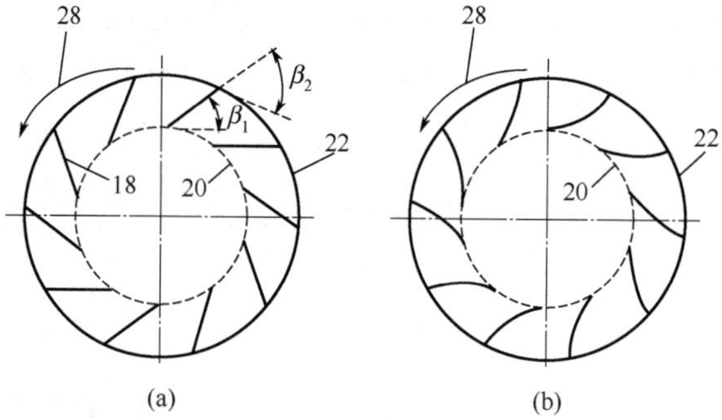

图 3-4-20　风机叶轮的两种设计简图

18—叶片端部；20—内圆周；22—内圆周上的切线；28—风机叶轮旋转方向；β_1—入口角；β_2—出口角

风机比噪声的测试结果如图 3-4-21 所示，分别相对于一种参考风机（纵坐标等于 0）的噪声发展。该图表示了入口角为 β_1=10°（标号 40）、β_1=20°（标号 42）、β_1=30°（标号 44）、β_1=50°（标号 46）以及 β_1=70°（标号 48）时随出口角 β_2 而变化的测量曲线。显然，上述入口角和出口角的范围分别相对于参照风机来说使噪声大大降低。

特别有利于降低噪声的图 3-4-20（a）所示 β_1=30°和 β_2=65°或者图 3-4-20（b）所示 β_1=10°和 β_2=80°的测量点用标号 54 和 56 标注于图 3-4-21 中。

除了叶片端的几何设计之外，为了进一步减小噪声，将风机叶片 16 分成三个扇段，在这些扇段里叶片间距分别等于相邻叶片 16 之间的叶距。然而，在不同扇段里的角度间距是相互不同的。在此，第一个扇段包括四个叶片 16，它们布置的角度间距 t_{max}=43.2°，第二个扇段同样也包括四个叶片 16，它们布置的角度间距 t_{min}=28.8°，第三个扇段包括两个叶片 16，它们以一个平均角度间距 t_{avg}=36°而布置。

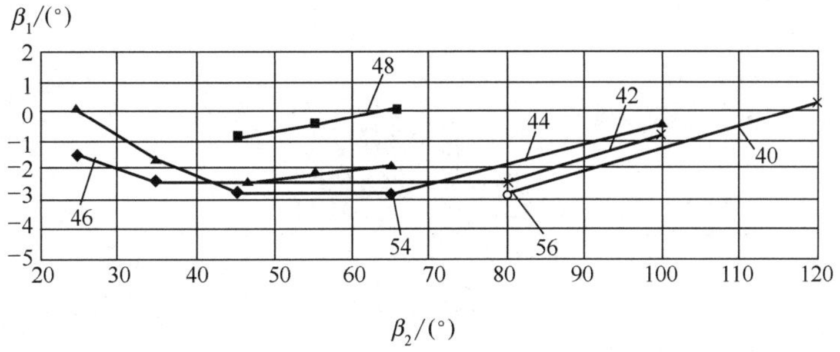

图 3-4-21　风机比噪声测试结果图

该技术通过改善风机的流动力学效率来减小涡流噪声。叶片具有圆弧形的叶片端部，在径向内边上与风机叶轮的内圆周上的切线夹有第一个夹角 β_1，在其径向外边上与风机叶轮的外圆周上的切线夹有第二个角 β_2，β_2 比 β_1 大 75%以上，可在风机叶轮运行时最小化风机叶片处的涡流噪声。

该专利共在全球 6 个国家和地区进行专利布局，涉及美国、中国、日本和欧洲等。其中，中国、欧洲和美国的专利处于有效状态，且该专利在美国的权利要求数量为 10 项，日本的权利要求数量为 10 项，中国的权利要求数量为 11 项，德国的权利要求数量为 10 项。该专利引证专利数量为 4 项，被引证专利数量为 1 项，由此表明，该专利具有一定的技术参考价值。

4.3　电机降噪的其他典型专利技术

专利信息分析表明，在电机降噪方面的技术中，典型专利技术还包括转轴与转子的装配结构、转轴材质的改进及机座结构的改进。

4.3.1　转轴与转子的装配结构

专利文献表明，在通过转轴与转子的装配结构改进来降低电机噪声的专利申请方面，较为典型的专利技术有如下几种。

（1）常州市华特电机电器厂有限公司于 2010 年提出了一种低噪声转轴技术，该技术目前已转让给常州威灵电机制造有限公司。该技术通过在转子与轴之间安装减震件来降低电机噪声。

该低噪声转轴的结构如图 3-4-22 所示，包括轴 1、套在轴 1 上的铸铝转子 2 以及两个轴承 3，转子 2 具有轴孔，轴 1 在其与转子 2 轴孔的配合处装有减震圈 4。减震圈 4 外圈包有固定片 5，固定片 5 为各自分散的三片固定片，均匀分布在减震圈 4 外圈。减震圈 4 为橡胶减震圈，固定片 5 为金属固定片。固定片 5 与装有减震圈 4 的轴 1 一并压装在转子 2 的轴孔内。固定片 5 两侧各安装有一个防滑套 6，两个轴承 3 分别压装在每个防滑套 6 的外侧。

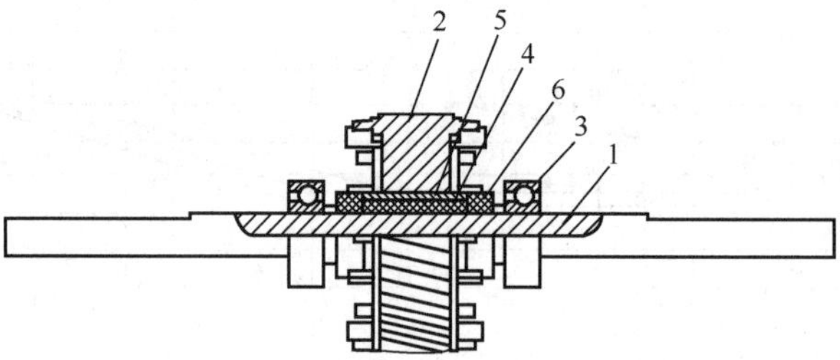

图 3-4-22　低噪声转轴的结构示意图

1—轴；2—铸铝转子；3—轴承；4—减震圈；5—固定片；6—防滑套

采用该技术可降低电机运转时因振动产生的噪声，满足别墅、会所等高档场所地板空调对噪声的要求。

（2）中山大洋电机股份有限公司于 2005 年提出了一种电机的转子与转轴的端面连接装置，特别适用于电机的转子、输出转轴分别是独立的部件和零件。

该电机的转子与转轴的端面连接装置如图 3-4-23 所示，包括转轴 1、转子 2 和端面板 3，端面板 3 安装在转子 2 的端面上，转轴 1 套装在端面板 3 的中间处，转子 2 和端面板 3 在对应的位置上开有孔，在孔里面安装有传动减震装置。在孔里面安装的传动减震装置包括金属插销 5 和减震圈 6，减震圈 6 套在金属插销 5 的外面，减震圈 6 外面套在孔里。在孔里面安装的传动减震装置也可以用橡胶制造具有一定挠性的插销 5，插销 5 套在孔里。在转子 2 和端面板 3 的孔可以沿圆周均匀分布多个。

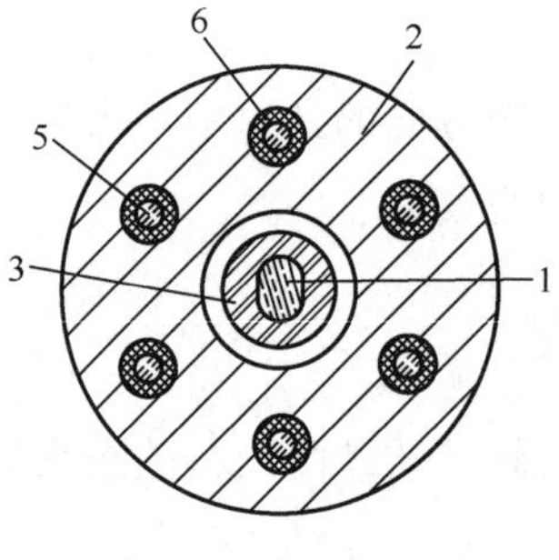

图 3-4-23　转子与轴之间安装减震件结构示意图

1—转轴；2—转子；3—端面板；5—插销；6—减震圈

该技术采用减震圈和金属插销组合起来进行传动，既可以达到减震的目的，同时增加响应的速度。另外，在转子和端面板之间均匀设置 2～60 个传动减震圈和金属插销，使动力传递时更加均匀，减少振动和噪声。

（3）永济新时速电机电器有限责任公司于 2008 年提出了一种采用过盈配合的转子与转轴的装配结构，通过转子与转轴采用过盈配合来降低电机噪声。

如图 3-4-24 所示，该装置包括转轴 1，在转轴上由转子冲片叠压而成的铁芯 3，铁芯上均布有磁钢槽 4，磁钢槽 4 内放置有磁钢，磁钢与磁钢槽两端的缝隙充填有高强度层压玻璃布板，铁芯 3 两端分别设有前端板 6 和后端板 7，两端板外侧分别设有前压圈 8 和后压圈 9，其中前压圈和后压圈分别与转轴 1 之间为过盈配合。

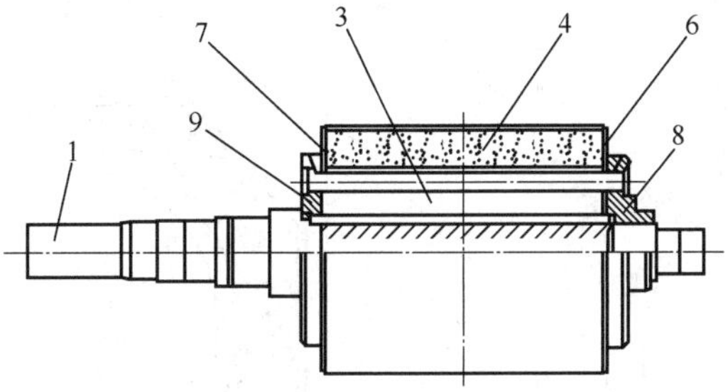

图 3-4-24　转子与转轴的装配采用过盈配合

1—转轴；3—铁芯；4—磁钢槽；6—前端板；7—后端板；8—前压圈；9—后压圈

该技术将转子冲片置于两块端板之间，依靠前、后压圈的过盈配合摩擦力压紧，而且采用磁钢嵌入式结构，大大提高了转子的整体性能，使转子的机械强度提高，更适于高速运转、抗震动的牵引工况。

4.3.2　转轴材质的改进

专利信息分析表明，在转轴材质的改进方面，较典型的两种方案是：转轴本体上涂覆氧化铝陶瓷绝缘层，转轴采用空心不导磁材料。这两种材质的优劣势对比分析如表 3-4-1 所示。

表 3-4-1　转轴材质的对比分析

方案	优势	劣势	主要申请人
转轴本体上涂覆氧化铝陶瓷绝缘层	可防止电蚀，机械强度好，耐磨损，可降低成本	绝缘层厚度要求为 0.2～0.5mm，在范围外影响绝缘性能，工艺要求高	永济新时速电机电器有限责任公司
转轴采用空心不导磁材料	为开发二极高速电机使用空心不导磁转轴材料开了先例，降低了轭部磁通密度，空载电流明显降低	该方法为新材料，新工艺，实用性待考验	南阳防爆集团新普电机有限公司

4.3.3　机座结构的改进

专利文献表明，在通过机座结构的改进来降低电机噪声的专利申请方面，较为典型的专利技术包括如下几种。

（1）沈阳远大机电装备有限公司于 2010 年提出一种电机减震机座的技术，该技术主要是通过在机座上设置加强筋来降低电机噪声的。该电机减震机座适用于大型高转速 2 极交流三相异步电动机，可以有效地增加机座的刚度，明显降低电机的振动。

该电机减震机座的结构示意图如图 3-4-25 所示，包括本体和端板、筋板及罩板，本体通过轴向通长的矩形加强筋和角钢加强筋，与两端的端板和中间的筋板组成框架，罩板包覆固定在框架的外周。轴向通长的矩形加强筋至少有 6 个，角钢加强筋至少有 2 个。

（2）江西特种电机股份有限公司于 2010 年提出一种八边侧围板连接构成机座的技术（见图 3-4-26），该技术是通过八边侧围板连接构成机座，该机座适用于箱式高压电机，且高强度、抗震动。

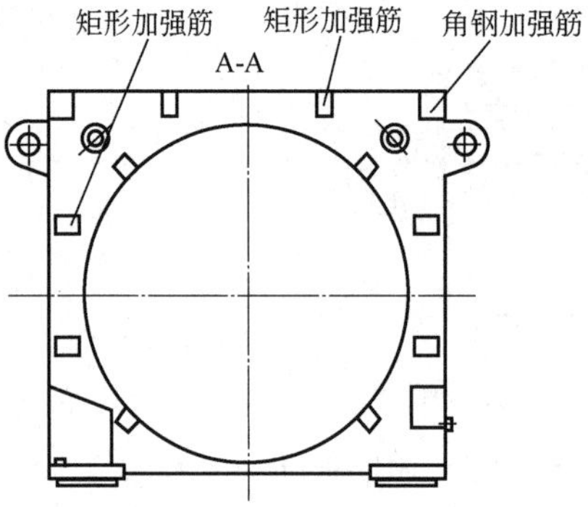

图 3-4-25　机座上设置加强筋

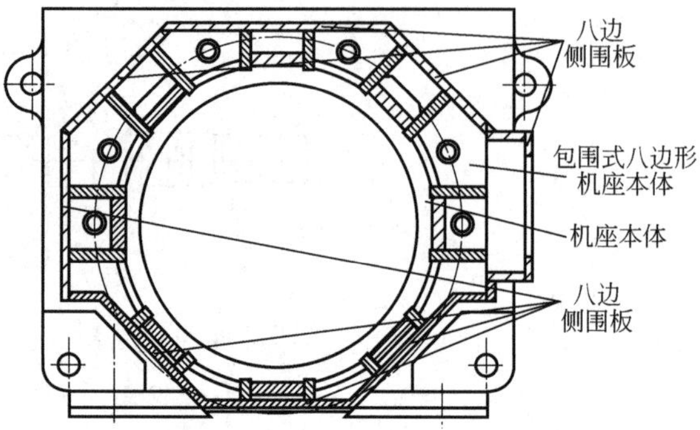

图 3-4-26　通过八边侧围板连接构成机座

该机座本体为包围式八边形机座本体，由分别位于电机机体的八个周侧面的八边侧围板连接构成，且其横切面形状与电机机体的相应的横切面形状相对应。

（3）无锡易通精密机械股份有限公司于 2012 年提出了一种机座安装技术，该技术适用于大型电机，且电机安装后能够有效地减少电机振动。

该电机座的结构示意图如图 3-4-27 所示，包括电机固定板，电机固定板为正方形板状结构，电机固定板三面向上延伸形成侧护板，电机固定板几何中心处设置有电机安装孔，电机安装孔四周布置有电机固定孔，电机安装孔位于侧护板内部，三面侧护板中相对的两侧分别向外侧延伸形成电机座固定平台，电机座固定平台上设置有电机座安装孔和定位销孔。

（4）湘潭电机股份有限公司于 2013 年提出一种在机座上设置减震件（见图 3-4-28）技术，且减震件为阻尼材料。该电机机座具有一定的减震作用，同时降低振动所带来的噪声。

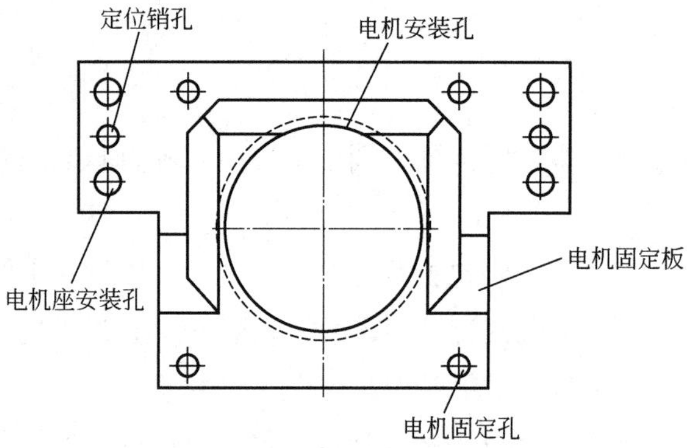

图 3-4-27　机座安装结构设置安装孔和固定孔

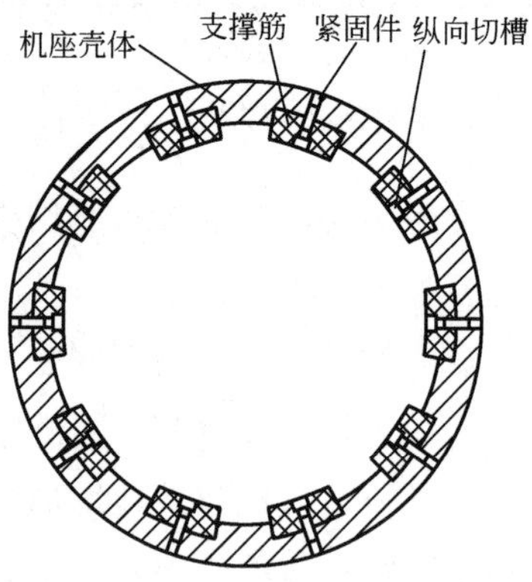

图 3-4-28　机座上设置减震件

该电机机座包括机座壳体，机座壳体内孔均匀设有支撑筋，支撑筋为复合阻尼材料。复合阻尼材料为碳纤维复合材料，具有一定的强度和减震作用。

（5）Norfolk Scientific,Inc.于 1994 年提出了多个支撑腿延伸形成的单件式弹性支撑的电动机安装技术（见图 3-4-29）。

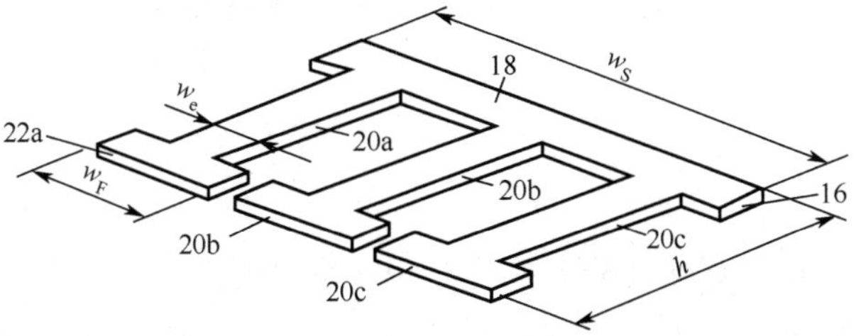

图 3-4-29　多个支撑腿延伸形成的单件式弹性支撑

16—单件式弹性支撑件；18—电动机安装部；20a～20c，22a～22c—支撑腿

该单件式弹性支撑件 16 包括电动机安装部 18 和多个支撑腿 20a～20c，在安装前，单件式弹性支撑件 16 为平面构造，在装配时，每个电动机安装部 18 延伸至支撑腿 22a～22c，通过夹具被定位围绕并固定到电动机上，电动机安装件适合在离心机和其中负载不平衡引起的振动等装置中使用。

第 5 章　降低电机温升

目前，企业产品中仍然存在部分电机温升无法满足要求、温升不稳定等问题。造成电机温升大的原因很多，主要包括电机自身发热及通风散热不良等因素。目前企业主要通过改善电机的通风散热环境来降低电机温升，其改善方式主要包括风扇、冷却器及电机循环通风结构的改进三种方式。

本章针对解决电机温升问题的相关技术专利进行了分析，主要涉及申请趋势分析及技术构成分析。在此基础上，本章提出了多种解决电机温升问题的典型技术方案。

5.1　专利概况

5.1.1　申请量趋势分析

图 3-5-1 显示了 1896—2014 年解决电机温升问题的相关专利申请量随时间的变化趋势。从图中可以看出，在 20 世纪 60 年代以前，相关专利申请量相对较少。自 60 年代至 90 年代中后期，开始出现小幅度的增长，直到 21 世纪，呈现快速发展趋势。整体而言，电机降温全球相关专利申请量的发展态势大致可分为三个阶段。

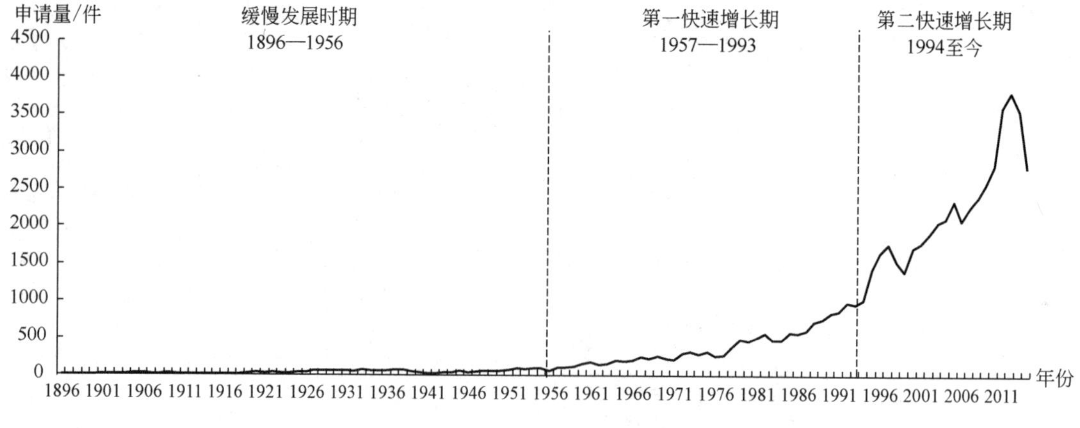

图 3-5-1　解决电机温升相关技术的专利申请趋势

（1）缓慢发展期（1896—1956 年）。在此期间，解决电机温升技术处于发展的萌芽期，每年相关技术的专利申请量非常少。这一现象说明，在这一阶段，电机温升问题尚未引起企业的重视。

（2）第一快速发展期（1957—1993 年）。随着电机越来越广泛的使用，电机温升问题也逐渐成为业界亟待解决的问题。从 1957 年开始，解决电机温升问题专利申请量呈现小幅度增长的趋势，专利申请量从 1957 年的 113 件增长至 1993 年的 960 件。

（3）第二快速发展期（1994 年至今）。从 1994 年开始，解决电机温升的相关技术专利申请量进入了第二快速增长阶段，年申请量基本维持直线增长趋势。专利申请从 1994 年的 1027 件跃升至 3812 件。

5.1.2　技术构成

通过深入研究电机温升的专利技术内容后，最终筛选出 209 件重点专利（其中有 7 件专利既是风扇的改进，又是循环通风结构的改进）。通过技术统计分析（见图 3-5-2），解决电机温升问题的主要手段包括冷却器改进、风扇改进及电机循环通风结构的改进。其中，风扇改进技术的相关专利申请量占总申请量的 82.3%，主要包括风扇结构改进和风扇叶片安装角度改进。通过冷却装置的改进来降低电机温升的专利申请量较少，只占到总申请量的 17.7%，主要包括冷却管排布方式的改进和冷却器结构的改进。

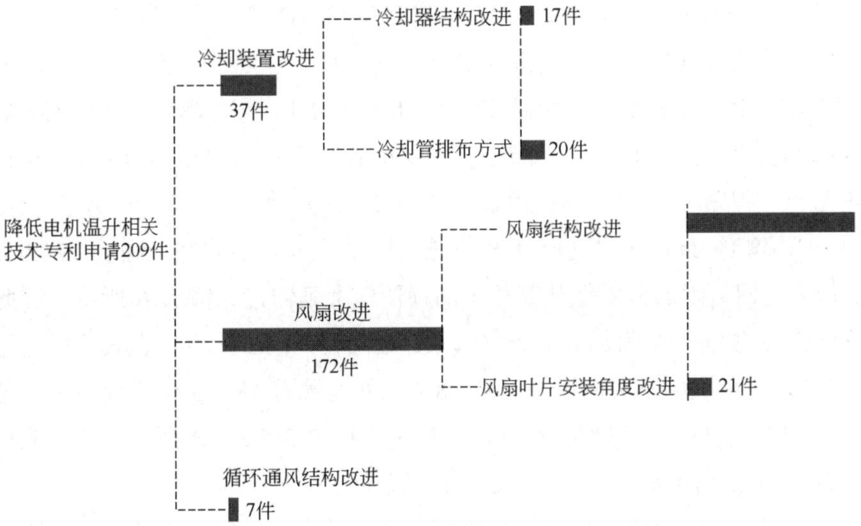

图 3-5-2　解决电机温升技术构成专利申请量

通过风扇改进来降低电机温升的专利申请中，通过风扇结构改进电机温升的专利技术约占风扇改进总申请量的 83.7%。在冷却装置改进的专利申请中，通过冷却管排布方式改进的专利申请约占冷却装置改进总申请量的 54.1%；冷却器结构的改进，约占冷却装置改进总申请量的 45.9%。

5.2 典型专利技术

通过专利分析得知，解决电机温升问题主要从三方面着手，即电机冷却器的改进、电机风扇的改进、电机循环通风结构的改进。其中，电机冷却器的改进主要从改进冷却器结构及改进冷却管的排布方式两方面进行；电机风扇的改进主要从改进风扇叶片结构和风扇叶片的安装角度两方面着手。

5.2.1 冷却装置的改进

专利文献表明，改进电机冷却器是降低温升问题的主流技术，从效果上来看，较好的技术为西门子股份公司提出的在冷却器中设置空气引导管，用次级空气冷却初级空气的技术。

1. *冷却器结构改进*

（1）西门子股份公司于 2011 年提出一种附加冷却器进行降温的技术，该电机具有壳体 1，在壳体中布置有定子 2，转子 3 安置在壳体 1 中。转子 3 可以绕转轴 4 旋转。其前端 5 是电机驱动侧的端部，后端 6 是电机操作侧的端部。壳体 1 在顶侧具有前进气口 7、后进气口 8 和出气口 9。前进气口 7 布置在前端 5 的附近，后进气口 8 布置在后端 6 的附近。出气口 9 布置在两个进气口 7、8 之间。电机具有前供气件 10 和后供气件 11。电机运行时在前进气口 8 吸入空气，空气通过电机吹动并且在出气口 9 排出。供气件 10、11 通常设计为通风装置，其同样抗扭地布置在有转子的转子轴 12 上。可替代地，供气件 10、11 可以通过转子 3 自身来实现。

在壳体 1 的顶侧上安装有附加冷却器 13。附加冷却器 13 具有侧壁 14 和顶盖 15。附加冷却器 13 罩状地遮盖前进气口 7 和后进气口 8 以及出气口 9。因此，在出气口 9 排出的空气再次导向前进气口 7 和后进气口 8。附加冷却器 13 具有前附加分隔壁 16 和后附加分隔壁 17。前附加分隔壁 16 布置在出气口 9 和前进气口 7 之间，后附加分隔壁 17 布置在出气口 9 与后进气口 8 之间。附加分隔壁从壳体 1 的顶侧向上延伸，如箭头 A 所示。因此，从出气口 9 排出的空气必须在两个附加分隔壁 16、17 之间首先向上上升，在其可以通过附加分隔壁 16、17 离开之前再次向下流向进气口 7、8。此外，管道 18 在冷却装置 13 中延伸，如箭头 A 所示。通过管道 18，引导次级空气，具体结构见图 3-5-3。B 所示为空气流相交叉，19 为通风件，20、21 分别表示对应区域，22 为空气导流件。

该电机自带冷却器，用次级空气冷却初级空气有效减小前进气口输送的空气和后进气口输送的空气之间的温差，降温效果好。

（2）上海东润换热设备制造有限公司于 2012 年提出一种椭圆管电机冷却器技术，该椭圆管电机冷却器包括冷却器壳体 1 和设置在冷却器壳体 1 内的若干换热元件 2，冷却器壳体 1 的两端设置有空气进、出口，若干换热元件 2 沿冷却器壳体 1 内的空气流动方向呈多排排列。换热元件 2 包括基管 21 和焊接在基管上的翅片 22，其基管 21 为椭圆管。椭圆管 21 的长轴直径与短轴直径之比为 1.8～4:1，具体结构见图 3-5-4。

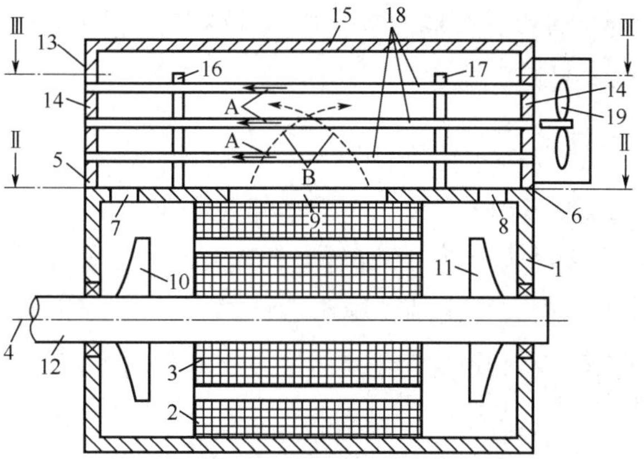

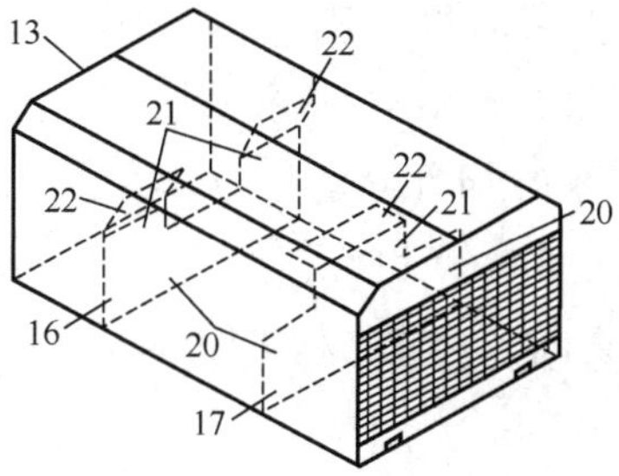

图 3-5-3 冷却器结构示意图

1—壳体；2—定子；3—转子；4—转轴；5—前端；6—后端；7—前进气口；8—后进气口；9—出气口；10—前供气体；11—后供气体；12—转子轴；13—附加冷却器；14—侧壁；15—顶盖；16—前附加分隔壁；17—后附加分隔壁；18—管道；19—通风件；20，21—对应区域；22—空气导流件；A—管道在冷却装置中延伸；B—空气流相交叉

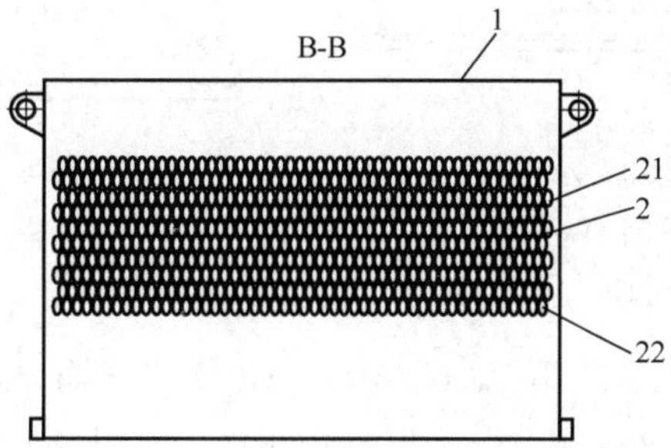

图 3-5-4 冷却管横截面结构示意图

1—冷却器壳体；2—换热元件；21—基管；22—翅片

电机冷却器是一种换热设备，通常用于冷却换热介质。通常来说，电机冷却器包括冷却器壳体和布置在冷却器壳体内的换热元件，在冷却器壳体两端分别设置有冷却剂进、出口，冷却剂由冷却剂进口进入冷却器壳体内，通过与换热元件换热后，再由冷却剂出口流出，换热元件的管程内设置有需要冷却的换热介质。然而，目前的电机冷却器的换热管一般为圆

管，其管外阻力较大。

该技术将换热元件的基管设计为椭圆管，使其管外阻力比圆管小，能最大限度地发挥椭圆管的冷却效率，工作效率能达到最佳。

2. 冷却管排布方式改进

泰豪沈阳电机有限公司于 2012 年提出一种冷却管呈 M 型排列的冷却器，该冷却器采用铝管，以 M 型方式排列，夹角为 60°，冷却管之间互成等边三角形；由安装在电机非轴伸端的外风扇将空气吹入冷却管内，再由轴伸端上方外排出；电机的内部空气由内风扇进行循环，通过冷却管壁进行热交换，使热空气冷却，被冷却了的内部空气再次冷却电机的各部分，以达到冷却目的。

该冷却器由端板 1、角钢 2、上盖板 3、隔板 4、钢板 5、导风板 6 和 7、侧板 10、冷却管 9、吊攀 8 等组成。端板 1 前后两块对应，和上盖板 3 焊在一起，隔板 4 焊在两端板之间，端板和隔板上开 M 型排列的孔，夹角采用 60°，孔之间互成等边三角形，孔间距 10mm；最上层冷却管和最下层冷却管分别与冷却器的上盖板和底边保持 80～100mm 的距离；冷却管 9 安放在两端板之间，在管口进行挤胀，使其与端板 1 紧密配合并卡位；导风板 6、7 焊接在端板 1 和侧盖板之间，具体结构见图 3-5-5、图 3-5-6。

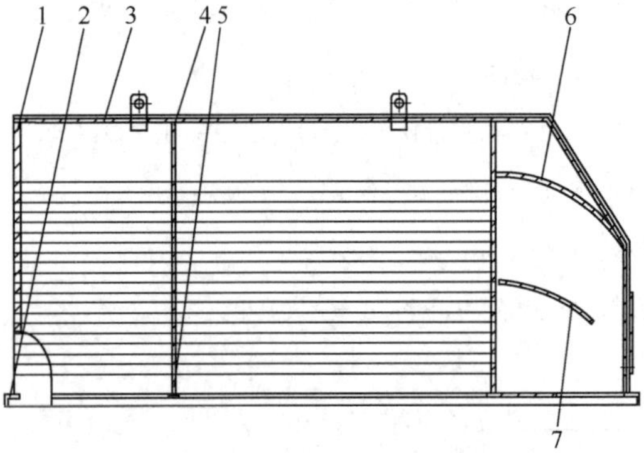

图 3-5-5 电机用空-空冷却器示意图

1—端板；2—角钢；3—上盖板；4—隔板；5—钢板；6，7—导风板

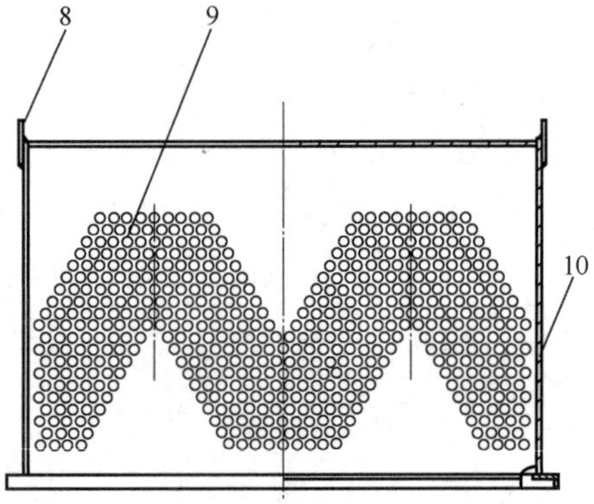

图 3-5-6 冷却管的 M 型排布

8—吊攀；9—冷却管；10—侧板

电机非轴伸端的外风扇经过导风板 6、7 分流，将空气均匀地吹入冷却管 9 内，再由轴伸端上方外排出；电机的内部空气由内风扇进行循环，通过冷却管壁进行热交换，使热空气冷却，被冷却了的内部空气再次冷却电机的各部分，以达到冷却目的。

冷却管呈 M 型排列，材质为铝管，较传统的矩型排列的钢管冷却器风阻小，冷却效果好，大大降低了内、外风扇的损耗，提高了电机的效率。

5.2.2 风扇的改进

专利文献表明，通过风扇的改进技术来增加通风量，可以使电机的散热性能提高。风扇的改进技术中，具有代表性的有以下几种。

1. 风扇叶片结构改进

（1）永济新时速电机电器有限责任公司于 2011 年提出了一种高效电机外风扇技术，该外风扇包括轮毂 1 以及套接于轮毂 1 外侧的风扇盘 2；轮毂 1 侧壁设有环形凸出部 3，环形凸出部 3 与风扇盘 2 的内孔边缘之间设有铆钉 4，环形凸出部 3 通过铆钉 4 与风扇盘 2 的内孔边缘铆接固定；风扇盘 2 的前侧端面上设有若干个后倾式直叶片 5，各个后倾式直叶片 5 围绕风扇盘 2 的轴线均匀排列于风扇盘 2 的前侧端面；轮毂 1 外侧套有环形前盖 6，环形前盖 6 的截面为弧形截面，且环形前盖 6 的后端直径大于环形前盖 6 的前端直径；环形前盖 6 的内侧面与各个后倾式直叶片 5 的前侧端面位置正对，具体结构见图 3-5-7、图 3-5-8。

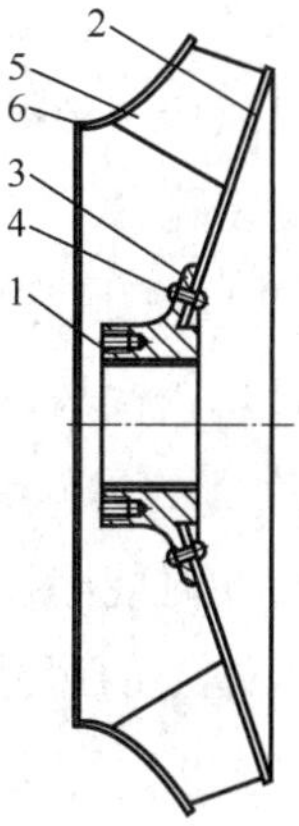

图 3-5-7　高效电机外风扇示意图

1—轮毂；2—风扇盘；3—环形凸出部；4—铆钉；5—后倾式直叶片；6—环形前盖

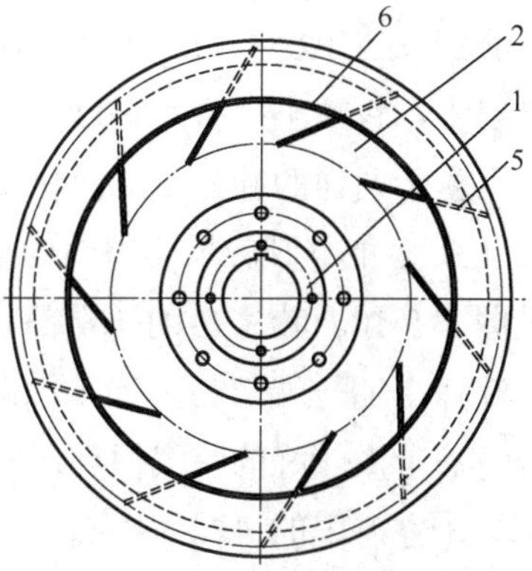

图 3-5-8　高效电机外风扇左示图

1—轮毂；2—风扇盘；5—后倾式直叶片；6—环形前盖

该电机外风扇工作时，通过轮毂旋转带动风扇盘和各个后倾式直叶片旋转，其产生的流动冷空气带走笼型电机的机座筋条中的热量。

该技术相比于前倾式直叶片，通过采用后倾式直叶片和增设环形前盖，提高了通风效率，增强了机座外表面的冷却效果，降低了电机温升。

（2）为了解决因串流产生而导致压差变小带来的风量减弱问题，南京意航新技术发展有限公司于 2012 年提出在扇叶上设置翼刀的技术。该轴流风扇包括与驱动电机相连的轮毂 1 和扇叶 2，该扇叶 2 的上表面（负压表面）上设有沿扇叶 2 的径向相对平行设置的翼刀 3，翼刀 3 间隔一个距离设置在扇叶 2 的上表面上，为保证翼刀 3 在各种工况下具有足够的强度和刚度，翼刀 3 沿扇叶 2 径向的宽度相同；同时，翼刀 3 沿扇叶 2 的前缘至扇叶 2 的后缘垂直设置在扇叶 2 的上表面上，翼刀 3 的曲率中心与轮毂 1 同心且翼刀 3 沿扇叶 2 弦向的高度不同。另外，由于翼刀 3 对串流阻隔的效果与翼刀 3 的翼高和沿扇叶 2 弦向的翼刀 3 两侧的压差梯度有关，因此翼刀 3 沿扇叶 2 弦向的高度不同且翼刀 3 的高度按照其所处扇叶 2 上表面处的实际位置确定。具体结构见图 3-5-9。

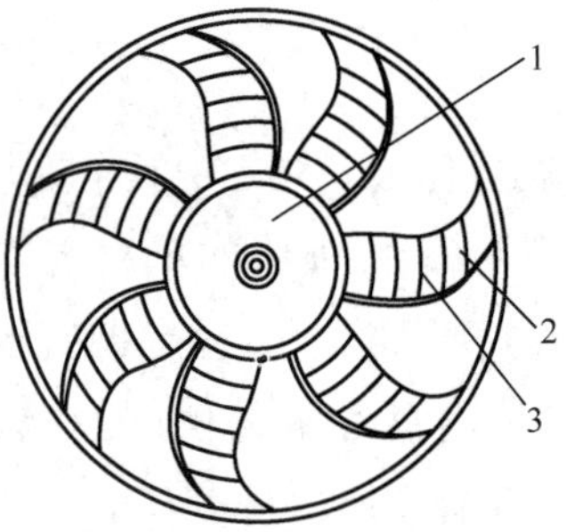

图 3-5-9　扇叶结构示意图

1—轮毂；2—扇叶；3—翼刀

2. 风扇叶片安装角度改进

（1）浙江安力电机有限公司于 2012 年提出一种异步电动机风扇，该风扇设置于异步电动机的风罩内，包括呈盘状的本体 1，所述本体 1 的中部具有安装孔 3，本体 1 凸面上固定有若干片垂直于凸面的叶片 2，叶片 2 垂直固定能够提高叶片 2 的机械强度；叶片 2 呈片状，片状叶片 2 能够减轻风扇整体的质量，降低风扇的转动惯性，提高风扇的工作效率，具体结构见图 3-5-10。叶片 2 的一端部临近于本体 1 的中部，叶片 2 的另一端部伸出于本体 1 的边缘，叶片 2 的一端部与本体 1 中部具有间距，便于叶片 2 转动时能够在本体 1 中部形成低压区，进而形成较好的空气循环；叶片 2 的另一端部伸出于本体 1 的边缘，有利于加大叶片 2 的风量，在有限的风罩内提高风量。

如图 3-5-11 所示，叶片 2 临近于本体 1 中部具有一倾斜部 2a，所述的倾斜部 2a 与本体 1 的凸面所成的角度 α 为 45°～55°，在这个角度之间风扇能够较好地形成气流循环，叶片 2 的数量为 4～8 片。

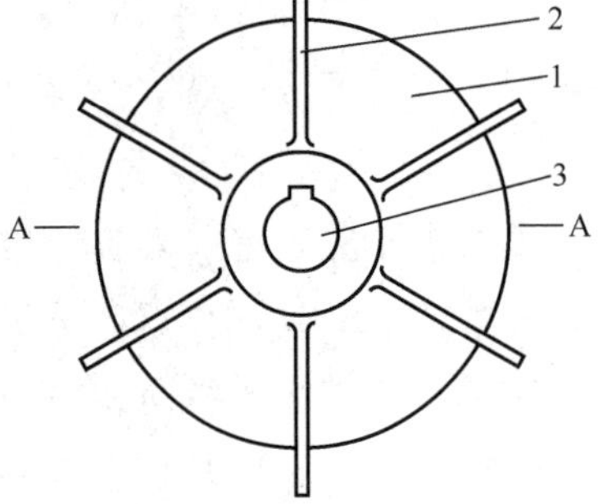

图 3-5-10　异步电动机的风扇示意图

1—本体；2—叶片；3—安装孔

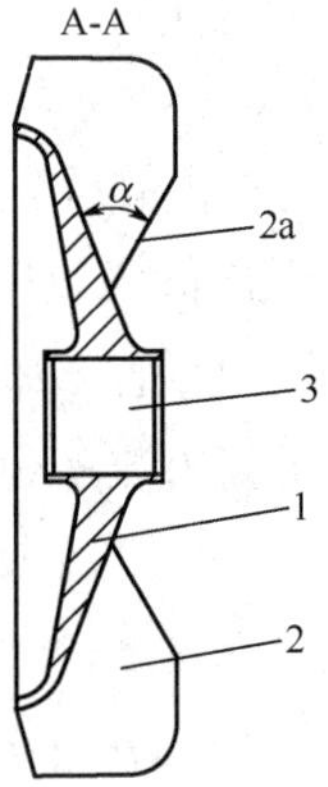

图 3-5-11　沿 A-A 方向的剖面图

1—本体；2—叶片；3—安装孔；2a—倾斜部

该异步电动机的风扇通过对风扇本体结构进行合理改进，使该风扇具有结构合理、散热效果好的优点。

（2）重庆神驰机电有限公司于 2011 年提出一种发电机散热风扇技术，该发电机风扇包括风扇底盘 1，风扇底盘 1 的中央设置有凸台 2，风扇底盘 1 的边缘侧与凸台 2 之间风扇底盘 1 内侧部分向上凸起形成一个台阶，凸台 2 中央设置有轴孔 3，卡固装置为两个对称设置的固定卡 4 和两个对称设置的定位销 5，风扇底盘 1 的盘面四周上均匀排布 18 片竖直安装的叶片 7，风扇底盘 1 的直径为 146mm，叶片 7 的首尾两端沿风扇底盘 1 的半径辐射方向排布，连接叶片 7 首尾两端的叶片横截面中心线段为直线段加圆弧段，中心线段的长度为 45mm，圆弧段的半径为 15mm。具体结构见图 3-5-12、图 3-5-13。

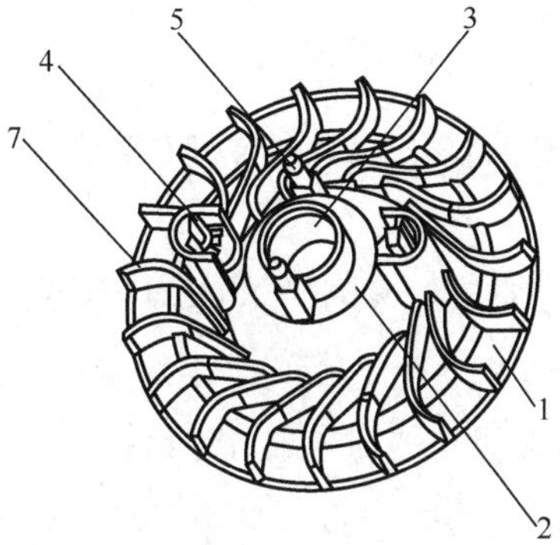

图 3-5-12　发电机风扇的结构示意图

1—风扇底盘；2—凸台；3—轴孔；

4—固定卡；5—定位销；7—叶片

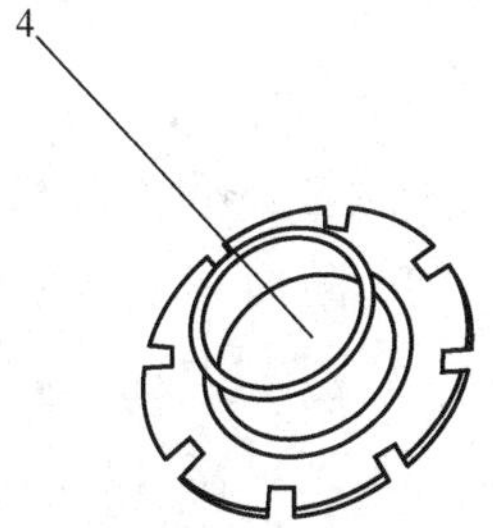

图 3-5-13　发电机风扇的嵌件的结构示意图

4—固定卡

该技术风扇叶片采用了直线段加圆弧段的形状，相比于传统的弧形叶片，其能够提供的风力更大，导热效果好。

（3）维尔纳（福建）电机有限公司于 2013 年提出一种电机轴流风扇，包括环形中心毂 1，环形中心毂外圆侧壁分布有若干个扇叶 2，这些扇叶 2 沿着环形中心毂的圆周径向延伸，用于朝向轴向吹动空气，所述每个扇叶的进风面和与其相邻扇叶的出风面轴向空间投影互相重叠，重叠区间 C 为绕环形中心毂外圆 0°～15°，具体结构见图 3-5-14、图 3-5-15。

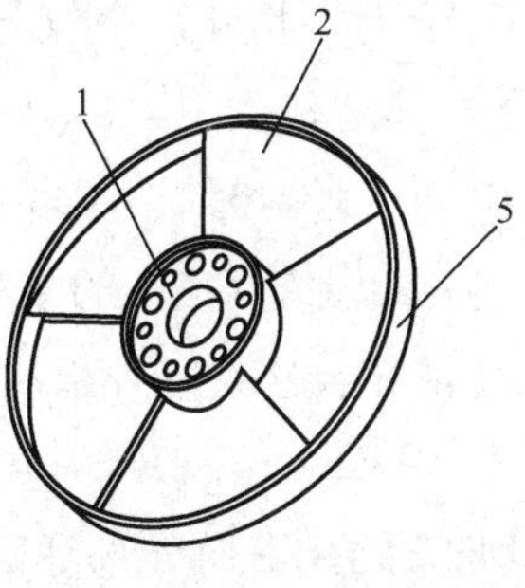

图 3-5-14　电机轴流风扇示意图

1—环形中心毂；2—扇叶；5—导流圈

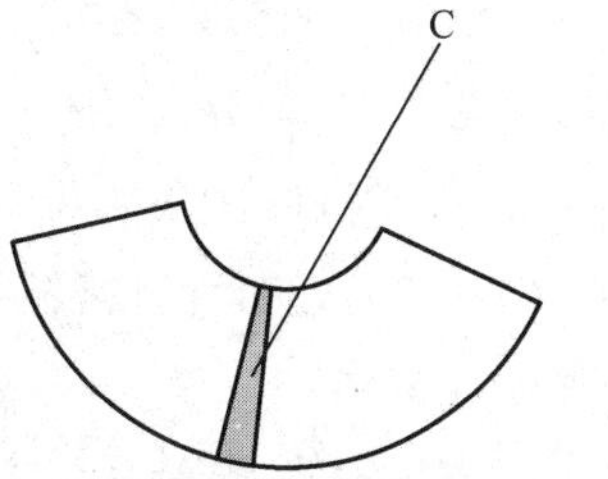

图 3-5-15　风扇相邻两扇叶的轴向正投影图

C—轴向空间投影的重叠区间

电机轴流风扇外端接有导流圈 5，导流圈固定接合扇叶的末端，在导流圈的作用下，气流沿管分布导流不至于外散，形成闭环进风口，且对叶片具有紧固作用。如果没有导流圈，由于轴流风扇套在环形电机外壳内，因此，电机外壳在一定程度上也具有导流、闭风的作用，但其外壳结构易通风，使得密闭效果不如导流圈理想。

环形中心毂 1、若干扇叶 2 和导流圈 5 为一体式结构，保证其能在高强度转动中保持结构紧密固定，增强寿命。轴向空间投影相互交叉的扇叶布置，能起到防止空气倒流、增大风压的作用，确保空气向电机绕组和铁芯方向流动，加强电机内部的散热效果。

5.2.3 循环通风结构的改进

专利文献表明，通过循环通风结构的改进来降低电机温升问题的专利申请中，较为典型的专利技术有如下几种。

（1）西门子股份公司于 2012 年提出一种冷却电机的技术，该技术电机 10 具有内部通风器 12 和外部通风器 14。内部通风器 12 和外部通风器 14 布置在总轴 16 上。内部通风器 12 和外部通风器 14 具有相反的输送方向。内部通风器 12 和外部通风器 14 能够构造成径向或轴向通风器。内部通风器 12 用于冷却定子和转子，定子和转子为此目的而具有相应的冷却通道。通过内部通风器 12 形成的内部冷却循环的理论走向通过箭头 18 来表明。内部冷却循环经过布置在冷却器壳体 20 中的换热器实现。

外部通风器 14 布置在风扇壳体 22 中并且输送外部冷却剂流的冷却剂或空气，该外部冷却剂流与内部冷却循环分开。为此，风扇壳体 22 具有相应的入口 24，空气从外部侧面地、垂直于平面穿过该入口流入风扇壳体 22 的内部。冷却剂从入口 24 流入冷却器壳体 20 中并且流经换热器。在冷却器壳体 20 中设有分隔壁，以便将内部冷却循环与外部冷却剂流分开。冷却剂在冷却器壳体 20 的出口 50 处排出。

在风扇壳体 22 中设有空气导向装置 26，利用空气导向装置在导向部段中引导冷却剂，该导向部段在电机 10 的径向方向上，即在朝向轴 16 的方向上从入口 24 朝向外部通风器 14 延伸。空气导向装置 26 通过风扇壳体 22 的内壁 32 并且通过空气导向元件 34 来形成。内壁 32 在电机 10 的径向方向上延伸，即径向地朝向轴 16 延伸。空气导向元件 34 具有第一区域 36，该第一区域从入口 24 出发在径向方向上朝向轴 16 延伸。此外，空气导向元件 34 具有第二区域 38，该第二区域在轴向方向 30 上延伸至外部通风器 14 的外侧面。在第一区域 36 和第二区域 38 之间，空气导向元件 34 具有中间区域 40，该中间区域具有相应的曲率。入口 24 布置在风扇壳体 22 的侧向外壁处。在风扇壳体 22 的下侧处设置入口 24。在入口 24 处布置有格栅元件 42，通过该格栅元件防止异物进入外部冷却剂流中，具体结构见图 3-5-16。

原理为：空气导向装置 26 将冷却剂在径向方向上朝向轴 16 引向外部通风器 14，并且随着冷却剂由外部通风器 14 转向到轴向方向 30 上。通过空气导向元件 34 有助于冷却剂流的转向。在此，空气导向元件 34 将所抽吸的冷却剂与由外部通风器 14 转向的冷却剂分开。在此，用于冷却剂流的进口 54 不指向与轴 16 的旋转轴线横向远离的一侧，而是沿着轴 16 的轴向方向向前指向非驱动装置侧的方向。进口 54 集成在通风器壳体 22 中。冷却剂被抽吸并且在轴向方向上通过集成到通风器壳体 22 中的其他空气导向装置首先在轴向方向 30 上流向空气导向装置 26。通过其他空气导向装置的进口 54 相对于冷却器壳体 20 的出口 50 能够有效地阻止从出口 50 流出的变热的冷却剂再次通过进口 54 吸入。

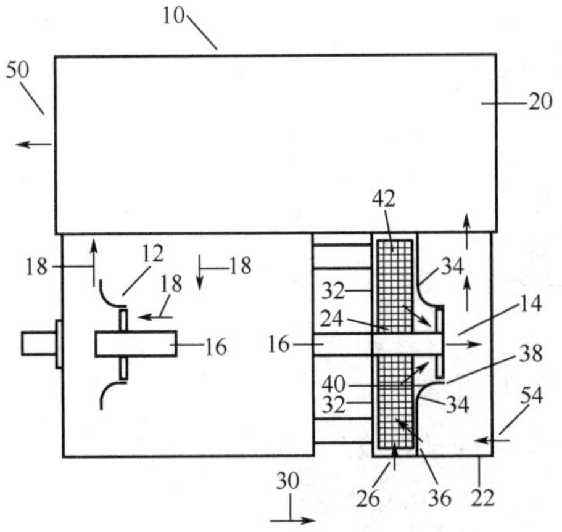

图 3-5-16 电机结构示意图

10—电机；12—内部通风器；14—外部通风器；16—总轴；18—内部冷却循环的理论走向；

20—冷却器壳体；22—风扇壳体；24—入口；30—轴向方向；32—内壁；

34—空气导向元件；36—第一区域；38—第二区域；40—中间区域；

42—格栅元件；50—出口；54—进口

（2）永济新时速电机电器有限责任公司于 2011 年提出一种双风道风扇技术，该双风道风扇包括风扇盘 2、扇叶 I 3、风扇盖 I 4、扇叶 II 5、风扇盖 II 6、轮毂轴孔 8，其上开设有平衡槽 1 的风扇盘 2 安装在设有轮毂键槽 7 的轮毂轴孔 8 上，风扇盘 2 和风扇盖 I 4 之间设有扇叶 I 3，风扇盖 I 4 和风扇盖 II 6 设有扇叶 II 5。扇叶 I 3 和扇叶 II 5 为径向叶片，具体结构见图 3-5-17。

将该技术用于 YJ50 系列笼型电机上，可达到降低电机温升的效果，其内循环风路示意图如图 3-5-18 所示，其中一个冷却风路通过转子通风道 11 冷却转子，另一个通过定子绕组端部 9 的冷却风路，通过气隙冷却端部，两个风路进入定子循环风道 10 进行冷却。

该技术采用双风道结构，采用了两种不同型式的扇叶和风扇盖，其中一个冷却风路通过转子通风道冷却转子，另一个冷却风路通过气隙冷却端部。相比于通常的单风道结构，此结构增加了气隙内空气流动速度，使气隙中的空气在风扇产生的负压下进入机座通风道，将定子、转子靠近气隙的绕组产生的热量及时带到机座散热筋中，使其散热更快，温升更均匀，从而解决了电机绕组端部温升高的问题。

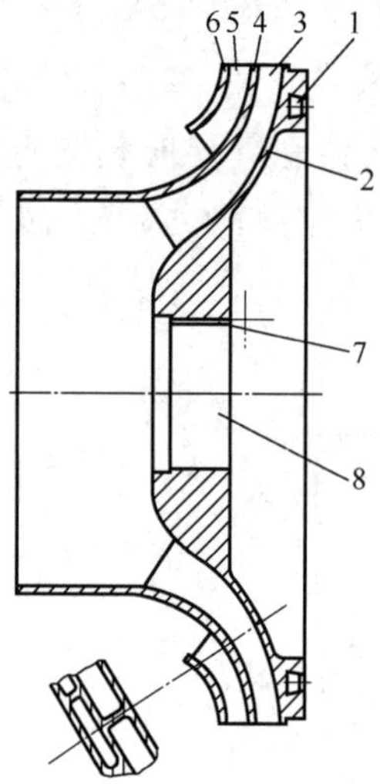

图 3-5-17　双风道风扇示意图

1—平衡槽；2—风扇盘；3—扇叶Ⅰ；4—风扇盖Ⅰ；
5—扇叶Ⅱ；6—风扇盖Ⅱ；7—轮毂键槽；8—轮毂轴孔

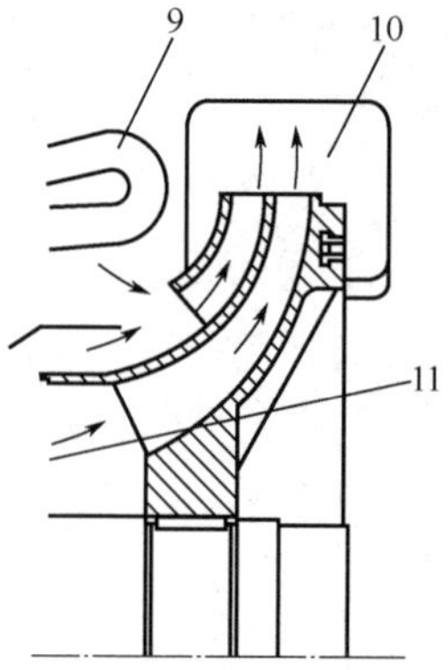

图 3-5-18　内循环风路示意图

9—定子绕组端部；10—定子循环风道；
11—转子通风道

（3）四川东风电机厂有限公司于 2009 年提出一种电机冷却结构，该冷却结构由一次风路和二次风路组成，其中，一次风路包括两个安装在轴上的轴向风扇 4、轴向离心风机 5、位于转子 6 上的挡风板 3 和冷却器 2；二次风路包括径向离心风机 1 和位于发动机外罩内部的两个径向风扇，具体结构见图 3-5-19。该电机冷却器的工作过程如下。

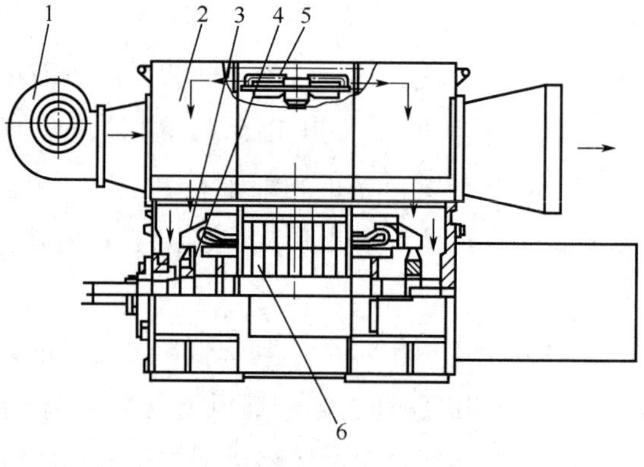

图 3-5-19　双轴向内风扇及双径向外风扇结构图

1—径向离心风机；2—冷却器；3—挡风板；4—轴向风扇；5—轴向离心风机；6—转子

一次风路：电机的冷却空气（一次冷却空气）由两个安装在轴上的轴向风扇和轴向离心风机产生，通过挡风板进入转子铁芯，并在电机内部分成两路（一路到达绕组端部，另一路则通过铁芯通风沟）吸取发热部件的热量，合成后热空气流进入空气冷却器，通过其将电机热量排出到周围空气中（二次冷却空气）。

二次风路：电机装备了带径向外部风扇的空气冷却器作为二次回路通风，此冷却器外罩内由径向通风管道组成，位于外罩内部的两个径向风扇抽去二次冷却空气并经由通风管道将空气压出。

该技术采用了一次风路和二次风路相结合的组合冷却方式，使得冷却结构风量大、风速高。

（4）南阳防爆集团股份有限公司于 2013 年提出一种快速冷却电机的技术，采用双风扇对电机进行散热，该双风扇散热电机包括电机外壳 1、电机轴 2 和转子 3，电机外壳 1 内部设有电机轴 2 和转子 3，电机外壳 1 为中空的，中空部分形成风道 6，电机轴 2 的尾端设有尾部风扇 4，电机轴 2 的顶端设有顶部风扇 5，电机外壳 1 的尾端设有进风口 7，进风口 7 的数目至少为两个。具体结构见图 3-5-20。

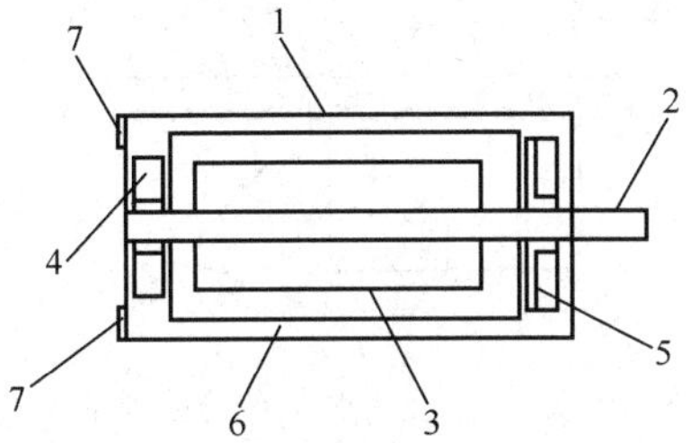

图 3-5-20　双风扇散热电机结构示意图

1—电机外壳；2—电机轴；3—转子；4—尾部风扇；5—顶部风扇；6—风道；7—进风口

这种双风扇散热电机在工作的时候，电机轴 2 开始转动，安装在电机轴 2 末端的尾部风扇 4 开始使电机外部的冷空气进入电机，随后进入风道 6，在前端的顶部风扇 5 处吹出电机，这就形成一个风冷的循环系统，能快速有效地将电机冷却，使用效果良好。

该技术双风扇带动空气在风道内流通，加快空气流通的速度，可对电机进行快速降温处理。

（5）南阳防爆集团有限公司于 2006 年提出一种大容量防爆电机冷却技术，该冷却装置包括腔体 1、空-水冷却器 2、内风扇 3、定子铁芯 4、转子支架 5、底板 6、底罩 7、双侧对称通风装置、第一进风口 8、第一出风口 9、壳体 10、交流励磁机 11、旋转整流器 12、第二进风口 13、第二出风口 14。腔体 1 为电机机座，腔体 1 下部装在底板 6 上，空-水冷却器 2 设在腔体 1 的顶部，定子铁芯 4、转子支架 5 设在腔体 1 的中部，内风扇 3 采用弧形斗式内风扇，内风扇 3 为两个，分别装在转子轴 17 的两端。双侧对称通风装置由通风道 15、16 组成，通风道 15 设在定子铁芯 4 上，沿径向均布设置。通风道 16 设在转子支架 5 上，沿转子支架 5 磁轭部分径向圆周均布设置，定子铁芯 4 上的通风道 15 与转子支架 5 上的通风道 16 交错排列设置，便于通风。底板 6 上设有第一进风口 8、第一出风口 9。壳体 10 的下部装在底板 6 上，交流励磁机 11、旋转整流器 12 装在壳体 10 内，下部设有第一进风口 8、第二出风口 14。第二进风口 13 与第一出风口 9 相连通，第二出风口 14 与第二进风口 13 连通，构成两壳体的冷却风路系统。具体结构见图 3-5-21。

该技术中，主电机与交流励磁机、旋转整流器分别设置在两个壳体内，下部通过进、出风口相通；并在主电机的壳体内设置有双侧对称通风装置，在转子轴上安装两个对称内风扇。由于分设在两个独立的壳体内，每个壳体的空腔相对增大，互不干扰，冷却效果好。双侧对称轴径向通风装置确保了冷却均匀，对称设有两个内风扇杜绝了原电机的单风扇倾斜不稳定，具有冷却均匀、效果好、结构安全可靠等优点。

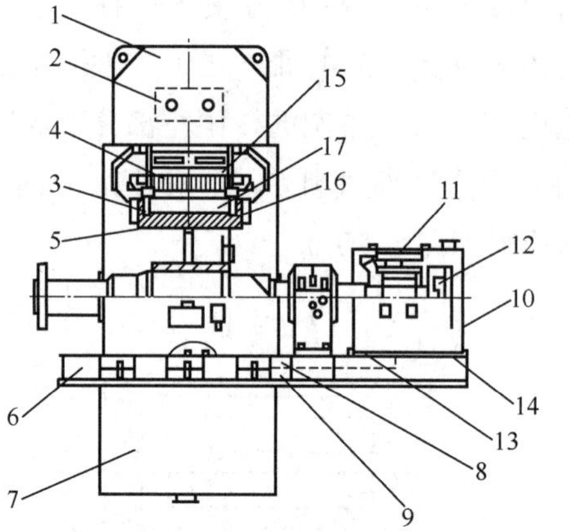

图 3-5-21　大容量防爆电机冷却装置示意图

1—腔体；2—空-水冷却器；3—内风扇；4—定子铁芯；5—转子支架；6—底板；7—底罩；
8—第一进风口；9—第一出风口；10—壳体；11—交流励磁机；12—旋转整流器；
13—第二进风口；14—第二出风口；15，16—通风道；17—转子轴

（6）南阳防爆集团股份有限公司在 2011 年提出一种双内风扇散热转子结构，该散热转子结构包括转子轴 1、转子铁芯 2，在转子铁芯 2 的前端转子轴 1 上设有轴流扇 3，转子铁芯 2 的后端转子轴 1 上设有离心风扇 4，离心风扇 4 和转子中间风路采用导风筒 5 搭接，两个风扇在机座内形成闭环风路。针对转子不同中心高，采用的风扇外径与转子中心高相匹配，具体结构见图 3-5-22。

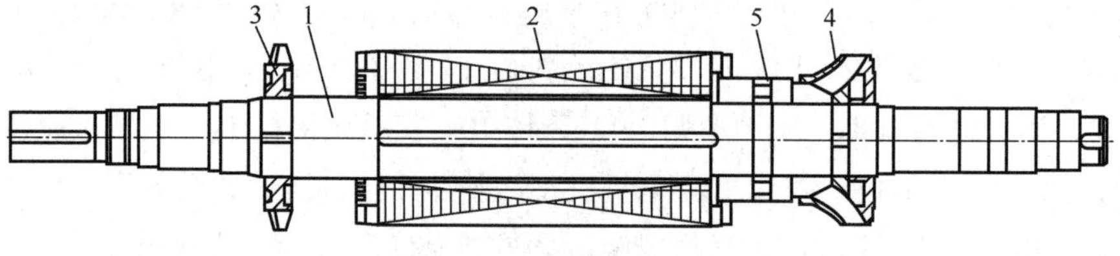

图 3-5-22　双内风扇散热转子结构示意图

1—转子轴；2—转子铁芯；3—轴流扇；4—离心风扇；5—导风筒

上述电机包括转子 12、定子 8、机壳 9，转子 12 采用双内风扇散热转子结构，在电动机后端盖 10 外侧的非轴伸端转子轴上设有外风扇 6，外风扇 6 的外围对应设有端罩 7 固定在机壳 9 上，16 为前端盖。在转子的转子铁芯 2 与转子轴 1 之间设有铁芯风道 11，在机壳 9 的外部圆周设有挡风板 13，挡风板 13 与机座散热片 18 形成机座风道 14，机壳两端设有通风孔 15，机壳两端通风孔 15、转子两端风扇、铁芯风道 11 和机座风道 14 形成闭环内风路。端罩 7、外风扇 6、机座散热片 18 形成开环的外风路。具体结构见图 3-5-23。

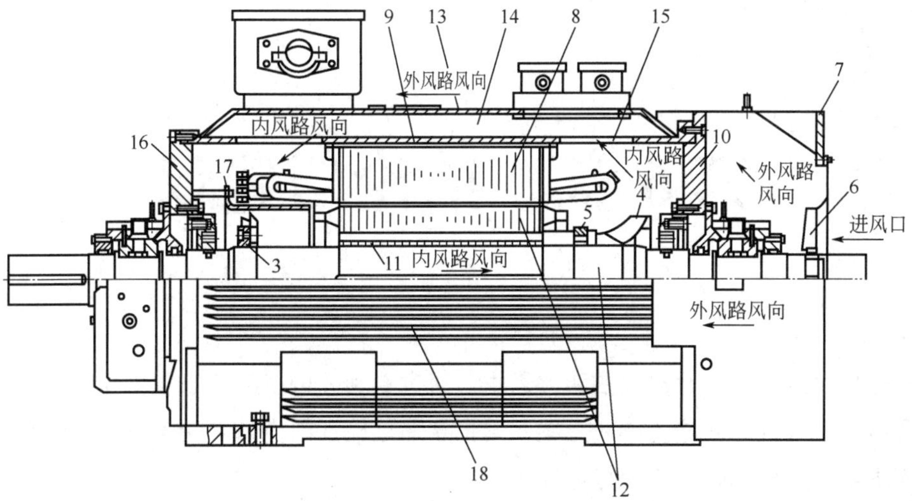

图 3-5-23 电机结构示意图

3—轴流扇；4—离心风扇；5—导风筒；6—外风扇；7—端罩；8—定子；9—机壳；10—后端盖；11—铁芯风道；12—转子；13—挡风板；14—机座风道；15—通风孔；16—前端盖；17—吸风嘴；18—机座散热片

该双内风扇散热转子结构散热原理如下：离心风扇 4、端罩 7、机座风道 14、吸风嘴 17、轴流扇 3、铁芯风道 11、导风筒形成闭环的内风路，前后两个风扇分别形成两端风压，使电机内部的热量充分散到机座风道及散热片上，以使电机温升降低，避免电机内部绝缘老化，延长电机寿命；端罩 7、外风扇 6、机座散热片 18 形成开环的外风路，外风扇形成风压，使风从非轴伸端进入风扇，再由风扇流到散热片上，将内风路带到散热片及机座风道的热量及时带走，达到降低温升的目的。

该双内风扇散热转子中内风路和外风路相互独立，电机温升低，提高了电机整体性能。

第6章 结论与建议

本次分析主要围绕企业提出的两大需求，通过专利分析找到关于电机噪声过大问题的解决方案和电机温升过高问题的解决方案。本报告通过检索国内外专利信息，并结合企业目前的自身需求，最终得出如下结论与建议。

6.1 结论

（1）国内外专利申请格局。

目前，高低压交流电机降噪降温领域国内与国外专利申请量都呈现上升的趋势。从2009年开始，多家国外知名电机制造商在中国设立了制造和研发中心，促使中国电机制造业的发展逐步由“注重大而全”向“注重产品的设计、研发和总装”方向发展，进而使得中国专利自2009年起，专利申请量急剧增加，到2013年，专利申请量高达3436件。

从技术构成来看，国内与国外的专利申请中，解决电机噪声过大的问题主要从转轴与风扇两大部分着手。其中，转轴是解决电机噪声的研究重点；解决电机温升过高主要从风扇与冷却器两方面着手。

从专利申请国分布来看，日本和美国是高低压交流电机降噪降温方面最重要的专利申请国。两国的专利申请量之和占到全球专利申请总量的59%，这意味着日本和美国是该行业的主要研究区域，同时也是高低压交流电机的主要市场。来自中国的专利申请量少于全球总申请量的5%，这意味着中国在高低压交流电机降噪降温方面与美国、日本存在较大的差距。

（2）解决电机噪声过大的问题。

降低电机噪声方面主要围绕企业降低电机噪声的需求，分析了电机降噪相关技术的专利状况。

从专利申请趋势上看，目前全球解决高低压交流电机噪声问题相关技术的专利申请呈现快速增长的趋势。从技术手段上看，解决电机噪声问题主要从转轴与风扇两方面着手。通过改进电机转轴实现电机降噪的专利申请量占总申请量的50%，其主要手段包括转轴结构改进、转轴装配改进、转轴材质改进等，其中，转轴结构改进的专利申请量占转轴改进总申请量的62%；通过电机风扇改进实现电机降噪的专利申请量占总申请量的37%，其主要手段包括风扇叶片改进、风扇安装的改进、风扇材质的改进等，其中，风扇叶片改进的专利申请量占风扇改进总申请量的 75%。

在此基础上，本报告提出了多种具体解决方案，通过深入对比分析后，最终为企业提供以下三个核心专利技术：

第一，中山大洋电机股份有限公司提出的一种通过设置减震元件降低电机噪声的技术，即在内转子外表面的凹坑和与之对应的外转子内表面的凹坑之间的空间中安装传动减震单元。该技术优选通过橡胶圈和连接销合起来进行传动或者通过橡胶插接块进行传动。橡胶插接块和橡胶圈采用薄的橡胶制造，传动减震圈变形小，主要靠金属销或橡胶插接块传递动力，可以达到减震、降噪的目的。

第二，罗伯特·博世有限公司掌握的一种通过风扇叶片结构改进降低电机噪声的技术。该技术风机叶片采用具有圆弧形的叶片端部，且在径向内边上与风机叶轮的内圆周上的切线夹有第一个夹角 β_1，在其径向外边上与风机叶轮的外圆周上的切线夹有比 β_1 大 75%以上的第二个角 β_2。该技术可在风机叶轮运行时最小化风机叶片处的涡流噪声。

第三，西门子股份公司掌握的将叶片形状设置成具有圆弧线且带有鼻形弧拱的技术。该技术可以有效降低风扇运行的噪声，并大大改善其散热效率。另外，该专利技术被后续专利文献共引证 61 次，由此表明，该专利具有一定的技术参考价值。

（3）解决电机温升过高的问题。

降低电机温升方面主要围绕企业需求，针对解决电机温升问题的重点技术进行了分析。通过申请量趋势分析，目前全球解决高低压交流电机温升问题相关技术的专利申请呈缓慢增长的趋势；从技术手段上看，解决电机温升问题的主要手段包括冷却器改进、风扇改进及电机循环通风结构的改进。其中，通过风扇改进解决电机温升问题是研究的重点，其相关专利申请量占总申请量的 82.3%。

在此基础上，本报告针对电机温升问题提出了多种解决方案。具体为：

第一，冷却器的改进分为冷却管排布方式的改进和冷却器结构的改进。其中，在冷却器结构的改进中，由西门子股份公司提出的在冷却器中设置空气引导件和将冷却管横截面设置为椭圆形的技术为多国申请。该技术可减小前进气口输送的空气和后进气口输送的空气之间的温差，有效降低电机温升。

第二，风扇的改进往往通过两个方面着手，一是从风扇结构方面，二是从风扇在电机中的安装方式方面。风扇结构方面的改进是基础性的，若它能够得到较完善的改进，再配合适当的安装方式便能起到事半功倍的效果。在风扇安装方式的改进中，由西门子股份公司提出的在转轴驱动端部安装内风扇，另一端安装外风扇技术冷却效果好，且该技术在多国进行了专利布局。

6.2 建议

（1）解决电机噪声过大的问题。

基于企业电机噪声过大的问题，本报告提供了三种核心专利技术。其中，由西门子股份公司掌握的将叶片形状设置成圆弧形且带有鼻形弧拱的技术，以及由中山大洋电机股份有限公司通过设置减震元件降低电机噪声的技术，目前法律状态为无效。这两项专利技术均是企业可以直接免费使用的失效专利技术。因此，本报告建议企业使用并将上述两项核心专利技术作为重点关注对象，节约自身的研发投入，用较少的资源为企业实现更先进的技术支撑。

（2）解决电机温升过高的问题。

通过深入对比分析，本报告推荐企业采用在冷却器中设置空气引导件的技术，以及在转轴驱动端部安装内风扇而另一端安装外风扇的技术。这两项专利技术均由企业重点关注的重要申请人西门子股份公司申请，且在多个国家均进行了专利布局，参考价值非常高。另外，这两项专利技术在中国的法律状态为实审，企业若实施，需要继续追踪这两项专利的法律状态，并制定相应的应对策略。

参 考 文 献

[1] 陈永校. 电机的振动与噪声分析 [M]. 杭州：浙江大学出版社，1987.

[2] TIMAR. Noise and vibration of electrical machines [M]. Amsterdam：Elsevier Science Publishing Company，Inc.，1989.

[3] KIM T J. Analysis of vibration for permanent magnet motors considering mechanical and magnetic coupling effects [J]. IEEE Transactions on Magnetics，2000，36（4）：1346-1350.

[4] 赵玫，等. 动力机械振动与噪声学 [M]. 北京：科学出版社，2003.

[5] 王爱玲，王军华. 电机噪声分析与降噪措施 [J]. 平顶山工学院学报，2005，3（14）.

[6] 王建民，让余奇. 电机噪声分析及抑制措施 [J]. 船电技术，2010，30（8）.

[7] 陈永校，等. 电机噪声的分析和控制 [M]. 杭州：浙江大学出版社，1987.

[8] 陈世坤. 电机设计 [M]. 北京: 机械工业出版社，2004.

[9] 忻尚君，梁庆信. 低噪声低振动异步电动机关键技术研究 [J]. 中小型电机，2004，31（4）.

[10] 李贤明，李芳，刘淑军，等. 中型高压电动机空-空冷却器的研究与设计 [J]. 中小型电机，2003，30（5）.

第四篇
煤炭洗选和煤化工行业用离心机专利分析报告

第 1 章　项目背景和需求

1.1　项目背景

近几年，中国洗煤产业发展较快，洗煤厂无论从数量上还是规模上都有较大增长。据中国煤炭工业协会统计，在“十一五”期间，全国新建选煤厂 800 座，截至 2010 年底，全国建成选煤厂 1800 余座[1]，超过千万吨的选煤厂已达 41 处；中国的原煤入洗能力已由 2005 年的 8.4 亿 t 增加到 2010 年的 17.6 亿 t，增加了 9.2 亿 t，增长 109.5%；原煤入洗量由 7.03 亿 t 增加到 16.5 亿 t，增加了 9.47 亿 t，增长 134.7%；原煤入洗率由 31.9%增长到 50.9%，提高了 19 个百分点[2]。

中国原煤洗选在“十二五”末的目标是：原煤入选比例达到 65%以上，入选能力达到 25 亿 t 以上，2015 年原煤入选量力争达到 24.5 亿 t。这就意味着从 2011 年到 2015 年，中国将至少新增原煤入选能力 7.4 亿 t，相当于新建 1000 万 t 洗煤厂 74 座或新建 500 万 t 洗煤厂 148 座，这就给煤炭洗选装备制造行业带来了很大的市场机会。

1.1.1　行业发展现状

目前，洗煤厂基本上都采用湿法选煤工艺，离心脱水机已成为洗煤厂必不可少的关键设备。依据洗煤厂的调研结果进行粗略估算，每 1000 万 t 原煤需要处理能力为 250t/h 的精煤离心机 10 台，需要处理能力为 250t/h 的中煤离心机 5 台，需要处理能力为 80t/h 的煤泥离心机 5 台，也就是说每 1000 万 t 原煤共需离心机 20 台。据此计算，未来五年内，市场对离心脱水机的需求量将在 1480 台以上。如按目前的市场行情，组装进口的离心机平均售价为 75 万元人民币，则未来五年内离心机的市场容量约为 11.1 亿元人民币。这仅是按照“十二五”规划目标所作的保守估计，实际的原煤入选能力建设肯定要超出这一目标，这样离心机的市场容量将会更大。

目前中国的离心机市场上，主流机型是卧式振动离心机和刮刀卸料离心机，卧式振动离心机用于精煤和中煤的脱水，刮刀卸料离心机用于煤泥的脱水，由于现阶段选煤工艺的特定要求，每年卧式振动离心机的销售量是刮刀卸料离心机的 2～3 倍。

卧式振动离心机分为以天马 HSG 离心机为代表的单质体机型和以卢德维琪 VM 离心机为代表的双质体机型。单质体离心机由单台电机经 V 带传动装置驱动激振器产生振动，激振力直接作用在二级振动体上，初级振动体起平衡和减震的作用，通过调整拼合皮带轮可以方便调整振动幅度；双质体离心机采用双振动电机在振动方体外部激振，激振力先作用在初级振动体上，然后经环形剪切橡胶弹簧将振动能量传递至二级振动体，初级振动体和二级振动体相互振荡，可使初级振动体以较小的振幅在二级振动体上产生较大的振幅，通过调整振动电机偏心块可以调整离心机振幅。除振动系统不同外，这两种振动离心机其他结构都基本相同，回转系统由电机经 V 带传动装置带动主轴及筛篮旋转；工作系统由入料管、筛篮、水箱及料箱组成，其结构设计方便离心机的检修和维护，且具有防堵功能，与物料接触部分均应用了先进的耐磨技术以增加设备的耐磨性；离心机工作部分通过 8 个高强度橡胶弹簧整体支撑在公共底座上，可以有效减少有害振动；润滑系统采用强制压力润滑方式。

目前，国外的卧式振动离心机其筛篮直径最大已达 1650mm，处理能力达 400～500t/h，入料粒度 0.5～50mm，产品水分 6%～9%，煤的损失不超过 4%。在中国，一些老的洗煤厂仍在使用国产的 WZL-1000、TWZ1300 型卧式振动离心机，这些离心机普遍存在振动参数不稳定、调整频繁、箱体漏油严重、噪声大等问题，目前此类离心机基本上已停产。近年，中国企业在学习国外先进技术的基础上开发出了新型卧式振动离心机，筛篮最大直径为 1500mm，处理量为 300～350t/h，入料粒度 0.5～50mm，产品水分 5%～9%。卧式振动离心机中，1400 型具有较高的性价比，在洗煤厂应用最多，这种离心机的筛篮直径为 1400mm，处理量为 250～300t/h，并可根据实际使用要求，选择筛缝宽 0.4mm 或 0.5mm 的筛篮。

市场上常见的刮刀卸料离心机可分为立式和卧式两种类型，其工作原理完全相同，都是通过差速器将动力分为两路，一路传至筛篮，另一路传至螺旋刮刀，筛篮和刮刀之间保持约 7r/min 的转速差，煤水混合物在离心力的作用下经筛篮脱水，沉积在筛篮内壁上的煤粒由刮刀强制卸料。刮刀卸料离心机同卧式振动离心机一样，都具有减震支撑系统、强制润滑系统和衬有耐磨材料的工作系统。

国外的刮刀卸料离心机筛篮最大直径为 1300mm，处理能力为 100t/h，入料粒度上限为 6mm。在中国，纯国产的立式刮刀离心机早有应用，技术较为成熟，近年又吸收了国外先进技术提高了处理能力和可靠性，而卧式刮刀离心机系参考国外产品仿制而成。目前国产刮刀卸料离心机筛篮最大直径为 1200mm，处理能力为 40～80t/h，入料粒度上限为 3mm。洗煤厂使用较多的是规格为 1000 的离心机，规格为 1200 的离心机也有部分应用。

中国企业进行卧式振动离心机和刮刀卸料离心机研制普遍以模仿为主，从短期的现场使用情况来看，其功能、性能和国外同型号产品很接近。但通过仔细调研和分析，发现国产离心机还存在以下几点不足：

（1）产品系列少，国外厂家研制的更大型离心机中国厂家还没有能力研制。

（2）仿制的离心机外观较粗糙，不如国外产品做工精细。

（3）核心部件（如轴承、橡胶弹簧、润滑系统等）仍依赖进口，部分自制件（如筛篮）质量不过关，可靠性差，寿命较短。

（4）中国企业仅是从外形上对离心机进行模仿，并未掌握核心设计技术，难以进行产品的改型换代。

1.1.2　行业主要竞争对手

目前中国市场上离心机厂家有 10 多家，国外厂家有荷兰天马有限公司、澳大利亚卢德维琪公司、澳大利亚约翰芬雷工程有限公司、泰戈特有限公司、德国申克集团、奥地利安德里茨集团、CMI 等，国内厂家有北京中机伟林矿山机械有限公司、山东博润工业技术股份有限公司、株州舜臣选煤机械有限责任公司、衡水天鹰科技有限公司、天地科技股份有限公司、上海埃凯中选机电设备工程有限公司、奥瑞工业技术有限公司、景津集团。

按照累计市场份额进行排名，前五家分别是天马、卢德维琪、中机伟林、山东博润、株州舜臣，这五家的产品已在中国大批量供货，占约 90%的市场份额。

这里对排名前五的离心机厂家作重点介绍。

（1）天马公司总部位于荷兰，成立于 1925 年，从 1990 年起天马得到德国筛得力公司的授权，开始在澳大利亚和美国进行离心机的生产，目前约有 4000 台煤用离心机运行在世界各地的选煤厂中[3]。天马离心机从 20 世纪 90 年代进入中国市场，到目前已在中国安装 2000 多台，约占 50%的市场份额。

天马产品可分为卧式振动卸料过滤离心机和卧式刮刀卸料过滤离心机两大类，其卧式振动离心机有 HSG1100、HSG1200 等六个型号，最大到 HSG1650，主要用于精煤脱水；卧式刮刀离心机有 H900、H1000 和 CX1200FC 三个型号，主要用于煤泥脱水。

（2）卢德维琪总部位于澳大利亚布里斯班，成立于 1858 年，距今已有 150 多年历史。卢德维琪从 1990 年开始研制离心机，1992 年 VM1100 型离心机面世，1999 年起进入中国市场，到目前为止在中国市场已销售 500 多台，2010 年全年销售离心机 60 多台，2011 年截至目前通过自销的方式已销售 20 多台，卢德维琪的产品约占市场份额 12.5%[4]。

卢德维琪的离心机分为卧式振动、立式刮刀和卧式刮刀三大类，卧式振动离心机主要用于粗煤粒的脱水，产品型号有 VM900、VM1000 等六个，最大到 VM1650；立式刮刀离心机和卧式刮刀离心机主要用于煤泥脱水，立式刮刀离心机的产品型号为 FC1200，卧式刮刀离心机的产品型号为 HFC1300。

（3）中机伟林成立于 2003 年，公司总部在北京，并在山东和山西阳泉设有制造工厂。中机伟林专业从事离心机的生产和销售，其卧式振动离心机技术来源于卢德维琪，卧式刮刀离心机技术来源于天马，是中国第一家仿制出卢德维琪卧式振动离心机的厂家，目前在中国已有 500 台的销售业绩，约占市场份额 12.5%[5]。

中机伟林的离心机均采用进口组装的形式，核心部件由国外进口，筛篮自己加工，其他部件外协加工，整机寿命 8～10 年，筛篮寿命一般为 3 个月，筛篮采购价 1.8～2 万。中机伟林的离心机分为卧式振动、立式刮刀和卧式刮刀三大类，卧式振动离心机有 WL1100、WL1200 等五个型号，最大到 WL1500 型；立式刮刀离心机有 WLF1200 型；卧式刮刀离心机有 WLH1000 型。

（4）山东博润[6]位于山东淄博，成立于 1994 年，原先从事耐磨保护产品的研制和销售，其耐磨管道产品占 70%以上市场份额，从 2006 年起博润进入离心机行业，截至目前，已有 200～300 台的市场销售业绩，市场份额约占 8%，2010 年共销售离心机 100 台。

博润目前已形成 BSB 卧式筛网沉降离心机、BH 卧式刮刀卸料离心机及卧式振动卸料离心机多个系列产品，其中卧式振动卸料离心机又有 BHSG、BHV 和 BVM 三个类型，BHSG 技术来源于天马 HSG 离心机，最大规格为 1650；BVM 技术来源于卢德维琪 VM 离心机，最大规格为 1500；BHV 离心机是博润公司在结合了 BHSG 和 BVM 离心机技术优点的基础上改进设计的产品。

（5）株洲舜臣[7]原是株洲选煤机械厂，是中国最早的离心机专业制造供应商，于 2007 年改制为株洲舜臣选煤机械有限责任公司，2011 年 9 月又由株洲天桥起重机公司增资控股成为其子公司。

株洲舜臣目前的离心机产品有 TLL 系列立式末煤离心脱水机、LLL 系列立式煤泥离心脱水机和 HM 系列卧式振动离心脱水机，产品市场份额约为 7%，其 HM 卧式振动离心机仿卢德维琪 VM 离心机开发，目前有 10 多台的市场销售业绩。

纵观整个中国离心机市场，国外厂家占了 60%～70%的市场份额，中国厂家占了 30%～40%的市场份额。近年来，中国厂家纷纷开始通过仿制、组装进口等手段进行离心机的研发制造，其产品价格比国外同类产品低一半左右，具有很大的价格优势，国产离心机的市场份额正在逐渐扩大。另外，随着越来越多的中国企业进入离心机行业，同时国外离心机制造商也在通过本地化生产来压缩成本、降低价格，离心机的市场竞争将会越来越激烈。

1.1.3 企业技术发展规划

西安船舶工程研究院有限公司技术发展规划如下。

近期目标：计划从现在开始，用一年多的时间完成市场需求较大的 1400 型卧式振动离心机的设计、制造和试验，产品性能要达到中国领先水平，并掌握大型卧式振动离心机的设计和制造技术。

中期目标：从 2016 起到 2017 年，根据市场需求，对卧式振动离心机进行系列化开发，研制出不同处理能力、不同入料粒度的离心机产品，形成 3～6 个系列产品，同时要努力提高离心机的国产化率，提高离心机运行噪声、电耗、可靠性等各项性能指标，使产品达到国际一流水平。另外，这一时期还将针对煤泥脱水市场，开发专用离心机，技术路线可以是开发卧式刮刀离心机，也可以对已有卧式振动离心机进行改进以适用于煤泥脱水，初定目标机型的筛篮直径为 1200mm，处理能力为 40～80t/h。

远期目标：从 2018 年开始，扩大离心机的应用领域，利用在煤炭洗选行业获得的技术和经验，开发适用于制药、化工、纺织等行业的卧式螺旋离心机、高速碟式离心机，并争取在 2020 年前形成定型成品。

1.2 企业目前面临的技术问题

西安船舶工程研究院有限公司面临如下技术难点。

技术难点一：产品耐磨工艺。

为了增加入料管、出料管、水箱的耐磨性，在零部件本体制造出来后，需要在其内壁粘贴耐磨陶瓷。耐磨陶瓷的材质、尺寸、胶水的粘结性、粘结工艺等都是非常关键的部分，直接影响整机的使用寿命。由于粘贴耐磨陶瓷工艺较为专业，一般的工厂不具备此种生产设备及工艺。

技术难点二：轴承箱的密封。

由于国产离心机核心部件大多采用进口件，其结构稳定性、密封材料的选用均处于最佳，由于缺乏产品使用情况等资料，对密封结构的设计及材料选型缺乏技术支持，很难准确计算、设计相关数据及结构。

技术难点三：振动系统设计。

振动系统是振动离心机的核心系统，其设计的成功与否在很大程度上决定着产品最终性能和质量。本项目将要开发的离心机采用国际上最先进的双质体二次激振技术，目前该技术还为国外企业所垄断，中国几乎没有可以借鉴的经验，要独立开发离心机振动系统，难度较大，存在一定的风险。

技术难点四：筛篮价格高，离心机成本高。

筛篮是离心机用于卸料及脱水的核心部件，长期以来，由于技术垄断，中国厂家及用户均需要从山东博润购买筛篮，而且价格很高，增加了产品成本。

技术难点五：缺乏过滤式离心机核心技术。

由于中国卧式振动卸料过滤离心机和卧式刮刀卸料过滤离心机产品很少见，为了满足客户需求，需要对上述两种离心机进行设计开发，而中国没有相关借鉴产品及资料。

1.3　项目需求

为解决以上技术难点，尤其是前三个技术难点，西安船舶工程研究院有限公司本次专利分析的需求如下。

需求 1（第一重要）：离心机工作环境恶劣，导致转子体和密封结构等部位的磨损率较高，公司在材料选择、结构设计和维修更换方面进行了大量的基础性研究，但仍有部分指标不能完全满足用户需求。为此，急需了解卧式振动离心机与卧式刮刀离心机关于转鼓、筛篮、入料管和出料管的耐磨结构的材料及其润滑等方面的相关技术。

需求 2（第一重要）：安装间隙的存在，导致部分水分进入物料，导致物料含水率增加，同时为了防止外来液体进入轴承箱，需要提高轴承箱的密封效果，但多层密封结构导致结构的复杂化。为此，急需了解卧式振动离心机和卧式刮刀离心机关于主轴及轴承在密封设计方面的技术。

需求 3（第一重要）：离心机的共振影响离心机的工作效率，为了降低离心机的共振，公司在亚共振方面进行了振幅、频率和激振力等参数的综合设计，但距产业化还有相当的距离。为此，需要了解卧式振动离心机振动系统，如振动电机、橡胶弹簧和减震弹簧方面的相关技术。

需求 4（第二重要）：深入分析国内外竞争对手，中国如山东博润工业技术有限公司，该公司从 2006 年起进入离心机行业，截至目前，已有 200～300 台的市场销售业绩，博润的离心机为进口组装产品，其离心机的核心部件采用国外进口件，筛篮自制，筛篮价格较高，而且在中国有很大的市场销量，所以主要了解该公司离心机筛篮的制备；同时，该公司致力于耐磨产品的研发，因此也需要了解该公司关于离心机易磨损部位在耐磨方面的相关技术。国外竞争对手如荷兰天马有限公司，该公司是世界上著名的离心机生产厂家，在煤炭及化工领域具有极高的声誉，在世界范围内的洗、选煤厂中有 70%以上的企业采用天马公司的离心脱水机，所有的这些离心机运行平稳、可靠，主要产品为卧式振动卸料过滤离心机和卧式刮刀卸料过滤离心机，希望通过专利分析了解对方关于以上两类离心机的专利技术，了解对方的重点技术，如在振动系统、筛篮或进出料装置方面的技术，为企业产品研发提供技术指引。

第 2 章　研究方法

2.1　技术分解

本项目按照技术构成和关键技术对离心机进行技术分解，具体技术分解如表 4-2-1 所示。

表 4-2-1　技术分解表

一级分支	二级分支	三级分支	四级分支
离心机减震方法★	转鼓★★	减震器	
		材料	
		结构	平衡器
	壳体	结构	
		减震元件	减震弹簧
			减震垫
	加料装置	结构	
	主轴	主轴定位	
		主轴密封	
	差速器		
	电机	减震器	
		减震元件	
		控制方法	变频控制
	激振器★★	结构	
		安装	
	控制器		
离心机密封性能★	主轴★★	接触式密封	密封圈
			填料密封
		非接触式密封	气流密封
			迷宫密封
			液体密封
			浮环密封
	轴承	迷宫密封	
		气流密封	

续表

一级分支	二级分支	三级分支	四级分支
离心机部件耐磨性能★	筛篮★★	材料	
		结构	
	转鼓★	材料	
		结构	
	进、出料口	工艺	
		材料	

注：表中的★为重点技术分支。

2.2 技术分解的技术背景

2.2.1 技术分解分析

一级分支按照项目需求的三个“第一重要”需求进行分解，分别是降低离心机的亚振动、提高离心机关键部件的密封性能、改善离心机主要部件的耐磨性能。

二级分支按照离心机在振动、耐磨及密封方面涉及的主要部件进行划分。

三级分支按照在二级分支所提到的部件上的改进进行划分，包括所用的方法及器件。

四级分支在三级分支的基础上进行进一步的细化。

2.2.2 技术定义表（见表 4-2-2）

表 4-2-2 技术定义表

术语	定义
离心机减震方法	离心机在工作时产生的不必要的震动，降低离心机的工作效率
离心机密封性能	安装间隙的存在，导致部分水分进入物料，导致物料含水率增加，同时为了防止外来液体进入轴承箱，需要提高相关部件的密封效果
离心机部件耐磨性能	离心机工作环境恶劣，导致主要部件的磨损率较高，改善离心机主要部件的耐磨性能
转鼓	转鼓就是内胆，转鼓上面有许多小孔，经过高速运转，产生强大的离心力，将物料里面的液体分离出去，从而达到固液分离的目的
壳体	指包括底座在内的离心机的外部构件
加料装置	设置于壳体上，物料通过加料装置进入离心机离心装置
主轴	主轴将电机和转鼓连接，电机通过驱动主轴使转鼓旋转
差速器	安装于电机和卸料装置之间，负责为转鼓及卸料装置提供转速差，及时排出物料
电机	驱动转鼓旋转，分离物料
控制方法	交流和直流的电机电压控制

续表

术语	定义
变频控制	根据电机的不同功率、不同转速选配不同型号的变频器，并且各按需要将变频器参数进行设置，以满足电机运行要求
激振器	为了控制振动电机振动导致的整机偏振现象，激振器作用在振动体上，起到平衡和减震作用
控制器	控制电机及转子的平稳运行
轴承	支撑主轴，降低主轴在传动过程中的摩擦系数
筛篮	又称转鼓，经过高速运转，产生强大的离心力，将物料里面的液体分离出去，从而达到固液分离的目的
进、出料口	进料口设置于壳体上，物料通过加料装置进入离心机离心装置；液体及固体通过出料口排出
减震器	包括阻尼器、避震器，用来减小离心机整机的震动
材料	通过使用不同的材料减小相应部件的震动
结构	通过改变相应部件的结构减小震动
平衡器	转子在旋转中易失衡，产生震动，平衡器用来平衡转子减小震动
减震元件	安装在离心机不同部件的起减震作用的元件
减震弹簧	安装在离心机底座及其他部位的起减震作用的弹簧
减震垫	安装在离心机底座、壳体及其他部位的起减震作用的垫板
主轴定位	通过一定的方法及零件减小主轴的不必要的晃动
主轴密封	通过密封装置减小主轴的晃动，能够在离心机高速旋转的情况下保持离心机的稳定
安装	主要是通过改变激振器的安装部位来降低整机的振动
接触式密封	接触式密封在一定的压紧力作用下与其需要密封的金属表面相接触
非接触式密封	通过在被密封的流体产生压降来达到密封
迷宫密封	用若干迷宫式曲折通道限制流体泄漏的非接触式动密封
气流密封	通过将空气变成强气流密封住整个离心机轴承座
密封圈	由一个或几个零件组成的环形罩，固定在轴承的一个套圈或垫圈上并与另一套圈或垫圈接触或形成窄的迷宫间隙，防止润滑油漏出及外物侵入。密封圈是一种截面为圆形的橡胶圈，因其截面为O形，故称其为O形密封圈
液体密封	具有流动性，可以充满结合面之间的凹陷和缝隙，消除界面泄漏
浮环密封	靠浮动金属圆环与轴或壳体间的极小间隙限制流体泄漏的非接触式动密封
工艺	通过制备工艺来改善进出料管的耐磨性能

2.3　关键技术点中文专利检索

2.3.1　离心机减震的技术点

该技术的研究边界是减小离心机震动的部件及方法，所用的数据库是IncoPat科技创新情报平台，在中国发明申请、中国发明授权、中国实用新型数据范围内检索，使用“振动”

“减震”“共振”“弹簧”等关键词及 IPC 分类号“B04B”进行初步检索，使用关键词“离心机”“转鼓”“平衡”等进行补充检索。经人工阅读去噪后，获得有效数据 231 件，查全率为 100%，查准率为 100%。

2.3.2 离心机主轴及轴承密封的技术点

该技术的研究边界是离心机轴密封，所用的数据库是 IncoPat 科技创新情报平台，在中国发明申请、中国发明授权、中国实用新型数据范围内检索，使用“密封装置”“密封结构”“密封环”“密封圈”“主轴”“轴承”等关键词及 IPC 分类号“B04”进行初步检索，使用关键词“密封性”和分类号“F16J15/16”等进行补充检索。经人工阅读去噪后，获得有效数据 235 件，查全率为 90.19%，查准率为 100%。

2.3.3 离心机主要部件耐磨性能的技术点

1. 离心机筛篮耐磨性能的技术点

该技术的研究边界是离心机筛篮耐磨性能，所用的数据库是 IncoPat 科技创新情报平台，在中国发明申请、中国发明授权、中国实用新型数据范围内检索，使用“筛篮”“筛网”“滤网”等关键词及 IPC 分类号“B04”进行初步检索。经人工阅读去噪后，获得有效数据 23 件，查全率为 100%，查准率为 100%。

2. 离心机转鼓耐磨性能的技术点

该技术的研究边界是离心机转鼓耐磨性能，所用的数据库是 IncoPat 科技创新情报平台，在中国发明申请、中国发明授权、中国实用新型数据范围内检索，使用“转鼓”“转子”“磨”“磨损”“摩擦”等关键词及 IPC 分类号“B04B7/08”进行初步检索。经人工阅读去噪后，获得有效数据 39 件，查全率为 100%，查准率为 100%。

3. 离心机进出料装置耐磨性能的技术点

该技术的研究边界是离心机进出料装置耐磨性能，所用的数据库是 IncoPat 科技创新情报平台，在中国发明申请、中国发明授权、中国实用新型数据范围内检索，使用“进料管”“入料管”“入料口”“进料口”“出料管”“耐磨”“磨损”等关键词及 IPC 分类号“B04”进行初步检索，采用“出液端”“出液口”“出料装置”等关键词进行补充检索。经人工阅读去噪后，获得有效数据 52 件，查全率为 100%，查准率为 100%。

2.4 关键技术点外文专利检索

2.4.1 离心机减震的技术点

该技术的研究边界是减小离心机震动的部件及方法，所用的数据库是 IncoPat 科技创新情报平台，在外文发明申请、外文发明授权数据范围内检索，使用“shock absorbing”“dampener”“resonance”“balancer”“unbalance”“centrifuge”“separate germs”等关键词及IPC 分类号“B04”进行初步检索，采用关键词“vibration isolation”“increase stability”“reduce vibration”“separator”“whizzer”“improve vibration”“unstable vibration”和分类号“D06F37/20”进行补充检索。查全率为 91%，经批量去噪回收，合并同族后标引去噪，获得有效数据 1904 件，查准率为 100%。

2.4.2　离心机主要部件耐磨性能的技术点

1. 离心机筛篮耐磨性能的技术点

该技术的研究边界是改善离心机筛篮耐磨性能，所用的数据库是 IncoPat 科技创新情报平台，在外文发明申请、外文发明授权数据范围内检索，使用“screen”“basket”“filter”“mesh”“centrifuge”“separate germs”“corrosion”“friction”“abradable”等关键词及 IPC 分类号“B04”进行初步检索。采用“attrition”等关键词进行补充检索。查全率为 91.22%，经批量去噪回收，合并同族且标引去噪后，获得有效数据 334 件，查准率为 100%。

2. 离心机转鼓耐磨性能的技术点

该技术的研究边界是改善离心机转鼓耐磨性能，所用的数据库是 IncoPat 科技创新情报平台，在外文发明申请、外文发明授权数据范围内检索，使用“drum”“bowl”“rotor”“centrifuge”“separate germs”“corrosion”“friction”“abradable”等关键词及 IPC 分类号“B04”进行初步检索。经人工阅读去噪后，获得有效数据 134 件，查全率为 95%，查准率为 100%。

3. 离心机进出料装置耐磨性能的技术点

该技术的研究边界是改善离心机进出料管耐磨性能，所用的数据库是 IncoPat 科技创新情报平台，在外文发明申请、外文发明授权数据范围内检索，使用“pipe”“tube”“port”“outlet”“inlet”“centrifuge”“separate germs”“corrosion”“friction”“abradable”等关键词及 IPC 分类号“B04”进行初步检索。经人工阅读去噪后，获得有效数据 82 件，查全率为 100%，查准率为 100%。

2.4.3　离心机主轴及轴承密封的技术点

该技术的研究边界是改善离心机轴密封性能，所用的数据库是 IncoPat 科技创新情报平台，在外文发明申请、外文发明授权数据范围内检索，使用“seal”“shaft”“centrifuge”“separate germs”“bearing”“axle”等关键词及 IPC 分类号“F16J15/16”和“B04”进行初步检索，使用“spindle”“axially”关键词和 EC=F16C33/66L4A 进行补充检索。查全率为 90.90%，经批量去噪回收，合并同族标引去噪后，获得有效数据 435 件，查准率为 90.69%。

2.5 主要竞争对手中文专利检索

中国国内竞争对手是山东博润工业技术有限公司和重庆江北机械有限责任公司，本数据库的研究边界是离心机，所用的数据库是 IncoPat 科技创新情报平台，在中国发明申请、中国发明授权、中国实用新型数据范围内检索，使用申请人山东博润工业技术有限公司和重庆江北机械有限责任公司及相关子公司，包括山东博润工业技术股份有限公司、山东博润化工有限公司进行检索。经人工阅读去噪后，获得有效数据 54 件，查全率为 100%，查准率为 100%。

2.6 主要竞争对手外文专利检索

国外竞争对手是荷兰天马公司，本数据库的研究边界是离心机筛篮、振动系统，所用的数据库是 IncoPat 科技创新情报平台，在外文发明申请、外文发明授权数据范围内检索，使用其英文扩展名称、分公司、子公司及合作公司名称作为申请人进行检索，包括“HEIN LEHMANN GmbH”“MULTOTEC Group”“TEMA Holding N.V.”“STEINHAUS Gmbh”“SIEBTECHNIK Gmbh”“TEMA Systems Inc.”“TEMA Isenmann Inc.”“TEMA Equipements”“TEMA B.V.”“TEMA Machinery”“TEMA Maquinaria”“TEMA Engineers”“MMCO”“T.I.M. Ltd.”“HEIN LEHMANN B.V.”“UNIBELT B.V.”“TEMA Process B.V.”“Multotec Chile”“TEMA Siebtechnik Process Equipment （tianjin）Co. Ltd.”“TEMA Rep. Office Beijing”“TEMA Isenmann Ltd.”。用“ISENMANN SIEBE GMBH”进行补充检索。查全率为 91.20%，批量去噪回收，合并同族标引去噪后，获得有效数据 316 件，查准率为 100%。

第3章　重点技术专利

3.1　离心机主要部件的耐磨结构及材料的研究

离心机工作环境恶劣，导致了其转鼓、筛篮、入料管和出料管等部件的磨损，一旦出现磨损，就要将相应的部件更换或者导致整机不能使用，造成离心机的生产成本高及使用寿命短的缺点。因此有大量的专利报道了该方面的技术。

3.1.1　离心机主要部件的耐磨技术比重

离心机有一个绕本身轴线高速旋转的转鼓，分离物料加入转鼓后，被迅速带动和转鼓一起旋转，在离心力的作用下各组分分离，并分别排出。离心加速度通常大于 700 倍重力加速度，所以物料对转鼓及筛篮的摩擦力非常大，转鼓及筛篮的磨损不可避免；在排料及加料时，物料对进出料管也有一定的磨损，严重磨损将会威胁机器的安全运行[8]。

从图 4-3-1 看出，在中国专利方面，转鼓及筛篮的耐磨技术占到了 71%，进出料装置的耐磨技术占到了 29%。由此可见，转鼓及筛篮的耐磨技术一直以来是研究的关键技术点，关于进出料装置的研究虽然偏少，但是耐磨性能好的离心机其进出料装置和离心机的安全运行是密不可分的。

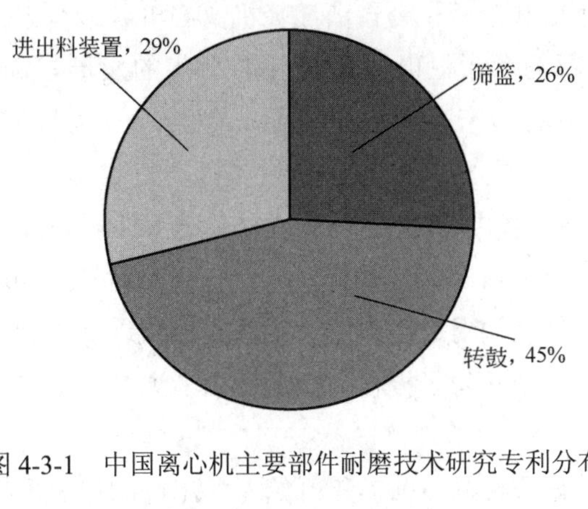

图 4-3-1　中国离心机主要部件耐磨技术研究专利分布

3.1.2　国内发展阶段

1995 年，中国贸易部南京野生植物综合利用研究设计所的高景濂和程卫民对江苏泰兴县离心机厂生产的 ZLP820-N 型振动离心机进行了改进，克服了现有技术筛片式转鼓的缺陷，采用楔形不锈钢棒条拼焊而成的锥筛来代替原筛网，该转鼓具有较高的开孔率，分离效果得到了改善，耐磨性能好。

1995—2002 年，该项技术发展较为缓慢，2002 年高根树对离心机转子从结构上进行了一系列的改进，使转鼓的磨损问题得到了明显的改善；2002—2012 年，该项技术呈现稳步上升的趋势，在此期间，重庆江北机械有限责任公司改进了转鼓的结构，实现了无死角排渣结构，避免了排渣区域内的积料或堵料现象，同时考虑转鼓的材料，在筛网的表面喷涂一层耐磨合金，获得的离心机筛网硬度高且耐腐蚀；从图 4-3-2 看出，2013—2014 年申请量有所下降，这可能是这两年申请的专利还没有公开而导致的下降趋势。总体来说，该项技术在中国的研究还处于上升的阶段。

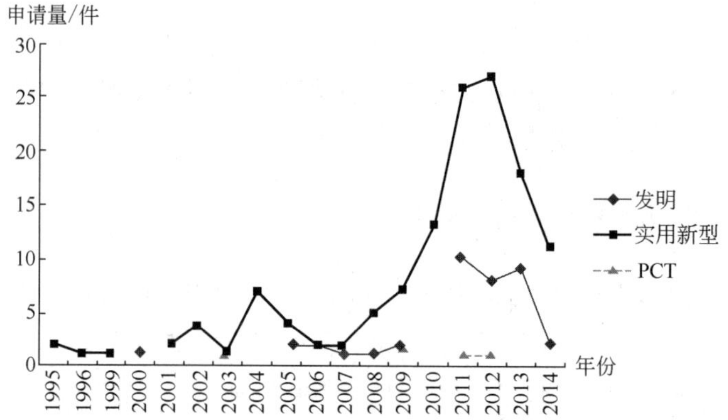

图 4-3-2 中国离心机主要部件耐磨技术的专利申请趋势

3.1.3 国内技术引领者

从图 4-3-3 可以看出，在离心机关键部件耐磨技术领域，专利申请量最大的申请人是浙江轻机实业有限公司，包括其全资子公司浙江轻机离心机制造有限公司。1949 年 9 月，浙江轻机的前身诞生于美丽的西子湖畔，历经 60 余年的发展，浙江轻机实业有限公司已经成为专业生产分离机械的国家高新技术企业，是全国分离机械行业协会的副理事长单位之一，在推料离心机、碟式分离机等产品领域的研发、制造方面始终保持国内领先地位。2008—2013 年，该公司总共申请 13 件离心机关键部件耐磨技术的相关专利，包括 5 件发明、实用新型同日申请专利和 3 件实用新型专利，其中对转鼓和筛篮的研究分别从结构和材料方面进行改进，从结构方面对进出料管进行了改进，这批专利中除了同日申请放弃的实用新型专利以外，其余专利都获得了授权。企业可以考虑对这批专利的技术加以改进而得到相应的技术效果。

重庆江北机械有限责任公司从 1965 年开始专业生产制造分离机械产品。公司隶属重庆机电控股（集团）公司旗下重庆机电股份有限公司，为国有全资控股的有限责任公司，是一家集科研、开发、生产、经营、进出口、服务于一体的国有大二型分离机械产品及其系统和服务的制造商、集成商和服务商，是中国分离机械协会理事长单位，中国分离机械标准化技术委员会委员单位，中国分离机械行业三大“测试试验基地”之一。该公司在 2010—2014 年申请了 7 件关于离心机关键部件耐磨技术的相关专利，7 件都为实用新型专利且均获得了授权，目前都在有效期。

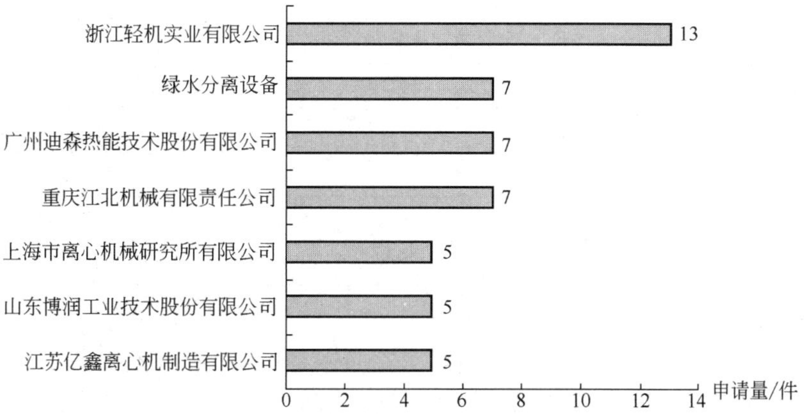

图 4-3-3　中国离心机关键部件耐磨技术主要专利申请人排名

上海市离心机械研究所有限公司隶属于上海电气集团股份有限公司，是全国唯一从事离心技术研究和制造的高新技术企业，连续 14 年被上海市人民政府认定为上海市高新技术企业，是上海市文明单位，上海市典型环保装备企业，中国通用机械工业协会分离机械分会、上海排水协会、中国生物工程协会、中国制药机械协会、中国实验室设备协会、上海市医疗器械行业协会等会员单位。2005—2012 年共申请 5 件关于离心机关键部件耐磨技术的相关专利，包括 2 件发明专利和 3 件实用新型专利，都是关于离心机进出料装置的改进。其中有申请号为 CN200420081040.5 的专利已过专利保护期，对卧螺离心机出料口结构进行了改进，通过在卧螺离心机螺旋腔体上设置有两个以上的出料口，并在出料口之间设置有加速斗，提高物料的流动性，又分散了物料对出料口的磨损；同时，在出料口上设置了可以装卸更换的保护板，防止了物料直接磨损螺旋的出口，在保护板的中部内侧设置了耐磨层，延缓了物料对保护盖板的磨损。企业可以考虑对这批专利权终止或即将终止的专利技术加以改进或直接利用。

表 4-3-1 给出了离心机关键部件耐磨技术领域的主要发明人，专利申请量最大的发明人为绿水分离设备有限公司的董事长刘建宗，2002 年申请了 2 件实用新型专利。一件是关于转鼓排渣口耐磨性能的改善，在排渣口内设置耐磨合金套，该专利已经过了专利保护期，目前通过该方法对排渣口进行耐磨性能的改进已经是一个常规的技术手段。另一件是关于转鼓耐磨性能的改善，通过在转鼓内壁设置一组条状的排渣增强筋，减轻物料对转鼓内壁的磨损，延长设备的使用寿命。2013 年，本发明人对该技术进行了改进，转鼓的内壁设有摩擦面，摩擦面带动污泥随转鼓转动，在摩擦面上凸设有若干防护隔筋，相邻防护隔筋之间形成隔离槽，所述驱动装置启动转鼓转动时，隔离槽内填充有将摩擦面与外部污泥隔离的防护污泥层；由于设置了隔离槽从而增加了泥料与转鼓之间的摩擦力，并且减少了泥料对转鼓的损伤。2013 年总共申请 6 件专利，其中 4 件关于进出料装置的改进，3 件已获得授权，1 件在

实质审查阶段，对进出料装置耐磨性能的改善基本是通过使用耐磨陶瓷，优选的为可拆卸的陶瓷套。就目前来看，陶瓷已成为耐磨性好的进出料装置的主要用材。

表 4-3-1　中国离心机关键部件耐磨技术主要发明人

发明人	申请量/件	授权量/件	研究重点
刘建宗	9	4	转鼓防护筋、进料口陶瓷耐磨套
纪伟勇	7	7	进出料口耐磨
周建国	5	3	转鼓、进出料口具有渗硼层
苏贻随	5	3	传动系统安装减震器
沈盛波	5	3	转鼓推料片聚乙烯材料

申请量排名第二的是浙江三联环保机械设备有限公司的董事长纪伟勇，2009—2014 年总共申请 7 件实用新型专利，而且都获得了授权，主要研究的是进出料装置的耐磨性能，所采取的技术手段主要是改变进出料装置的形状及结构。

3.1.4　国内技术功效

依据离心机的结构，本技术分支的一级分类中按照离心机主要耐磨部件划分为转鼓、筛篮及进出料装置；在二级分类中按照改进的方法及技术分为结构及材料；三级分类在二级分类的基础上进一步细化为具体的改进方法及材料。

从材料的三级技术功效图（见图 4-3-4）可以看出，中国对离心机转鼓、筛篮及进出料装置在材料方面的专利申请主要集中在延长离心机的使用寿命及降低离心机成本两个方面。其中，申请量最为集中的是延长离心机的使用寿命，所采用的材料主要集中在金属及陶瓷，所用的金属包括了耐磨合金（Ni60 镍基耐磨合金，通过在筛篮表面喷涂的方法）、耐磨不锈钢材料、硬质合金、钨碳合金、金属纤维等材料，如中国石油化工股份有限公司 2011 年公开的公开号为 CN202070418U 的专利，公开了一种耐磨衬里用金属纤维，以增加耐磨单层衬里的强度，提高耐磨衬里的热震稳定性。该金属纤维的直径为 0.05～0.1mm，总长度为 5～15mm，主要用于石油化工和煤化工行业流态化反应再生装置中磨损严重部位如一、二级旋风分离器内龟甲网高耐磨单层衬里内的填充材料。陶瓷材料一般是通过粘接耐磨陶瓷片、喷涂硬度和耐热性极好的陶瓷棒粉层或直接设置有陶瓷内衬套实现，如安徽省绿巨人环境技术有限公司 2014 年公开的公开号为 CN203525890U 的实用新型，公开了一种卧螺离心机可更换陶瓷出料口结构，出料口上安装有与其过渡配合的可更换的耐磨套体，耐磨套体内周设置有可直接更换的陶瓷内衬套，该陶瓷出料口结构具备耐磨损、使用寿命长、维修成本低等优点。江苏亿鑫离心机制造有限公司在 2013 年公开的 3 件专利中所用到的技术为在转鼓或进料管的内壁上覆有稀土层和渗硼层，同时提高了设备的耐磨及耐腐蚀性能。可能是制造工艺复杂，所需温度较高，导致该技术在离心机的耐磨研究中的专利申请量较少。

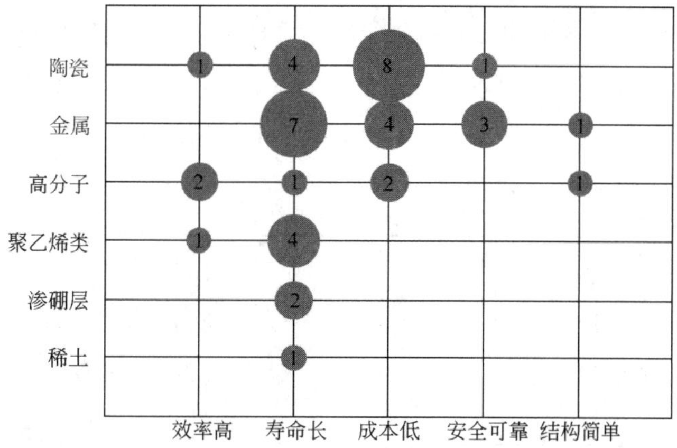

图 4-3-4　材料的三级技术功效矩阵图（中国）

从转鼓和筛篮结构方面技术改进的三级技术分支功效矩阵图（见图 4-3-5）可以看出，中国对离心机转鼓和筛篮结构改进方面的专利主要集中在延长离心机的使用寿命、提高离心机的分离效率及使离心机结构简单化三个方面，其中申请量最为集中的是延长离心机的使用寿命，所采取的技术方法主要是通过改进转鼓及筛篮的自身结构和对转鼓和筛篮的安装方法进行改进。如 2012 年中国矿业大学提供的一件公开号为 CN202387576U 的专利公开了一种两段式筛篮，将筛篮分为两段进行设计，通过法兰进行连接，更换时仅需拧下法兰上的螺栓，更换容易磨损段筛篮，主要用于振动卸料脱水离心机，可减少筛篮的使用，并且使更换更为方便，提高离心机的工作效率。还可以在转鼓的内壁上增加防护隔筋来增加物料和转鼓之间的摩擦力，减少物料对转鼓的磨损。还可以通过在离心机上设置清洁装置减少物料对滤网的磨损，如 2012 年公开号为 CN202199434U 的一件专利，其在螺旋叶片的两侧设置有弹性清洁部件，螺旋叶片对粘附于滤网上的滤饼进行预刮削，弹性清洁部件在螺旋叶片的基础上对滤饼进行进一步的清洁，实现两级清洁功能。

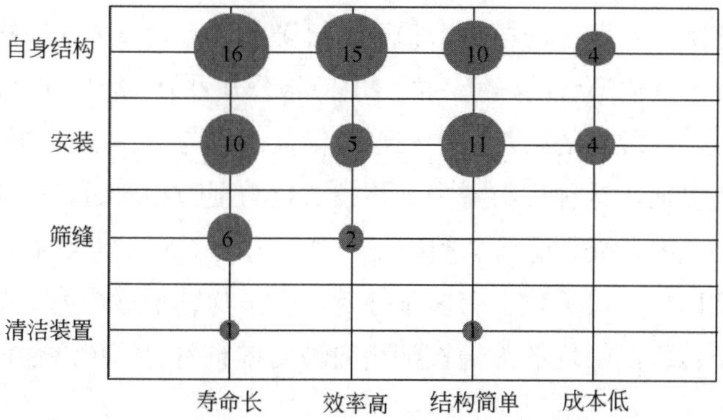

图 4-3-5　转鼓和筛篮在结构方面的三级技术功效矩阵图（中国）

从进出料装置结构改进气泡功效矩阵图（见图 4-3-6）可以看出，中国对离心机进出料装置结构改进方面的专利主要集中在延长离心机的使用寿命方面，所采取的技术主要是改进进出料装置的自身结构，如在离心机进料管上设置防卡堵装置、增加进出料口的数目等方法。还可以通过改变进出料口的形状来实现耐磨的目的，如 2010 年公开号为 CN201519614U 的专利提供一种卧螺沉降离心机，其进料出口为“S”状流线型。该离心机工作时出水阻力小且进料出口不易磨损，大大延长了卧螺沉降离心机的使用寿命。

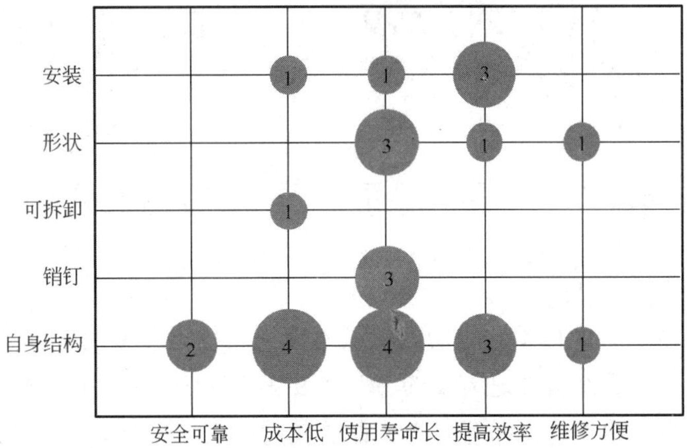

图 4-3-6　进出料装置结构改进气泡功效矩阵图（中国）

3.1.5　国内技术路线图

如图 4-3-7 所示，中国对离心机主要部件耐磨性能技术的研究从 1995 年开始。通过改变筛篮筛缝的形状可以改善筛篮的耐磨性能，如公开号为 CN2236362Y 的专利是将转鼓的筛体用楔形棒条组合为圆锥状，筛体的外围是与立柱筋及大小加强环焊接加固而成，改进后开孔率高，分离效果好，耐磨性好。2000 年以后出现了截面为其他形状的筛条，如公开号为 CN2527354Y 的专利所用筛条的截面形状为梯形或双梯形，将筛条均布并列相连成弧形筛网基体，基体有塑性便于拆弯且耐冲击，使用寿命长；再如 2009 年的公开号为 CN201211500Y 的专利，其筛条的截面形状依然是楔形，但通过改变筛网本体的筛缝的分布方向，形成斜楔状缝隙，在发生同样的磨损下，缝隙的增大程度要小得多，延长了筛网的使用寿命。近年还出现了其他形状的筛缝，如 2013 年公开号为 CN103056040A 的专利公开了一种离心机脱水筛篮，将现有的筛片拼接成形的筛篮改进为一体成形的筛篮，筛篮的筛条方向为横向，支撑条为纵向，这种排布减少了筛条边棱与刮刀相对运动产生的切割阻力和遮挡筛缝的缺点，提高开孔率，减小筛篮面的磨损；公开号为 CN203484242U 的专利提供了一种由多块筛块组成的筛网，每块筛块上有多条筛缝，多条筛缝平行排列，筛块的筛缝与筛块的轴线有夹角，解决了传统的筛块的筛缝按筛块的轴向排布引起的耐磨性差的问题，提高了筛网的使用寿命。

近 10 年公开的专利提供了通过改变转鼓的结构来改善转鼓的耐磨性能的技术，如 2003 年一件公开号为 CN2551343Y 的专利提供了一种带排渣增强筋的转鼓，通过焊接的方式在转鼓的内壁设置排渣增强筋，避免物料打滑，提高分离效果的同时减轻了物料对转鼓内壁的磨损，延长设备的使用寿命；2005 年一件公开号为 CN2841156Y 的专利在以上专利的基础上作了进一步的改进，在转鼓的内壁上设置有可拆卸的分散条，当分散条损坏时可方便更换；2011 年一件公开号为 CN102172567A 的专利提供了一种离心机，其转鼓内壁上设置有凹槽，当转鼓高速旋转时，固液混合物碰撞在转鼓内壁凹槽上，由于固体与液体的质量不同，碰撞到转鼓内壁凹槽后反弹的方向、距离不同，加速了固液分离，提高了效率；公开号为 CN201978822U 的专利公开了一种可更换筛网模块的离心机转鼓过滤段，如图 4-3-8 所示，在转鼓过滤段筒体上分布有多个筛网模块，对整个转鼓过滤段磨损严重的筛网模块可进行局部更换，大大降低了维护成本和检修时间。

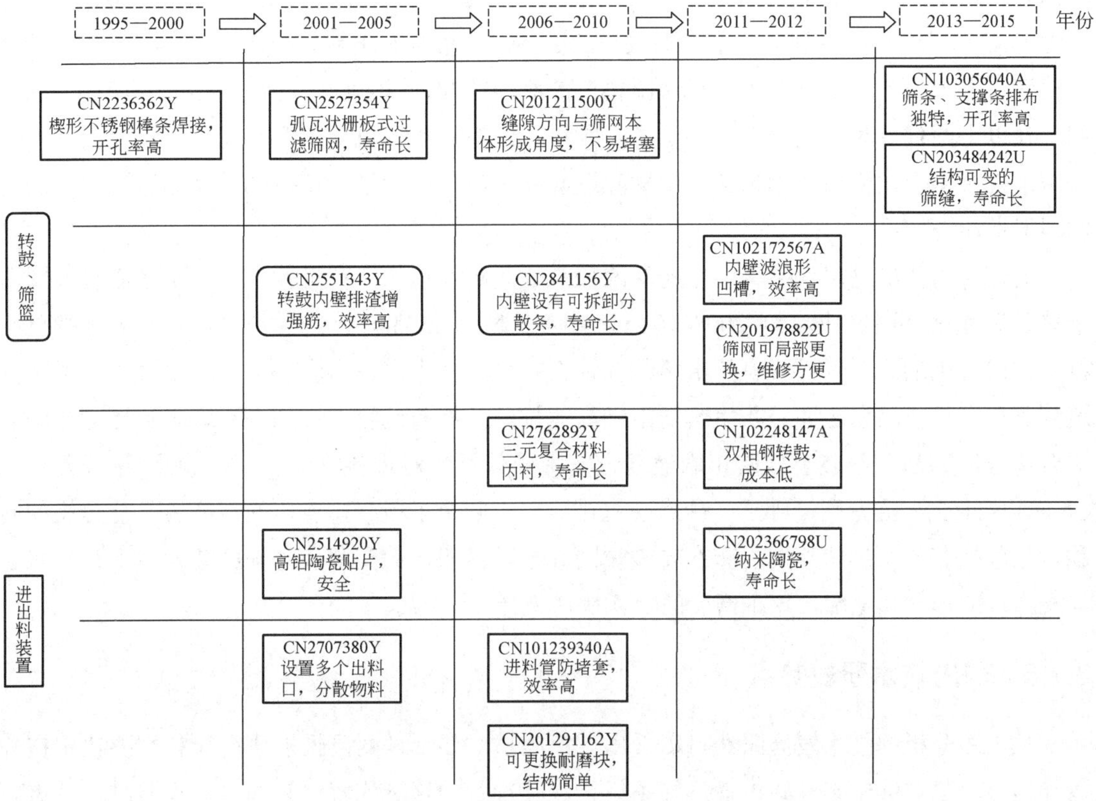

图 4-3-7　中国离心机主要部件耐磨技术的技术路线图

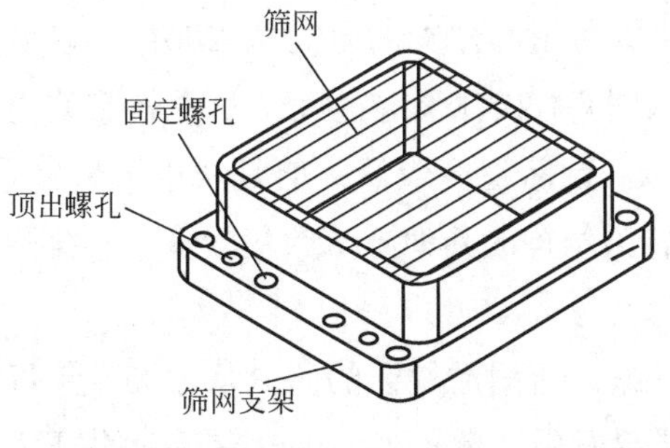

图 4-3-8　筛网模块的立体结构示意图

改变转鼓的结构来提高转鼓的耐磨性的专利量较少，如 2006 年一件公开号为 CN2762892Y 的专利公开了一种旋流器，其内衬是由耐磨的三元复合材料制成，包括纳米结构金属丝网、陶瓷棒和聚氨酯三种复合材料，该结构具有陶瓷材料的高硬度、高耐磨性，金属材料的高强度、高韧性，有机弹性体材料的高弹性和抗腐蚀性；2011 年公开号为 CN102248147A 的专利公开了一种离心机转鼓的制造方法，首次采用双相钢材质制备转鼓，提高了材料的耐腐蚀性，降低了生产成本。

对离心机进出料装置的耐磨性能的研究从 2001 年开始，一般是通过改变进出料装置的材料或结构来改善耐磨性能，如公开号为 CN2514920Y 的专利公开了一种新型细煤离心机，在出料口易磨损区贴有高铝陶瓷贴片，耐磨性好，延长了离心机的使用寿命；2004 年公开号为 CN2707380Y 的专利提供了一种改进的卧螺离心机螺旋出料口结构，在离心机螺旋腔体上设置有多个出料口，分散了物料对出料口的磨损；2011 年公开号为 CN202366798U 的专利，在以上两件专利的基础上，提供了一种用于卧螺式离心机上的锥转筒，在锥转筒外壳的小端上设有多个出渣口，纳米陶瓷耐磨套镶套在出渣口中，进一步提高了离心机进出料装置的耐磨性能。

通过对离心机进出料装置的结构的改变来提高耐磨性的专利量较少，主要是通过设置防卡堵装置或增加耐磨块，如 2008 年公开号为 CN101239340A 的专利公开了一种卧螺离心机，该离心机的进料管设置有防卡堵装置，在工作过程中，进料腔中的固液混合物会不断渗透到进料管与防堵套之间，防堵套随主轴高速旋转，不断地将渗透到进料管与防堵套之间的混合物推向进料腔，能有效防止固液混合物中固体颗粒对进料管的摩擦；2008 年公开号为 CN201291162Y 的专利提供了一种离心机排渣口，解决了现有排渣口的耐磨块不能更换的问题，它包括若干个形状相同均布在转鼓端面并与转鼓相连的支撑块，耐磨套为弧形瓦片状且与支撑块的形状相适配，该耐磨套的更换快速方便。

3.1.6 国内技术研发热点

从上述分析的技术发展路线可以看出，离心机主要部件耐磨性能研究专利主要集中在筛篮和转鼓，从 1995 年开始以楔形筛条组合成圆锥状的筛篮代替原有的筛片式转鼓，从该研究方案考虑，产生了后继的一系列研发，且近年也有相当的申请量，可以考虑作为研发热点，值得继续投入研发力量。

中国对改变转鼓结构来改善耐磨性能的研究从 2001 年以后开始，也有一定的进展，申请量相对于其他也较多；从创新程度来看，都是通过在转鼓的内壁设置分散物料的装置来改进耐磨性能，研究思路相似，创新程度较低；但是从申请量来看，2001—2012 年总共的申请量为 4 件，相对于改变转鼓结构的其他方法数量较多，不排除该设计思路成为研发热点的可能性。

中国通过改变转鼓材料来改善耐磨性能的研究从 2002 年以后开始，所用的材料一般为陶瓷和金属材料，且研究成果及申请量较少，也没有后续的研发跟进，不能作为研发热点。

从图 4-3-7 可以看出，对离心机进出料装置耐磨性能的研究主要分为两个方面，耐磨材料主要选择的都是陶瓷类，且专利量不多，创新程度较低，因此，在材料的应用方面暂时没有研发热点；结构方面的研究起始于 2003 年，主要是增加进出料口的数量和增加防堵套，申请量不多，也没有后继的研发跟进，因此不考虑将其作为研发热点。

3.1.7 国外发展阶段

在第二次工业革命的推动下，资本主义经济在 19 世纪末 20 世纪初取得了迅猛发展，国外有关离心机主要部件耐磨技术的研究正是起始于 20 世纪初（见图 4-3-9），主要分为三个阶段。第一阶段从 1913 年到 1964 年，专利申请基本为一个固定的申请量，处于起步阶段，该阶段的技术主要集中在转鼓和筛篮的耐磨技术方面，包括采用在转鼓内壁喷涂保护涂料或者设置耐磨衬套，这一阶段所用到的耐磨衬套的材料为普通塑料。第二阶段从 1965 年到 2006 年，专利申请处于一个稳步增长的状态，由于新材料的出现，该时期主要研究的方法是将各种新材料应用在离心机中，其中有聚四氟乙烯、聚氨酯、合成橡胶、金属纤维等。第三阶段为 2012 年以后，申请量呈现下降趋势，可能是近年申请的专利还没有公开的原因，该阶段主要是对筛篮结构的改进，如采用带有防磨孔的筛网，防磨孔的侧壁是由耐磨耗材制成；将筛篮设计为两部分，包括一个可拆卸的耐磨损部分和一个固定部分，方便磨损部分的更换，降低成本。

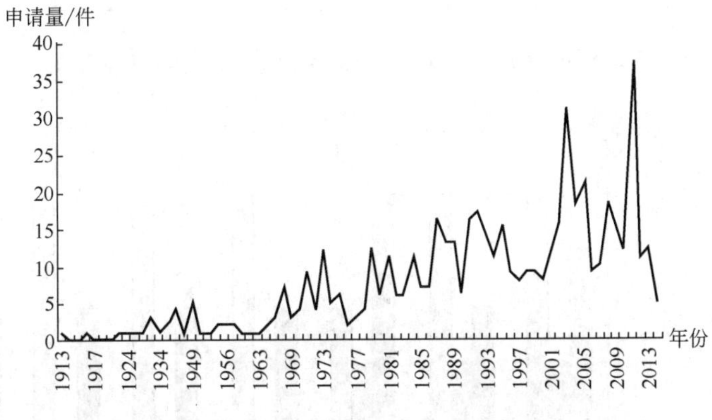

图 4-3-9 国外离心机主要部件耐磨技术的专利申请趋势

3.1.8 国外技术引领者

如图 4-3-10 所示，在离心机关键部件耐磨技术领域，国外专利申请量最大的申请人是阿法拉伐公司，总部位于瑞典斯德哥尔摩，其创始人 Gustaf de Laval 是一位伟大的技术天才，他的发明包括离心式分离机和第一台使用的蒸汽式涡轮机，阿法拉伐公司在自己的业务领域内占据着全球领先的市场地位。1879 年第一台连续式离心机在斯德哥尔摩展出。该离心机的负载为 130L/h 并且以 5000r/min 的速度运转。从 1985 年开始关注离心机关键部件耐磨性能的研究，近几年申请量呈现稳步增长趋势，从 2007 年开始阿法拉伐在全球的专利申请量占该公司在全球专利申请总量的 58%，且远远超过其他四个重要申请人。如图 4-3-11 所示，该公司的专利输入国按申请量的排序依次为韩国、中国、日本、加拿大、澳大利亚、墨西哥和丹麦，该公司 1982 年在香港成立了阿法拉伐中国公司，1984 年在北京成立了第一个办事处。现今，中国共有 11 家销售办事处、8 家服务中心和 4 家工厂，说明阿法拉伐公司对中国市场非常重视。

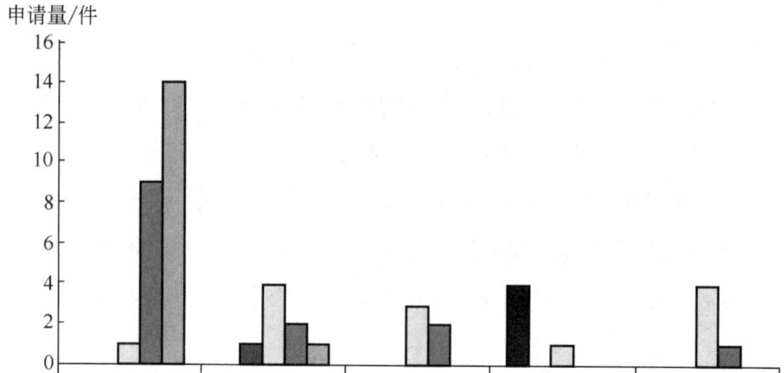

	阿法拉伐公司	日立公司	贝克休斯公司	WESTERN STATES MACHINE CO	FURUKAWA ELECTRIC CO LTD
1920—1969年				4	
1970—1985年		1			
1985—1995年	1	4	3	1	4
1996—2006年	9	2	2		1
2007—2015年	14	1			

图 4-3-10　国外离心机主要部件耐磨技术主要专利申请人

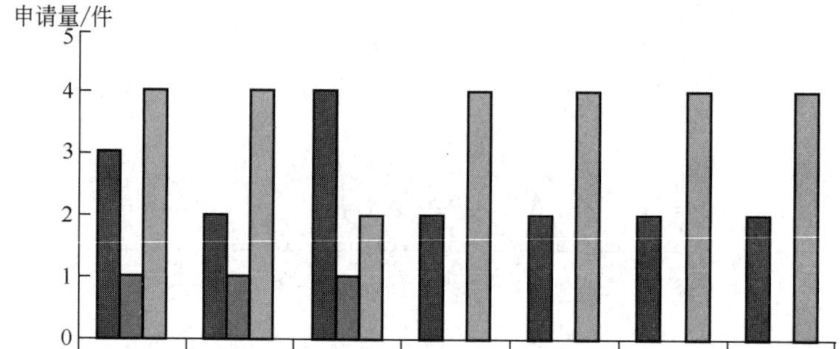

	韩国	中国	日本	加拿大	澳大利亚	墨西哥	丹麦
2005年之前	3	2	4	2	2	2	2
2006—2010年	1	1	1				
2011—2014年	4	4	2	4	4	4	4

图 4-3-11　阿法拉伐公司全球专利布局

阿法拉伐公司在 2011 年公开的公开号为 CN2478832C 的专利，报道一种有耐磨加强件的沉降式离心机，该耐磨加强件通过至少一个可拆除的锁紧部件贴靠在入料口，很容易更换；2013 年公开号为 EP2422882B1 的发明提供一种离心分离器，其包括转子，能够围绕旋转轴线旋转，转子包括分离腔室，至少一个液体出口和用于分离固体颗粒的固体出口，其中，螺旋输送器布置成以不同于转子的速度在转子内围绕旋转轴线旋转，螺旋输送器具有至少一个输送器螺旋片，用于在分离腔室中朝向固体出口运输分离固体颗粒并将其从固体出口运输出去，输送器螺旋片设置有沿着其边缘布置的抗磨损元件，并且抗磨损元件以相互邻近的抗磨损元件之间的间隙间隔开。

3.1.9　国外技术功效

从图 4-3-12 可以看出，国外离心机耐磨技术研究的专利申请量主要集中在延长离心机的使用寿命方面，其中申请量最为集中的是筛篮的耐磨技术，主要针对筛篮的结构及材料改进，所用的耐磨材料主要是金属，包括金属涂层及金属丝网。如专利号为 US09090652 的专利公开一种离心机筛篮，该筛篮分为两段，第一段由一种耐磨材料制成，其长度可以自由选择，物料进入第一段进行脱水；第二段筛篮由更为昂贵的耐磨材料制备，如楔形的金属丝，物料进入第二段进行进一步的脱水或分离，两段筛篮可以分开更换，提高离心效率，降低成本。再如专利号为 AU2009350418 的专利公开一种筛篮，该筛篮的筛面具有可以使物料通过的孔，该孔具有一定的弹性，且孔壁是由耐磨材料制成，耐磨材料包括低碳钢、不锈钢、橡胶或聚氨基甲酸乙酯。

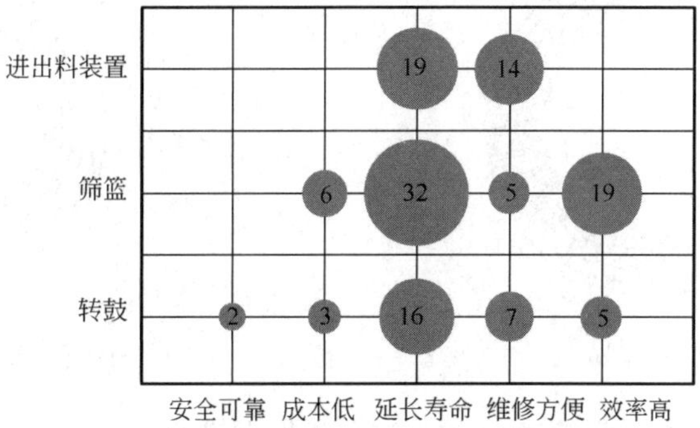

图 4-3-12　国外离心机耐磨技术功效矩阵图

进出料装置的专利量较少，且主要集中在延长寿命和维修方便两个方面，主要是从进出料装置的结构来改进。如专利号为 DE4041868 的专利公开了一种离心机的入料口，该入料口包括一个和腔体连接的耐磨衬套，耐磨衬套可以容易地从腔体安装或拆卸，减小了入料口的磨损，降低离心机成本。再如专利号为 WO2012062326A3 的专利公开了一种离心机出料口，该出料口包括一个耐磨损的衬套，该衬套和管主体可拆分式连接，所用的耐磨材料为碳化钨。进出料装置的耐磨技术比较相近，基本都是在进出料管中加耐磨衬套，不同的就是所用的耐磨材料不同，因此该领域的专利量较少。

3.1.10　核心专利

根据重要专利的影响因素，同时征询了行业、企业相关专家的意见，选取下面的核心专利。

现有离心脱水机筛篮的结构带有筛面的锥形筛篮绕轴心回转。

产品进入筛篮的上部，受离心力作用，产品所携水分透过筛面排出，产品则被转子上的刮刀刮到离心机下部漏斗中，实现固液分离。现实生产用的多种型号的筛篮，均采用将焊接好的不锈钢筛网圆筒展开、切割、拼接后再焊接成形为圆锥形筛篮，这种筛篮的筛条均顺着轴线排布，支撑条垂直于轴线排布，如图 4-3-13 所示。现有筛篮为六片竖筛条的筛片拼接成形。其不足之处是：拼接处由于焊接和弹性变形，不能达到筛篮的要求圆度，造成筛篮在工作中工作面与刮刀的配合间隙局部不均匀，脱水物料在筛篮上的存留厚度不均，筛面上将粘附一层不下落的物料，脱水的物料只能沿残留物料层滑动，增大了阻力，使载荷增加，动力消耗大。同时造成物料的破碎，由于刮刀局部影响遮挡了筛篮条缝排水，降低了筛篮的开孔率，因而降低了脱水效果，而且由于现有筛篮制作复杂，工序多，所以生产成本也大幅增加。

2013 年煤炭科学研究总院唐山分院的李文义和顾颖春提出了一种离心脱水机筛篮，该专利的公开号为 CN103056040A，该离心脱水机筛篮主要用于湿法选煤厂选后产品脱水。如图 4-3-14 所示，它的筛条与筛篮的轴线相垂直，用支撑条支撑，支撑条排布方向与轴线方向相同，筛条与支撑条焊接成形后的筛篮为整体圆锥体结构。其筛条可以是横向等间距排布，支撑条纵向等间距排布，筛条的直径为 2.4～3.2mm，支撑条直径为 3.2～5.3mm。

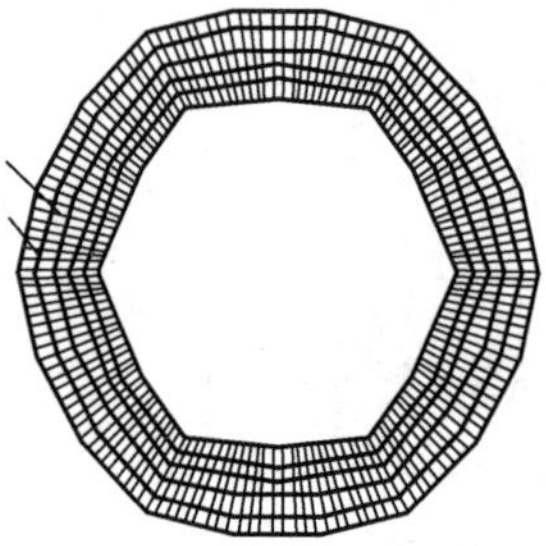

图 4-3-13　筛篮

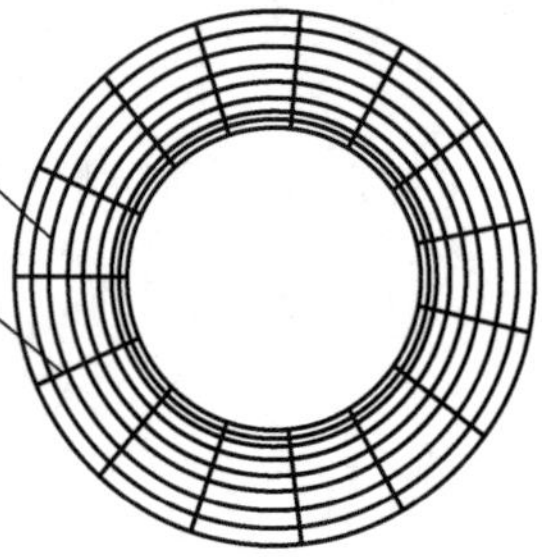

图 4-3-14　离心脱水机筛篮

与现有技术相比，本发明筛篮的筛条方向为横向（垂直于轴心），支撑条为纵向，这种排布减少了筛条边棱与刮刀相对运动产生的切割阻力和遮挡筛缝的缺点，提高了开孔率。同时，筛篮筛面为整体成形，无拼接，提高了精度，缩小了筛面与刮刀的缝隙，减少了筛面滞留物，使筛缝阻塞少，脱水效率提高，降低了载荷。同时减小了筛篮面的磨损，提高了使用寿命。

该专利的技术为企业在筛篮耐磨技术方面提供了很好的技术指引。

国外核心专利根据核心专利的影响因素，征询了行业、企业相关专家的意见，制定以下核心专利选取的规则。

主要根据被引用频次选取，专利文献的被引用频次具有以下特点：专利文献的被引用频次与公开时间的年限呈正比，公开越早被引用的频次就越可能高；被引频次相同的专利文献，公开时间越晚，重要性越高；同一时期的专利文献，被引用频次越高，重要性越高。根据该选取规则，得出下面的核心专利。

1990 年公开的公开号为 US4961722A 的专利涉及一种离心分离器，首次申请国为美国，申请人为 GUYAN MACHINERY CO，申请日为 1989 年 11 月 30 日，公开日为 1990 年 10 月 9 日，被引证次数为 21 次。

从被引的年代分析（见图 4-3-15），该专利从 1991 年到 2009 年的 18 年间，只有 1995 年、1997 年、1999 年、2001 年、2004 年这五年没有被引用，说明该技术持续被行业所关注。

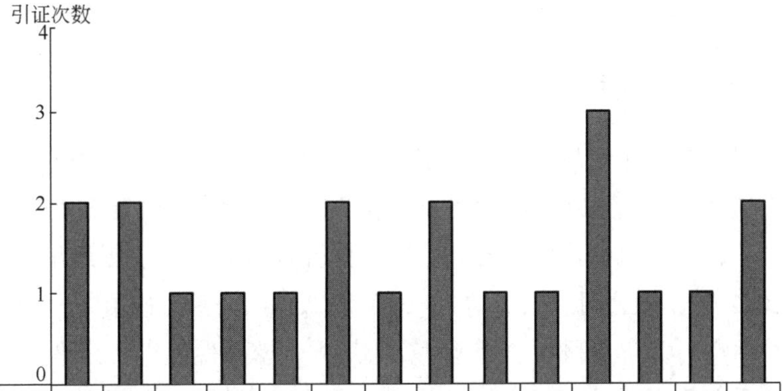

年份	1991	1992	1993	1994	1996	1998	2000	2002	2003	2005	2006	2007	2008	2009
■引用次数	2	2	1	1	1	2	1	2	1	1	3	1	1	2

图 4-3-15　专利 US4961722A 历年被引用次数

传统的立式离心机具有一个主轴驱动装置，具有一定浓度的煤水混合物进入离心机后，经分料盘进入转子，转子在主轴驱动装置的带动下高速旋转，在离心力的作用下，水透过物料层穿过筛网并沿着集水槽排出机体外，筛篮是离心机的核心部件，同时也是易损件，正常使用寿命在两年以内，筛篮维修和更换费用昂贵，约占整机价格的 2/3，且由于结构所限，检修时需要把机壳和整个转子部件拆卸和吊装出来，检修难度大、时间长、成本高。

本发明提供一种立式离心分离器，如图 4-3-16 所示，是将圆锥形筛网分为上下两段，外部包括筛网支撑篮，当筛网的筛孔被堵住或者出现磨损时，只需要将筛网支撑篮代替需要更换的筛网即可。

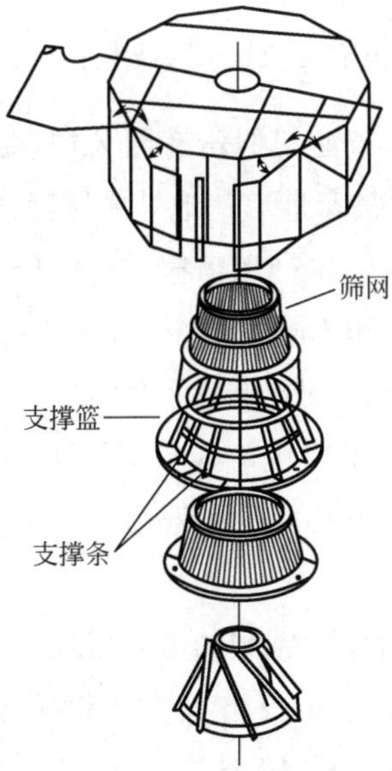

图 4-3-16　立式离心机

3.2 离心机关于主轴及轴承在密封设计方面的研究

3.2.1 国内技术引领者

在离心机轴密封技术领域，专利申请量最大的申请人是安徽普源分离机械制造有限公司（见图 4-3-17），前身为起步于 20 世纪 60 年代的蚌埠轻化药机有限责任公司，公司于 2005 年改制，现位于国家级高新区蚌埠高新技术产业开发区内，是中国最早的离心机专业制造企业。2010—2012 年，该公司总共申请 23 件关于离心机轴密封技术方面的专利，包括 3 件发明专利和 20 件实用型新专利，主要是对离心机主轴密封性能进行改进，其中有 1 件发明专利和 12 件实用新型专利获得授权，目前都在有效期，其所采取的技术主要有在轴承安装挡油圈、在主轴护套和轴承盖之间镶嵌有骨架密封、填料密封等。密封性好，且结构简单，安装使用方便。企业可以考虑将其作为合作对象。

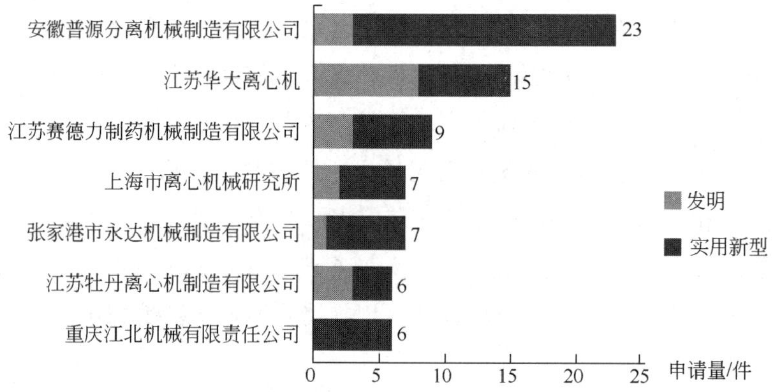

图 4-3-17 中国离心机轴密封技术主要专利申请人排名

江苏华大离心机包括江苏华大离心机股份有限公司和江苏华大离心机制造有限公司，华大公司成立于 1993 年，位于中国张家港市，地处中国经济最发达的长三角地区，20 多年来始终致力于过滤与分离机械的研发、生产和销售，是中国过滤与分离机械行业规模最大、产品品种与系列最齐全、最具竞争力和影响力的企业之一。该公司在 2009—2014 年申请了 15 件关于离心机轴密封技术的相关专利，包括 8 件发明专利和 7 件实用新型专利，其中 3 件发明专利和 5 件实用新型专利均已获得授权，都在有效期内，该公司所采取的技术主要包括气流密封、液体密封、浮环密封等，离心机使用寿命长，避免一些有毒物质的泄漏，企业可以考虑对这批专利的技术加以改进。

表 4-3-2 列出了离心机轴密封技术领域的主要发明人，排名第一的发明人为安徽普源分离机械制造有限公司的沈云旌，其在 2012 年总共申请了 9 件实用新型专利，其中 7 件专利获得授权，研究主要包括离心机主轴压盖密封组件、离心机主轴端部密封总成、离心机主轴密封总成及离心机主轴保护结构，所采取的技术方案主要是在离心机转鼓的上表面设置有密封圈和填充层。该技术是目前离心机主轴密封技术领域所采取的主要技术。

表 4-3-2　离心机轴密封技术主要发明人

发明人	申请量/件	授权量/件	研究重点
沈云旌	9	7	主轴密封圈及填料密封
顾根生	9	5	主轴唇形密封圈
沈泽文	8	4	骨架密封及 O 形密封
马爱忠	7	6	主轴迷宫密封
吴志明	7	5	浮环密封

江苏华大离心机制造有限公司的吴志明在 2009—2012 年总共申请了 7 件专利，其中包括 3 件发明专利和 4 件实用新型专利，有 2 件实用新型由于和发明为同日申请而放弃，其余的 5 件都获得了授权，主要采取的技术方案也是密封圈密封。

3.2.2　国内技术功效

本技术分支的一级分类中按照离心机的密封部件划分为主轴及轴承；在二级分类中按照密封方式划分为接触式密封和非接触式密封；在三级分类中按照具体的密封方法划分为密封圈、浮环密封、迷宫密封、气流密封、填料密封、液体密封及组合式密封。

从图 4-3-18 可以看出，中国对离心机轴密封技术的研究主要集中在延长离心机的使用寿命、安全可靠及结构简单三个方面，其中申请量最为集中的是延长离心机的使用寿命，所采取的技术方法主要是采用密封圈密封，主要申请人包括江苏捷达离心机制造有限公司、江苏牡丹离心机制造有限公司、江苏赛德力制药机械制造有限公司。2013—2014 年，江苏捷达离心机制造有限公司公开了一种拉袋式离心机，包括主轴、安装于主轴上的转鼓、设置于转鼓内的滤袋，该主轴内设有轴向的空腔，该空腔内活动设有活塞，活塞上连接有活塞杆，该活塞杆顶端伸出主轴且安装有滤布拉环，滤袋的上袋口固定于转鼓的上端口，滤袋的下袋口与滤布拉环固定连接，主轴包括上段和下段，所述活塞杆上端与上段的空腔的内壁之间设有密封圈，上段和下段密封配合使空腔构成了活塞腔，所述活塞与空腔内壁之间设有密封圈并将活塞腔分割为上腔和下腔，所述活塞杆上设有轴向的定位槽，所述上段固定有与该定位槽配合的导向件；所述下段的外周面上固定安装有传动轮；所述下段的下端旋转密封安装有旋转接头，该旋转接头上设有两个施力介质口，所述下段设有上行程施力介质通道，该上行程施力介质通道将下腔和其中一个施力介质口连通，所述下段和上段上设有下行程施力介质通道，该下行程施力介质通道将上腔与另一个施力介质口连通。在各个需要密封的部位都采取了密封圈密封，密封效果好，且结构简单。2011 年江苏牡丹离心机制造有限公司公开了一种离心机主轴用的密封装置，包括主轴、设置在主轴轴承座上的轴承座盖板、转鼓和用于封闭轴承座盖板与转鼓之间在主轴上的间隙的密封部件；密封部件包括设置在轴承座盖板上的密封底座、设置在密封底座上的弹簧、设置在所述的转鼓上的上密封环、位于密封底座与上密封环之间的密封套；密封套的下表面通过密封圈与密封底座采用静密封配合，密封套的上表面通过弹簧与上密封环采用动密封配合。本发明能够有效地将物料与主轴分隔开，防止物料污染和主轴腐蚀。江苏赛德力制药机械制造有限公司在 2007 年公开了一种具有主轴密封装置的刮刀离心机，它包括主轴、轴承箱、螺旋套、端盖及密封隔套，螺旋套套装在主轴上，端盖与密封隔套依次套装在螺旋套上，在轴承箱及端盖上设有孔道，孔道通达螺旋套表面。本实用新型采用的上述结构，由于能够提高密封效果、稳定可靠，从而可以延长刮刀离心机的使用寿命。以上专利基本都用到了密封圈密封，其密封效果好，且结构简单，使用寿命长。

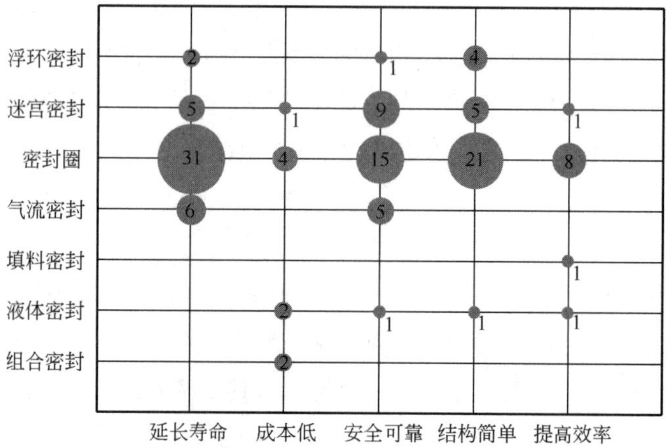

图 4-3-18　中国离心机轴密封技术三级分支技术功效矩阵图

采用浮环密封的专利较少，2012 年绿水分离设备有限公司公布了一种卧螺离心机密闭装置，包括密封座、机罩、转子，密封座外开有环槽，该环槽内设有 O 形垫圈，O 形垫圈与机罩密封接触设置，转子两端与密封座之间设浮环密封。这样，环槽与 O 形垫圈配合作用能增强密封座与机罩的密闭性能，浮环密封属于流阻型非接触式动密封，是依靠密封间隙内的流体阻力效应而达到阻漏目的，对机器的运行状态并不敏感，有稳定密封性能。由于存在间隙，避免了固体摩擦，适用于高速情况，当密封气体通入时，浮环密封在静压的作用下会浮起；转子转动后，浮环密封在密封气体静压、动压的复合作用下自动保持在转子转动的轴线上，既可封堵液体，也可封堵气体，提高了离心机的密封性能。2011 年海申机电总厂（象山）公布了一种离心机隔爆密封装置，包括套接在离心机转轴上且与离心机连接的密封支架，它还包括浮环密封组件，所述的浮环密封组件设在离心机转轴与密封支架之间，该离心机隔爆密封装置密封效果好。从上述两件专利可以看出，浮环密封主要是针对一些能适用于石油化工、化学工业等有严格防爆要求场合下应用的离心机，其结构较为复杂，在不需要防爆的离心机上应用成本较高。

3.2.3　国外技术引领者

在离心机轴密封技术领域，国外专利申请量最大的申请人也是阿法拉伐公司（见图 4-3-19），可见其在离心机市场的领先地位。美国贝克曼库尔特有限公司开发和销售仪器、生化、软件以及能够简化和自动化实验室处理的产品。贝克曼库尔特提供了一个广泛的分离、检测和分析生命组成部分的仪器业务。在医院临床实验室中，提供实际意义上的各种常规血液检测以及 75%的其他检测，70%以上的产品都保持在市场高端位置上：血液学、常规生化系统、离心、毛细管电泳、蛋白质分析、生物机器人以及快速检测。所用的技术基本都用到了密封圈密封，取得了较好的密封效果。该公司的很多专利没有在中国申请保护，因此，企业可以直接应用。图 4-3-20 给出了全球排名前五的申请人所采取的密封技术的分布，可以看出采用密封圈密封是使用最多的技术，而气流密封和填料密封相对于密封圈来说申请量较少。传统密封主要原理是靠控制密封间隙来保证密封的效果，但由于其间隙始终存在，使部分很小的颗粒没有经过转子的分选就直接混入成品中，因此，传统密封在超细选粉机中的密封效果并不佳。且密封方式要求回转部件和静止部件间的间隙较小，若它们之间的同心度保持得不好，将会使其产生摩擦磨损而失去密封作用。而气流密封是在密封件中引入高压气流，气流沿着密封槽与密封环的间隙溢出，同时在密封区域形成强大的溢出气流而使物料无法通过，有效地阻碍了细粉颗粒的进入，从而产生良好的密封效果。但对于不需超精细分离的行业，该密封方法结构较为复杂，使用成本高。

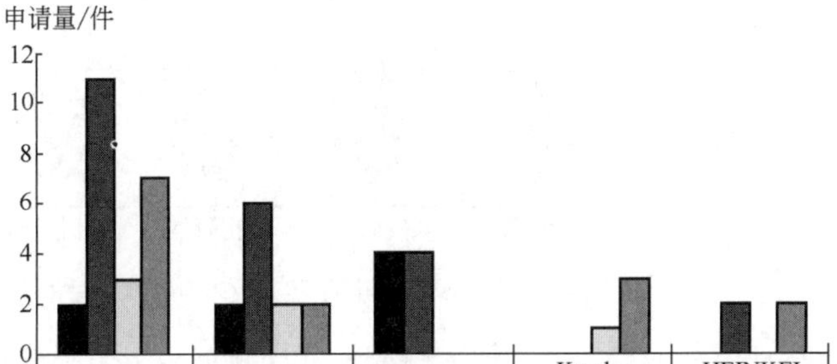

	阿法拉伐公司	Westfalia Separator AG	BECKMAN INSTRUMENTS INC	Kendro Labatory Products GmbH	HEINKEL INDUSTRIEZENTRIFUGEN GMBH
■1950—1970年	2	2	4		
■1971—1991年	11	6	4		2
□1992—2002年	3	2		1	
■2003—2013年	7	2		3	2

图 4-3-19 国外离心机轴密封技术主要专利申请人

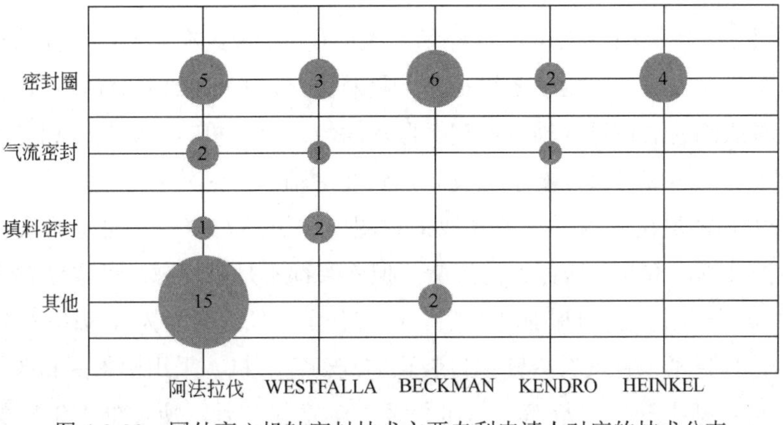

图 4-3-20 国外离心机轴密封技术主要专利申请人对应的技术分支

3.2.4 国外技术功效

从图 4-3-21 可以看出，国外对离心机轴密封技术的研究主要集中在安全可靠和成本低两个方面，其中申请量最为集中的是离心机使用安全可靠，所采取的技术方法主要是采用密封圈密封，如专利号为 JP4949399B2 的专利公开一种轴承装置，其中轴承内圈用密封条与轴承外圈分割，并与外圈共同构成一封闭的、具有润滑油雾的内置循环通路的轴承单元。滚动元件和滚道布置在循环通路内并由油雾润滑。该轴承装置在离心分离器中可转动的支撑转子使其绕转动轴旋转。

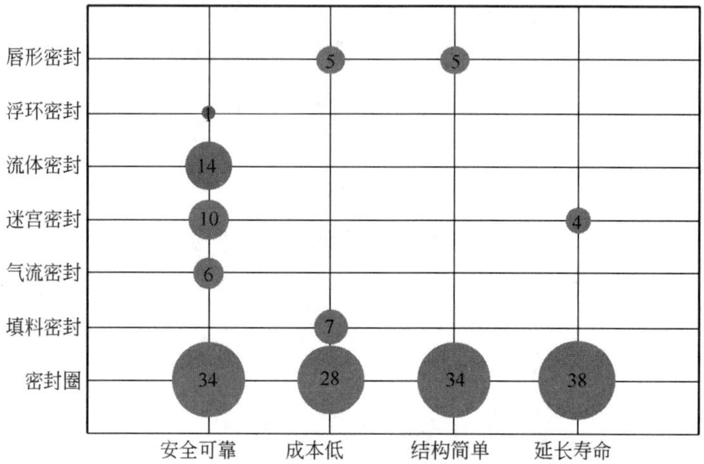

图 4-3-21 国外离心机轴密封技术功效矩阵图

采用浮环密封技术的专利量较少，如 1995 年公开号为 SU1831809A3 的专利，公开了一种采用浮环密封的密封装置，因为浮环密封的密封效果好，主要用于防止有毒气体的泄漏，因此在一般的离心机中该密封用得较少。

3.2.5 核心专利

根据重要专利的影响因素，同时征询了行业、企业相关专家的意见，选取下面的核心专利。

刮刀离心机主要由机座、工作区单元及动力区单元组成。在工作区单元与动力区单元的结合处，主轴带动转鼓运转，主轴密封是为了隔断转鼓侧和轴承档的连接，避免润滑油污染物料，也防止转鼓侧的液体进入轴承影响机器的运转。离心机在实际的使用过程中大多是长时间工作，对机器的运转可靠性要求比较高，因此主轴的密封效果直接影响离心机的寿命。目前，传统的主轴密封仅采用了一道骨架密封圈或一道迷宫密封，也有的采用氮气气体密封，阻止润滑油从轴承方向向转鼓方向渗漏，但效果都不是很理想，稳定可靠性有待提高。

2010 年江苏赛德力制药机械制造有限公司公开了一件公开号为 CN101875028A 的专利（见图 4-3-22），提供了一种具有主轴密封装置的刮刀离心机，采用密封圈和氮气气体双重密封的刮刀离心机包括主轴、轴承箱、前压盖及主轴密封装置，所述的主轴密封装置由密封套、主轴密封圈、密封圈隔圈、密封圈压盖及唇型密封圈组成，密封套套装在主轴上，前压盖、主轴密封圈、密封圈隔圈及密封圈压盖依次套装在密封套上，唇型密封圈安装在前压盖端面上，在轴承箱及前压盖上设有孔道，孔道通达密封套表面。在实际操作过程中，润滑油润滑轴承和主轴，从进气口通入一定压力的洁净氮气，气体沿轴承箱及前压盖上的孔道到达密封套表面，在密封套表面圆周方向上及密封圈中间形成一层气体隔离层，达到密封效果，阻止润滑油从轴承方向向转鼓方向渗漏。主轴密封圈采用符合食品级要求的聚四氟乙烯制作，具有伸弹性小、耐磨性好的优点，与主轴紧密贴合，基本无间隙。唇型密封圈安装在前压盖端面上，可以进一步提高密封效果。本发明采用的上述结构，由于能够提高密封效果，实时检测密封状态，稳定可靠，从而可以延长刮刀离心机的使用寿命。

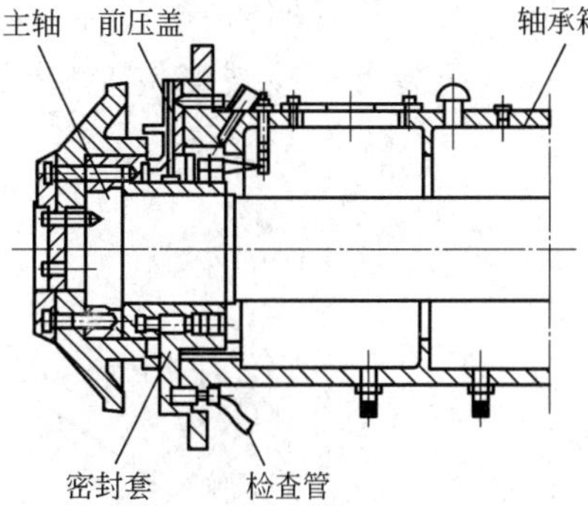

图 4-3-22 具有主轴密封装置的刮刀离心机

机壳与轴承室之间通常只采用了接触密封或非接触密封，前者由于对物料的密封性能差，物料颗粒易进入密封结构导致密封结构加速磨损或腐蚀，因此使用寿命短；后者对气体密封性差，外界气体容易进入机壳端，对需求较高且需要在无氧环境实现分离的物料则达不到要求。

2012 年重庆江北机械有限责任公司公开了一件公开号为 CN202392110U 的专利，提供了一种能可靠地对机壳端的料液和气体、轴承室端的气体和润滑油进行密封，而且使用寿命较长的卧式刮刀离心机轴密封装置，包括非接触密封、接触密封、转轴及轴承压盖，所述卧式刮刀离心机轴密封装置由设置于转轴上的非接触密封和接触密封组成，所述非接触密封由动环和静环组成，形成迷宫密封，并设置于机壳端；所述接触密封由成对设置的两个专用轴密封环组成，接触密封设置于轴承室端，两个专用轴密封环之间设置加脂管，所述的轴承压盖上设置连接加脂管的加脂孔。该发明的密封装置能可靠地对机壳端的料液和气体、轴承室端的气体和润滑油进行密封，而且使用寿命较现有轴密封大大延长。

3.3 离心机减震技术的研究

3.3.1 国内发展阶段

1985 年浙江大学的周保堂教授提出一种监测转鼓平衡的检测方法，克服了现有技术不能对离心机的转鼓进行现场平衡的困难，减少停工检修时间，提高分离机的使用率。从图 4-3-23 可以看出，1990—2001 年，中国该项技术处于萌芽期，这一阶段的申请人包括浙江大学、东北工学院和上海市离心机械研究院，以及一些国外公司（如阿尔法拉有限公司、三洋电机株式会社）。可见，这一阶段的申请人主要是一些中国高校和研究院所，企业在这一时期的研究较少，其中浙江大学基于 1985 年的研究（见图 4-3-24），提出对双支承悬臂离心机进行单平面校正动平衡的方法，其特点是可以在离心机工作现场，不必拆卸离心机转鼓直接在整机上进行动平衡。本法不仅可用于离心机制造厂对产品离心机进行动平衡，更适用无动平衡机的广大离心机用户，彻底解决在平衡机上平衡所达到的平衡精度同实际平衡精度不一致的问题，具有较高的平衡精度。整个平衡过程不超过一小时，能有效地减少停工检修时间，该发明装置简单、投资少、见效快，易于推广应用。阿尔法拉有限公司提供一种减震装置，该减震装置主要作用在主轴上，减少由于主轴振动而引起的整机的振动。

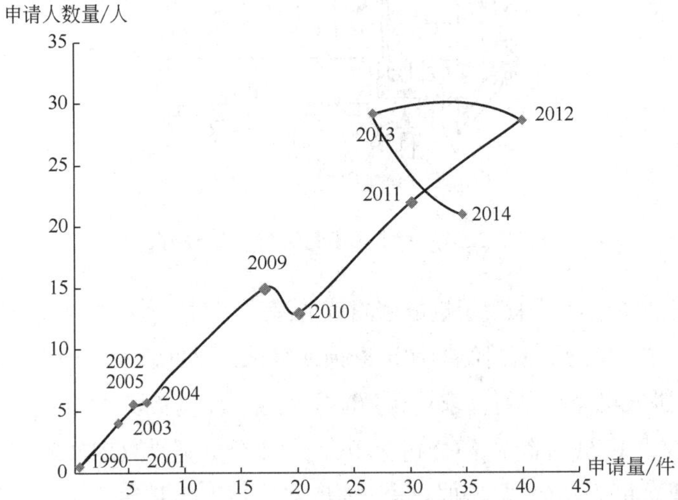

图 4-3-23　中国离心机减震技术生命周期图

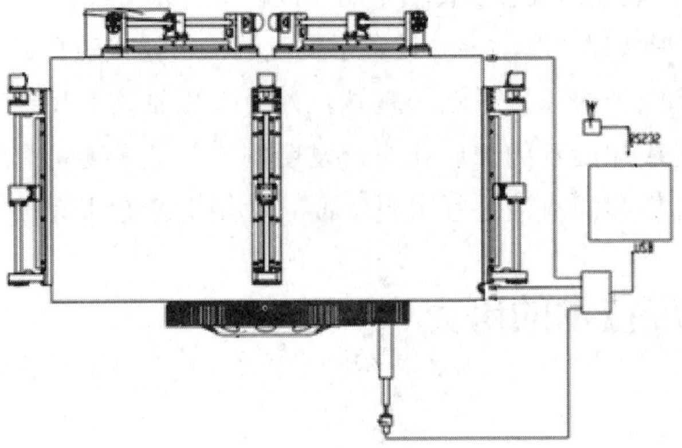

图 4-3-24　双支承悬臂离心机

2001 年以后，中国该项技术有了较快的发展，申请人和申请量同比呈增长趋势，上海市离心机械研究所有限公司对离心机的底座进行了改进，提高离心机运行质量，延长设备的使用寿命。2010 年，浙江大学总共申请 6 件专利，分别从离心机的壳体、电机及转鼓进行了减震研究，对转鼓的减震采取了在三轴向自适应式动平衡执行装置，解决了现有技术在转子长径比较大时，采用双面动平衡消除不平衡量需要反复启动和停止，之后在转子的一个面或者两个面上消除或增加一部分质量，实现过程复杂的问题，该装置直接安装于转子上，当转子的质量分布或转速发生改变时能实现自适应动平衡调整，控制准确。从图 4-3-23 看出，2013—2014 年申请量有所下降，这可能是这两年申请的专利还没有公开而导致的下降趋势。总体来说，该项技术在中国的研究还处于上升的阶段。

3.3.2　国内技术引领者

在离心机减震技术领域，中国专利申请量最大的申请人是浙江大学（见图 4-3-25），其中包括了周保堂教授、何闻教授和张志新副教授。周保堂教授 1960 年毕业于浙江大学化学工程学系化工机械专业，先后在浙江大学冶金工程学系、化学工程学系任教，1993 年晋升教授，1994 年被批准为博士生导师，1988—1990 年在加拿大柯狄亚大学做访问学者，1995 年任化工机械研究所所长、中国振动工程学会故障诊断学会常务理事，主要从事转子动力学和旋转机械整体平衡的研究。何闻教授于 1997 年获浙江大学机械系机械制造及其自动化专业博士学位，留校任教，2004 年 4 月至 2005 年 5 月于美国加利福尼亚大学伯克利分校做访问学者，1999 年 12 月晋升副教授，2005 年 12 月晋升教授，2007 年 1 月被聘为博士生导师，2000 年起任浙江大学现代制造工程研究所振动计量与监控研究室主任。张志新副教授 1997 年在浙江大学获得过程装备与控制专业学士学位，主要从事旋转机械故障诊断、信号测试与分析、现场整机动平衡技术与智能化仪器、过程装备的自动控制的相关教学与研究工作。

1985—1991 年，周保堂教授课题组总共申请 4 件该技术方面的相关专利，4 件都为发明专利，都是关于离心机转鼓平衡的控制方法，这 4 件专利都过了专利保护期限，企业可以考虑对这 4 件专利直接利用。2010 年，何闻教授课题组总共申请了 6 件该技术方面的专利，包括 4 件发明专利、2 件实用新型专利，也是关于离心机转鼓平衡的控制方法，除了 2 件同日申请的实用新型已放弃外，其余的发明专利都获得授权，并且在授权保护期内，企业可以考虑对这批专利加以改进后利用。2012—2014 年，张志新副教授课题组总共申请了 2 件该技术相关的专利，都为发明专利，都是对离心机整机平衡方法的研究，其中一件已获得授权，另一件还处于实质审查阶段。

安徽普源分离机械制造有限公司在 2010—2014 年总共申请了 7 件该技术方面的相关专利，包括对转鼓、壳体及电机的改进，其中 6 件已获得授权。

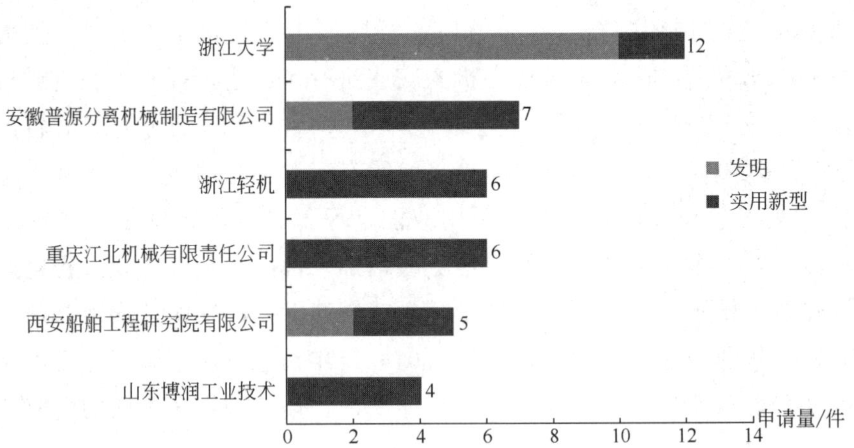

图 4-3-25　中国离心机减震技术主要专利申请人排名

3.3.3　国内技术功效

依据离心机的结构，本技术分支的一级分类中按照离心机主要产生震动的部件划分为壳体、主轴、转鼓、电机、激振器、差速器和控制器；在二级分类中按照改进的方法划分为减震器、减震元件、结构、控制器、控制方法、振动箱和主轴定位等；三级分类在二级分类的基础上进一步细化为具体的改进方法。

从技术功效图（见图 4-3-26）可以看出，中国对离心机减震技术方面的专利主要集中在离心机使用过程中的安全性能和可靠性、离心机的结构简单及使用寿命长三个方面，其中申请量主要集中在离心机的安全可靠性能，同时从图中也可以看出技术主要集中在壳体及转鼓的减震方面。对壳体的改进主要包括改进壳体自身结构和在壳体上加装减震装置，改进壳体来达到减震目的的申请人主要是成都欧林生物科技股份有限公司、铜陵和武机械制造有限责任公司。2012 年成都欧林生物科技股份有限公司公开了一种高速冷冻大容量离心机用减震机构，通过在底板上设置弹簧减震，该离心机吸收振幅频率范围宽，减震效果好，适用范围广。2014 年铜陵和武机械制造有限责任公司公布了一种离心机，直接改进壳体的结构，包括机架、壳体、上盖和带有转轴的转鼓，所述转鼓设置在壳体内，壳体安装在机架上，所述壳体由外壳和内壳组成，外壳和内壳之间设有夹层形成的腔体，所述腔体内设有减震件，减震件一端连接外壳，另一端连接内壳，所述上盖上设有观察窗。本发明的离心机能够实时对离心机内物料进行观察，从而方便控制离心机，而且能有效降低离心机的噪声和振动，提高离心机的安全性。

通过主轴实现减震的专利申请量不多，主要申请人为湖南湘仪实验室仪器开发有限公司，该公司在 2010 年公开了一种柔性传动的离心机驱动装置，它由柔性驱动轴轴头、柔性驱动轴轴体、防尘盖、轴承座、驱动底座、联轴器几部分构成，联轴器连接电机柔性驱动轴，在驱动底座与轴承座的中央设置有柔性驱动轴轴体，在柔性驱动轴轴体上端连接有带 Y 形花键的柔性驱动轴轴头。该装置是一种既能消减扭转振动，又能满足大负载、大扭矩对驱动强度和刚度要求的在电机和离心机转头之间实现柔性连接的离心机柔性驱动装置。

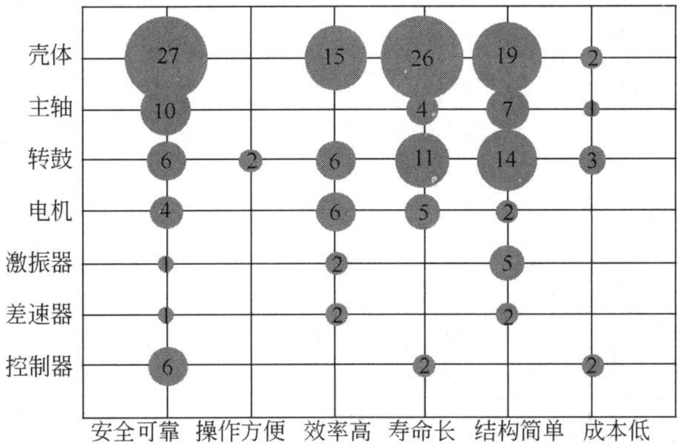

图 4-3-26　中国离心机减震技术功效矩阵图

3.3.4　国内技术路线

如图 4-3-27 所示，中国对离心机减震技术的研究从 1985 年开始，主要是对离心机转鼓、电机、壳体及激振器的改进。对转鼓的改进可以分为以下几个阶段，如 1985 年公开的公开号为 CN85103090A 的专利，提供了一种测试离心机整机动平衡的方法，原有的测试方法需要将转鼓事先在平衡机上进行动平衡试验，做完动平衡之后的转鼓与附件需要组装成机，操作复杂，而且可能会产生新的不平衡，该专利采用了由非接触涡流式测振仪、解算变换器及光点矢量瓦特计构成完整的测试系统，该测试系统可直接测试出离心机转鼓整机不平衡量的大小和相位，测量精度高，操作方便；1992 年公开号为 CN91109315.X 的专利提供了一种用于螺旋卸料沉降离心机的动平衡方法，同样也是克服了原有的动平衡需要在装配之前进行的操作，利用测震传感器、基准信号传感器、测震仪及示波器，可在工作现场整机运转条件下进行快速、省钱、高精度的动平衡；2002 年公开号为 CN1500010A 的专利提供一种自平衡式离心机，之前所描述的自平衡式离心机，对处于预定范围内的标本之间的负荷差而产生的不平衡性可被自动校正，但在所述范围以外对标本进行离心处理时，就会存在没有用于保护标本和离心机的安全设备的问题，本发明的自平衡式离心机用于在每一次离心处理前探测所安装标本的不平衡性，并且按照探测结果水平移动转子横杆而保持自动平衡，从而防止了由于转子的不平衡性而引起的对标本的损坏，延长离心机使用寿命；2010 年公开号为 CN101915639B 的专利公开了一种在转子长径比较大时的平衡执行装置，直接安装于转子上，当转子的质量分布或转速发生改变时能实现自适应动平衡调整，控制准确。

2007 年，出现了直接对转鼓的结构进行改进的专利，如公开号为 CN201067710Y 的专利公开了一种离心机转子自平衡装置，在离心机转子的周围同轴心安上几圈环形槽，槽中有若干个滚动的滚珠，依靠这些滚动的滚珠来达到转子不平衡负载的自动平衡，设备运行平衡稳定；2013 年公开号为 CN203874913U 的专利公开了一种平衡器，在转子的外周缘设置环形腔体，以及在环形腔体内设置可滚动的具有多种直径的滚珠，当不平衡量较小时，质量较小的滚珠惯性较小，能够迅速滚动，尽快地补偿不平衡量，而当转子的不平衡量较大时，质量较大的滚珠惯性较大，能够满足转子不平衡量的要求，从而减小转子的振动，延长转子的使用寿命。

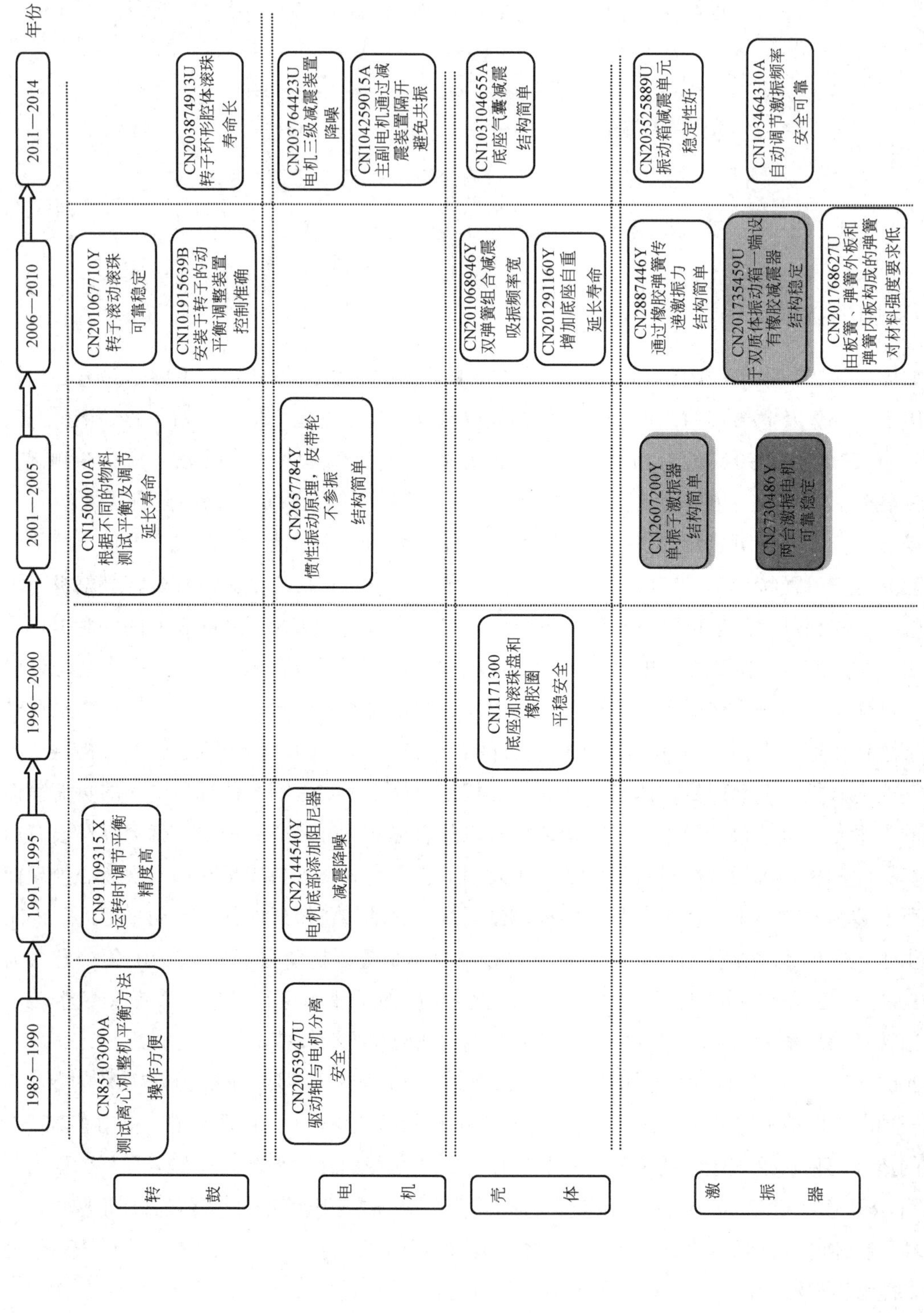

图 4-3-27 中国离心机减震技术的技术路线

对电机的改进可以分为以下几个阶段，如 1989 年公开号为 CN2053947U 的专利公开了一种具断轴保险的台式离心机，对现有的离心机的结构进行改进，具有与电机分离的自定心驱动轴，横向通过皮带与倒置的驱动电机轴相连，转子在旋转中绕轴或销断时，转子仍在轴套上旋转而不离开原安装位置，安全可靠；2003 年公开号为 CN2657784Y 的专利公开了一种卧式振动离心机，现有的卧式振动离心机是利用非线性共振原理工作，工作稳定性差，入料量的多少对振幅的影响大，结构复杂，传动皮带轮参振，本专利提供一种采用惯性原理，增加弹性联轴器使传动皮带轮不参振的离心机，提高了离心机的可靠性。

还有部分专利是通过在电机上增加减震装置来达到减震的目的，如 1993 年公开号为 CN2144540Y 的专利公开了一种减震消噪声阻尼器，将该阻尼器安装在离心机驱动主机的下端来减小离心机的振动；2014 年公开号为 CN203764423U 的专利公开了一种离心机的减震装置，在电机上安装多个减震器，避免了转子体的微小不平衡而产生的震动；公开号为 CN104259015A 的专利公开了一种卧式螺旋卸料沉降离心机，在电机底板上设置有减震组件，有效地减小主电机振动和辅助电机振动发生共振的概率。

对壳体的改进主要是通过对壳体结构的改变或者在壳体上增加减震装置，如 1998 年公开号为 CN1171300 的专利公开了一种立式离心机，改用滚珠盘和弹性圈将底盘直接支撑在升高了的底座平面上，滚珠盘使底盘能自由平摇而不把所受的不平衡力直接传送给底座，而由弹性圈承受全部不平衡离心力，使离心机的运转更平稳安全；2008 年公开号为 CN201068946Y 的专利公开了一种离心机减震装置，采用双弹簧结构的组合减震，将该减震装置安装在离心机底部，吸收振动频率变宽；而公开号为 CN201291160Y 的专利公开了一种离心机底座的防震结构，包括由中空方钢管焊接成呈平面的矩形框架，在中空方钢管内充填沙粒，增加离心机底座自重，减小由旋转部件造成的离心机振动振幅，提高运行质量；2013 年公开号为 CN103104655A 的专利公开了一种离心机减震装置，在底座上安装一个气囊减震装置，结构简单，使用方便。

通过对激振器的改进来较小振动，研究较晚，中国最早公布的 2004 年公开号为 CN2607200Y 的专利提供了一种单振子卧式振动离心机，将单振子激振器设在传动主轴下部的激振体上，直接与激振电机的传动轴相连，与现有技术相比，结构简单，运转可靠；2005 年公开号为 CN2730486Y 的专利公开了一种卧式振动离心机，如图 4-3-28 所示，该离心机以两台激振电机取代了原电机带动偏心块激振的方式，保证了两台激振电机位置的同步性，避免了离心机的横向摆动；2007 年公开号为 CN2887446Y 的专利公开了一种通过橡胶弹簧传递激振力的卧式振动离心机，该离心机在外方形体的两个侧面对称装有激振器，内方形体通过橡胶弹簧、压板和调整板装于外方形体内，作用于外方形体的振动力就可通过橡胶弹簧被传递到内方形体上；2011 年公开号为 CN201735459U 的专利结合了以上专利，在双质体振动箱的一端设有橡胶减震器，橡胶减震器与双质体振动箱连接，结构稳定，便于维护，本发明由振动电机、外方体、内方体和弹簧组成，弹簧将外方体和内方体连接成为一体，弹簧由板簧、弹簧外板和弹簧内板构成，弹簧外板和弹簧内板分别连接在板簧的上方和下方，弹簧外板上端两侧为楔形，楔形压盖紧压在弹簧外板的上表面上，楔形压盖通过螺栓与外方体连接，左端盖和右端盖将弹簧内板下表面与内方体压紧连接，左、右端盖的两端通过螺栓与内方体连接在一起。本实用新型具有降低能耗、结构简单、工作可靠、维修检修方便、维护成本低等特点。2013 年公开号为 CN103464310A 的专利公开了一种振动离心机的自动控制方法及系统，该发明涉及一种振动离心机的自动控制方法及系统，该自动控制系统包括振动离心机工作参数获取装置、控制器、变频器及振动电机，振动离心机工作参数获取装置依次通过控制器及变频器接入振动电机，所提供的振动离心机的自动控制方法在离心机正常运行时，通过传感器实时监测离心机的处理量、物料水分、关键部位的振幅、频率等参数，并将这些参数输入控制器，通过神经元网络、专家系统等智能算法，获得最佳激振频率值，然后驱动变频器，调整振动电机转速，使离心机按此频率振动，控制器按一定的时间间隔调整激振频率，使离心机始终工作在最佳工作点。

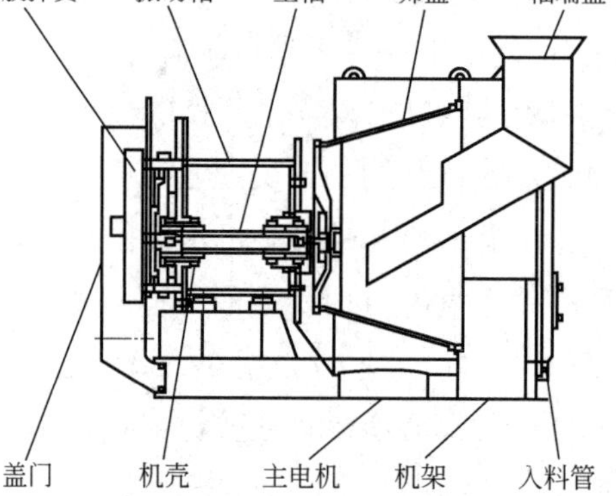

图 4-3-28　卧式振动离心机

3.3.5　国内技术研发热点

从技术路线图可以看出，中国离心机减震技术研究的专利主要集中在离心机的以下几个部件，包括壳体、电机、转鼓和激振器。

对转鼓的减震方法主要集中在转鼓的平衡调节方法，从该研究方案考虑，从 1985 年开始后继产生了一系列的研发，直到 2010 年该研发还在继续，企业可以考虑将这方面作为研发热点，值得继续投入研发力量。

通过对壳体的改进来达到减震目的，主要包括对壳体本身结构的改进和在壳体底部增加减震装置来实现，该研究从 1996 年开始，但研究成果相对于其他研究较少，研究思路相似，创新程度较低，不能作为研发热点。

也可以通过对电机的改进来达到减震的目的，主要包括电机的安装和在电机上增加减震装置来实现，该研究从 1985 年开始，后继也有一定的研发，研究成果也较多，可以考虑作为研发热点。

对激振器的改进主要是对激振器的安装及减震弹簧的改进，该研究从 2001 年开始，从该研究思路出发，近年来的研究成果较多，具体来看该研究还处于一个上升期，企业可以考虑将这方面作为研发热点，值得继续投入研发力量。

3.3.6 国外技术分布

图 4-3-29 给出了离心机减震技术在全球的专利分布状况，可以看出该技术在日本的申请量最大，总量达到了近 500 件，美国和韩国的申请量也在 400～500 件。从图 4-3-30 可以看出，国外的离心机减震技术主要集中在对转鼓的改进，且在近几年也有很大的申请量，说明该技术在国外的研究还在继续，还处于一个研发上升阶段。

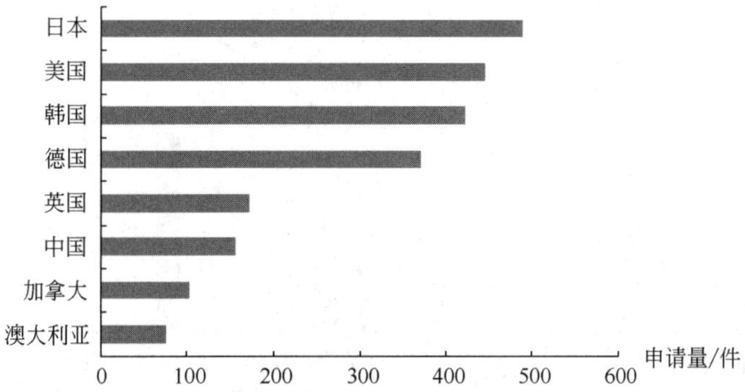

图 4-3-29 离心机减震技术全球专利分布状况

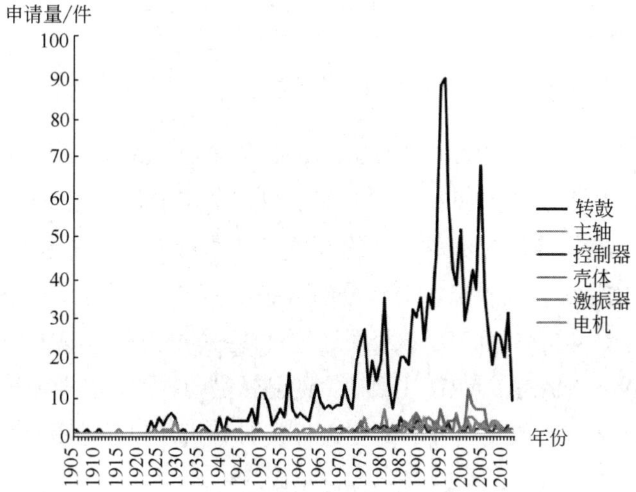

图 4-3-30 国外离心机减震技术专利申请量

3.3.7 国外技术引领者

在离心机减震技术领域，国外专利申请量最大的申请人是日立公司（HITACHI LTD），其 1910 年成立，总部位于日本东京，是全球最大的综合跨国集团，主要产品为家用电器，于 20 世纪 60 年代来到中国，成为早期进入中国市场的少量外资企业之一。由于其美国预托证券交易低迷，公司将削减上市成本。日立公司 2012 年 3 月 30 日宣布将从纽约证券交易所退市，于 4 月中旬提交退市申请。从图 4-3-31 也可以看出，2008 年以后该公司在离心机减震技术领域的专利申请量为零，可能是受到了退市的影响。该申请人所用的技术主要是通过设置一个可以控制转鼓平衡的控制器或在转鼓增加平衡器来实现减震目的。

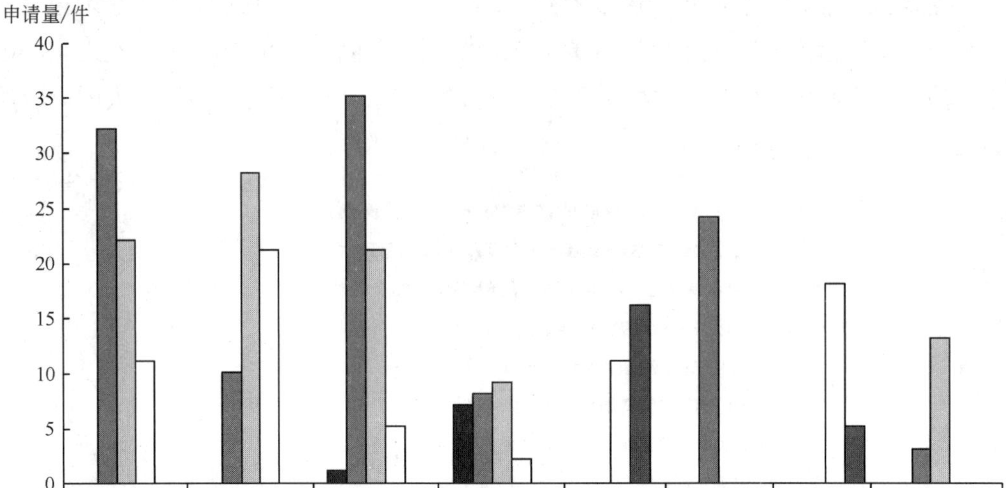

	HITACHI LTD	HITACHI KOKI KK	TOKYO SHIBAURA	BECKMAN	BSH	BIRD	HANLAB	KHARKOVSKIJ INSTITUT
■1964—1974年			1	7				
■1975—1985年	32	10	35	8		24		3
■1986—1996年	22	28	21	9				13
□1997—2007年	11	21	5	2	11		18	
■2008—2012年					16		5	

图 4-3-31　国外离心机减震技术主要专利申请人排序

从图 4-3-32 可以看出，HITACHI KOKI KK 的离心机减震技术主要集中在对转鼓的改进，对转鼓改进的专利申请量为 52 件，占该公司整个申请量的比重较大，除了对转鼓的改进，还包括对主轴、控制器、电机及壳体的改进，但数量不多。在这里，主要研究对转鼓的改进的专利，从图 4-3-33 可以看出，对转鼓的改进主要包括对转鼓结构的改进和增加控制器来控制转鼓的平衡，图 4-3-33 列出了该公司通过对转鼓的改进来实现减震目的的专利发明人排名，可以看出 AIZAWA MASAHARU 主要研究的是转鼓的结构，企业如果想了解转鼓的结构对离心机振动的影响，可以对该发明人的专利进行实时解析，以了解其研发方向和研发动态。

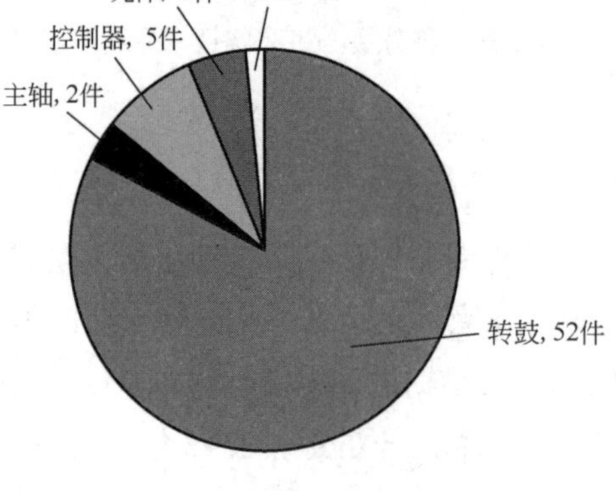

图 4-3-32　HITACHI KOKI KK 离心机减震技术的专利申请量

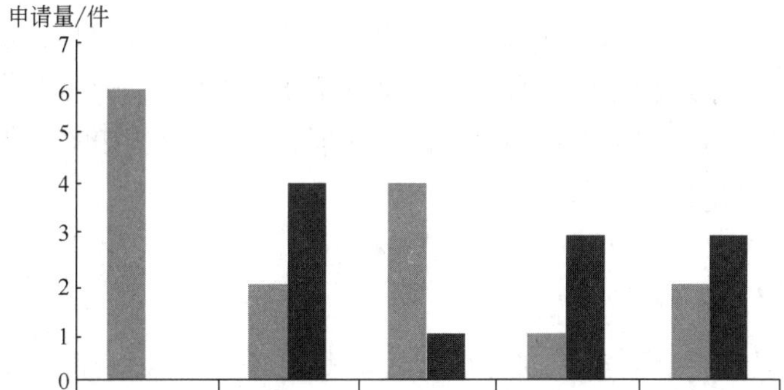

	AIZAWA MASAHARU	NIINAI YOSHINORI	ONO HIROSHI	HAYASAKA HIROSHI	INABA MASAHIRO
结构	6	2	4	1	2
控制器		4	1	3	3

图 4-3-33　主要发明人所用技术

3.3.8　国外技术功效

从图 4-3-34 可以看出，国外离心机减震技术的研究主要集中在安全稳定、延长寿命和效率高三个方面，其中申请量最为集中的是离心机使用安全稳定，主要是针对离心机转鼓做的改进，所采用的方法主要包括转鼓结构的改进，在转鼓上加装减震装置、平衡装置及控制器，如 2005 年公开号为 DE60202750D1 的专利公开了一种自平衡式离心机，其用于在每一次离心处理前探测安装在转子横杆上的标本的不平衡，并且根据所测的结果水平移动转子横杆，保持自动平衡，从而防止了因转子的不平衡而对标本所引起的损坏，延长了离心机的使用寿命。再如 1990 年公开号为 FR2634145A1 的专利公开了一种离心机，包括转子驱动装置，用来检测转子平衡度的传感器，该传感器安装在轴向设置的安装板上，安装板设置于垂直于主轴平面的凹槽中，在安装板上设置有凹槽，用来放置传感器。

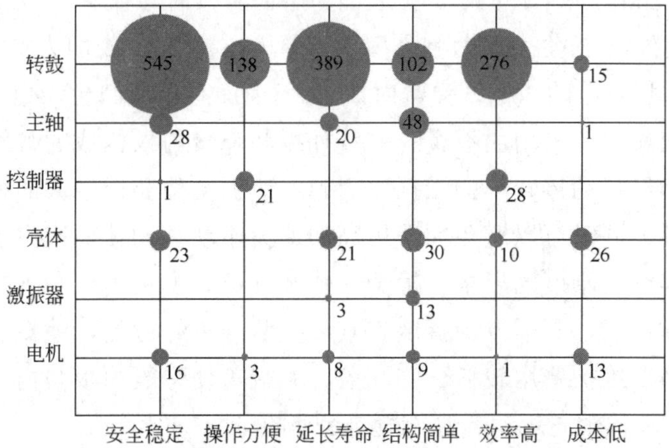

图 4-3-34　国外离心机减震技术功效矩阵图

通过改进离心机的主轴来实现减震目的的专利量不多，所用到的技术主要包括在主轴上增加减震元件，对主轴进行定位、密封等。如公开号为 GB876364A 的专利公开了一种离心分离器，在主轴的周围设置一个振动阻尼器，该阻尼器包括固定和可移动的交错的套筒，电机驱动主轴带动转子旋转。

3.3.9 核心专利

根据重要专利的影响因素，同时征询了行业、企业相关专家的意见，选取下面的核心专利。

目前，世界各国都在积极发展卧式离心机。卧式振动离心机的振动系统主要有以下几种类型：中国的 WZY 系列采用双电机刚性连接的远共振线性振动系统；荷兰天马公司生产的 HSG 系列振动卸料离心机为齿轮偏心块激振形式；德国 DBT 公司的 VM 系列和澳大利亚申克公司的 SCC 系列振动卸料离心机采用二次激振形式，激振源为振动电机。在这些不同的类型中，WZY 系列和 HSG 系列卧式振动离心机均属于一次激振形式，与二次激振形式相比处理量较低且能耗高，对设备材质要求较高。VM 系列和 SCC 系列属于二次激振形式，具有处理量大、能耗低等特点，但是振动系统结构复杂，对橡胶弹簧的质量要求较高，拆卸需专用工具，需整体更换振动系统，维护费用较高。

2011 年天地科技股份有限公司唐山分公司公开的公开号为 CN201768627U 的专利，提供了一种卧式振动离心机振动装置，如图 4-3-35 所示，它由振动电机、外方体 2、内方体 3 和弹簧组成，弹簧将外方体 2 和内方体 3 连接成为一体，其特征在于：弹簧由板簧 4、弹簧外板 5 和弹簧内板 6 构成，弹簧外板 5 和弹簧内板 6 分别连接在板簧 4 的上方和下方，弹簧外板 5 上部两侧为楔形，楔形压盖 7 紧压在弹簧外板 5 的上表面上，楔形压盖 7 通过螺栓与外方体 2 连接，左端盖 8 和右端盖 9 将弹簧内板 6 下表面与内方体 3 压紧连接，左端盖 8 和右端盖 9 的两端通过螺栓与内方体 3 连接在一起。板簧 4 上、下表面均有数个矩形凸起，弹簧外板 5 下表面为平面且具有与板簧 4 上表面的矩形凸起相对应的凹槽，弹簧外板 5 上表面两侧为楔形，弹簧内板 6 上表面为平面且具有与板簧 4 下表面的矩形凸起相对应的凹槽，弹簧内板 6 下表面有矩形凸台，矩形凸台与内方体 3 上表面的凹槽对应配合。采用由板簧、弹簧外板和弹簧内板构成的弹簧作为组成二次振动体的部件可使初级振动体较小的激振力引起二级振动体获得较大的振幅，是振动放大的过程，降低能耗，同时可以避免因采用高加速力驱动振动体而产生的有害振动，从而降低对材料强度和结构刚度的要求。板簧、弹簧外板、弹簧内板与外方体、内方体的连接结构简单、工作可靠，不需专用拆装工具、安装与拆卸方便，缩短了维护时间，一些零部件可单独更换、维护费用较低。左端盖、右端盖使弹簧内板与内方体固定连接在一起，有效保证了振动体轴向运动，避免横向运动的可能。

国外核心专利根据核心专利的影响因素，征询了行业、企业相关专家的意见，制定以下核心专利选取的规则。

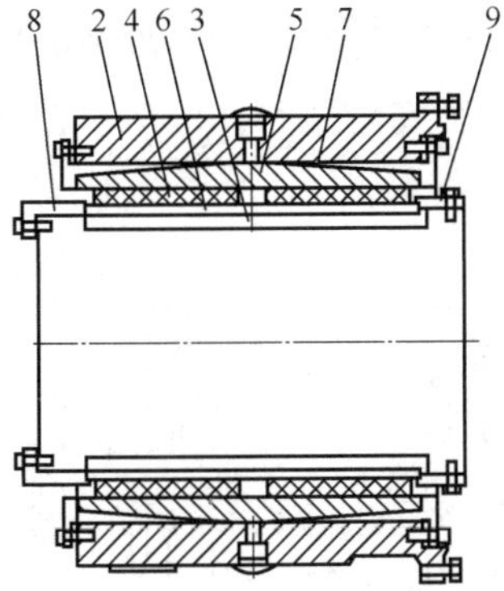

图 4-3-35　卧式振动离心机

2—外方体；3—内方体；4—板簧；5—弹簧外板；6—弹簧内板；
7—楔形压板；8—左端盖；9—右端盖

主要根据被引用频次选取，专利文献的被引用频次具有以下特点：专利文献的被引用频次与公开时间的年限呈正比，公开越早被引用的频次就越可能高；被引频次相同的专利文献，公开时间越晚，重要性越高；同一时期的专利文献，被引用频次越高，重要性越高。根据该选取规则，得出下面的核心专利。

公开号为 US4781669A 的专利涉及一种离心机转子，首次申请国为美国，申请人为美国贝克曼库尔特有限公司，申请日为 1987 年 10 月 9 日，公开日为 1988 年 11 月 1 日，如图 4-3-36 所示，被引频次数为 46 次，先后进入德国、日本、加拿大这三个国家。

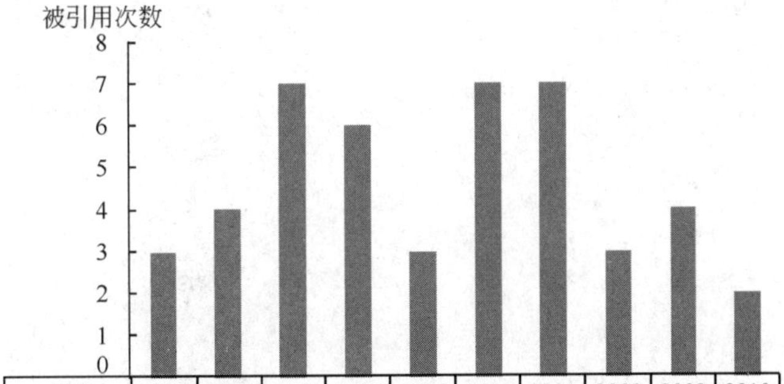

年份	1989	1993	1994	1995	1996	1997	2001	2002	2009	2010
■引用次数	3	4	7	6	3	7	7	3	4	2

图 4-3-36　专利 US4781669A 引用年代和被引频次

该专利自 2007 年 10 月 9 日失效后，依然被引了 6 次，说明行业内对该技术的改进并没有因为专利的失效而停止，该技术生命力顽强。

现有的离心机转子基本以金属材料制备，所使用的金属通常是钛铝合金，也有专利报道使用金属丝网和塑料内衬作为转子的材料，当转子反复运行及加速和减速时，容易造成金属材料的循环拉伸而改变其微观结构，使用后，可导致微观裂纹，多次使用后裂纹扩大，并最终导致转子发生故障，以致不能使用。常规的金属材料的转子的应力也可能会导致转子伸展和大小改变，当金属转子的弹性形变超过形变范围时，转子不会恢复其原来的形状，从而导致转子发生故障。

该专利提供了一种利用复合材料制备的转子，如图 4-3-37 所示，包括一个顶盘、一个底盘、转子主体，转子主体位于顶盘和底盘之间，顶盘和底盘是由多层纤维制备，转子主体由纵向高强纤维和树脂结合制备。

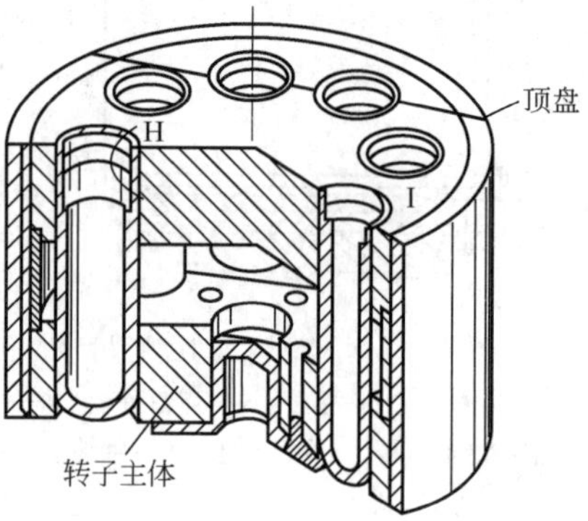

图 4-3-37　转子

该转子部分是由高强纤维制备，因此具有好的各向异性，且强度较高，其中位于一层且在一个径向方向的纤维可以通过树脂在不同的方向在各相邻的纤维层间传递刚性。因此，该转子具有各向异性的径向刚性。

该转子由于结构较轻，转子平衡性好，对轴承及传动系统的磨损较小。

该专利从转子的制备材料解决了转子的不平衡带来的离心机振动的问题。

第 4 章　主要竞争对手研究

4.1　国内主要竞争对手

4.1.1　山东博润工业技术股份有限公司

山东博润工业技术股份有限公司成立于 1994 年，位于淄博市高新技术开发区。作为一家国家高新技术企业、省级免检企业、省级重合同守信用企业，该公司已通过 ISO9001 国际质量体系认证、国际 14000 环境体系认证，并拥有自营进出口权。现为中国煤炭工业协会选煤分会会员单位、中国煤炭加工利用协会理事单位、中国通用机械工业协会分离机械分会会员单位、中国机械工程学会工程陶瓷专业委员会会员单位、中国工业防腐蚀技术协会会员单位等。

该公司主要致力于耐磨保护、洗选设备、物料输送三大系列产品的生产、研发与销售，产品性能优异，售后服务完善。

耐磨保护系列主要包括耐磨材料、耐磨产品、耐磨零部件。作为专业耐磨保护产品生产、供应商，该公司提供从应用咨询、现场测量、设计服务、材料生产直到安装的全方位耐磨保护方案，并根据使用条件选择最合理的耐磨材料进行联合应用，提供最优解决方案。

洗选设备系列主要包括离心机系列及自动加药装置。其中，离心机系列产品包括卧式筛网沉降式离心机、沉降式离心机、卧式振动卸料离心机、卧式刮刀卸料离心机；自动加药装置包括絮凝剂自动加药系统、三腔式自动加药系统、浮选药剂自动加药系统及煤泥水自动监测控制系统。2012 年公开号为 CN202447204U 的专利公开了一种卧式振动离心机筛篮，如图 4-4-1 所示，包括锥形的筛篮本体，筛篮本体大口径端的内壁圆周上焊接有挡水环，挡水环与筛篮本体连接一端的内径大于另一端的内径。筛篮本体的小口径端内衬有高耐磨钢制成的磨损带，通过在筛篮本体大口径端的外沿上设置挡水环，能够在物料

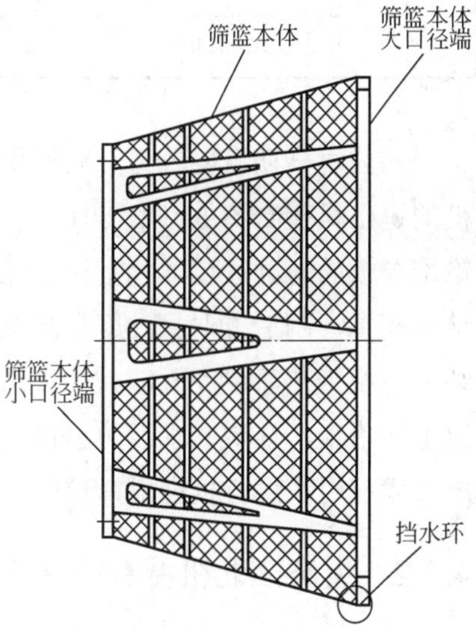

图 4-4-1　卧式振动离心机筛篮

脱水过程中，将部分沿筛篮本体内壁流下的水进行有效阻挡，使这部分水不会进入干物料室影响产品的脱水效果，从而保证了产品的质量。

从表 4-4-1 看出，该公司关于离心机的专利除 2013 年的一件外，其余的都已获得授权，且都在专利保护期内，企业可以考虑将该公司作为合作对象，借鉴其技术。

表 **4-4-1** 山东博润工业技术股份有限公司专利状态

申请号	当前法律状态	专利有效性
CN201020302407.7	授权	有效
CN201020202303.9	授权	有效
CN201020694677.7	授权	有效
CN201120133255.7	授权	有效
CN201120133508.0	授权	有效
CN201120555962.5	授权	有效
CN201120568511.5	授权	有效
CN201220045120.X	授权	有效
CN201220646783.7	授权	有效
CN201220750481.4	授权	有效
CN201320488259.6	授权	有效
CN201320837868.8	授权	有效
CN201310700538.9	实质审查	审中

该公司早期主要致力于耐磨保护产品的研发，其中部分管道耐磨的专利可以应用在离心机的进出料管制备中，如 2012 年公开号为 CN202452034U 的专利，公开了一种内衬高碳高铬堆焊板的耐磨管道，包括钢管主体，钢管主体的内壁塞焊连接高碳高铬堆焊板。该管道的结构简单、制造方便且硬度和耐磨性能优异，其抗冲击磨损性能优于铸石、氧化铝陶瓷，拆装、更换工艺简单，既能减少管道的更换频率，又能降低生产成本、减轻劳动强度，适用于火电、冶金、煤炭、水泥、钢铁、化工等行业的输送系统。企业可以考虑将该公司的管道耐磨技术应用在离心机进出料管的耐磨研发中。

4.1.2 重庆江北机械有限责任公司

重庆江北机械有限责任公司始建于 1941 年，是重庆机电控股（集团）公司旗下重庆机电股份有限公司的全资子公司。公司自 1965 年起专业生产制造分离机械产品，是中国最大的离心机专业制造企业、中国通用机械行业协会副会长单位、中国分离机械行业协会理事长单位、中国离心机研制基地，已发展成为集研发、制造、经营、进出口、服务一体化的大型分离机械及其系统的制造商、集成商和服务商。产品技术处于国内领先地位，主导产品达国际先进水平，先后开发了 LW（D）系列卧式螺旋卸料离心机、HR 系列双级活塞推料离心机、GKH 系列虹吸刮刀离心机、YDF 高速离心机、WT 污泥脱水成套设备、DYQ 带式过滤机等上百种规格的分离机械、制药机械、环保成套设备新产品，拥有 50 余项专利技术，先后荣获国务院国家重大装备成果二等奖、中国通用机械工业科技进步二等奖、中国分离机械行业特殊贡献奖，产品广泛服务于石油、石化、冶金、矿山、能源、有色、制药、食品、化工、环保等行业，并远销欧美及东南亚市场，市场占有率处于同行业领先地位。

从表 4-4-2 看出，该公司关于离心机的专利都已授权且都在专利保护期内。企业可以考虑将其作为合作公司，一起研发离心机相关技术。

表 4-4-2 重庆江北机械有限责任公司专利状态

申请号	当前法律状态	专利有效性
CN201120488902.6	授权	有效
CN201120488903.0	授权	有效
CN201220725465.X	授权	有效
CN201120481306.5	授权	有效
CN201320843667.9	授权	有效
CN201120484100.8	授权	有效
CN201120481334.7	授权	有效
CN201120481341.7	授权	有效
CN201320843279.0	授权	有效
CN201220724218.8	授权	有效
CN201220724020.X	授权	有效
CN201320867161.1	授权	有效
CN201220724319.5	授权	有效
CN201220724231.3	授权	有效
CN201220724025.2	授权	有效
CN201320010509.5	授权	有效
CN201120483335.5	授权	有效
CN201120484161.4	授权	有效
CN200920207171.6	授权	有效
CN201120484086.1	授权	有效

4.1.3 技术功效

本技术分支按照离心机主要部件划分为转子、进出料装置、电机、刮刀、料层监测装置、密封装置和差速器。

从技术功效图 4-4-2 可以看出，山东博润工业技术股份有限公司和重庆江北机械有限责任公司对离心机的研究主要集中在离心机的使用寿命延长和降低离心机的成本，其中申请量最为集中的是延长离心机的使用寿命，主要是通过改进离心机的进出料装置的结构及材料来实现，所用材料包括陶瓷、橡胶、高碳高铬堆焊板和不锈钢等。结构的改进主要包括改变管道内耐磨材料粘贴形式、可拆卸的进出料装置、具有振动装置的出料口等。

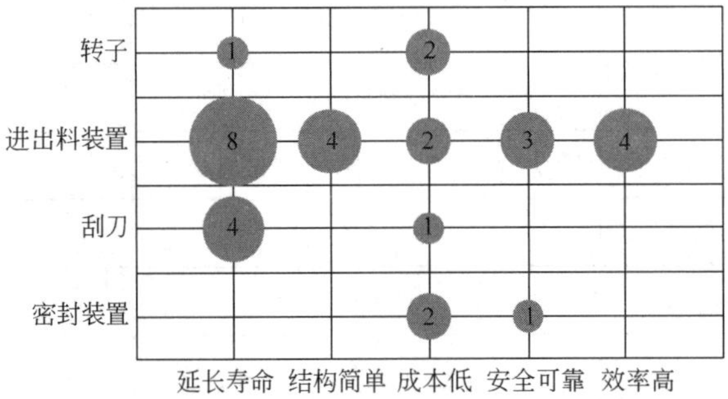

图 4-4-2 中国国内竞争对手技术功效矩阵图

例如，专利号为 CN201220045120.X 的实用新型公开一种卧式刮刀卸料离心机用分隔式离心液排出室，包括离心液排出室筒体，离心液排出室筒体内纵向安装有隔板，隔板两侧均设置耐磨陶瓷层。该实用新型结构简单，容易实现；设置隔板，可根据离心液排出室中水分流出特点，将水流进行分流，有效防止水分溢过离心液排出室与干物料排出室之间的隔板进入干物料排出室；耐磨陶瓷层的设置，可保证隔板的耐磨强度及使用寿命。

专利号为 CN201220724218.8 的专利为解决现有技术卧式刮刀离心机出料装置存在的操作不便、人工强度大等问题，提出一种卧式刮刀离心机出料装置。该装置倾斜安装于卧式刮刀离心机的机体外部，且与卧式刮刀离心机的门盖体固定连接，包括斜槽出料斗、振动机构，振动机构设置在斜槽出料斗的上方且固定连接。该实用新型卧式刮刀离心机出料振动隔离装置的有益技术效果是解决了高粘附性物料的出料难题，在斜槽出料斗的上方增加机械振动，方便物料滑落。

而这两家公司对离心机转子研究得较少，主要改进转鼓及筛篮的结构，如申请号为 CN201020694677.7 的专利公开了一种便捷更换筛网模块的卧式筛网沉降离心机转鼓过滤段，包括过滤段筒体，其特征在于过滤段筒体上分布有多个筛网模块，所述筛网模块包括筛网支架和固定在筛网支架上的筛网，筛网支架为方形筒状，筛网固定在筛网支架的中部，筛网支架的两侧设有多个固定螺孔和顶出螺孔，筛网支架和过滤段筒体之间设有穿过固定螺孔的紧固螺栓。本实用新型具有结构合理、更换省时省力、成本低的优点。本实用新型把可更换筛网模块做成标准化的备品备件，在使用现场无须对罩壳和转子进行吊装作业即可轻松快速完成对转鼓过滤段的检修维护，对整个转鼓过滤段磨损严重的筛网模块可进行局部更换，大大降低了维护成本和检修时间。

4.2 国外主要竞争对手天马股份公司

天马股份公司成立于 1925 年，至今已有 90 多年的历史，如图 4-4-3 所示，天马股份公司在德国、美国、澳大利亚、南非、韩国、智利、西班牙、英国、比利时及法国均设有分公司及加工厂。

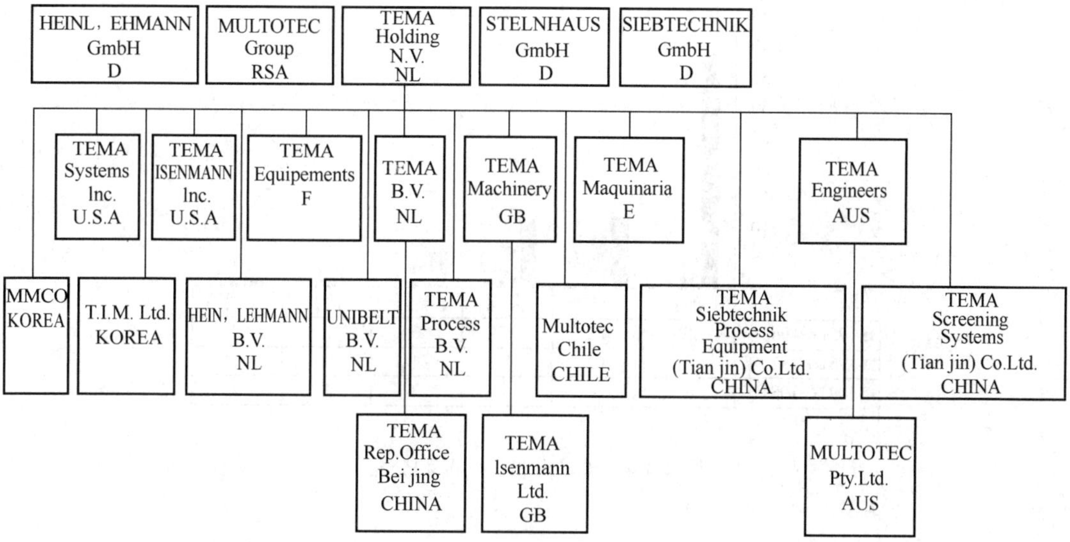

图 4-4-3 天马股份公司子公司及其合作单位

该公司的合作公司包括德国的 HEIN LEHMANN 公司、南非 MULTOTEC 集团公司、德国 SIEBTECHNIK GmbH 等。

德国的 HEIN LEHMANN 公司是一家钢丝网布、筛网、冲孔网、振动筛网及制糖离心机的制造商，于 1888 年成立。南非 MULTOTEC 集团公司自 1973 年成立至今，一直处于矿业加工技术领域的领先地位，公司是世界上著名的矿业设备及材料的集成供应商，集团下属包括工业旋流器、螺旋分选机、磁选机及取样系统等矿业设备的生产商，其产品在世界范围内受到广泛赞誉。德国 SIEBTECHNIK GmbH 是一家专业生产包括大型离心机、研磨机及各种筛分机、制取样设备的公司，是振动筛分设备及实验室样品处理专家。其产品在国内外大型工矿企业、港口码头、商检系统等都有着广泛的应用和深远的影响。国内外在选煤、选矿方面的一些教科书亦采用该公司的振动筛、筛分机等仪器。

4.2.1 天马股份公司专利布局

从图 4-4-4 可以看出，天马股份公司及其合作单位或子公司、分公司对离心机的研发从 1951 年开始，其专利主要分布在德国、法国、英国、美国、荷兰和奥地利，其中在德国的申请量位居第一，从申请时间来看，该公司在 1981 年以后基本没有离心机方面的专利申请，说明该公司离心机方面的技术在这些国家的市场已达饱和。从图 4-4-5 也可以看出，该公司全球专利申请量随年份的增长呈抛物线的趋势发展，在 1978 年左右，申请量达到最大值，1980 年以后，申请量回落，到近几年申请量只有 2～3 件，由此可见该公司对离心机的研发技术已趋于成熟。

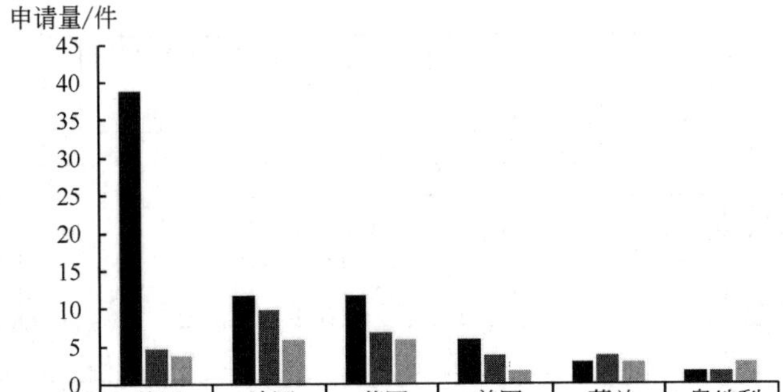

	德国	法国	英国	美国	荷兰	奥地利
■ 1951—1960年	39	12	12	6	3	2
■ 1961—1970年	5	10	7	4	4	2
■ 1971—1981年	4	6	6	2	3	3

图 4-4-4 天马股份公司专利分布

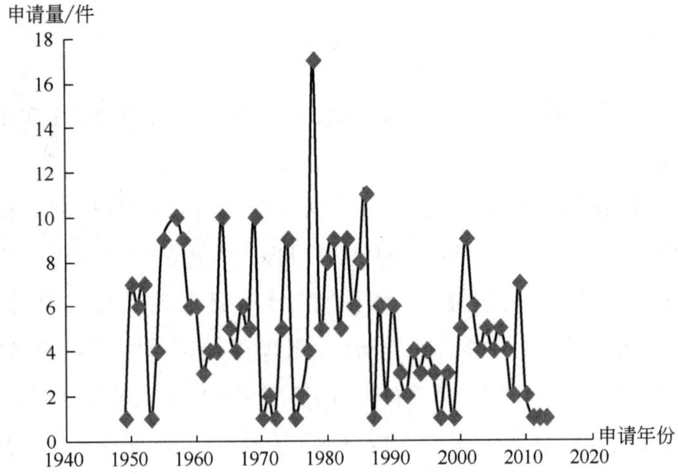

图 4-4-5 天马股份公司专利申请趋势

4.2.2　天马股份公司申请人

从表 4-4-3 可以明显看出，天马股份公司及其合作公司的专利申请量主要集中在筛篮，其中德国 HEIN LEHMANN 公司的申请量最大，且该公司主要研究筛篮的结构，包括筛篮筛缝及筛篮的安装，还有少部分的专利研究筛篮的材料；其次是 STEINHAUS GMBH，该公司的专利都是关于筛篮的，包括对筛篮结构和材料等的改变，所用到的材料主要包括合金和塑料。

表 4-4-3　天马股份公司专利技术分布

单位：件

申请人	筛篮	电机	进出料管	控制器	主轴
HEIN LEHMANN GmbH	134		1		4
STEINHAUS GMBH	27				
ISENMANN SIEBE GMBH	19		1		
SIEBTECHNIK GmbH	15	2	2		1
MULTOTEC MANUFACTURING（PTY）LIMITED	20		3	2	

第5章　结论与建议

5.1　离心机主要部件的耐磨结构及材料技术结论与建议

5.1.1　全球申请态势

在中国申请趋势和技术构成方面，该技术起步较晚，从 2002 年申请量开始处于逐年递增的状态，在该技术领域授权专利占了 59%，权利终止的占了 23%，可见中国该技术目前还处于发展阶段，且研究的主要是离心机转鼓及筛篮的耐磨技术，所采取的技术方案主要是对转鼓及筛篮结构的改进和对筛篮筛缝的改进。而国外该技术起步较早，近年也有一定申请量，说明该项技术在国外也是处于发展阶段，而美国、加拿大、德国市场的专利申请相对比较完善，进入这些国家和地区市场的专利风险较大。

全球技术具有很大的借鉴空间，在离心机的耐磨技术上，德国的专利是重点参考的技术对象。美国的离心机耐磨技术从 20 世纪 70 年代到现在的申请量较为均衡，具有一定的参考价值。

5.1.2　主要申请人及发明人

无论从专利的申请量还是授权量来看，浙江轻机实业有限公司均处于第一位，且明显高于其他公司，浙江轻机实业有限公司在 2008—2013 年，总共申请了 13 件离心机关键部件耐磨技术的相关专利，这批专利中除了同日申请放弃的实用新型专利以外，其余专利都获得了授权。绿水分离设备有限公司和广州迪森热能技术股份有限公司排名紧随浙江轻机实业有限公司之后，绿水分离设备有限公司在 2010—2013 年申请量为 7 件，授权量为 4 件，剩余 3 件还处于实质审查阶段；广州迪森热能技术股份有限公司在 2011—2012 年申请量为 7 件，授权量为 5 件。

浙江轻机实业有限公司主要研究卧式螺旋及推料离心机的耐磨技术，分别从结构和材料进行改进，该公司对筛篮的耐磨性能也进行了改善，所采取的主要技术是改变筛条和支撑条的方向，该研究方向从 1995 年开始，近年也有相当的申请量，企业可将该研究作为研发方向。

离心机关键部件耐磨技术的主要发明人包括刘建宗、纪伟勇、周建国、苏贻随和沈盛波，其中排名第一的为刘建宗，为绿水分离设备有限公司的董事长，其申请量为 9 件，授权量 4 件；排名第二的为纪伟勇，在 2009—2014 年的申请量为 7 件，授权量为 7 件；紧随其后的是周建国、苏贻随、沈盛波，申请量为 5 件，授权量为 3 件。

刘建宗对转鼓耐磨性能的改进所采取的主要技术是在转鼓内壁增加增强筋，从申请量来看，在 2001—2012 年，利用此类相似技术改善转鼓耐磨性能的专利总共为 4 件，且都为不同的申请人，相对于改变转鼓结构的其他方法数量较多，且都已获得授权，该设计思路可能会成为近年来的研发热点。

阿法拉伐公司在该技术的专利申请量占该技术在全球专利申请总量的 58%，同时该公司 1982 年在香港成立了阿法拉伐中国公司，1984 年在北京成立了第一个办事处。现今，全国共有 11 家销售办事处、8 家服务中心和 4 家工厂，说明阿法拉伐公司对中国市场非常重视。建议：①企业应实时监控阿法拉伐公司在全球专利申请情况，避免其专利打击中国市场，降低可能存在的侵权风险；同时，对阿法拉伐公司的重点专利实时进行解析，以了解其研发方向和研发动态。②通过收购、合作等方式整合区域或国内离心机耐磨技术市场，以提高企业核心竞争力应对行业巨头的竞争。

5.1.3　核心专利

申请人为煤炭科学研究总院唐山分院的李文义和顾颖春，公开号为 CN103056040A 的专利，公开一种离心脱水机筛篮，它的筛条与筛篮的轴线相垂直，用支撑条支撑，支撑条排布方向与轴线方向相同，筛条与支撑条焊接成形后的筛篮为整体圆锥体结构。与现有技术相比，本发明筛篮的筛条方向为横向（垂直于轴心），支撑条为纵向，这种排布减少了筛条边棱与刮刀相对运动产生的切割阻力和遮挡筛缝的缺点，提高了开孔率。同时，筛篮筛面为整体成形，无拼接，提高了精度，缩小了筛面与刮刀的缝隙，减少了筛面滞留物，使筛缝阻塞少，脱水效率提高，降低了载荷。同时减小了筛篮面的磨损，提高了使用寿命。该专利解决了企业所面临的问题，但还处于实质审查阶段，企业可以对该专利的技术进行进一步改进或者将该公司作为合作对象，来解决企业的需求。建议企业可以在该技术领域继续投入研发力量。

5.2　离心机关于主轴及轴承密封技术结论与建议

5.2.1　全球申请态势

在中国申请趋势方面，该技术起步于 1988 年，从 2007 年开始申请量和申请人逐年呈上升趋势，说明该项技术处于一个研发的上升期，且技术主要集中在采用密封圈密封。在国外申请趋势方面，该技术起始于 19 世纪末 20 世纪初，1980 年以后，该技术的申请量处于一个下降状态，说明 1980 年以后该技术在国外市场已达到一个饱和状态。德国、美国、瑞典市场的申请相对比较完善，进入这些国家和地区市场的专利风险较大。

5.2.2 重要申请人及发明人

从申请量和授权量来看，安徽普源分离机械制造有限公司均处于第一位，且明显高于其他公司，其中申请量为 23 件，授权量为 12 件；排名第二的是江苏华大离心机，申请量为 15 件，授权量为 8 件；紧随其后的是江苏赛德力制药机械制造有限公司，申请量为 9 件，授权量为 5 件。

安徽普源分离机械制造有限公司在 2010—2012 年总共申请 23 件关于离心机轴密封技术方面的专利，目前都在专利保护期内，其所采取的技术主要有在轴承安装挡油圈、在主轴护套和轴承盖之间镶嵌有骨架密封、填料密封等。密封性好，且结构简单，安装使用方便。建议企业可以考虑将其作为合作对象。

该领域的主要发明人包括沈云旌、顾根生、沈泽文、马爱忠和吴志明，其中排名第一的为沈云旌，其在 2012 年总共申请了 9 件专利，授权量为 7 件；排名第二的是顾根生，在 2006—2014 年共申请了 9 件专利，授权量为 5 件；紧随其后的是沈泽文，在 2011 年总共申请 8 件专利，授权量为 4 件。

安徽普源分离机械制造有限公司的沈云旌，所采取的技术方案主要是在离心机转鼓的上表面设置有密封圈和填充层。该技术是目前离心机主轴密封技术领域所采取的主要技术。

美国贝克曼库尔特有限公司所用的技术基本都用到了密封圈密封，取得了较好的密封效果，该公司的很多专利没有在中国申请保护，因此，企业可以直接应用。

5.2.3 核心专利

2010 年江苏赛德力制药机械制造有限公司公开了一件公开号为 CN101875028A 的专利，提供了一种具有主轴密封装置的刮刀离心机，采用密封圈和氮气气体双重密封的刮刀离心机，它包括主轴、轴承箱、前压盖及主轴密封装置，所述的主轴密封装置由密封套、主轴密封圈、密封圈隔圈、密封圈压盖及唇型密封圈组成，密封套套装在主轴上，前压盖、主轴密封圈、密封圈隔圈及密封圈压盖依次套装在密封套上，唇型密封圈安装在前压盖端面上，在轴承箱及前压盖上设有孔道，孔道通达密封套表面。主轴密封圈采用符合食品级要求的聚四氟乙烯制作，具有伸弹性小、耐磨性好的优点，与主轴紧密贴合，基本无间隙。唇型密封圈安装在前压盖端面上，可以进一步提高密封效果。本发明采用的上述结构，由于能够提高密封效果，实时检测密封状态，稳定可靠，从而可以延长刮刀离心机的使用寿命。该专利的技术为企业提供一定的技术指引。

5.3 离心机减震技术结论与建议

5.3.1 全球申请态势

在中国申请趋势及技术构成方面，该技术起始于 1985 年，2008 年以后，该项技术的专利申请量及申请人都急剧增加，可见国内该技术目前还处于发展阶段；所采取的技术方案主要是通过转鼓的改进来实现减震目的，转鼓的改进主要包括改变转鼓的结构及安装方法和在转鼓上加装控制器，来控制转鼓的平衡。企业可以考虑将其作为研发热点，投入一定的研发力量。

在国外专利分布及申请人方面，该技术在日本的申请量最大，总量达到了近 500 件，美国和韩国的申请量也为 400～500 件，且所采用的技术主要集中在对转鼓的改进，在近几年也有很大的申请量，说明该技术在国外的研究还在继续，还处于一个研发上升阶段。

5.3.2　主要申请人及发明人

该技术领域的主要申请人包括浙江大学、安徽普源分离机械制造有限公司、浙江轻机、重庆江北机械有限责任公司和西安船舶工程研究院有限公司，无论从申请量还是授权量来看，浙江大学都处于第一位，申请量为 12 件，授权量为 6 件；排名第二的是安徽普源分离机械制造有限公司，申请量为 7 件，授权量为 5 件；排名第三的是浙江轻机实业，申请量为 6 件，授权量为 6 件。

浙江大学的专利主要集中在转鼓平衡的控制方法，能实现自适应动平衡调整，有控制准确等优点，除了同日申请的实用新型已放弃外，其余的专利都已获得授权，且有部分专利已过了专利保护期，企业可以考虑直接利用已过保护期的专利，参考已授权的专利。

HITACHI KOKI KK 有关离心机减震的技术主要集中在对转鼓的改进，对转鼓改进的专利申请量占该公司整个申请量的比重较大，所采取的技术方案是对转鼓的改进，主要包括对转鼓结构的改进和增加控制器来控制转鼓的平衡，该公司的发明人 AIZAWA MASAHARU 主要研究的是转鼓的结构，企业如果想了解转鼓的结构对离心机振动的影响，可以对该发明人的专利进行实时解析，以了解其研发方向和研发动态。

5.3.3　核心专利

2011 年天地科技股份有限公司唐山分公司公开的公开号为 CN201768627U 的专利，提供了一种卧式振动离心机振动装置，采用由板簧、弹簧外板和弹簧内板构成的弹簧作为组成二次振动体的部件可使初级振动体较小的激振力引起二级振动体获得较大的振幅，是振动放大的过程，降低能耗，同时可以避免因采用高加速力驱动振动体而产生的有害振动，从而降低对材料强度和结构刚度的要求。板簧、弹簧外板、弹簧内板与外方体、内方体的连接结构简单、工作可靠，不需专用拆装工具、安装与拆卸方便，缩短了维护时间，一些零部件可单独更换、维护费用较低。左端盖、右端盖使弹簧内板与内方体固定连接在一起，有效保证了振动体轴向运动，避免横向运动的可能。企业可以借鉴该专利的技术，改进离心机的减震技术。

5.4　山东博润和重庆江北机械专利分析结论与建议

山东博润工业技术股份有限公司前期产品主要是管道的耐磨保护，对离心机的研究起步较晚，总共申请量为 32 件，授权量为 31 件，其第一发明人主要是陈兵和颜继鹏，陈兵作为第一发明人的主要专利集中在管道耐磨技术领域，颜继鹏作为第一发明人的主要专利集中在离心机耐磨技术领域。申请号为 CN201020694677.7 的专利公开了一种便携更换筛网模块的卧式筛网沉降离心机转鼓过滤段，包括过滤段筒体，筒体上分布有多个筛网模块，所述筛网模块包括筛网支架和固定在筛网支架上的筛网，筛网支架为方形筒状，筛网固定在筛网支架的中部，筛网支架的两侧设有多个固定螺孔和顶出螺孔，筛网支架和过滤段筒体之间设有穿过固定螺孔的紧固螺栓。对整个转鼓过滤段磨损严重的筛网模块可进行局部更换，大大降低了维护成本和检修时间。由于该专利所保护的技术方案较为基础，无效或绕开的可能性较小，因此企业应提前做好规避的准备工作；同时对该专利进行深度解析和挖掘，并形成外围专利，以争取获得交叉许可或谈判筹码。

5.5 天马股份公司专利分析结论与建议

天马股份公司的合作公司主要是德国的 HEIN LEHMANN 公司、南非 MULTOTEC 集团公司、德国 SIEBTECHNIK GmbH 等，这些公司主要是对离心机各个部件的研究，总申请量为 263 件，授权量为 156 件，企业可以考虑和这些公司合作，直接应用其研发的部件。

从合作公司及子公司申请量排名来看，德国 HEIN LEHMANN 公司的申请量最大，为 139 件；排名第二的是 STEINHAUS GMBH，申请量为 27 件；紧随其后的是 ISENMANN SIEBE GMBH，申请量为 20 件。这三家公司的专利主要集中在筛篮的研究，包括筛篮结构、筛篮安装及制造筛篮所用的材料等技术方面。

该公司及其合作单位或子公司、分公司对离心机的研发从 1951 年开始，其专利主要分布在德国、法国、英国、美国、荷兰和奥地利，在中国申请的专利很少，在 1978 年左右，申请量达到最大值为 17 件，1980 年以后，申请量回落，到近几年申请量只有 2～3 件，由此可见该公司对离心机的研发技术已趋于成熟，且很多专利都已过了保护期，企业可以直接利用这些专利。

参考文献

[1] 程宏志．我国选煤技术现状与发展趋势［J］．选煤技术，2012（2）．

[2] 王显政．发展煤炭洗选加工促进煤炭清洁高效利用［EB/OL］．［2014-10-13］．http://www.ccoalnews.com．

[3] 荷兰天马有限公司［EB/OL］．［2014-10-13］．http://baike.haosou.com/doc/5067117-5294579.html．

[4] 澳大利亚卢德维琪振动筛离心机配件［EB/OL］．［2014-10-13］．http://blog.sina.com.cn/s/ blog 9a6a5f4 6010 1a0i1.html．

[5] 中机伟林离心机资料［EB/OL］．［2014-10-13］．http://www.doc88.com/p-846877632- 2228.html．

[6] 山东博润工业技术股份有限公司［EB/OL］．［2014-10-13］．http://www.borun.cn/．

[7] 曾红红．株洲舜臣选煤机械有限责任公司［EB/OL］．［2014-10-13］．http://www.docin.com/p-601135511. html．

[8] 丁天阳．梯形缝隙筛孔滤网：CN201020505902.8［P］．2011-03-16．

第五篇
烟碱类杀虫剂复配技术专利分析报告

第 1 章　项目概述与研究需求

1.1　立项背景

当前农药行业的发展面临三大主要问题：一是产品同质化现象严重。热门产品产能过剩仍未得到有效遏制，特别是比较新的品种，一哄而上的现象依然存在。如嘧菌酯登记企业超过 40 家，噻虫嗪登记企业超过 20 家。二是环保问题依然是制约行业发展的一大门槛。三是调整产品结构还有待突出重点。从出口品类来看，杀菌剂仍是中国农药行业的薄弱环节。

近年来国外农药开发的方向是高效、低毒、低残留、无污染，杀虫剂尤其如此。具体体现为追求“三高”：安全性高（这不仅要求毒性低、残留低，而且要求能降解、无公害）；生物活性高（新开发的化合物有效剂量大都是低用量）；选择性高（几乎所有新品种都具有特定的作用方式，对靶标害物以外的作物、益虫无活性）。这“三高”基于一个共同点，即保护人类生存的环境。此外，在杀虫剂新品种开发中还要求进一步降低生产成本。

20 世纪 80 年代后，传统合成农药开发难度越来越大，使人们把开发思路逐步转移到生物源方面。现代技术手段的飞速发展和生物科学理论的完善提高，更促进了以天然活性物质为来源的化学合成农药的发展。生物源化学合成杀虫剂是以天然毒素为先导化合物，经结构改造和优化开发的新化合物。这种方法的成功率相对较高，目前已成为开发新型高效杀虫剂的主要途径之一。如由烟碱、氯烟碱开发出吡虫啉，由鱼藤、鱼藤酮开发出哒螨酮，由吡咯霉素开发出溴虫腈等。

发展高毒有机磷农药替代品种的市场潜力巨大。对高毒品种（如甲胺磷、久效磷、对硫磷、甲基对硫磷、氧乐果等）总产量的大规模削减为中国发展高毒有机磷农药替代品种提供了巨大的市场。高效低毒杀虫剂将得到越来越广泛的应用。近年来，高效、低毒、低残留杀虫剂在中国发展很快，新产品不断开发成功，并迅速得到推广应用。如吡虫啉、吡虫清、杀扑磷、嘧啶磷、甲基嘧啶磷、二嗪磷、定虫隆等，其中吡虫啉的开发和推广最为成功。

烟碱类杀虫剂作为高效、低毒、低残留杀虫剂的代表，是目前增长最快的一类杀虫剂，也是作用机理研究得较为透彻的一类杀虫剂。目前烟碱类杀虫剂已成为杀虫剂中销售份额最大的一类。噻虫嗪是目前全球销售额最大的杀虫剂品种，吡虫啉紧随其后，2011 年的销售额已超过 10 亿美元。

烟碱类化合物是一类高效、安全、高选择性的新型杀虫剂，在国内外市场发展很快。中国从 20 世纪 80 年代末就开始了对烟碱类杀虫剂的研究开发，目前已取得不少进展。烟碱类杀虫剂主要包括吡虫啉、啶虫脒、烯啶虫胺、氯噻啉、噻虫啉、噻虫嗪、噻虫胺、呋虫胺等。

烟碱类杀虫剂的作用机制主要是通过选择性控制昆虫神经系统烟碱型乙酰胆碱酯酶受体，阻断昆虫中枢神经系统的正常传导，从而导致害虫出现麻痹进而死亡。由于该类杀虫剂具有独特的作用机制，与常规杀虫剂没有交互抗性。其不仅具有高效、广谱及良好的根部内吸性、触杀和胃毒作用，而且对哺乳动物毒性低，可有效防治同翅目、鞘翅目、双翅目和鳞翅目等害虫，对用传统杀虫剂防治产生抗药性的害虫也有良好的活性。既可用于茎叶处理，也可用于土壤、种子处理。

由于烟碱类杀虫剂的作用方式独特，与以前使用的如拟除虫菊酯类、氯化烃类、有机磷类和氨基甲酸酯类等杀虫剂很少或无交互抗性。该类杀虫剂为防治一些世界性重大害虫（包括对以前使用的杀虫剂具有长期抗性的害虫）作出了重要贡献。

随着烟碱类杀虫剂的不断问世，其原药产量亦迅速增加。由于原药一般不直接在田间使用，故需要加工成各种制剂。目前，烟碱类杀虫剂单剂的大范围使用使得不少害虫对该类杀虫剂产生了抗性。为了更好地实现杀虫效果，避免害虫进一步产生抗性，通常通过与其他类型杀虫剂进行复配和混配达到目的。同时，由于中国农药企业目前还没有能力创制新的烟碱类杀虫剂品种，其研究开发的重点也主要集中在剂型、复配、新用途等。

杀虫剂复配之后的联合毒力分为三种，即增效作用、拮抗作用和相加作用。烟碱类杀虫剂的复配对象有多种，用于市场化的复配制剂多为具有增效作用的制剂。相对于单剂而言，复配制剂的药效明显提高。对复配制剂增效作用的研究有助于寻找更有效的复配方式和发展新的杀虫剂。

1.2 企业需求及研究现状

陕西上格之路生物科学有限公司是一家集研发、制造、销售为一体的现代化新型农药企业，属于化工领域。主营农药（包括生物农药）、液肥的生产、乳化、复配、加工及其产品的研究、开发。产品涉及杀虫剂、杀菌剂、杀螨剂、除草剂、植物生长调节剂五大类 180 多个品种。

1.2.1 企业需求

1. 需求一：延缓抗性

基于烟碱类杀虫剂单剂的大范围使用使得不少害虫对该类杀虫剂产生了抗性，实践中延缓抗性的手段主要包括：

（1）改造药剂结构，研发新产品；

（2）将一种药剂与作用机理不同的药剂复配使用；

（3）科学合理地使用药剂。

企业自身在延缓靶标昆虫对烟碱类杀虫剂单剂抗性的研究过程中存在诸多困难，具体包括：

（1）尚不具备创造新化合物的能力；

（2）影响抗性产生的因素和解决手段复杂；

（3）试验测定周期长、难度高、工作量大；

（4）复配效果多样化。

选择与作用机理不同的药剂复配使用成为延缓抗性的重要手段。目前企业已经研制出延缓抗性且具备增效作用的复配组合物，且已申请专利保护。而研制出其他复配组合物仍需要进行完整的培育、用药、测定、筛选等过程，人力、物力、财力、时间成本都较高。因此，需要通过专利分析寻找烟碱类杀虫剂（A）与其他不同作用机理杀虫剂（B）复配使用时，可替代（B）的化合物，以达到延缓抗性的目的。从而指导企业在此基础上快速产出具有增效作用且延缓抗性的复配组合物，形成专利组合，获取更多的市场份额。

2. 需求二：提高药效、安全环保

影响杀虫剂药效发挥的因素包括农药自身因素、防治对象因素、环境因素、使用技术等。而实践中用来提高药效的技术手段主要包括添加助剂、延缓抗性、适宜的施药环境、科学用药等。目前企业针对药效发挥的探索主要集中在杀虫剂自身因素。添加助剂则成为本领域内通过改进农药自身特性解决药效问题的聚焦点。而助剂包括乳化剂、助溶剂、溶剂、稳定剂等，其中，溶剂为企业的关注点。目前各企业所采用的溶剂多为有机溶液，环保性能差；而且现有杀虫剂剂型繁多，不同剂型所使用的助剂也有所差别。考虑到乳油制剂是目前杀虫剂剂型中使用范围最广、效果明显、短期内难以替代的一类剂型，因此企业希望通过专利分析围绕乳油制剂，寻找可替代的环保性能优良的助剂，来提高烟碱类杀虫剂与其他不同作用机理杀虫剂的复配组合物的药效。

1.2.2 企业研究现状

陕西上格之路生物科学有限公司作为一家现代化新型农药企业，在烟碱类杀虫剂领域的研究主要集中在剂型、复配、新用途等。目前已经成功研制出数十项烟碱类杀虫剂的复配组合物配方，且已获得专利权保护。具体包括烯啶虫胺+吡蚜酮、哌虫啶+噻嗪酮、环氧虫啶+噻嗪酮、吡虫啉/啶虫脒/噻虫嗪+乙基多杀菌素等。有关复配组合物中的溶剂的使用，目前主要涉及水，以及苯、甲苯、二甲苯、二甲基甲酰胺、二氯乙烷、二甲基亚砜、丁醇、辛醇、异戊醇、生物柴油、甲酯化植物油等有机溶剂，尚未筛选出环保性能良好的其他溶剂。

该公司的研发重点主要集中在烟碱类杀虫剂复配组合物的防效测定方面，即就某新组合物测定其在特定防治对象上的防治效果，筛选出防治效果优秀的复配组合物，进而开展后续的复配组合物配方的研制。由于中国农药企业的研发实力较弱，尚不具备创造新化合物的能力，故多在国外先进企业研发的新化合物基础上进行试验，以期能够获得防治效果更优的复配组合物配方。

在众多烟碱类杀虫剂与作用机理不同的其他杀虫剂所形成的庞大矩阵中，如何筛选出能够延缓抗性且防治效果明显的复配组合物对企业来说是一项庞大而又复杂的工程。不仅需要大量研发人员精湛的研发技巧，更需要的是漫长的试验周期，需要在大田试验中进行完整的培育、用药、测定、筛选过程。在这期间所需耗费的人力、物力、财力、时间都是不可估量的。更重要的是，烟碱类杀虫剂与作用机理不同的其他杀虫剂之间复配使用时，所产生的联合毒力分为三种，即增效作用、拮抗作用和相加作用。这又无形中对研发工作带来了极大的障碍。

1.3 烟碱类杀虫剂复配技术与行业发展状况

目前，烟碱类杀虫剂的防治对象集中，制剂单剂较多。自其从 20 世纪 80 年代问世，整体应用情况较为稳定。其单剂制剂研发在类型上暂无重大的突破，侧重点在于研发单剂混配以达到提高防治效果、延缓抗药性等目的。国内外开发杀虫剂混合剂的目的也多数是延缓害虫抗性或提高杀虫效果。开发杀菌剂混合剂的目的是延缓植物病原菌对内吸杀菌剂的抗性发生。开发除草剂混合剂的目的是增加药剂间在防治杂草类型上的互补性。由于烟碱类杀虫剂与其他常见的杀虫剂，如菊酯类、有机磷类、氨基甲酸酯类农药无交互抗性，在制剂研究中，可采用复配方式，拓展杀虫谱，提高药效，延缓抗性发生。从实际的田间试验结果来看，烟碱类杀虫剂的复配制剂对某些抗性害虫有很好的速效性。尤其是啶虫脒和烯啶虫胺制剂，其防治范围还可以进一步扩大。

目前，单剂农药面临的主要问题有三点：其一，长期使用带来的抗性问题；其二，对农产的残留带来的生态环境风险；其三，防治效果单一可能带来的资源消耗问题。农药混配的优势在于通过对防治对象的研究来筛选最佳的组合方案，来改进单剂的固有缺陷，延长药剂使用寿命，提高农药的防治效果。同时复配制剂也直接减少了单剂的使用量，从而也能有效地降低农药残留，降低生态环境风险性。

现在新烟碱类农药在中国已进入快速成长期，发展前景看好。据业内人士估计，未来 3 年内中国水稻杀虫剂市场缺口巨大，共有达 30 多亿元的刚性需求。吡虫啉和啶虫脒已获得市场认可，各地植保部门把它们作为无公害作物种植的首选产品。烯啶虫胺和氯噻啉被认定为中国在未来几年中占主导地位的新型水稻杀虫剂。烯啶虫胺、氯噻啉和噻虫啉作为近几年新推出的产品，尽管已有一定的市场份额，但用户对其认知度还不高，市场需求增幅不显著。这亟须厂商加强宣传和推广力度，增加用户接触和了解新烟碱类杀虫剂的机会。

第2章 研究方法

2.1 研究边界

目前与烟碱类杀虫剂进行复配的活性成分包括各类有效成分，如杀虫剂、除草剂、杀菌剂等。采用不同类型活性成分进行复配后的作用范围和杀虫效果也不尽相同。本报告将围绕烟碱类杀虫剂与其他作用机理不同的非烟碱类杀虫剂针对农作物昆虫的复配效果进行分析。

烟碱类杀虫剂是作为后突触烟碱型乙酰胆碱受体（nAChRs）的激动剂作用于昆虫中枢神经系统，阻断昆虫中枢神经系统的正常传导，从而导致害虫出现麻痹进而死亡。烟碱类杀虫剂主要包括吡虫啉、啶虫脒、烯啶虫胺、氯噻啉、噻虫啉、噻虫嗪、噻虫胺、呋虫胺等。

其他作用机理不同的非烟碱类杀虫剂包括通过呼吸作用、神经作用及昆虫生长调节作用等途径发挥作用的杀虫剂，如有机磷类杀虫剂、氨基甲酸酯类杀虫剂、拟除虫菊酯类杀虫剂等。

农作物包括除林木以外的人工栽培植物，如粮食作物、经济作物、饲料作物、绿肥作物以及蔬菜、花卉等园艺作物。

复配组合物针对的靶标昆虫特指节肢动物门昆虫纲有翅亚纲中的部分翅目，包括半翅目、鳞翅目、膜翅目、同翅目、鞘翅目、双翅目、缨翅目、直翅目、等翅目、脉翅目、革翅目、网翅目、异翅目、总翅目。

2.2 技术分解与技术定义

2.2.1 技术分解

在前期准备阶段，对国内外相关行业动态进行了全面检索，收集技术和产业相关信息，在全球范围内进行专利文献的初步检索。与企业技术人员及行业专家座谈，开展企业调研等活动，了解国内外相关技术、产业的发展状况。根据所了解的产业现状，结合专利初步检索情况，确定本报告的重点研究对象。结合企业需求，最终确定专利技术分解表（见表5-2-1）。

表 5-2-1　烟碱类杀虫剂复配技术分解表

<table>
<tr><th>一级分类</th><th>二级分类</th><th>三级分类</th><th>四级分类</th><th>五级分类</th><th>六级分类</th></tr>
<tr><td rowspan="36">烟碱类杀虫剂复配的有效成分</td><td rowspan="17">烟碱类杀虫剂</td><td>吡虫啉</td><td></td><td></td><td></td></tr>
<tr><td>噻虫嗪</td><td></td><td></td><td></td></tr>
<tr><td>啶虫脒</td><td></td><td></td><td></td></tr>
<tr><td>烯啶虫脒</td><td></td><td></td><td></td></tr>
<tr><td>噻虫啉</td><td></td><td></td><td></td></tr>
<tr><td>噻虫胺</td><td></td><td></td><td></td></tr>
<tr><td>呋虫胺</td><td></td><td></td><td></td></tr>
<tr><td>烯啶虫胺</td><td></td><td></td><td></td></tr>
<tr><td>氯噻啉</td><td></td><td></td><td></td></tr>
<tr><td>哌虫啶</td><td></td><td></td><td></td></tr>
<tr><td>环氧虫啶</td><td></td><td></td><td></td></tr>
<tr><td>环氧虫啉</td><td></td><td></td><td></td></tr>
<tr><td>氟啶虫胺腈</td><td></td><td></td><td></td></tr>
<tr><td>吡蚜酮</td><td></td><td></td><td></td></tr>
<tr><td>氟啶虫酰胺</td><td></td><td></td><td></td></tr>
<tr><td>氟虫胺</td><td></td><td></td><td></td></tr>
<tr><td>其他</td><td></td><td></td><td></td></tr>
<tr><td rowspan="19">其他有效成分</td><td rowspan="19">杀虫剂</td><td>无机杀虫剂</td><td></td><td></td></tr>
<tr><td rowspan="17">有机杀虫剂</td><td rowspan="2">天然有机杀虫剂</td><td>植物性杀虫剂</td></tr>
<tr><td>矿物性杀虫剂</td></tr>
<tr><td rowspan="13">人工合成有机杀虫剂</td><td>有机氯类杀虫剂</td></tr>
<tr><td>有机磷类杀虫剂</td></tr>
<tr><td>有机氮类杀虫剂</td></tr>
<tr><td>有机锡类杀虫剂</td></tr>
<tr><td>拟除虫菊酯类杀虫剂</td></tr>
<tr><td>缩氨基脲类杀虫剂</td></tr>
<tr><td>酰基脲类杀虫剂</td></tr>
<tr><td>沙蚕毒素类杀虫剂</td></tr>
<tr><td>氨基甲酸酯类</td></tr>
<tr><td>酰胺类杀虫剂</td></tr>
<tr><td>嘧啶胺类</td></tr>
<tr><td>烟碱类似物</td></tr>
<tr><td>昆虫行为调节剂</td><td>氟虫双酰胺</td></tr>
<tr><td>昆虫生长调节剂</td><td></td></tr>
<tr><td>微生物杀虫剂</td><td></td><td></td></tr>
</table>

续表

一级分类	二级分类	三级分类	四级分类	五级分类	六级分类
		杀菌剂			
		杀软体动物剂			
		除草剂			
		其他			

2.2.2 技术定义

表 5-2-2 给出了表 5-2-1 中所涉及技术术语的相关解释。

表 5-2-2 烟碱类杀虫剂复配技术定义表

术语	定义
烟碱类杀虫剂复配的有效成分	与至少一种烟碱类杀虫剂组成复配制剂的活性成分
烟碱类杀虫剂单剂	活性成分单一，且为烟碱类的杀虫剂
其他有效成分	除烟碱类杀虫剂单剂之外用于复配的活性成分
吡虫啉	吡啶类，内吸、触杀、胃毒，1-(6-氯-3-吡啶基甲基)-*N*-硝基亚咪唑烷-2-基胺
噻虫嗪	胃毒、触杀、内吸，3-(2-氯-1,3-噻唑-5-基甲基)-5-甲基-1,3,5-恶二嗪-4-基叉(硝基)胺
啶虫脒	吡啶类，触杀、渗透，*E*- *N*′-((6-氯-3-吡啶基)甲基)-*N*^(2)-氰基- *N*′-甲基乙酰胺
噻虫啉	吡啶类，3-(6-氯-5-甲基吡啶)-1,3-噻唑烷-2-亚氰胺
噻虫胺	内吸，(*E*)-1-(2-氯-1,3-噻唑-5-基甲基)-3-甲基-2-2-硝基胍
呋虫胺	(*R*,*S*)-1-甲基-2-硝基-3-(四氢-3-呋喃甲基)胍
烯啶虫胺	烟酰亚胺类，内吸、渗透，(*E*)-*N*-(6-氯-3-吡啶甲基)-*N*-乙基-*N*′-甲基-2-硝基亚乙基二胺
氯噻啉	1-(5-氯-噻唑基甲基)-*N*-硝基亚咪唑-2-基胺
哌虫啶	吡啶类，1-((6-氯吡啶-3-基)甲基)-5-丙氧基-7-甲基-8-硝基-1,2,3,5,6,7-六氢咪唑(1,2-a)吡啶
环氧虫啶	吡啶类，9-((6-氯吡啶-3-基)甲基)-4-硝基-8-氧杂-10,11-二氢咪唑并(2,3-a)双环(3,2,1)辛-3-烯
环氧虫啉	内吸、胃毒和触杀，1-(2,3-环氧丙基)-*N*-硝基亚咪唑烷-2-基胺
氟啶虫胺腈	内吸，(1-6-(三氟甲基)吡啶-3-基)乙基)-λ4-巯基胺腈
吡蚜酮	内吸、触杀，4,5-二氢-6-甲基-4-(3-吡啶亚甲基氨基)-1,2,4-3(2H)-酮
氟啶虫酰胺	吡啶酰胺类，触杀、胃毒、渗透，*N*-氰甲基-4-(三氟甲基)烟酰胺
氟虫胺	*N*-乙基全氟辛基磺酰胺
杀虫剂	与烟碱类杀虫剂单剂复配的其他类杀虫剂

续表

术语	定义
无机杀虫剂	有效成分为无机化合物的杀虫剂
有机杀虫剂	有效成分为有机化合物的杀虫剂
天然有机杀虫剂	区别于人工合成有机杀虫剂，指天然存在的有机杀虫剂，如植物性杀虫剂雷公藤碱、印楝素等
矿物性杀虫剂	无机化合物的杀虫剂，如亚砷酸（白砒）、氟化钠等，此类杀虫剂也称为矿物性杀虫剂
植物性杀虫剂	利用植物次生代谢产物制成的防治作物虫害的制剂。主要提取楝科、菊科、木兰科、樟科等科的植物中的有效化学成分而制成
人工合成有机杀虫剂	通过人工合成的方法制成的有机化合物杀虫剂
有机氯类杀虫剂	是以碳氢化合物为基本架构，并有氯原子连接在碳原子上，同时又有杀虫效果的有机化合物
有机磷类杀虫剂	含磷的具有杀虫活性的有机化合物。能抑制乙酰胆碱酯酶的活性，使神经突触处释出的乙酰胆碱大量积累，阻断神经的正常传导，引起昆虫死亡
有机氮类杀虫剂	是指除了氨基甲酸酯外，含有 N 元素的杀虫剂。有两类化合物，脒类和硫代氨基甲酸酯类
有机锡类杀虫剂	含锡的具有杀虫活性的有机化合物
拟除虫菊酯类杀虫剂	是根据天然除虫菊素的化学结构而仿制成的一类超高效杀虫剂
缩氨基脲类杀虫剂	在 3-苯基吡唑啉酰苯胺基础上优化而来的一类杀虫剂，如茚虫威、氰氟虫腙
酰基脲类杀虫剂	特异性昆虫生长调节剂，又名苯甲酰脲类杀虫剂，如灭幼脲 3 号、氟苯脲、杀铃脲、氟铃脲、氟虫脲、倍虫隆、噻嗪酮、抑食肼等
沙蚕毒素类杀虫剂	按沙蚕毒素化学结构仿生合成的一系列能做农用杀虫剂的类似物的合称，如杀螟丹、杀虫双、杀虫单等
氨基甲酸酯类	氨基甲酸衍化而成的具有杀虫活性的酯类
酰胺类杀虫剂	是指氨或胺的氮原子上的氢被酰基取代后生成的具有杀虫活性的化合物
嘧啶胺类	20 世纪 90 年代开发的一类高效、低毒的杀菌剂，通过抑制菌体内甲硫氨酸的生物合成来抑制蛋氨酸的合成，同时抑制细胞壁降解酶的分泌进而影响病菌侵入寄主植物细胞。对灰葡萄孢所致的各种病害有特效
烟碱类似物	源于植物源农药烟碱，以烟碱类化合物为先导结构，通过半合成、全合成与结构修饰的方法制备的，在结构上与烟碱类似的衍生物
昆虫行为调节剂	人工合成的昆虫信息素，又被称作昆虫行为调节剂。这些药剂不能直接杀死害虫，而是通过干扰昆虫的正常行为，如交配行为、产卵行为、取食行为、集结行为、自卫行为等，达到控制和防治害虫的目的
昆虫生长调节剂	通过抑制昆虫生理发育，如抑制蜕皮、抑制新表皮形成、抑制取食等导致害虫死亡的一类药剂
微生物杀虫剂	用以防治虫害的微生物或其代谢产物。这类杀虫剂具有选择性强，对人、畜、农作物和自然环境安全，不伤害天敌，不易产生抗性等特点
杀菌剂	对植物病原微生物具有毒杀或抑制作用的化学物质
杀软体动物剂	是指用于防治危害农、林、渔业等有害软体生物的药剂
除草剂	用以消灭或控制杂草生长的农药

2.3　文献检索

2.3.1　检索策略

对于烟碱类杀虫剂复配技术的检索，采用了在中文和外文专利文献数据库中进行全面检索的方式，并采用分总的检索原则。

分总原则是指针对烟碱类杀虫剂复配技术分解表中烟碱类杀虫剂的分支进行检索，然后将所得检索结果汇总，得到总的文献量。由于烟碱类杀虫剂复配技术中必然含有至少一种烟碱类杀虫剂，因此制定检索策略时以烟碱组分为核心，检索杀虫组合物。其他复配组分由于仅作为杀虫组合物的其中一种有效成分，列入检索策略具有一定局限性，且能够用于复配的有效成分难以穷尽，因此不适宜检索，可用于检索后期的数据标引。

检索工作所基于的系统包括 CNIPR 数据库、专利之星数据库、SooPAT 数据库、IncoPat 数据库。其中，中文检索以 CNIPR 数据库为主，外文检索以 IncoPat 数据库为主。

2.3.2　检索要素

表 5-2-3 给出了烟碱类杀虫剂复配技术进行检索时所采用的关键词和分类号，其中，中文关键词是在 CNIPR 数据库和 IncoPat 数据库检索时所采用，英文关键词是在 IncoPat 数据库检索时所采用。检索所用分类号采用国际专利分类表（IPC 分类），各检索数据库均已采用。

表 5-2-3　烟碱类杀虫剂复配技术检索关键词

	中文	英文
关键词	烟碱类，新烟碱，类烟碱，氯代吡啶，硫代吡啶，氯代噻唑，四氢呋喃环，吡虫啉，噻虫嗪，啶虫脒，烯啶虫脒，噻虫啉，噻虫胺，呋虫胺，烯啶虫胺，氯噻啉，哌虫啶，环氧虫啶，环氧虫啉，氟啶虫胺腈，莫比朗，吡虫清，乙虫咪，阿克泰，快胜，AKD%1022，JP%339，IKI%220，AKD%3088，乙酰胆碱酯酶受体，硝基烯胺类，苯甲基胺，硝基胍类，氰基脒类，硝基亚甲基杂环，杀虫，除虫，灭虫，防虫，害虫防治，防治，驱虫，农药，组合物，混合物，协同，复配，混配，混剂，增效，交互抗性，药效，抗性，高效，抗药性，防效，毒力，特效，环保，生态，无公害，安全，速效，持效，起效快，时间长，药效持久，速度快，周期长，迅速，持久，结合物，乳油，溶剂	nicotinoid*，nicotin*，neonicotin*，chloronicotin*，*nicotinyl，*nicotinoid，chloropyrid*，thiopyrid*，imidacloprid，thiamethoxam，actara，mospilan，calypso，acetamiprid，thiacloprid，clothianidin，dinotefuran，nitenpyram，imidaclothiz，IPP，cycloxaprid，cycolxylidin，closer，transform，sulfoxaflor，XDE*208，nithiazine，flonicamid，cyanotropane*，AKD*1022，JP*339，IKI*220，AKD*3088，pymetrozine，“nAChR lig”，“nAChR-lig”，“acetylcholine receptor”，complex*，mix*，compound*，formula*，composition*，mixture*，combination*，insecticid*，pesticid*，disinfest*，disinsect*，exterminat*，prevent*，cure*，control*，treatment*，synergy*，“cross resistance”，“cross resistence”，effect*，efficacy*，resistan*，efficien*，virulen*，toxicit*，cooperat*，synergist*，coordinat*，environmental*，environment protect*，ecology*，no，free，less pollut*，safe*，secur*，rapid*，fast*，quick*，lasting*，persist*，onset，long，avail*，effect*，validity，effic*，period，“ec”，“emulsifiable concentrate”，“emulsifiable solution”，“oil concentrate”，“missible oil”，“oil solution”，solvent*，solvate*，menstruum*，dissolvent*，dissoluent*，menstrual，dissolvent*

续表

	中文	英文
分类号	A01C1/06，A01C1/08，A01N25，A01N27，A01N29，A01N31，A01N33，A01N35，A01N37，A01N39，A01N41，A01N43，A01N45，A01N47，A01N49，A01N51，A01N53，A01N55，A01N57，A01N59，A01P7/04，C07D，C07F	A01C1/06，A01C1/08，A01N25/*，A01N27/*，A01N29/*，A01N31/*，A01N33/*，A01N35/*，A01N37/*，A01N39/*，A01N41/*，A01N43/*，A01N45/*，A01N47/*，A01N49/*，A01N51/*，A01N53/*，A01N55/*，A01N57/*，A01N59/*，A01P7/04，A01N65/*，A01P7/02，A01P5/*，A01P3/*，A01P21/*，A01P1/*，C07D，C07F，C07C

本报告中涉及的 IPC 分类号的定义如下：

A01C1/06：种子的包衣或拌种。

A01C1/08：种子免疫。

A01N25/：以其形态，以其非有效成分或以其使用方法为特征的杀生剂、害虫驱避剂或引诱剂，或植物生长调节剂。

A01N27/：含烃的杀生剂、害虫驱避剂或引诱剂，或植物生长调节剂。

A01N29/：含卤代烃的杀生剂、害虫驱避剂或引诱剂，或植物生长调节剂。

A01N31/：含有机氧或有机硫化合物的杀生剂、害虫驱避剂或引诱剂，或植物生长调节剂。

A01N33/：含有机氮化合物的杀生剂、害虫驱避剂或引诱剂，或植物生长调节剂。

A01N35/：含有机化合物的杀生剂、害虫驱避剂或引诱剂，或植物生长调节剂，该有机化合物包含带有 2 个连于杂原子的键的碳原子，其中至多 1 个键连于卤素，如醛基。

A01N37/：含有机化合物的杀生剂、害虫驱避剂或引诱剂，或植物生长调节剂，该有机化合物含带有 3 个连于杂原子的键的碳原子，其中至多有 2 个键连于卤素，如羧酸。

A01N39/：含有芳氧基或芳硫基脂族的或环脂族化合物，即含有 $ArOC_n$……Y 或 $ArSC_n$……Y 基团的化合物的杀生剂、害虫驱避剂或引诱剂，或植物生长调节剂，如苯氧基乙胺、苯硫基乙腈、苯氧基丙酮。

A01N41/：含有有机化合物的杀生剂、害虫驱避剂或引诱剂，或植物生长调节剂，该有机化合物含有键合到杂原子上的硫原子。

A01N43/：含有杂环化合物的杀生剂、害虫驱避剂或引诱剂，或植物生长调节剂。

A01N45/：含有 3 个或更多的自相稠合的碳环，至少 1 个环不是六元环的有机化合物的杀生剂、害虫驱避剂或引诱剂，或植物生长调节剂。

A01N47/：含有不属于环原子并且不键合到碳或氢原子的碳原子，有机化合物的杀生剂、害虫驱避剂或引诱剂，或植物生长调节剂，如碳酸的衍生物。

A01N49/：含有-Cn-C-C-C-C-Cm 基团的化合物的杀生剂、害虫驱避剂或引诱剂，或植物生长调节剂，其中 $m+n \geq 1$，或者含有 C-C-C-Cn-C-C-C 基团的化合物的杀生剂、害虫驱避剂或引诱剂，或植物生长调节剂，其中 $n \geq 0$，并且这些碳原子中至多一个是同一环系的环原子，如昆虫保幼激素或其仿制品。

A01N51/：含有机化合物的杀生剂、害虫驱避剂或引诱剂，或植物生长调节剂，该有机化合物具有下列原子排列 O—N—S，X—O—S，N—N—S，O—N—N 或 O—卤素，其中不考虑每一原子所带有的键的数目，并且这些原子排列中没有原子构成杂环的一部分。

A01N53/：含有环丙烷羧酸或其衍生物的杀生剂、害虫驱避剂或引诱剂，或植物生长调节剂。

A01N55/：含除碳、氢、卤素、氧、氮和硫以外元素的有机化合物的杀生剂、害虫驱避剂或引诱剂，或植物生长调节剂。

A01N57/：含有有机磷化合物的杀生剂、害虫驱避剂或引诱剂，或植物生长调节剂。

A01N59/：含有元素或无机化合物的杀生剂、害虫驱避剂或引诱剂，或植物生长调节剂。

A01P7/：杀节肢动物剂。

A01N65/：含有藻类、地衣、苔藓、多细胞真菌或植物材料，或其提取物的杀生剂、害虫驱避剂或引诱剂，或植物生长调节剂。

A01P5/：杀线虫剂。

A01P3/：杀菌剂。

A01P21/：植物生长调节剂。

A01P1/：消毒剂；抗微生物化合物或其组合物。

C07D：杂环化合物。

C07F：含除碳、氢、卤素、氧、氮、硫、硒或碲以外的其他元素的无环、碳环或杂环化合物。

C07C：无环或碳环化合物。

2.3.3 检索结果

经过检索并去噪后的专利文献数据如表 5-2-4 所示，其中，检索截止日期为 2015 年 3 月 25 日。

表 5-2-4　烟碱类杀虫剂复配技术检索结果

项目	中文/件	外文/件
总样本	6447	4323
主要竞争对手	263	1457
关键技术点	4640	3641

2.4 数据处理与分析

2.4.1 数据处理

将标引后的数据信息进行规范化，包括申请年份、申请人、国别代码、有效性等字段的规范。

2.4.2 分析方法

本报告采用了宏观数据分析和企业关注重点深入分析相结合的研究方法。通过对专利数据进行定量分析，得到宏观的分析结果。通过对重点申请人和重点技术进行深入分析，得到其专利布局和技术发展情况。其中，宏观数据分析包括申请量趋势、区域分布、申请人排名、有效专利排名等；重点技术分析包括技术分支分析、技术功效分析、技术路线分析等。

第 3 章　总体专利分析

3.1　全球专利

3.1.1　全球历年发明专利申请量

从图 5-3-1 中可以看出，有关烟碱类杀虫剂复配的专利文献早在 20 世纪 90 年代即已出现。这也与烟碱类杀虫剂的诞生时期相吻合：1984 年德国拜耳公司和日本特殊农药公司联合开发出第一个烟碱类杀虫剂吡虫啉（第一代：氯代烟碱型）。吡虫啉原药的专利最早由拜耳公司在 1986 年申请。其生产工艺专利有 5 件，剂型专利 5 件，复配制剂专利 18 件，后处理专利 1 件。该阶段为烟碱类杀虫剂复配技术的起步阶段。

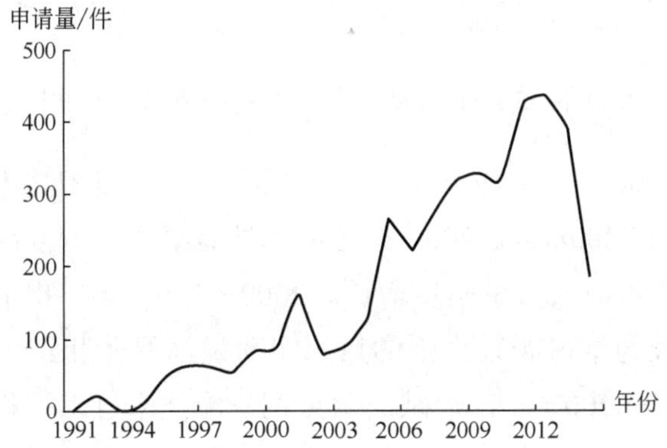

图 5-3-1　全球历年烟碱类杀虫剂复配技术发明专利申请量

1993—1994 年，烟碱类杀虫剂复配技术专利申请量经历了一个小的回落。其间，啶虫脒、烯啶虫胺等其他第一代烟碱杀虫剂研制成功。经过一个研发空档期，烟碱类杀虫剂复配技术的专利申请量迎来了第二个成长期，并在 2001 年达到一个小高峰。在此期间，涌现出噻虫啉、噻虫嗪、噻虫胺等第一代、第二代新型烟碱类杀虫剂。有关烟碱类杀虫剂单剂的创新研发处于活跃期，随之而来也出现一大批烟碱类杀虫剂复配技术。2002—2003 年，烟碱类杀虫剂单剂又进入第二个研发热潮，出现了第三代烟碱类杀虫剂——呋虫胺。自此，烟碱类杀虫剂单剂家族先后研制出三代新烟碱类化合物，与之相关的复配技术也出现了爆发式的增长，并于 2012 年达到顶峰。

烟碱类杀虫剂单剂的大范围使用使得靶标昆虫逐渐产生抗性，因此研发新型烟碱类杀虫剂单剂以及烟碱类杀虫剂与其他活性成分的复配是延缓抗性的两个重要途径。截至目前，烟碱类杀虫剂家族已增至 20 多种化合物，其数量还在不断增加。有关烟碱类杀虫剂的复配技术未来还将持续呈现增长势态。

3.1.2 复配技术年申请量和申请人数量

图 5-3-2 所示为全球烟碱类杀虫剂复配技术年申请量和申请人数量，该分析图以 1991 年至今的全球专利文献为数据基础，通过申请人数量和专利申请量的逐年变化表示烟碱类杀虫剂复配技术的发展状况。

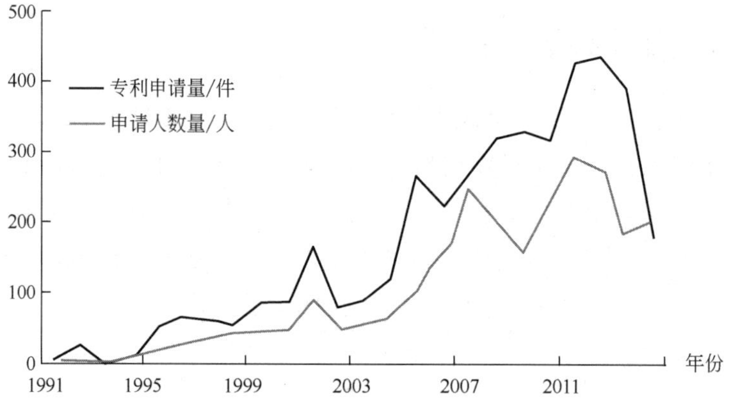

图 5-3-2 全球烟碱类杀虫剂复配技术发明专利年申请量和申请人数量

从图 5-3-2 中可看出，自 1991 年至今，烟碱类杀虫剂复配技术先后经历了两次大的波动，分别在 2002 年和 2008 年。2002 年之前，烟碱类杀虫剂复配技术经历了第一次快速发展阶段，申请量和申请人数量同步增长。2002—2003 年，申请人数量和申请量双双出现小幅回落。此阶段为烟碱类杀虫剂的第二个研发高峰，相继出现了第二代、第三代新烟碱类化合物。2004—2007 年，烟碱类杀虫剂复配技术进入平稳发展期，大批新兴申请人涌入，申请量处于稳步增长阶段。在此期间，烟碱类杀虫剂的市场份额逐步扩大，一跃成为农药市场上增长最快的杀虫剂。2008—2009 年，烟碱类杀虫剂复配技术进入短暂的回退期，申请人数量有所减少，申请量基本持平。在此期间，由于吡虫啉的抗性问题，其市场表现不佳，需求量有所减少，进而影响部分研发实力较弱的中小农药企业削减研发经费，直接或间接影响烟碱类杀虫剂复配技术的申请人数量减少。而其他烟碱类杀虫剂的市场表现持续走高。至 2011 年，烟碱类杀虫剂的销售额已超过 10 亿美元。根据 2013 年烟碱类杀虫剂运行报告，新烟碱类杀虫剂市场产销两旺，价格也有水涨船高的趋势。随着先正达噻虫嗪专利期限届满（到期日 2013 年 7 月 21 日），中国噻虫嗪原药登记出现井喷现象。至 2013 年，烟碱类杀虫剂复配技术的申请人数量和申请量双双达到顶峰。

然而，在环境安全性方面，包括噻虫嗪在内的新烟碱类杀虫剂一直饱受争议，欧洲多个环保组织一直将蜜蜂种群数量的减少和蜜蜂健康状况的下降归咎于新烟碱类杀虫剂的使用。2012 年，《科学》杂志刊登的两篇报告认为新烟碱类杀虫剂会以多种方式伤害大黄蜂和蜜蜂，导致这两种蜂类种群迅速衰减。2013 年 4 月 29 日，欧盟讨论是否禁用此类杀虫剂时出现了较大分歧，投票结果未达到多数通过，交由欧盟委员会裁决，最后决定对噻虫嗪、吡虫啉和噻虫胺进行临时禁用，限制令于 2013 年底生效，为期两年。该项限制令也直接影响了烟碱类杀虫剂复配技术申请人和申请量的减少。

由于拜耳、先正达等优秀农药企业的不断创新，新烟碱类化合物的研发不断推陈出新。未来新型烟碱类杀虫剂的种类也将不断扩大，其复配技术也必然会进入下一个增长期。

3.1.3　全球发明专利申请人类型

从图 5-3-3 可以看出，在烟碱类杀虫剂复配技术的发明专利申请中，非合作申请占到全部申请的 73%，而合作申请占到全部申请的 27%。企业申请人在合作申请和非合作申请中的比例均过半，个人、高校、研究机构次之。上述比例分配说明，在烟碱类杀虫剂复配技术的研究方面，企业已走到了前面，主要是该项技术在国际上起步较早，而国外的大量企业申请人多数为研发实力、财力雄厚的跨国公司，因此企业申请人比例较大。而对于个人申请，多数是企业与研发人员共同申请，或是企业研发人员单独申请，在很大程度上借助了企业本身的科研实力。另外，高校与研究机构的专利申请比例较低。一方面受到高校或研究机构研究方向的限制，另一方面受到研发经费的限制。因此，考虑到中国农药企业的研发实力较为薄弱，可以与国内研究机构合作开发，提高自身创新能力和效率。

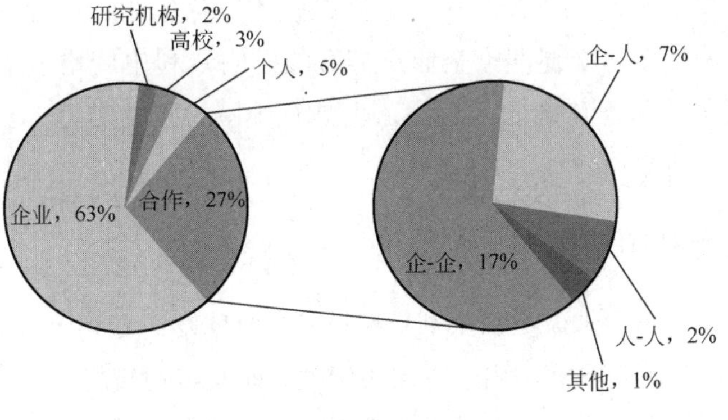

图 5-3-3　全球烟碱类杀虫剂复配技术发明专利申请人类型

3.1.4　全球发明专利申请人排名

图 5-3-4 所示是烟碱类杀虫剂复配技术全球发明专利的申请人排名情况。目前排名的前五名均为国外著名跨国农药集团，同时这些大型跨国农药集团也是烟碱类化合物的研发主

力军。其中，拜耳公司是世界最为知名的世界 500 强企业之一，高分子、医药保健、化工及农业是公司的四大支柱产业。拜耳作物科学是拜耳集团三大业务子集团之一、全球领先的创新型作物科学公司。公司产品范围广泛，涉及作物保护、非农业害虫治理、种子和生物技术等领域。先正达公司的领先技术涉及多个领域，包括基因组、生物信息、作物转化、合成化学、分子毒理学，以及环境科学、高通量筛选、标记辅助育种和先进的制剂加工技术。

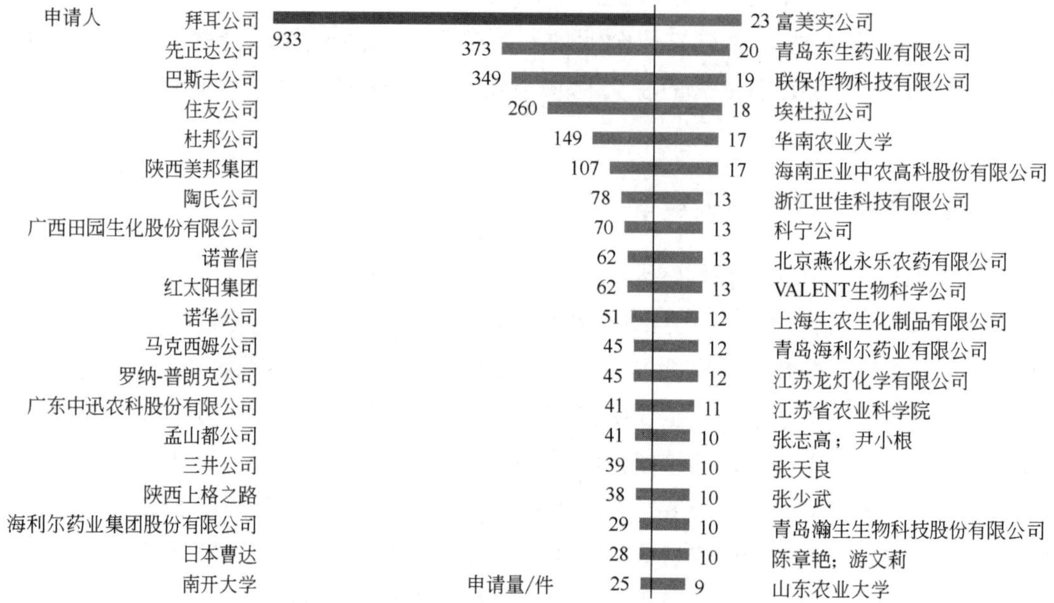

图 5-3-4 全球烟碱类杀虫剂复配技术发明专利申请人排名

全球排名前十位中有四家中国公司，分别是陕西美邦集团、广西田园生化股份有限公司、诺普信和红太阳集团。上述四家企业所拥有的发明专利申请均为中国申请。另外，全球排名前十的陶氏公司作为跨国农药集团，也具有雄厚的研发实力，在烟碱杀虫剂方面也具有相当数量的专利成果。

3.1.5 全球发明专利申请国家分布

由图 5-3-5 可以看出，烟碱类杀虫剂复配技术的全球发明专利申请中，中国申请量排在首位，紧随其后的是美国和欧洲。由于中国申请人的研发实力较弱，尚不能开发新型烟碱类化合物，中国申请人更多的是研究烟碱类杀虫剂的复配技术，因此中国申请的占比最大也是容易理解的。

中国、美国、欧洲不仅具有庞大数量的农药公司，农药的应用市场也不容忽视，故其申请量位列前茅也是市场发展的必然结果。另外，日本本土拥有多家研发实力雄厚的农药公司，如曹达、住友、三井等公司，故日本申请量也较为突出。

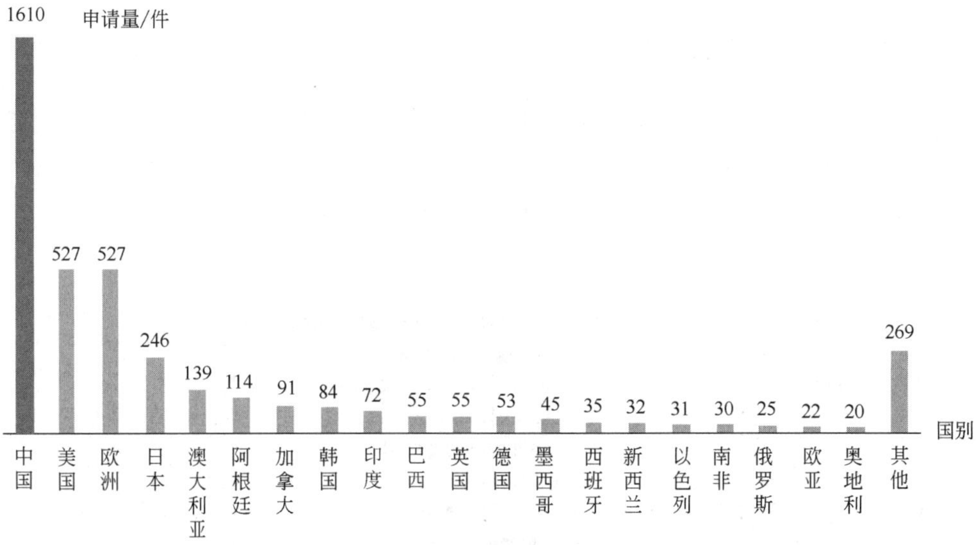

图 5-3-5 全球烟碱类杀虫剂复配技术发明专利申请国家分布

3.2 中国专利

3.2.1 中国发明专利年申请量和申请人数量

从图 5-3-6 可以看出，烟碱类杀虫剂复配技术的中国发明专利申请量和申请人数量总体上均呈逐年递增趋势，且申请量与申请人数量也保持同步增长。1994—2001 年，与全球烟碱类杀虫剂复配技术的发展轨迹类似，烟碱类杀虫剂复配技术在中国处于平稳增长阶段。2001—2002 年，由于全球烟碱类化合物处于研发高峰，先后出现了第二代、第三代烟碱类杀虫剂。烟碱类杀虫剂的复配技术在中国相对于国外稍有滞后，2002—2004 年，申请量与申请人数量双双小幅回落。之后，进入快速增长阶段。2013 年先正达噻虫嗪保护期限届满，中国出现噻虫嗪原药登记井喷现象。而欧盟对噻虫嗪的临时禁用似乎对中国市场并未造成明显削弱，中国发明申请也创造了历史新高。

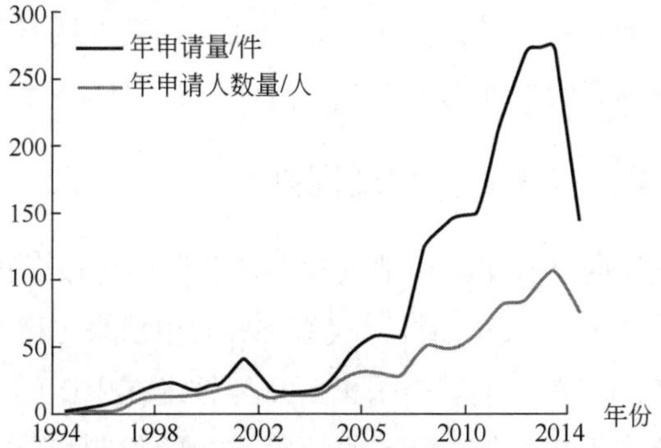

图 5-3-6 中国烟碱类杀虫剂复配技术发明专利年申请量和申请人数量

3.2.2 中国发明专利申请人排名

图 5-3-7 所示为烟碱类杀虫剂复配技术中国发明专利申请人排名情况。图中，左侧为各申请人申请总量排名，包括有效专利、失效专利及审中专利申请；右侧为各申请人有效专利量排名。对比两侧排名可看出，拜耳公司作为大型跨国农药公司，无论从申请总量，还是从有效专利持有量来看，均排在前列，且有效专利数量远超其他申请人。

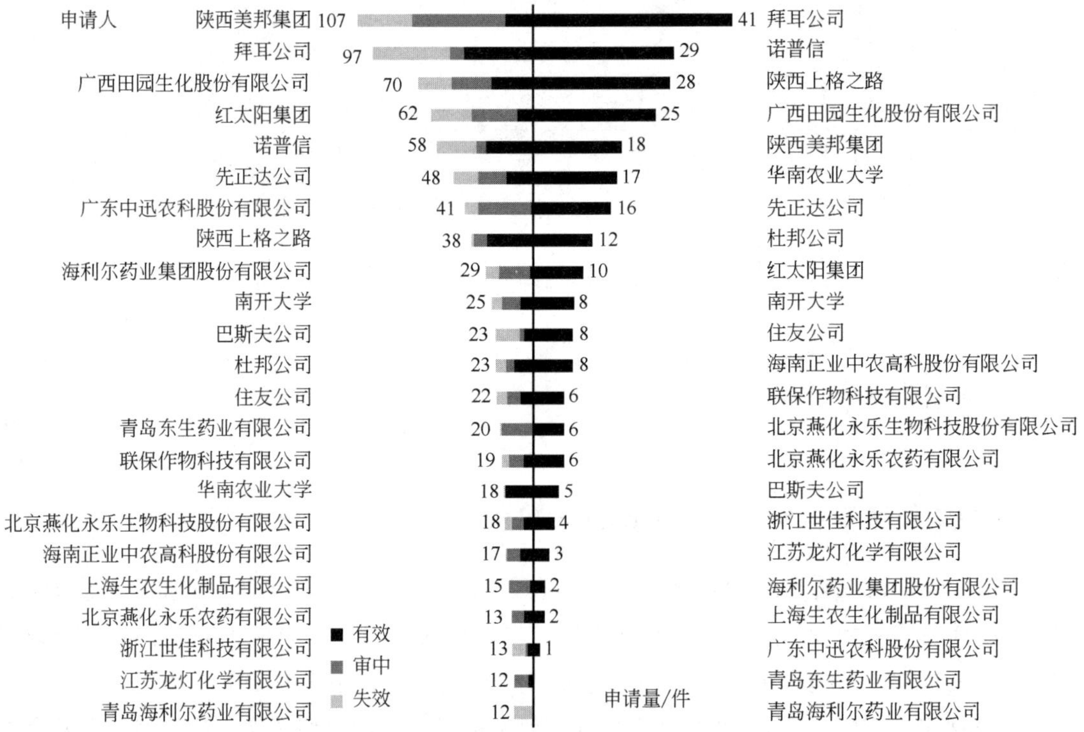

图 5-3-7　中国烟碱类杀虫剂复配技术发明专利申请人排名

另外，先正达、杜邦、住友、巴斯夫四家外国企业在中国的有效专利持有量也较多，同时在烟碱类化合物的研发方面也具有丰富的成果，值得重点关注。

在中国申请人方面，诺普信、陕西农心（陕西上格之路）、陕西美邦集团、广西田园生化股份有限公司及红太阳集团相对其他中国申请人而言，其发明专利申请总量和有效专利持有量均位列前十，属于中国农药行业的主力军，其研发实力也不容忽视。

3.2.3 中国发明专利第一申请人类型及国别

图 5-3-8 所示为中国发明专利第一申请人类型，从图中可以看出，约 69%的申请来自企业，约 10%和 7%的申请来自个人和高校，仅有 5%的申请来自研究机构。上述比例说明，类似于全球发明专利的情况，有关烟碱类杀虫剂复配技术在中国的研究中，企业投入更多的人力、财力；而高校和研究机构可能由于自身研究方向的限制和研究经费的考虑，相对于企业来说，研发实力较弱。另外，在合作申请中，过半的合作申请中有企业参与。

图 5-3-9 所示为中国发明专利第一申请人国别分布，从图中可以看出，中国申请人数量居首，占申请总数的 84%，其次是德国、瑞士、日本、美国和英国，分别占申请总数的 7%、3%、2%、2%、1%。中国申请量居首的原因，一方面为中国知识产权战略的影响，鼓励申请人技术创新；另一方面，中国本土申请人数量较多。至于国外申请人方面，能够吸引更多的国外申请人在中国申请专利，一方面在于中国已经成长为世界上最大的消费市场之一，多数申请人不会忽视中国市场，会更多地考虑在中国申请专利；另一方面，中国知识产权制度不断完善，国外申请人能够通过专利保护其专有技术。

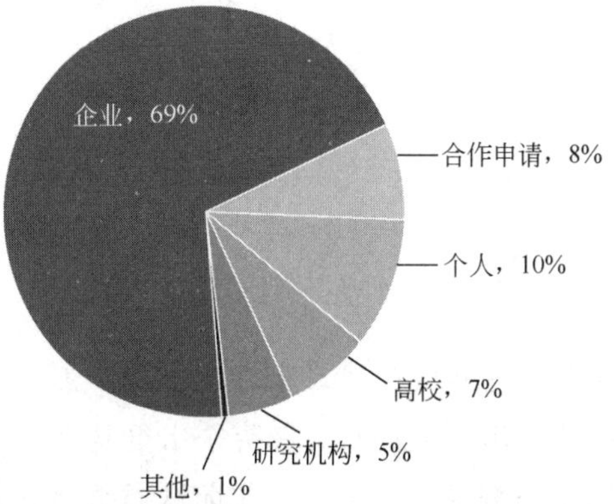

图 5-3-8　中国烟碱类杀虫剂复配技术发明专利第一申请人类型

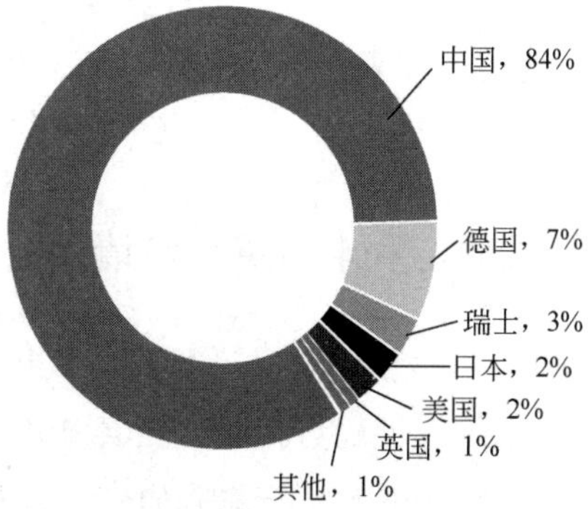

图 5-3-9　中国烟碱类杀虫剂复配技术发明专利第一申请人国别

第4章　延缓抗性的专利分析

4.1　全球专利

4.1.1　发明专利申请量与申请人数量

由图 5-4-1 可以看出，烟碱类杀虫剂与非烟碱类杀虫剂复配延缓抗性技术同烟碱类杀虫剂复配技术的发展趋势相似，随着 1991 年吡虫啉的上市，人们对烟碱类杀虫剂与非烟碱类杀虫剂的复配也开展了一系列研究。综观 1991 年至今烟碱类杀虫剂与非烟碱类杀虫剂复配的发展趋势，发明专利申请量与申请人数量先后出现了多次小幅度的波动，但整体呈现逐年增长趋势。

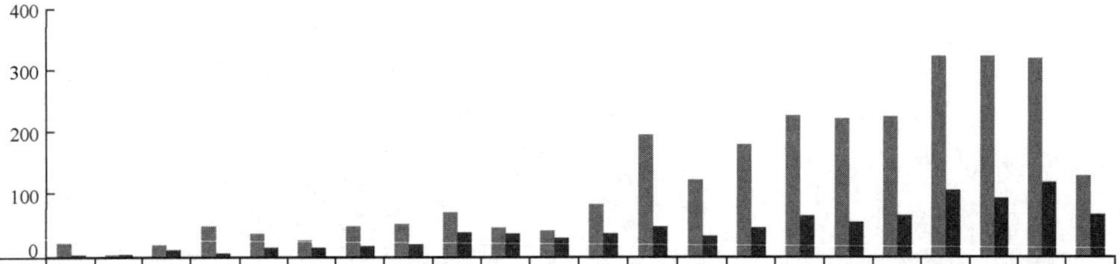

年份	1992	1994	1995	1996	1997	1998	1999	2000	2001	2002	2003	2004	2005	2006	2007	2008	2009	2010	2011	2012	2013	2014
■申请量/件	22	3	19	49	37	26	49	53	72	47	42	85	197	124	181	228	223	226	324	324	320	130
■申请人数量/人	3	4	11	6	15	15	17	20	39	37	30	37	48	33	46	66	56	67	107	95	120	68

图 5-4-1　全球复配延缓抗性技术发明专利申请量与申请人数量

2001—2003 年，烟碱类杀虫剂处于研发高峰期，先后出现了第二代、第三代烟碱类化合物，大量申请人涌入新化合物的研发，故申请量与申请人数量出现了一定程度的回落。2003—2013 年，烟碱类杀虫剂与非烟碱类杀虫剂的复配进入稳定增长阶段，至 2013 年达到顶峰。

4.1.2　发明专利申请人排名与有效专利持有量排名

从图 5-4-2 可知，在烟碱类杀虫剂与非烟碱类杀虫剂复配技术中，中国申请人在数量上较国外申请人领先。图 5-4-2 中左侧部分为烟碱类杀虫剂与非烟碱类杀虫剂复配技术发明专利申请总量的申请人排名。其中，陕西美邦集团、广西田园生化股份有限公司、诺普信位列前三位，分别为 91 件、58 件、50 件，拜耳公司退居其后，为 41 件。陕西美邦集团旗下包括陕西美邦农药有限公司、陕西汤普森生物科技有限公司和陕西韦尔奇作物保护有限公司。陕西美邦集团是一家集农药研发、生产、销售及农业技术推广服务于一体的现代化企业集团，集团依靠自身的科技力量，积极与中国知名农业院校、科研机构合作，不断开发高效、低毒、低残留的新型环保剂型产品。截至目前，已取得涵盖杀虫剂、杀菌剂、除草剂在内的各种产品登记证件近 300 个，专利 200 多件。

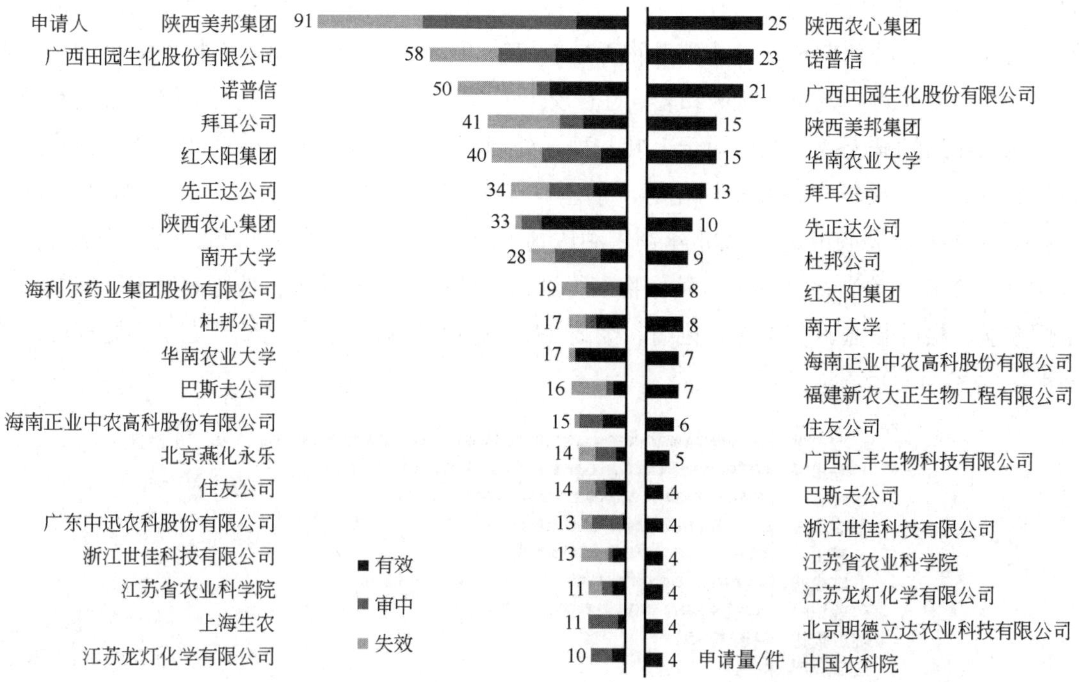

图 5-4-2 全球复配延缓抗性技术发明专利申请人排名与有效专利持有量排名

位列第二的广西田园生化股份有限公司是一个集研发、生产和销售为一体的以农药剂型为核心业务的农药企业，为目前中国第二大农药制剂企业。公司已登记产品 200 多个，剂型包括乳油、可湿性粉剂、水乳剂、水微乳剂、悬浮剂、颗粒剂、烟剂等，产品包括杀虫剂、杀菌剂、除草剂和植物生长调节剂，涉及有机磷类、菊酯类、氨基甲酸酯类、大环内酯类等中国在用的各类农药。排在第三位的深圳诺普信农化股份有限公司（简称“诺普信”）是目前中国农药制剂领域规模最大的、唯一的上市公司。公司产品涵盖了大多数农用化合物和病虫草害防治领域，能够满足不同区域、不同作物的杀虫、杀菌、除草等多种用药需要。

图 5-4-2 中右侧部分为有效专利持有量的申请人排名，其中，陕西农心集团位列第一，拥有 25 件烟碱类杀虫剂与非烟碱类杀虫剂复配技术的有效专利。陕西农心集团旗下的陕西上格之路生物科学有限公司是一家集研发、制造、销售为一体的现代化新型农药企业。目前公司产品涉及杀虫剂、杀菌剂、杀螨剂、除草剂、植物生长调节剂五大类，已获得多项国家发明专利。

4.1.3 技术构成

图 5-4-3 所示为复配延缓抗性技术中烟碱组分的技术构成。从图中可以看出，所涉烟碱组分共有 21 种，以第一代至第三代烟碱类杀虫剂为主，其中活性成分包含第一代烟碱类化合物吡虫啉的发明专利申请共 439 件，位列复配组合物之首。

吡虫啉是 1984 年由拜耳公司和日本特殊农药公司联合开发的第一个烟碱类杀虫剂，通过与烟碱型的乙酰胆碱受体结合，使昆虫异常兴奋，全身痉挛麻痹而死，且对乙酰胆碱受体的作用在昆虫和哺乳动物之间有明显的选择性。因此，该杀虫剂不仅具有优良的内吸性、高效、杀虫谱广、持效期长、对哺乳动物毒性低等特点，而且还具有良好的根部内吸活性、胃毒和触杀作用，对同翅目（吮吸口器害虫）效果明显，对鞘翅目、双翅目和鳞翅目也有效，但对线虫和红蜘蛛无效。既可用于茎叶、种子处理，也可以进行土壤处理。适宜的作物为禾谷类作物、落叶果树、蔬菜和棉花等。剂型有 DP、FS、GR、ME、SC、SL、WG、WP、WS 等。1991 年投放市场，1998 年销售额达到 5 亿美元，2000 年销售额升至 5.4 亿美元，目前已在 200 多个国家的 60 多种作物上得到广泛使用。但国外抗药性监测发现，同翅目昆虫烟粉虱、根叶粉虱、灰飞虱、桃蚜、烟蚜等的田间种群对吡虫啉已经产生了不同程度的抗药性。

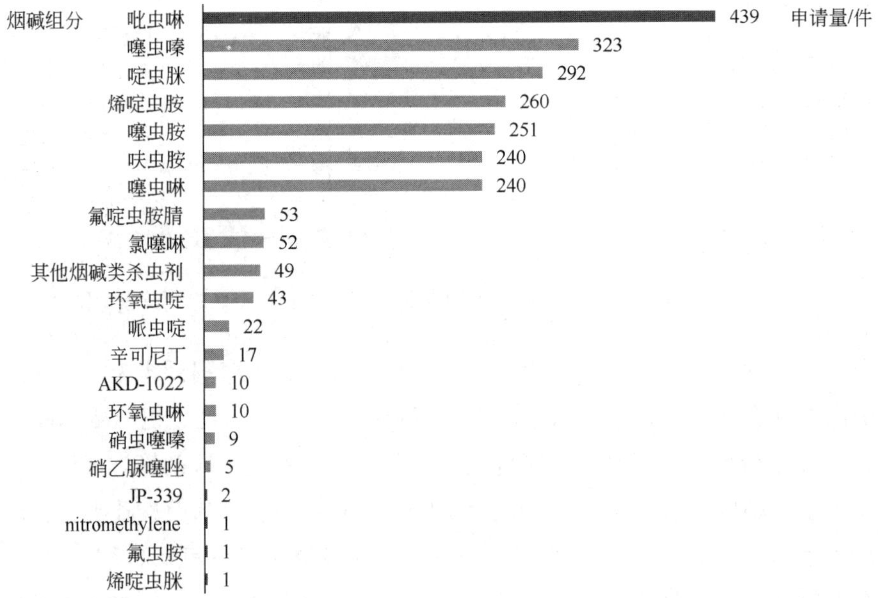

图 5-4-3　复配延缓抗性技术中烟碱组分的技术构成

除常见的三代烟碱类杀虫剂之外，复配组合物中还出现了诸如硝虫噻嗪、硝乙脲噻唑等新型烟碱类杀虫剂。硝虫噻嗪，英文名为 Nithiazine，是一种硝基亚甲基类新烟碱杀虫剂，但已被农药行动网络列入“有害化学用品”。它对皮肤和眼睛有刺激性，在哺乳动物中有中等毒性。

4.2 中国专利

4.2.1 发明专利申请量与申请人数量

由图 5-4-4 可以看出，烟碱类杀虫剂复配延缓抗性在中国的发展趋势与全球发展趋势极为相似，自 1995 年开始，均分别在 2002—2003 年、2006—2007 年经历了一个新化合物研发的过渡期，专利申请量与申请人数量出现了小幅回落，并于 2013 年达到顶峰。专利申请量与申请人数量整体上保持了逐年增长的趋势。

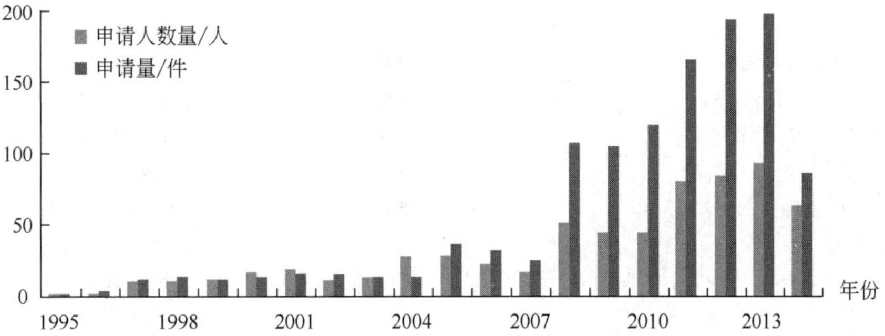

图 5-4-4　中国复配延缓抗性技术发明专利申请量与申请人数量

2008—2009 年，烟碱类杀虫剂复配技术进入短暂的回退期，申请人数量有所减少。在此期间，由于吡虫啉的抗性问题，其市场表现不佳，申请量有所减少，进而影响部分研发实力较弱的中小农药企业削减研发经费。作为烟碱类杀虫剂的领军人物，其市场表现较差直接或间接影响烟碱类杀虫剂复配技术的申请人数量减少。而其他烟碱类杀虫剂的市场表现持续走高。

4.2.2 发明专利申请人排名与有效专利持有量排名

从图 5-4-5 可知，在烟碱类杀虫剂与非烟碱类杀虫剂复配技术的中国专利申请中，中国申请人在数量上依旧较国外申请人领先。图 5-4-5 中左侧部分为烟碱类杀虫剂与非烟碱类杀虫剂复配技术中国发明专利申请总量的申请人排名。可以明显看出，前三名均为研发实力较强的中国申请人：陕西美邦集团、广西田园生化股份有限公司、诺普信。申请量排名中，国外主要有拜耳公司、先正达公司、杜邦公司、巴斯夫公司和住友公司。上述公司均为农药领域的国际知名企业。图 5-4-5 中右侧部分为有效专利持有量的申请人排名。其中，与全球专利申请相同，陕西农心集团依旧位列第一，其次是广西田园生化股份有限公司、诺普信、陕西美邦集团。

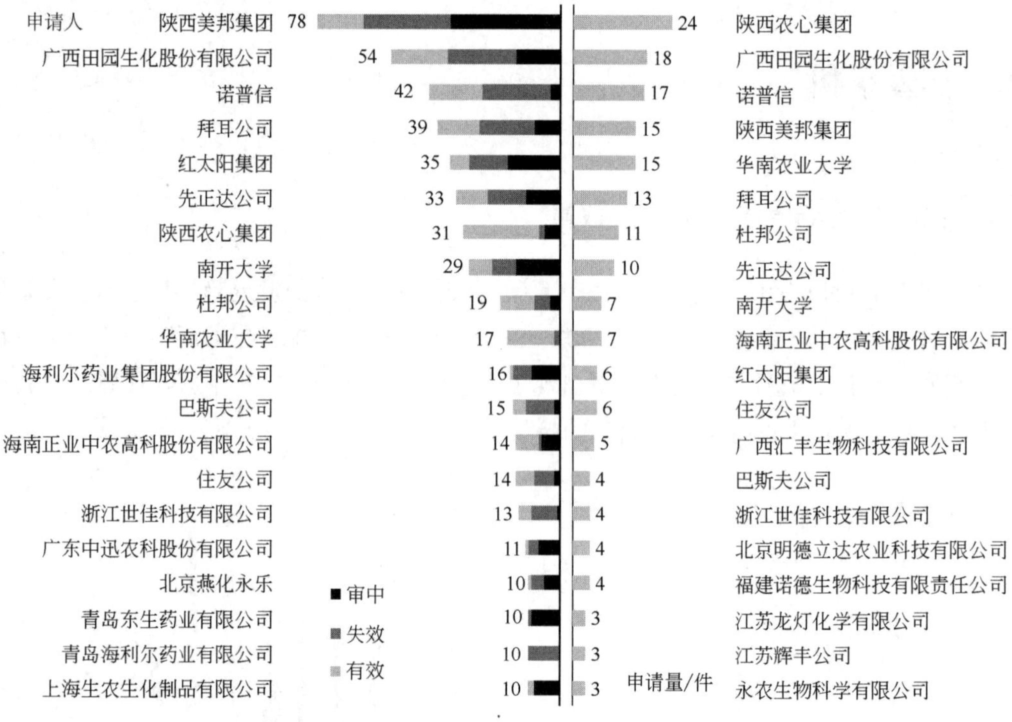

图 5-4-5　中国复配延缓抗性技术发明专利申请人排名与有效专利持有量排名

4.2.3　复配元数与专利有效性

由图 5-4-6 可以看出，复配组合物中的有效成分包括二元到多元不等，其中二元复配的发明专利申请量高达 900 件，占全部复配元数的 61%。其中有效专利量为 260 件，占全部二元复配申请量的 29%。在其他复配元数中，有效专利量均占相应复配元数申请总量的 1/3 左右。

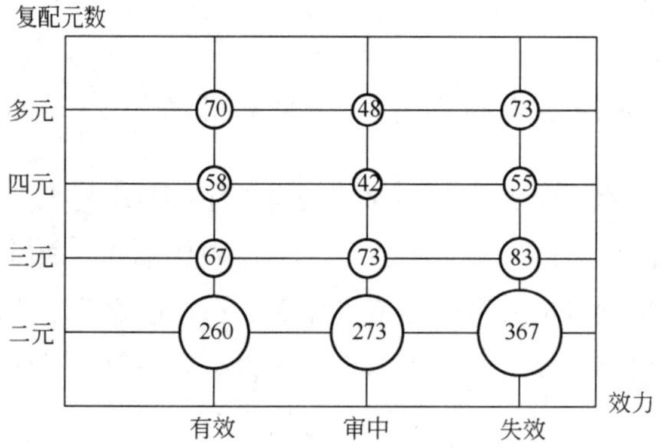

图 5-4-6　复配延缓抗性技术发明专利的复配元数与专利有效性

除二元复配组合物外，多元复配组合物的有效专利量相对于其他元数复配组合物的有效专利量较多。由于复配元数越多，专利申请技术方案相似的可能性越低，新颖性越大，故越来越多的申请人倾向于多元复配。但由于不同作用机理的杀虫剂之间复配所产生的效果差异性较大，可能存在增效、拮抗、相加三种作用，而产生增效作用的概率随机性较大，因此复配元数过多并不绝对意味着增效作用越明显。所以建议在选择复配元数时，应充分考虑复配方案本身，以及各活性成分之间的相互作用，避免盲目追求多元复配。

4.2.4 复配组合物成分

图 5-4-7 所示为复配组合物成分的分布情况，从图中可以看出，用于复配的非烟碱类杀虫剂包括有机杀虫剂、无机杀虫剂和微生物杀虫剂。其中，采用有机杀虫剂用于复配的专利申请量约占复配全部申请量的 89%。有机杀虫剂包括天然有机杀虫剂、人工合成有机杀虫剂、昆虫生长调节剂和昆虫行为调节剂。目前，市场上常见的有机磷类杀虫剂、拟除虫菊酯类杀虫剂等均为人工合成有机杀虫剂。而天然有机杀虫剂则包括植物性杀虫剂和矿物性杀虫剂，常见的印楝素、鱼藤酮、苦皮藤及烟碱等均为植物性杀虫剂；煤油乳膏、机械油乳剂、松脂合剂等均为矿物性杀虫剂。

其次为微生物杀虫剂，约占复配全部申请量的 10%。常见的菌素类、糖素类均为微生物杀虫剂，如甲维盐（甲氨基阿维菌素苯甲酸盐）、嘧吡霉素、伊维菌素等。其余不到 10%的为采用无机杀虫剂进行复配。无机杀虫剂目前使用较少，如亚磷酸。

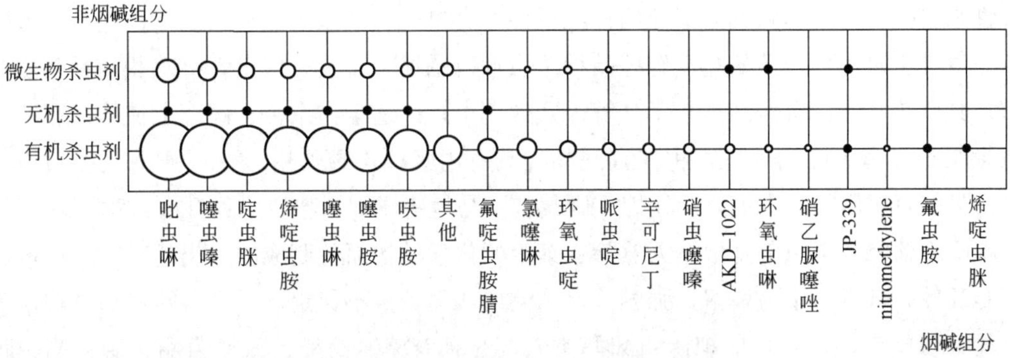

图 5-4-7 延缓抗性技术发明专利的复配组合物成分

从图 5-4-7 中可以看出，第一代至第三代烟碱类杀虫剂多用于复配制剂，而其他新型烟碱类杀虫剂用于复配制剂较少。特别是其他新型烟碱类杀虫剂与微生物杀虫剂和无机杀虫剂之间的复配，多种烟碱组分的复配目前还处于空白状况，如氟虫胺、烯啶虫胺与微生物杀虫剂和无机杀虫剂，哌虫啶、环氧虫啶与无机杀虫剂等。可以考虑在上述研究空白区域进行可行性评估，研发新型复配制剂。

4.2.5 烟碱组分与人工合成有机杀虫剂组分

图 5-4-8、图 5-4-9 所示为复配组合物中烟碱组分与人工合成有机杀虫剂组分的分布情况。从图 5-4-8 中可以看出，用于复配的人工合成有机杀虫剂中前三位分别为有机磷类杀虫剂、拟除虫菊酯类杀虫剂和氨基甲酸酯类杀虫剂，分别为 407 件、344 件、264 件。

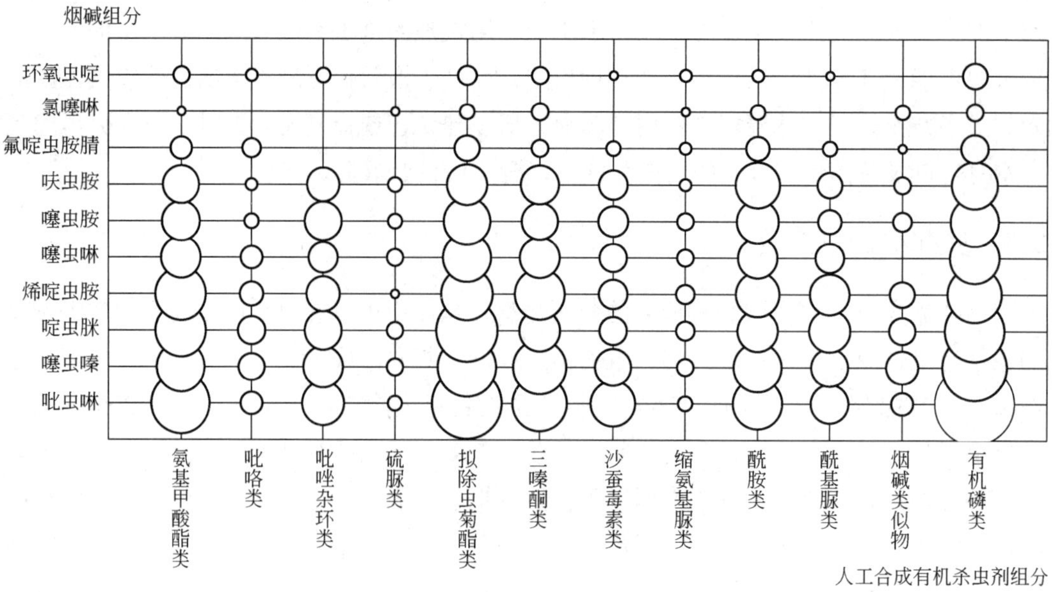

图 5-4-8　复配延缓抗性技术发明专利中烟碱组分与人工合成有机杀虫剂组分 I

有机磷类杀虫剂是一类最常用的农用杀虫剂，多数属于高毒或中等毒类，少数为低毒类。有机磷类杀虫剂（OP）在世界范围内广泛用于防治植物病、虫害，它对人和动物的主要毒性来自抑制乙酰胆碱酯酶引起的神经毒性。有机磷类杀虫剂品种繁多，性能千差万别，特点是对害虫毒力强、药效高。有些品种杀虫剂范围很广，具有广谱性；有些品种杀虫范围很窄，具有选择性；有些品种易于分解，残效期很短，适于在果树、蔬菜上使用；有些品种残效期很长，适于防治地下害虫；有些品种具有内吸或渗透作用，使用方便又不易伤害天敌。常见的有机磷类杀虫剂如毒死蜱、丙溴磷、马拉硫磷、三唑磷、敌百虫、对硫磷等。

拟除虫菊酯类杀虫剂是根据天然除虫菊素的化学结构而仿制成的一类超高效杀虫剂。其特点是高效、低毒、不易残留、强触杀、击倒快。但其极不稳定，遇光、热极易分解，残效期过短，价格较高。常用的拟除虫菊酯类农药品种有溴氰菊酯、氯氰菊酯、氯菊酯、胺菊酯、甲醚菊酯等。多属中低毒性农药，对人畜较为安全。但也不能忽视安全操作规程，不然也会引起中毒。这类农药是一种神经毒剂，作用于神经膜，可改变神经膜的通透性，干扰神经传导而产生中毒。在实践中，一般的拟除虫菊酯类杀虫剂连续施用 2 年以上就会使防治对象产生抗性，需要进行药剂的替换。

氨基甲酸酯类杀虫剂是一类与毒扁豆碱结构类似的杀虫剂，它的研究始于 20 世纪 40 年代后期。自 1956 年推广应用甲萘威以来新品种不断出现，在全世界得到了广泛的应用，成为现代杀虫剂的主要类别之一。氨基甲酸酯类杀虫剂常用品种有甲萘威、仲丁威、杀螟丹. 克百威、抗蚜威、速灭威、混灭威、异丙威、残杀威、灭多威、丁硫威、唑蚜威、硫双威等。

在图 5-4-8 中，应用较多的第一代至第三代烟碱类杀虫剂与硫脲类、缩氨基脲类杀虫剂之间的复配组合物，相比其他类人工合成有机杀虫剂的专利申请数量较少，可以考虑在上述复配组合物之间进行可行性评估。另外，氟啶虫胺腈与吡唑杂环类、硫脲类杀虫剂，环氧虫啶与硫脲类杀虫剂之间的复配还处于空白状态。亦可考虑它们之间的可行性评估，寻找有效的复配组合物。

除此之外，作为中国自主知识产权，防治蚜虫等害虫的新烟碱类杀虫剂氯噻啉用于复配的比例较低，在多种人工合成有机杀虫剂类别中尚未应用。氯噻啉由南通江山农药化工股份有限公司于 2000 年研制，并已被列入国家“十五”农药创制及产业化示范项目。因此，建议关注氯噻啉复配制剂的研究。

在图 5-4-9 中，其他烟碱类杀虫剂在检索过程中属于兜底类别，在专利文献概括性提及烟碱类杀虫剂用于复配时，列举具体已知烟碱类杀虫剂类别后补充其他烟碱类杀虫剂，以实现概括的完整性，故该类别用于复配制剂的专利文献供参考。从图 5-4-9 中可以看出，哌虫啶参与复配的专利文献较多，但与吡咯类、吡唑杂环类、沙蚕毒素类杀虫剂的复配还处于空白领域。可以考虑在上述领域内进行可行性研究，发掘有价值的复配组合物配方。

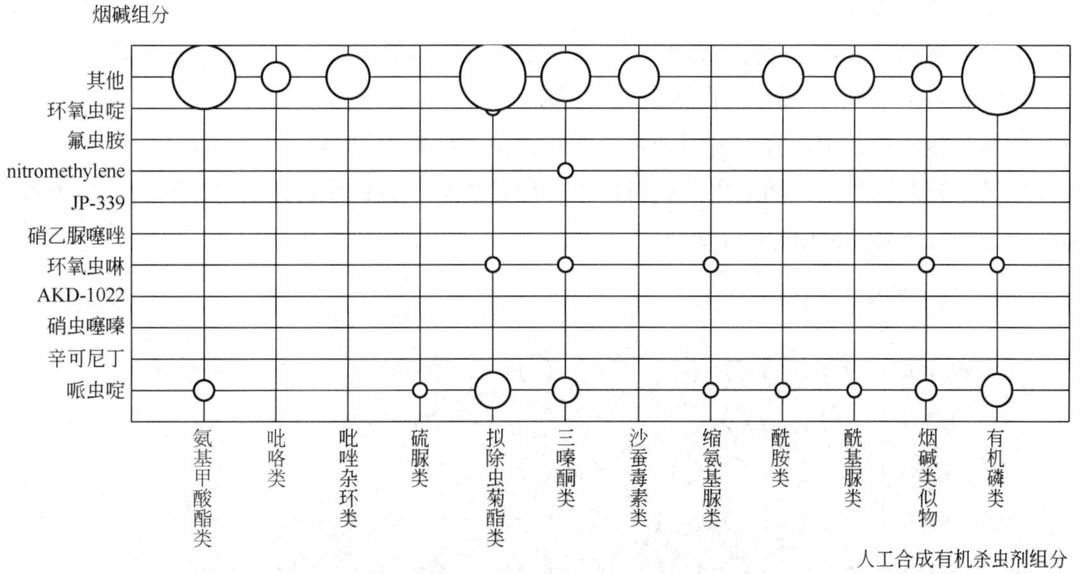

图 5-4-9 复配延缓抗性技术发明专利中烟碱组分与人工合成有机杀虫剂组分 II

另外，环氧虫啶、环氧虫啉等烟碱类杀虫剂与人工合成有机杀虫剂的复配组合物在专利文献中出现较少。环氧虫啶由华东理工大学药物化工研究所创制，是一种新型的烟碱杀虫剂，属于高效低毒的绿色农药，主要用来防治刺吸式口器害虫。环氧虫啶杀虫谱广、药效高、无交互抗性，对作物无药害、低毒、低残留，对抗性害虫的活性优于吡虫啉。2011 年 5 月，环氧虫啶化合物专利和优化专利独家转让上海生农生化制品有限公司。环氧虫啉为武汉工程大学与武汉中鑫化工有限责任公司合作研制的新型烟碱类杀虫剂。建议对上述烟碱类杀虫剂与其他人工合成有机杀虫剂进行复配实验，寻找具有增效作用的复配组合物配方。至于其他未检索到与人工合成有机杀虫剂进行复配的烟碱类杀虫剂，可以考虑其研究可行性，筛选制定研发需求。

4.2.6 烟碱组分与适用范围

图 5-4-10、图 5-4-11 所示为复配组合物中烟碱类杀虫剂与组合物适用范围之间的关系分布。复配组合物的适用范围在本报告中特指农作物，具体包括粮食作物（豆类）、经济作物、蔬菜作物、果类、野生果类（干果）、饲料作物（绿肥）、嗜好作物、药用作物、纤维作物、油料作物、糖料作物和花卉类作物。

其中，粮食作物（豆类）包括水稻、玉米、豆类、薯类、青稞、蚕豆、小麦等。经济作物包括油籽、蔓青、大芥、胡麻、大麻、向日葵、橡胶等。蔬菜作物包括萝卜、白菜、芹菜、韭菜、蒜、葱、胡萝卜等。果类包括梨、青梅、苹果、桃、杏、核桃、李子等。野生果类（干果）包括酸梨、野杏、毛桃、苞瑙、山樱桃等。饲料作物（绿肥）包括紫云英、决明、苜蓿、黑麦草、柱花草、印度豇豆等。嗜好作物包括烟草、咖啡、茶等。药用作物包括人参、当归、金银花、板蓝根、芍药、薄荷等。纤维作物包括棉花、红麻、苎麻、亚麻、黄麻、大麻等。油料作物包括大豆、花生、蓖麻、油菜、芝麻、向日葵等。糖料作物包括甜菜、甘蔗。

从图 5-4-10 中可以看出，采用第一代至第三代烟碱类杀虫剂作为复配组合物的专利文献涉及全部目标适用范围，其中适用于粮食作物、蔬菜作物、果类、纤维作物的复配组合物对于各烟碱组分普遍较高；而适用于饲料作物、糖料作物、油料作物、药用作物和野生果类的复配组合物对于各烟碱组分相对较少。

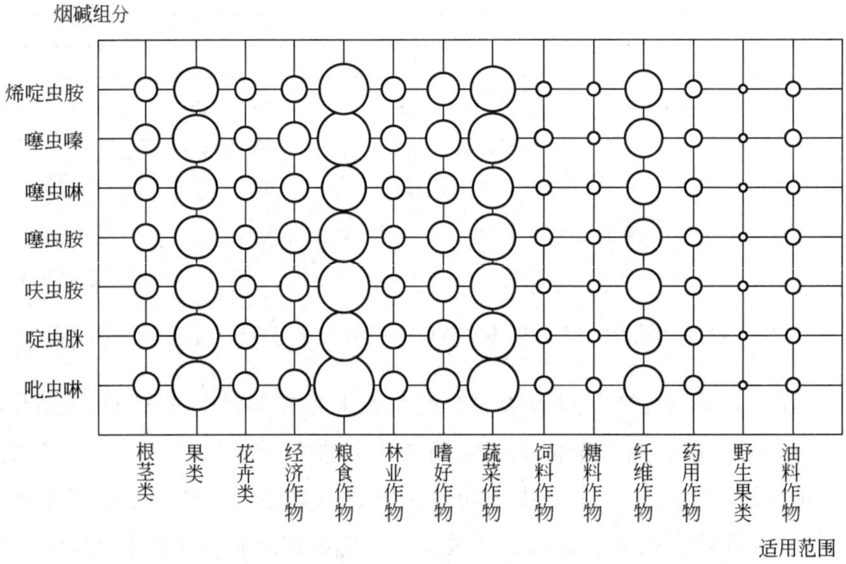

图 5-4-10 复配延缓抗性技术发明专利的烟碱组分与适用范围 I

从图 5-4-11 中可以看出，采用氟啶虫胺腈、氯噻啉作为复配组合物的专利文献中基本涉及了全部农作物范围，采用其他烟碱类杀虫剂作为复配组合物的专利文献仅涉及部分农作物种类。其中，采用 JP-339 作为复配组合物的专利文献未明确涉及任何农作物类型。采用烯啶虫脒作为复配组合物的专利文献仅涉及果类、蔬菜和纤维作物，对于粮食作物的应用尚属空白。建议尽快开展烯啶虫脒与人工合成有机杀虫剂之间用于粮食作物的复配研究，填补该领域的空白。同时也可开展烯啶虫脒、哌虫啶、环氧虫啶及其他应用较少的烟碱类杀虫剂在花卉类、饲料、糖料、油料等作物中的可行性研究，筛选具有增效作用的复配方案。

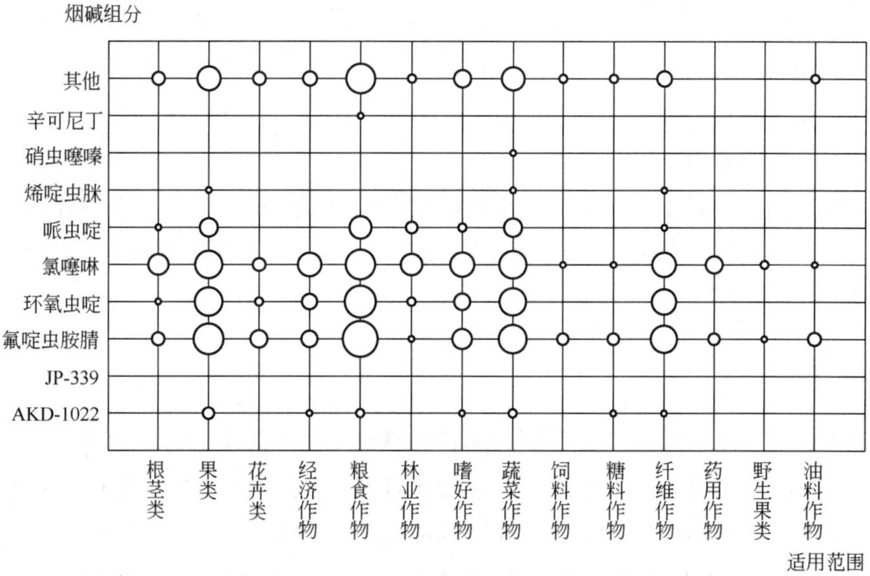

图 5-4-11　复配延缓抗性技术发明专利的烟碱组分与适用范围 II

4.2.7　复配组合物的技术效果

图 5-4-12 所示为复配组合物的技术效果分布情况，烟碱类杀虫剂与非烟碱类杀虫剂复配组合物的技术效果主要体现在低成本、环保、扩大防治图谱、人畜安全、速效、延缓抗性、用量少、增效、长效、作物安全。上述技术效果与复配组合物的有效成分、复配组合物的剂型、施用方法等多种因素有关。因此在具体研发过程中，需要充分考虑多种影响因素，保证技术效果的严谨性。在复配组合物的众多技术效果中，增效作用最为显著，占全部复配技术方案所涵盖技术效果的 90%。烟碱类杀虫剂与作用机理不同的非烟碱类杀虫剂之间的复配效果一般存在三种，即增效作用、拮抗作用、相加作用。在具体研发中，经过大田试验并筛选后的复配组合物配方基本上都具有增效作用或相加作用。

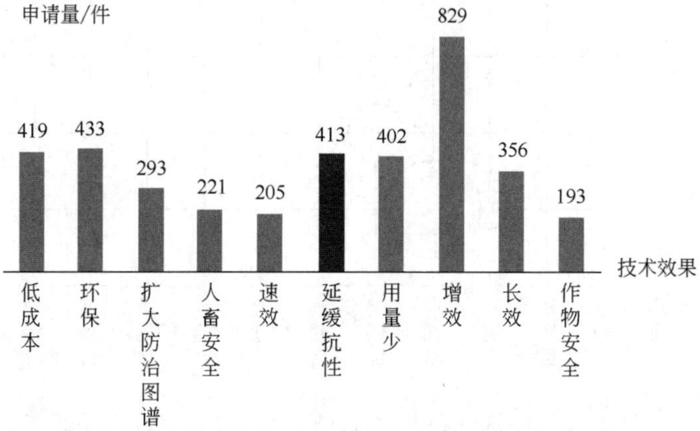

图 5-4-12　延缓抗性技术发明专利复配组合物的技术效果

本章研究的重点是烟碱类杀虫剂与非烟碱类杀虫剂复配用于延缓抗性。根据图中各技术效果的申请量计算，明显具有延缓抗性的复配组合物配方仅占全部复配技术方案的 45%。实践中延缓抗性的手段主要包括：①改造药剂结构，研发新产品；②将一种药剂与作用机理不同的药剂复配使用；③科学合理地使用药剂。但研发新产品周期长、投入大、难度高，而药剂的合理使用在产业链的最终端——消费者，且难以把控。因此，通过复配实现延缓抗性是解决该问题最实际的手段。

另外，显著的技术效果是决定专利申请创造性的重要指标。因此，在具体研发过程中，可以从技术效果的角度探索复配组合物配方的成分和比例，避免过度局限于复配组合物的活性成分筛选。

4.2.8 靶标昆虫

本章对于靶标昆虫的研究仅针对节肢动物门昆虫纲有翅亚纲的部分翅目。靶标昆虫的口器主要涉及刺吸式、锉吸式、虹吸式、咀嚼式及舐吸式五种类型。其中，刺吸式口器是取食植物汁液或动物血液的昆虫所具有的既能刺入寄主体内又能吸食寄主体液的口器，为同翅目、半翅目、蚤目及部分双翅目昆虫所具有。锉吸式口器为缨翅目昆虫蓟马所特有，各部分的不对称性是其显著的特点。虹吸式口器为鳞翅目成虫（除少数原始蛾类外）所特有，其显著特点是具有一条能弯曲和伸展的喙，适于吸食花管底部的花蜜。咀嚼式口器是最原始的口器类型，无翅亚纲、襀翅目、直翅类、大部分脉翅目、部分鞘翅目、部分膜翅目成虫及很多类群的幼虫或稚虫的口器都属于咀嚼式。舐吸式口器为双翅目蝇类所具有，如家蝇、花蝇、食蚜蝇等。

复配延缓抗性技术发明专利的靶标昆虫如图 5-4-13 所示。

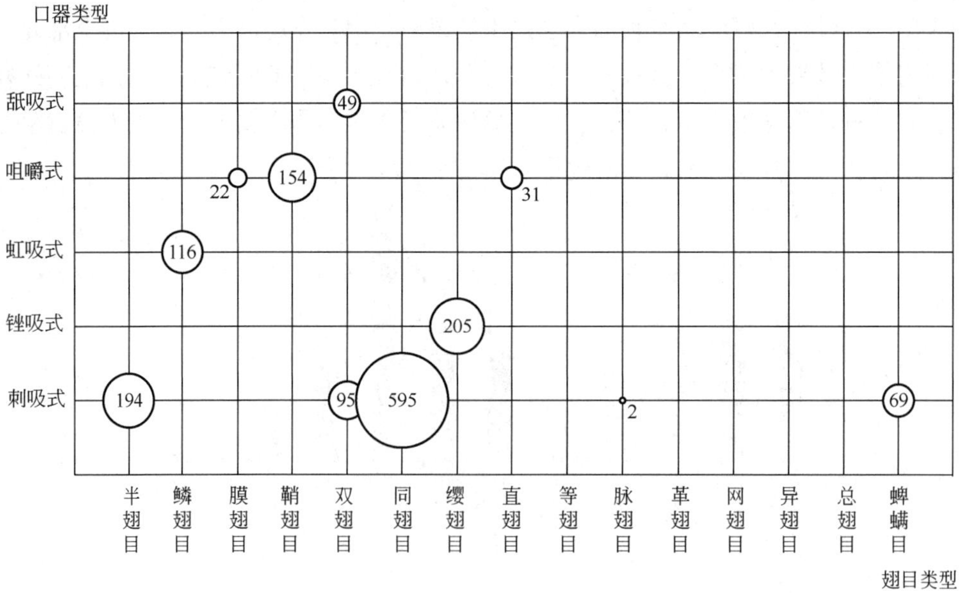

图 5-4-13 复配延缓抗性技术发明专利的靶标昆虫

从图 5-4-13 中可以看出，相比其他类靶标昆虫，针对同翅目刺吸式口器农作物害虫的专利申请数量最多。该类农作物害虫包括蝉、叶蝉、飞虱、木虱、粉虱、蚜虫、介壳虫、绵蚧、盾蚧、蜡蚧等。而针对其他类别农作物昆虫的专利申请量相对较少。特别是针对脉翅目咀嚼式口器农作物害虫的复配制剂，几乎处于空白状态。该类农作物害虫主要包括草蛉、粉蛉、蚁蛉、褐蛉、螳蛉等昆虫。建议重点关注针对该类靶标昆虫复配杀虫剂的研发。

另外，针对咀嚼式口器直翅目和咀嚼式口器膜翅目农作物害虫的复配专利申请量较少。前者主要包括蝗虫、蟋蟀、螽斯、蝼蛄、东亚飞蝗、云斑车蝗、中华稻蝗、日本黄脊蝗等，后者主要包括叶蜂、茎蜂、树蜂等。可以考虑针对以上两类复配杀虫剂进行研发。

4.3 延缓抗性的解决方案

4.3.1 啶虫脒/氟虫腈+拟除虫菊酯类杀虫剂

经分析发现，目前具有显著延缓抗性的一种复配组合物为：啶虫脒/氟虫腈+拟除虫菊酯类杀虫剂（特别是氟氯氰菊酯）。该技术由贵州大学于 2000 年提出，其适用于蔬菜作物、纤维作物、果类、嗜好作物，针对的靶标昆虫为鳞翅目虹吸式口器类害虫，如小菜蛾、棉铃虫。该项专利具有增效、速效、作物安全、人畜安全作用。可制备成乳剂、悬浮剂、可湿性粉剂。

该方案采用氟氯氰菊酯原粉与高效农药啶虫脒原粉或氟虫腈原粉复配。根据所加原料和加工方式不同，可以制得乳剂、悬浮剂和可湿性粉剂。根据原料配比的不同可得出一系列的产品，该系列杀虫剂的主要原料包括：

（1）氟氯氰菊酯原粉：95%，德国拜耳公司生产；

（2）啶虫脒原粉：90%，自制；

（3）氟虫腈原粉：90%，自制；

（4）乳化剂：农乳 0204C、农乳 0203C、农乳 0201C、农乳 0202B，市购；

（5）溶剂：乙醇、苯、甲苯、二甲苯、甲醇、乙腈、乙二醇、正丁醇；

（6）增效剂：增效磷、胡椒丁基醚、高渗助剂环庚酮、M-599，市购；

（7）填料：高岭土、陶土、轻质碳酸钙等；

（8）其他助剂：木质素磺酸钠、黄原酸胶（XG）、净洗剂 LS、烷基酚聚氧乙烯醚甲醛缩合物丁二酸半酯磺酸钠（烷基：C_9H_{19}—）、扩散剂 NNO、水等。

氟氯氰菊酯由于光学异构体不同，杀虫效果不同。本方案选用两种异构体商品原粉，即保得（Bulldock）原粉和百树得 beta-Cyluthrin（Naythriod）原粉做产品原料。

啶虫脒分子式为：$C_{10}H_{11}ClN_4$，化学名称为：*N*-((6-氯-3-吡啶)甲基)-*N*-氰基-*N*1-甲基乙脒。

氟虫腈（Fipronil）化学名称为：(RS)-5-氨基-1-(2,6-二氯-4-α-三氟-β-甲基苯基)-4-三氟甲基磺酰基吡唑-3-腈。

M-599 增效剂化学名称为：1-(3,4-二甲氧苯基)-乙基-2-丁炔基醚。

乳剂配制方法是氟氯氰菊酯溶解在溶剂中，再将啶虫脒（或氟虫腈）溶解在相应的溶剂中。将两种溶液混合在容器内，加入乳化剂、增效剂。在室温下搅拌至完全溶解，失重部分加溶剂补充。使氟氯氰菊酯、啶虫脒或氟虫腈的有效含量大于 2%，水分小于 0.5%，酸度小于 0.5%。在乳剂中增效剂的质量分数为 0%～10%，乳化剂质量分数为 4%～10%，溶剂根据配方定量到 100%。

悬浮剂配制方法是将氟氯氰菊酯 1%～40%、啶虫脒（或氟虫腈）4%～40%、烷基酚聚氧乙烯醚甲醛缩合物丁二酸半酯磺酸钠（烷基：C_9H_{19}—）0%～10%、木质素磺酸钠 0%～10%、黄原酸胶（XG）0.01%～4%、乙二醇 1%～4%、正丁醇 0.1%～1%混合，水的加入量根据配方定量到 100%，加入量为 50%～93%。根据配方取上述原料混合，将混合料用砂磨机磨制半小时，粒度达 50μm 以下，悬浮率大于 80%。

可湿性粉剂配制方法是将氟氯氰菊酯原粉 1%～40%、啶虫脒或氟虫腈原粉 4%～40%、木质素磺酸钠 2%～8%、净洗剂 LS 2%～8%混合，高岭土定量到 100%，将原料混合经气流粉碎机粉碎混匀，使粒度达到 0.045μm，95%通过筛网为止。

该系列产品经贵州大学植保系进行室内生物测定，结果表明对小菜蛾具有优良触杀作用，LD50=57.59ppm，毒力比值为 2.71，对小菜蛾毒杀具有增效作用。比保得原粉（95%）和啶虫脒原粉（90%）单独使用的效果好。经贵州省植保站和湖南农药检定所与湖北省农科院植保所进行两年两地药效试验，结果表明对小菜蛾、棉铃虫毒杀的速效性、防治效果均优于常规药剂保得和啶虫脒。对生态环境、人畜及蔬菜的生长均无不良影响。该系列产品经中国预防医学科学院劳动卫生与职业病研究所对大白鼠进行经口急性毒性试验和经皮毒性急性试验，雌大白鼠经口 LD50=2330mg/kg，雄大白鼠经口 LD50=2710mg/kg，雌雄大白鼠经皮 LD50 均大于 2150mg/kg，得出本系列产品属低毒物质（本系列产品是指本系列最佳选择配方的产品）。

4.3.2 啶虫脒+拟除虫菊酯类杀虫剂

该解决方案由拜尔作物科学公司于 2001 年在中国提出，该方案针对的靶标昆虫为同翅目刺吸式口器类、鞘翅目咀嚼式口器类和鳞翅目虹吸式口器类害虫，具有增效作用。该方案中的复配组合物为啶虫脒与溴氰菊酯，溴氰菊酯对啶虫脒的比例可在大范围内变化。但通常是在 5:1～1:10，尤其是 1:1～1:5。

该组合物可有效地对抗多种害虫，尤其是针对蓟马属，如棉蓟马及棕黄蓟马；同翅亚目的蚜虫，如蚕豆修尾蚜；光蝉类，如褐飞属及黑尾叶蝉；粉虱科，如温室粉虱及甘薯粉虱；木虱属、异翅亚目，如床虱，如温带臭虫及盲蝽；鳞翅目包括灰翅夜蛾属，如 S.littoralis、实夜蛾属，如棉铃实夜蛾及烟芽夜蛾、欧洲粉蝶；双翅目包括家蝇、地中海实蝇、甘蓝根花蝇、丝光绿蝇及埃及伊蚊；鞘翅目包括辣根猿叶甲（Phaedon Cochleariae）、墨西哥棉铃象甲及南瓜、十二星叶甲（Corn Rootworms）（条叶甲属，如十一星瓜叶甲）；直翅目包括蠊，如德国小蠊；蜱类，如微小牛蜱；虱类包括 Damalinia bovis 及牛颚虱；叶螨类，如二点叶螨及苹果全爪螨。

该组合物可在多种形式下使用，且通常最方便在即刻使用前制备成水溶液形式。制备这种组合物的一种方法称为“槽混合”：其中使用者将商购可得的形式的成分在一定量的水中混合在一起。用传统地面上的方法直接施用于农作物时，组合物中活性成分的浓缩剂（当作为仅有的活性成分时）以组合物质量计优选在 0.001%～10%（质量分数），尤其优选 0.005%～5%（质量分数）。但是在空中喷雾时，可能需要含至多 40%的更浓缩的组合物。

4.3.3 吡虫啉/啶虫脒等+杂环三氟丁烯基化合物

该方案中的组合物包括化学式（5-4-1）中的化合物和一种或多种选自一个或多个以下种类（b1）至（b7）的活性化合物：

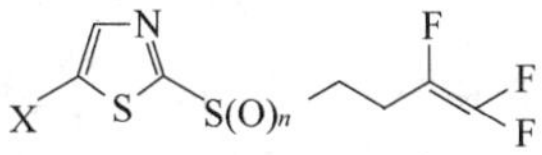
（5-4-1）

其中，X 代表卤素，并且 n 代表 0、1 或 2。

b1：氨基甲酸酯类；b2：新烟碱类；b3：吡唑类；b4：大环内酯类；b5：硫代磷酸酯类/二硫代磷酸酯类；b6：拟除虫菊酯/拟除虫菊酯类似物；b7：化学式（5-4-2）中的化合物。

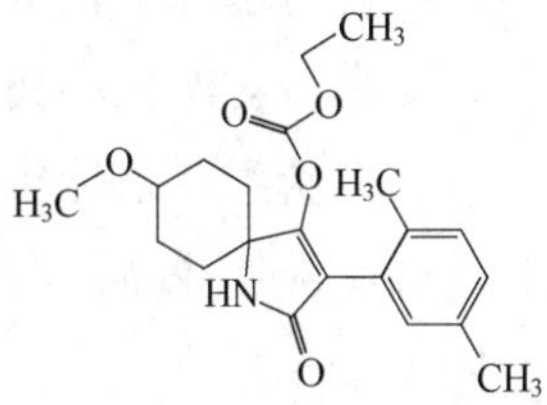
（5-4-2）

此外，该组合物还可包括其他可混合的杀真菌、杀螨虫或昆虫的活性组分。若该组合物中活性化合物以某些质量比存在，则协同效应特别显著。然而，组合物中活性化合物的质量比可在相对宽的范围内改变。

该组合物可转化为常规制剂，如溶剂、乳剂、可湿性粉剂、悬浮剂、粉剂、粉末剂、膏剂、可溶性粉剂、颗粒剂、悬乳浓缩剂、用活性化合物浸渍过的天然及合成物、聚合物中的微胶囊。所述制剂以已知方式制备，例如，将活性化合物与填料混合，即与液体溶剂和/或固体载体混合。同时可选择性使用表面活性剂，即乳化剂和/或分散剂和/或发泡剂。制剂一般包括质量分数 0.1%～95%的活性化合物，优选 0.5%～90%。

该组合物不仅对植物害虫、卫生害虫及贮存产品害虫具有活性，而且在兽医领域对动物寄生虫（体外寄生虫），如硬蜱、软蜱、疥螨、秋螨、蝇（叮咬或吸食）、寄生蝇幼虫、虱、毛虱、羽虱及蚤也具有活性。

4.3.4 烯啶虫胺+吡咯类化合物

该方案中的复配组合物包括虫螨腈或虫螨腈与 X，其中 X 为联苯菊酯、毒死蜱或烯啶虫胺等。虫螨腈与其他几种组分复配水乳剂中质量比为：虫螨腈/X=0.1～99.9/99.9～0.1。其中，虫螨腈质量分数为 1%～30%。水乳剂中还加入溶剂、乳化剂、渗透剂、增效剂、增稠剂、防冻剂或消泡剂及水。

其组分含量（以水乳剂质量份计）为：虫螨腈 1～30 份、联苯菊酯 0～30 份、毒死蜱 0～40 份、烯啶虫胺 0～30 份、溶剂 3～30 份、乳化剂 3～15 份、增稠剂 0～5 份、渗透剂 0～10 份、增效剂 0～20 份、稳定剂 0～5 份、防冻剂 0～5 份、消泡剂 0～1 份，水补足 100 份。

虫螨腈与联苯菊酯质量比为 30:1～0.03:1。

虫螨腈与毒死蜱的质量比为 4:1～0.025:1。

虫螨腈与烯啶虫胺的质量比为 30:1～0.03:1。

该方案适用于经济作物和粮食作物，针对靶标昆虫为鳞翅目刺吸式口器及同翅目虹吸式口器类害虫。具有增效、低成本、延缓抗性、扩大防虫图谱、环保、人畜安全等特点。复配组合物剂型为水乳剂。

水乳剂由于不含或只含有少量有机溶剂，因而可以避免生产和贮运过程中的易燃易爆现象。该剂型无难闻有毒的气味，对眼睛刺激小，减少了对环境的污染，大大提高了对生产、贮运和使用者的安全性。此外，水乳剂以大量廉价的水为基质，替代有机溶剂，乳化剂用量为 3%～15%，成本低，环境相容性好。虽然增加了一些防冻剂、稳定剂等助剂，但随着国际原油价格的提高，溶剂价格节节攀升，使得水乳剂在成本上比相应的乳油有较大的优势。由于使用有机溶剂减少，对环境的压力变小，对温血动物的毒性降低，使得对非靶标生物的毒性降低。将虫螨腈加工成水乳剂并与有机磷类、菊酯类、烟碱类复配成水乳剂，能提高药效，扩大杀虫谱，延缓害虫抗药性的发展，降低成本，减少环境污染，因此具有广阔的开发应用前景。

第 5 章　乳油剂型中环保溶剂的专利分析

5.1　全球专利

5.1.1　历年申请量与申请人数量态势

从图 5-5-1 可以看出，烟碱类杀虫剂复配组合物的乳油制剂中涉及溶剂的发明专利历年申请量和申请人数量自 1997 年至今也先后经历了两次波动，分别是 2002—2004 年和 2007—2008 年。2002—2004 年为烟碱类杀虫剂的研发高峰，先后出现了第二代、第三代烟碱类杀虫剂噻虫嗪、噻虫胺和呋虫胺。因此，烟碱类杀虫剂的复配专利申请量，特别是烟碱类杀虫剂与其他作用机理不同的非烟碱类杀虫剂的复配专利申请量出现了一个小范围的回落，之后便进入申请高峰。其中，涉及乳油制剂的专利申请量也相应出现了回落。

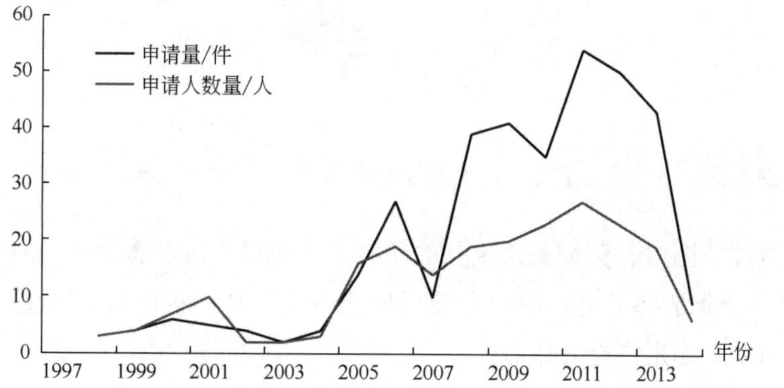

图 5-5-1　全球历年乳油剂型中环保溶剂的发明专利申请量与申请人数量态势

2007—2008 年，有关传统烟碱类杀虫剂的专利申请进入低迷期，由于供大于求，市场竞争日趋激烈。也由于吡虫啉等烟碱类杀虫剂无限制长期和大量使用，对害虫已出现了越来越严重的抗性，其防治效果大为降低。此外，吡虫啉对蜜蜂等传粉昆虫有绝杀作用，在欧美部分国家已经禁用或限制使用。而目前其他诸如氯虫酰胺和氟虫酰胺等新型杀虫剂不断涌现，也冲击了吡虫啉产品的市场。

之后，由于部分烟碱类杀虫剂原药（如噻虫嗪）专利保护期限的临近，中国对于其复配制剂的专利申请量与申请人数量也持续走高，出现了大量复配申请，有关乳油制剂的专利申请也相应增加。

2013 年 4 月，欧盟再次就限制吡虫啉、噻虫嗪、噻虫胺三种新烟碱类杀虫剂的提案进行表决，经过多轮磋商论证和投票，欧盟委员会再次对上述新烟碱类杀虫剂作出了临时禁用决定，该禁令在欧盟 27 个成员国实施，为期两年，于 2013 年 12 月 1 日之前生效。因此，2013 年全球有关烟碱类杀虫剂复配制剂的申请量与申请人数量也再次滑落。近年来，多个环保组织在欧洲发起大规模反对使用新烟碱类杀虫剂的行动，欧盟也先后修订了相关烟碱类杀虫剂在各种农作物中的最高残留限量。未来烟碱类杀虫剂的使用也将越趋严格。

5.1.2 第一申请人类型及合作申请

从图 5-5-2 中可以看出，同烟碱类杀虫剂与非烟碱类杀虫剂复配制剂的情形类似，在上述复配制剂的申请量中，涉及乳油制剂中溶剂的发明申请，企业所占的比例依旧居于首位，占 71%；其次为个人 10%、研究机构 3%、高校 3%。合作申请在上述申请总量中仅占 13%，其中绝大部分为与企业的合作申请。

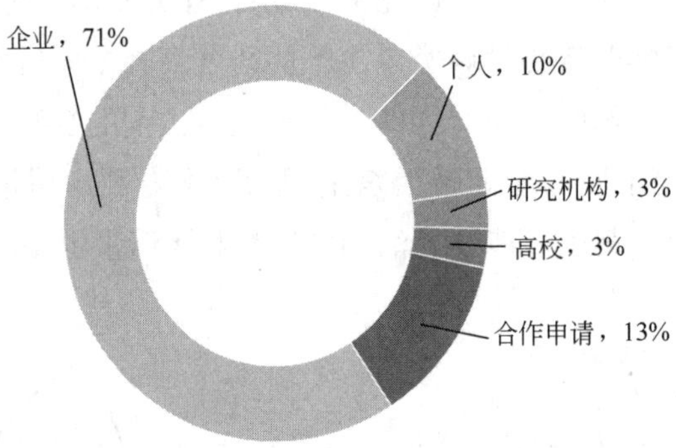

图 5-5-2 全球乳油剂型中环保溶剂的发明专利第一申请人类型及合作申请

因此，就全球范围内有关烟碱杀虫剂的研究，企业属于研发实力更强的梯队。由于受市场因素的影响，企业掌握了更多的实际使用的第一手资料，也因其具有更为雄厚的研发经费，故企业的研发工作走得更为靠前。

5.1.3 全球申请人排名

图 5-5-3 所示为涉及乳油制剂中溶剂的全球发明专利申请人申请量排名。从图中可以看出，在中国申请人中，红太阳集团、诺普信虽然排在前两位，但其均为中国专利申请，并未涉及国外专利申请。其他中国申请人也均未涉及国外专利申请。在国外申请人中，先正达公司位列前三，VALENT 生物科学公司、杜邦公司等紧随其后。

总体上看，中国申请人在本领域内鲜少对外申请专利。一方面，由于杀虫剂复配制剂专利申请的技术效果涉及适用范围、靶标昆虫、杀虫效果等，而生物特异性和地域差异性是不可逾越的两大因素。中国申请人大多为本土申请人，而非跨国集团或具有国外分公司等，获得国外不同地区生物特性信息的途径有限，因此对外申请专利具有较大难度。另一方面，即使本土申请人将针对国内靶标昆虫的复配制剂在国外申请专利，但由于地域差异性的原因，技术方案能否适用于国外市场也存在不确定性。这将会直接影响在国外市场的后期推广和应用。国外申请人在中国申请的专利也存在同样的问题。因此，需要具体分析其技术方案所针对的作物类型和靶标昆虫等技术效果。

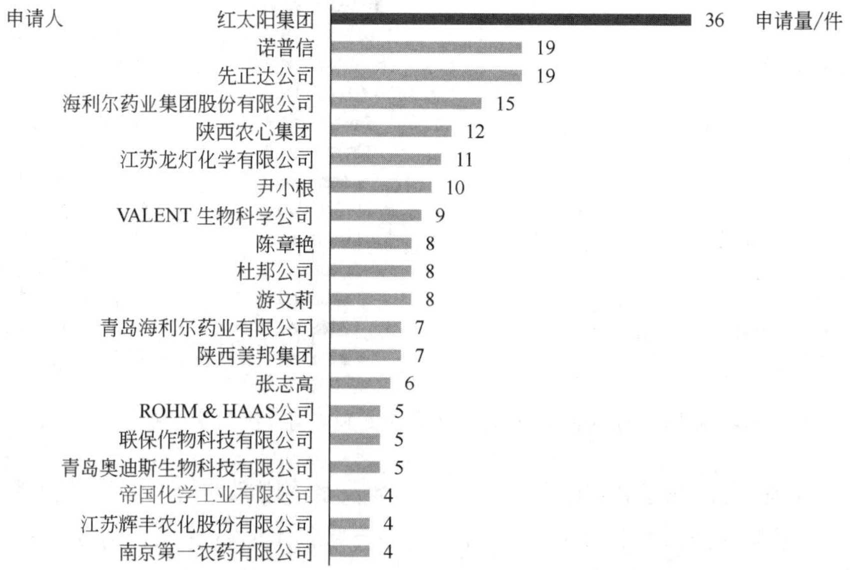

图 5-5-3　全球乳油剂型中环保溶剂的发明专利申请人排名

5.2　中国专利

5.2.1　申请人排名及有效专利拥有量

图 5-5-4 所示为申请人排名及有效专利拥有量排名，图中左侧为申请量排名，右侧为有效专利拥有量排名。从图中可以看出，南京华洲药业有限公司、陕西上格之路、诺普信不论在申请量还是有效专利拥有量中均排名在先。

其中，南京华洲药业有限公司为南京红太阳集团下属公司。红太阳集团是一家集科研、制造、国际国内市场等上下游全产业链为一体的国家重点高新技术企业。其以环保新农药、新肥料、新医药及三药中间体、新材料制造等为主业，涵盖五大产业，具有 32 家全资及控股子公司。红太阳集团拥有自主知识产权近 400 件，形成了上下游一体的产业产品链、生物链、循环经济链，取得了技术、环保、成本和市场的排他性竞争优势。尤其是被国外跨国公司垄断全球半个多世纪的俗称含氮杂环类三药及三药中间体“芯片”吡啶碱的自主研发成功，并在世界具有最大规模的工业化生产，成功改写了世界环保农药技术、生产和市场的格局。

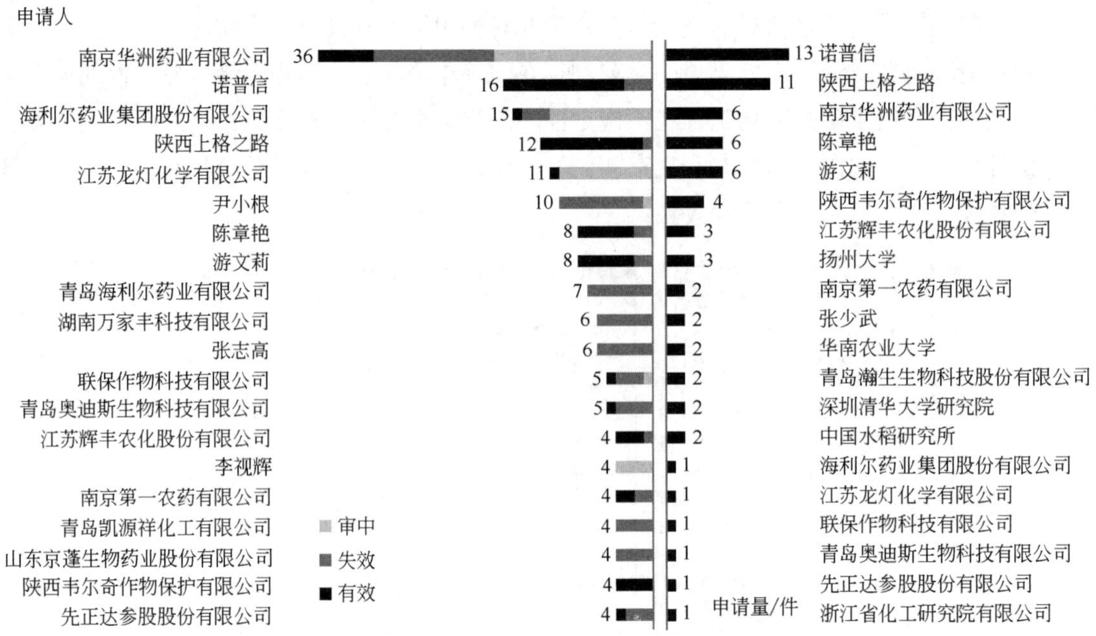

图 5-5-4 中国乳油剂型中环保溶剂的发明专利申请人排名及有效专利拥有量

深圳诺普信农化股份有限公司专注于农药制剂及水溶肥料的研发、生产和销售，依托于贴近农户的全国性营销网络、领先的产品研发平台和技术服务体系，为农民提供高效、低毒、安全、环保的农药制剂、水溶肥料产品及其相关技术服务，形成了集产品研发、生产、销售与技术服务于一体的完整产业链。旗下拥有“诺普信”“瑞德丰”“标正”“皇牌”“兆丰年”等多个品牌。

另外，个人申请人中的陈章艳、游文莉在以企业申请人为主的有效专利拥有量排名中具有显著位置。其二人为福建新农大正生物工程有限公司研究人员，福建新农大正生物工程有限公司为诺普信旗下全资子公司。该公司与福建农林大学合作研发多项具有独特杀虫、杀菌、杀螨功能的高效、低毒、环境友好型农药产品。

5.2.2 乳油制剂中可替代环保溶剂

从图 5-5-5 可以看出，目前在烟碱类杀虫剂与非烟碱类杀虫剂复配的乳油制剂中，采用的可替代环保溶剂主要包括水、植物油、溶剂油、甲基化植物油、松脂基植物油和乙醇。其中，以水作为溶剂配制乳油制剂的技术方案较多。目前尚未发现其他新型可替代环保溶剂。

从专利文献获取的资料显示，中国在乳油制剂中所使用的溶剂绝大部分是高挥发性芳烃，如苯、甲苯、二甲苯等。这些溶剂具有毒性较高、易燃、半衰期长、对环境影响大等缺点。此外，在其他一些剂型中还使用较多的毒性较高或具有致癌性的溶剂，如甲醇、二甲基甲酰胺（DMF）等。

2012 年 9 月，全国标准化委员会农药专业委员会通过《农药乳油中有害溶剂限量标准及实施方案》，明确了乳油中有害溶剂和推荐溶剂的界定。其中，“推荐溶剂”以工业与信息化部明确的“乳油产品需要使用植物油及直链烷烃类环保溶剂”为政策导向。“较安全性溶剂”包括：①重芳烃：在石油和煤加工过程中副产的 C9 以上芳烃，做农药溶剂使用的主要是馏程为 165～290℃、碳数范围为 C9～C16 的芳烃；②生物质溶剂：以天然产物为原材料，经过分离、纯化、改性、调配可用于化工用途的溶剂，且溶剂本身有相关的资料证明对人、动物和环境是安全的。

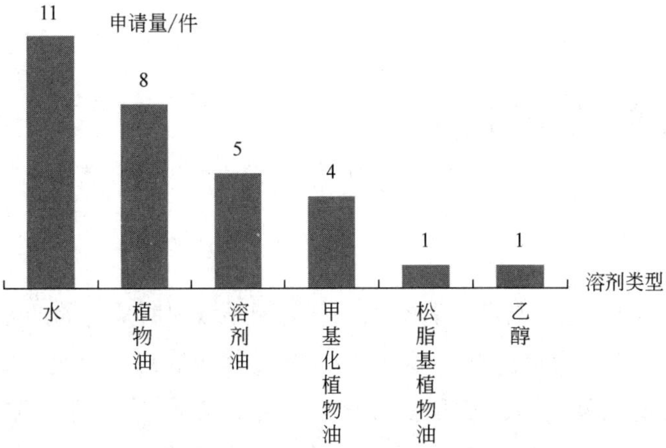

图 5-5-5　乳油制剂中可替代环保溶剂

第6章　主要结论

6.1　复配技术的结论与建议

6.1.1　关于烟碱组分

目前中国在烟碱类杀虫剂与非烟碱类杀虫剂复配领域中所采用的烟碱组分主要集中在吡虫啉、噻虫嗪、啶虫脒、烯啶虫脒、噻虫胺、噻虫啉和呋虫胺这些传统烟碱类杀虫剂，以吡虫啉为首。上述烟碱类杀虫剂原药在中国均已过专利保护期。其中，吡虫啉作为第一代烟碱类杀虫剂，自 1984 年开发至今，以其优良的内吸性、高效性、杀虫谱广、持效期长、对哺乳动物毒性低等特点广泛被使用。其次是第二代烟碱类杀虫剂噻虫嗪。其他第一代烟碱类杀虫剂啶虫脒、烯啶虫胺，第二代烟碱类杀虫剂噻虫胺，第三代烟碱类杀虫剂呋虫胺也紧随其后，被广泛应用于烟碱类杀虫剂的复配。从整体上看，吡虫啉、噻虫嗪、啶虫脒、烯啶虫脒、噻虫胺、噻虫啉和呋虫胺构成了烟碱类杀虫剂复配组合物中烟碱组分的第一梯队；而氟啶虫胺腈、氯噻啉、环氧虫啶构成了烟碱类杀虫剂复配组合物中烟碱组分的第二梯队；最后是诸如硝虫噻嗪、硝乙脲噻唑等新型烟碱类杀虫剂的第三梯队。

采用其他新型烟碱类杀虫剂用于复配的相对较少。一方面是因为该部分烟碱类杀虫剂为近年出现，部分为中国自主知识产权，尚在专利保护期内；另一方面是因为相对于传统烟碱类杀虫剂，该部分新型烟碱类杀虫剂的各方面表现尚不如传统烟碱类杀虫剂优秀。因此选择复配组分时，更多申请人选择专利已过保护期限且性能优秀的传统烟碱类杀虫剂。

由于烟碱类杀虫剂可能会引起蜂群崩溃症，2013 年欧盟对吡虫啉、噻虫嗪、噻虫胺三种烟碱类杀虫剂已经展开了两年限用禁令。新烟碱类杀虫剂还有神经毒性，可能会引起智力障碍等。故中国也将对该类产品进行再评价。而噻虫啉为广谱杀虫剂，具有触杀和胃毒作用，并拥有内吸活性，可广泛用于许多作物上防治刺吸式和咀嚼式口器害虫。噻虫啉在梨木虱、烟粉虱、松褐天牛和苹果蠹蛾等害虫的防治上明显发挥了自身的特长。它对蚜虫、飞虱等的防效也不亚于目前市场一流的新烟碱类杀虫剂。尤其是噻虫啉对蜜蜂的毒性很低，它是新烟碱类杀虫剂中对蜜蜂最安全的产品之一。不仅如此，噻虫啉适配性强，且对蜜蜂低毒，甚至低于啶虫脒（见表 5-6-1），因此不失为接替上述三种主流烟碱类杀虫剂的重要角色。

表 5-6-1 主要新烟碱类杀虫剂的蜜蜂毒性及在欧盟的登记情况

产品	蜜蜂经口 LD50（mg/蜂）	蜜蜂接触 LD50（mg/蜂）	对蜜蜂毒性	在欧盟的登记情况
噻虫嗪	0.005	0.024	高毒	25 国登记
吡虫啉	0.005～0.07	0.024	高毒	27 国登记
噻虫胺	0.00379	＞0.0439	高毒	20 国登记
啶虫脒	14.5	8.1	低毒～中等毒	25 国登记
噻虫啉	17.32	38.83	低毒	27 国登记
呋虫胺	0.023	0.047	高毒	未登记
烯啶虫胺	0.138	未涉及	高毒	未登记
flupyradifurone	未涉及	未涉及	低毒	悬而未决

综上所述，建议企业选择噻虫啉、氟啶虫胺腈、氯噻啉及第三梯队的其他新型烟碱类杀虫剂用于复配，例如，哌虫啶、环氧虫啶、环氧虫啉与吡咯类、吡唑杂环类、沙蚕毒素类杀虫剂的复配。相对于其他烟碱类杀虫剂而言，采用上述有效成分用于复配，不仅在杀虫效果上显著，而且现有技术中使用率较低。从专利申请的角度来讲，其复配组合物的新颖性和创造性更高，更适合在中国甚至国外申请专利。

6.1.2 关于非烟碱类杀虫剂组分

用于复配的非烟碱类杀虫剂包括有机杀虫剂、无机杀虫剂和微生物杀虫剂。其中，采用有机杀虫剂用于复配的比例接近 90%，其次是微生物杀虫剂和无机杀虫剂。无机杀虫剂目前使用较少，如亚磷酸。有机杀虫剂包括天然有机杀虫剂、人工合成有机杀虫剂、昆虫生长调节剂和昆虫行为调节剂。选择人工合成有机杀虫剂的复配比例接近 85%。而在人工合成有机杀虫剂中，有机磷类、拟除虫菊酯类、氨基甲酸酯类为主要选择方向，吡咯类、硫脲类、缩氨基脲类选择较少。企业可以考虑选择硫脲类、缩氨基脲类杀虫剂等作为非烟碱组分用于复配的可行性，例如，氟啶虫胺腈与吡唑杂环类、硫脲类杀虫剂，环氧虫啶与硫脲类杀虫剂之间的复配可行性。

在非烟碱类杀虫剂组分的一级分类中，可以选择未经使用的微生物杀虫剂。微生物杀虫剂与人工合成杀虫剂相比，具有以下优点：①对脊椎动物和人类无害，特异性强；②有自然传播感染的能力；③害虫不易产生抗药性；④能保护害虫天敌；⑤容易进行生产；⑥不污染环境。因此，在人工合成有机杀虫剂应用过度的情况下，可以通过筛选合适的微生物杀虫剂以期带来独特的杀虫效果。目前采用的微生物杀虫剂主要包括细菌杀虫剂、真菌杀虫剂、病毒杀虫剂、农用抗生素和昆虫病原线虫、微孢子虫。

此外，在人工合成有机杀虫剂中，可以避开过度采用的有机磷类、拟除虫菊酯类、氨基甲酸酯类杀虫剂，选择如吡咯类、硫脲类、缩氨基脲类等应用较少的有机杀虫剂用于复配。

6.1.3 关于复配元数

目前在复配元数方面，二元至多元均已被大量采用。但二元复配占绝大多数，占全部复配元数的 61%。由于复配组合物的性能影响因素较多，最终复配组合物的药效存在三种可能性，即增效作用、拮抗作用、相加作用。因此，复配元数越多，引入的影响药效的不确定因素也更多，产生增效作用的随机性更大，较难把握。

结合复配组分的性质考虑复配元数，不盲目追求多元复配。在条件允许的情况下，选择多元复配，提高专利申请的授权概率。目前，多种烟碱组分的复配目前还处于空白状况。建议企业考虑同时采用传统烟碱类杀虫剂与新型烟碱类杀虫剂进行复配，例如，氟虫胺、烯啶虫胺与微生物杀虫剂和无机杀虫剂，哌虫啶、环氧虫啶与无机杀虫剂等。进一步进行可行性评估，研发新型复配制剂。

6.1.4 关于复配组合物适用范围

现有复配组合物的适用范围主要包括粮食作物（豆类）、经济作物、蔬菜作物、果类、野生果类（干果）、饲料作物（绿肥）、嗜好作物、药用作物、纤维作物、油料作物、糖料作物和花卉类作物。烟碱类杀虫剂复配制剂更多地适用于粮食作物、蔬菜作物、果类及纤维作物，而用于饲料作物、糖料作物、药用作物、油料作物和野生果类的较少。

从专利申请的角度来看，在技术方案接近的情况下，应用于不同作物类型的专利申请，从技术效果的层面来讲，不属于存在技术启示的情况。因为不同作物的生长环境不同，适用杀虫剂的方式也存在差异，甚至对杀虫剂的反应情况也不同。因此在设计技术方案的同时，也应适当考虑其所针对的适用范围，充分扩大技术方案的保护范围。

通过分析发现，采用 JP-339 作为复配组合物的专利文献未明确涉及任何农作物类型。采用烯啶虫脒作为复配组合物的专利文献仅涉及果类、蔬菜和纤维作物，对于粮食作物的应用尚属空白。建议尽快开展烯啶虫脒与人工合成有机杀虫剂之间用于粮食作物的复配研究，填补该领域的空白。同时也可开展烯啶虫脒、哌虫啶、环氧虫啶及其他应用较少的烟碱类杀虫剂在花卉类、饲料、糖料、油料等作物中的可行性研究，筛选具有增效作用的复配方案。

6.1.5 关于靶标昆虫

本报告对于靶标昆虫的研究仅针对节肢动物门昆虫纲有翅亚纲的部分翅目。目前复配组合物所针对的靶标昆虫的口器主要涉及刺吸式、锉吸式、虹吸式、咀嚼式及舐吸式五种类型。主要集中在同翅目，针对其他翅目昆虫的复配组合物数量均较少。特别是针对脉翅目、等翅目、革翅目、网翅目、异翅目、总翅目，相应的技术方案接近空白。建议企业重点关注针对脉翅目咀嚼式口器农作物害虫复配制剂的研究。该类农作物害虫主要包括草蛉、粉蛉、蚁蛉、褐蛉、螳蛉等昆虫。

另外，针对咀嚼式口器直翅目和咀嚼式口器膜翅目农作物害虫的复配专利申请量较少。前者主要包括蝗虫、蟋蟀、螽斯、蝼蛄、东亚飞蝗、云斑车蝗、中华稻蝗、日本黄脊蝗等，后者主要包括叶蜂、茎蜂、树蜂等。企业可以考虑针对以上两类复配杀虫剂的研发。

在筛选复配组合物的同时，考虑所针对靶标昆虫的特异性，结合靶标昆虫确定所选择的复配组合物。从专利申请的角度来看，相比于未明确靶标昆虫的技术方案，具有明确靶标昆虫且作用效果显著的技术方案更具有新颖性和创造性，也就意味着授权概率更大。因此，可以考虑上述应用较少的翅目类型，有针对性地构建技术方案。

6.1.6　关于技术效果

目前专利文献中所体现的技术效果主要包括低成本、环保、扩大防治图谱、人畜安全、速效、延缓抗性、用量少、增效、长效、作物安全。上述技术效果除了与复配组合物各成分本身的特性有关，还与组合物的剂型、施用方法等因素有关。因此在具体研发过程中，需要充分考虑多种影响因素，保证技术效果的严谨性。整体来看，现有的复配组合物绝大多数都具有增效作用，但涉及速效性的技术方案较少。在复配组合物的安全方面（包括作物安全和人畜安全），涉及的专利文献也相对较少。另外，能够同时满足以上多个技术效果的技术方案甚是稀少。

本报告研究的重点是烟碱类杀虫剂与非烟碱类杀虫剂复配用于延缓抗性，故综合来看，增效、延缓抗性是必备的两大技术效果。除此之外，复配组合物的安全、环保也应作为当前阶段必备的基本技术需求。但就现有专利文献的披露内容来看，能够同时满足增效、延缓抗性、安全、环保技术效果的复配组合物方案且已被授权的数量较少。建议企业在该技术效果组合的范畴内适当投入研究，以获得有价值的研究成果。此外，现有技术中关于复配组合物速效性的专利文献相对较少，其中有效专利更是少之又少。建议企业可以增加对复配组合物速效性的研究，以获得相应专利保护。另外，从专利申请的角度来讲，在具备相应技术手段的前提下，可以通过增加技术效果达到对新颖性和创造性的要求。但要保证该相应技术手段与技术效果之间具有一定的逻辑关系和因果关系。因此，在设计复配组合物时，可以从技术效果的角度探索复配组合物配方的成分和比例，避免过度局限于复配组合物的活性成分筛选。同时应结合技术效果审查技术手段的完整性，避免由于未充分说明技术手段与技术效果之间的关联关系而造成技术方案的驳回，最终沦为现有技术。

6.1.7　关于专利申请人

考虑到杀虫剂所适用的作物种类和靶标昆虫均有一定的地域性差异，因此该部分重点关注中国专利文献，以提高分析结论与建议对企业的适用性。通过分析发现，中国专利文献中已授权的专利均处于有效期内，尚无到期专利。因此企业在研发过程中，可借鉴其他申请人的技术方案，为复配方案的研发提供指导和依据。但在研究成果转化为专利申请的过程中，需要特别注意新颖性和创造性的把握。

在中国申请人中，应重点关注陕西美邦集团、广西田园生化股份有限公司和诺普信。上述三家企业无论在专利申请量还是有效专利保有量上均名列前茅，其研发实力不容小觑。在国外申请人中，应重点关注拜耳公司、先正达公司和杜邦公司关于复配组合物的在华专利申请。在上述中国申请人中，陕西美邦集团的有效专利中以张伟、张涛、梁小娟、高超为主要发明人的专利申请量居首。广西田园生化股份有限公司的有效专利中以唐卫、李卫国、卢镇、李现玲为主要发明人的专利申请量居首。诺普信的有效专利中以曹明章、文伯健、朱卫峰为主要发明人的专利申请量居首。建议企业关注上述发明人的专利文献及非专利文献，及时了解竞争对手的最新研发动态及方向。

在国外申请人中，应重点关注拜耳公司、杜邦公司、先正达公司、住友公司和巴斯夫公司。上述五家企业的中国专利申请量及有效专利持有量均排名靠前。建议企业重点关注上述企业的专利申请动态，做好专利预警工作。对于上述企业的国外申请，可以借鉴其技术方案，选择合适时机抢占国内市场。

6.2 乳油制剂中可替代环保溶剂的结论与建议

环保性能是复配组合物日趋关注的技术效果。目前通过专利文献筛选出的乳油制剂中可替代的环保溶剂多数集中在水和植物油，尚未发现其他有价值的新型环保溶剂。根据全国标准化委员会农药专业委员会在《农药乳油中有害溶剂限量标准及实施方案》中有关“推荐溶剂”的界定（“乳油产品需要使用植物油及直链烷烃类环保溶剂”），以及关于“较安全性溶剂”的范围（重芳烃和生物质溶剂），未来在烟碱类杀虫剂复配领域中的创新，除了最直接的有关复配组合物的创新之外，乳油制剂中环保溶剂的开发也将成为一大热点。传统乳油制剂生产企业在开发新型环保剂型的同时，也必将精力适度分配给新型环保溶剂的研究当中。

根据全国标准化委员会农药专业委员会《农药乳油中有害溶剂限量标准及实施方案》对环保溶剂相关参数的要求，结合特定复配组合物的自身特点，寻找可实现的环保溶剂。另外，由于环保溶剂中重芳烃的来源单一，且生产工艺复杂，在该领域的研发投入相对较大。而生物质溶剂以天然产物为原材料，经过一些分离、纯化、改性和调配即可用于复配组合物的溶剂。企业可以根据自身情况选择适合的方向进行投入研发。

第六篇
双金属复合管技术专利分析报告

第 1 章　项目概述与研究需求

1.1　项目背景

1.1.1　行业现状

由于复合管具有优良的综合性能，自 20 世纪 60 年代起，日本、美国、德国、英国和苏联等国家都很重视复合管的开发及使用，从生产工艺、使用性能、检验方法等方面进行了大量的研究。目前国外双金属复合管的生产工艺已日趋完善，日本、美国、英国、瑞典、德国等国家处于领先水平。复合管已经在腐蚀性较强的石油石化企业、核工业及医药、食品加工等领域获得广泛认同，也可通过内层复合耐磨金属，从而满足电厂粉煤、矿山矿粉和尾矿浆输送等高磨损工作环境的要求。

在国外，复合管是近 10 年发展较快的一种工程管道，其品种、功能繁多，性能优越，形成了比较成熟的工艺技术，并且已经投产。主要的工艺方法很多，如热轧复合方法、热挤压复合法、铸造复合方法、爆炸焊接复合方法、组合式双金属复合管生产方法、激光包覆法等。在技术开发方面，日本后来居上。据文献报道，日本在 20 世纪 80 年代初就陆续研制和开发了多种复合工艺。其中，典型的热轧或热轧加冷成形工艺可以实现包覆材料与基材界面的冶金结合，质量优良。其产品广泛用于石油化工、化工行业、石油及天然气工业等。

中国起步较晚，技术水平相对落后。中国常规的双金属复合管也比较常见，但是，特殊材料内层，高压、高寿命、高防腐、耐高温等恶劣环境下的双金属复合管仍被国外垄断，利润高。而常用双金属复合管，中国大小企业均有生产，行业竞争激烈。近几年，有一部分企业朝着新工艺方向发展，以节约成本，提供竞争优势，同时，也向一些特殊材料的双金属复合管迈进，通过技术、工艺相结合的方式，占有一定的市场份额，取得良好的成绩。

目前，国外关于双金属复合管的主要生产厂家有德国的布廷恩公司、英国的 Proclad 公司、澳大利亚的克拉德泰克国际有限公司等；中国主要生产厂家有上海海隆防腐技术有限公司、西安向阳航天材料股份有限公司、大连合生科技开发有限公司、浙江久立特材科技股份有限公司等。

1.1.2 技术背景

双金属复合管是一种由两种不同金属材料构成，管层之间通过各种变形和连接技术形成紧密结合，从而使两种材料结合成一体的新型金属复合管材。一般是以碳钢为基管，不锈钢或镍基合金为衬管，基管保证其力学性能，衬管保证其耐蚀性能。内衬管选用的耐蚀合金可根据腐蚀环境不同而选用不锈钢、镍基合金、双相不锈钢或其他耐蚀合金材料，基管则根据输送介质压力等级来确定，以满足油气输送强度及压力的要求。

根据界面结合性质，可将双金属复合管分为两类：机械复合管和冶金复合管。其中，机械复合管是通过特定冷成形方法使内、外两层金属形成过盈配合，产生一定的接触压力，从而实现内、外层金属紧密配合的金属复合管，相应的冷成形复合工艺有液压复合、冷拔复合、旋压复合、爆炸复合、冷滚压复合等；冶金复合管主要通过热加工成形方法使内、外层两种金属结合成一体，其结合界面为冶金结合状态，相应的热成形复合工艺有热挤压复合、离心铸造复合、粉末冶金复合、堆焊复合等。其中，机械式复合液压胀接生产复合管的方法在产品质量和生产效率两方面都有较大的优势，是复合管制造技术上的新突破，是该行业发展的趋势。

双金属复合管在应用之前都要对复合管坯进行一定的热处理，例如，固溶处理可以改善钢和合金的塑性及韧性，为沉淀硬化做好准备；而去应力退火则是将复合管加热至某一温度，保温一定时间后冷却，使工件发生回复，从而消除残余内应力。

另外，复合管与复合管之间需要连接成管路才能投入实际应用当中，连接方式包括螺纹连接、法兰连接、焊接连接等。其中，螺纹连接是一种广泛使用的可拆卸的固定连接，具有结构简单、连接可靠、拆卸方便等优点，它是利用复合管端内、外螺纹之间的啮合实现不同管间的连接的。

1.2 企业需求

西安向阳航天材料股份有限公司是以中国航天为背景的专业化高科技公司，主营高分子材料、复合材料和金属材料及其制品，通过多年发展形成了复合管、橡胶制品、缠绕玻璃钢滤桶、剑杆带和催化剂五大产品系列。截至目前，该公司共申请 85 件国家专利，其中复合管相关技术占 56 件且已授权并保持有效的有 44 件，在中国复合管行业属于领军企业。但目前该企业还面临一些技术上的问题需要解决，想通过本专利分析项目得到一些启示。

需求 1：双金属复合管国内外主要竞争对手的分析。包括专利技术路线与专利布局、技术发明点等，其中，中国主要有大连合生科技开发有限公司、上海海隆防腐技术有限公司，国外主要有德国布廷恩公司、澳大利亚克拉德泰克国际有限公司。

需求 2：双金属复合管的液压复合工艺。目前企业未掌握如何选择合适的液胀模具、管端如何密封可以防止管间隙进水以及变形长度补偿的问题。据此需要了解国内外关于双金属复合管液压复合工艺中有关特殊胀形工具研制以及变形长度补偿方面的专利技术，引以借鉴。

需求 3：双金属复合管的螺纹连接工艺。目前企业在复合管连接过程中发现，管路通过螺纹拧紧后密封效果不好，另外螺纹的表面硬度不够高，使用寿命比较短。据此想了解国内外关于双金属复合管螺纹连接中有关螺纹齿形状、密封方式以及材质硬度方面的专利技术，引以借鉴。

需求 4：双金属复合管的固溶处理和去应力退火两种热处理工艺。目前在双金属复合管生产过程中业内普遍都要对管坯进行固溶处理，但是处理到什么程度或者达到什么目的，没有一个确切的说法，企业想通过专利分析了解国内外相关企业是如何对双金属复合管进行固溶处理的。另外，有些双金属复合管生产过程中需要进行去应力退火处理，企业想通过专利分析了解哪些材料的复合管需要做此处理。

第2章　研究方法

2.1　技术分解与定义（见表6-2-1、表6-2-2）

表6-2-1　技术分解表

<table>
<tr><th>一级</th><th>二级</th><th colspan="2">三级</th><th>四级</th><th>五级</th></tr>
<tr><td rowspan="19">双金属
复合管</td><td rowspan="10">复合成形工艺</td><td rowspan="6">机械式复合</td><td rowspan="3">液压复合
★★★</td><td rowspan="2">胀形工具</td><td>模具</td></tr>
<tr><td>管端密封</td></tr>
<tr><td>变形长度补偿</td><td></td></tr>
<tr><td>冷拔复合</td><td colspan="2" rowspan="3">★</td></tr>
<tr><td>爆炸复合</td></tr>
<tr><td>旋压复合</td></tr>
<tr><td rowspan="4">冶金式复合</td><td>热轧复合</td><td colspan="2" rowspan="4">★</td></tr>
<tr><td>热挤压复合</td></tr>
<tr><td>离心铸造复合</td></tr>
<tr><td>粉末冶金复合</td></tr>
<tr><td rowspan="2">热处理工艺</td><td colspan="2">固溶处理
★★</td><td>目的/程度</td><td></td></tr>
<tr><td colspan="2">去应力退火
★★</td><td>管材料</td><td></td></tr>
<tr><td rowspan="7">连接方式</td><td colspan="2" rowspan="5">螺纹连接
★★★</td><td rowspan="2">齿形状</td><td>锥形</td></tr>
<tr><td>圆柱形</td></tr>
<tr><td rowspan="2">密封方式</td><td>密封环</td></tr>
<tr><td>垫片</td></tr>
<tr><td>材质/硬度</td><td></td></tr>
<tr><td colspan="2">法兰连接</td><td colspan="2" rowspan="2">★</td></tr>
<tr><td colspan="2">焊接连接</td></tr>
<tr><td rowspan="4">双金属
复合管件</td><td rowspan="4">管件类型</td><td colspan="2">复合三通</td><td colspan="2" rowspan="4">★</td></tr>
<tr><td colspan="2">复合弯头</td></tr>
<tr><td colspan="2">复合法兰</td></tr>
<tr><td colspan="2">复合大小头</td></tr>
</table>

注：★代表了解；★★代表关注并分析；★★★代表重点关注并深入分析。

表 6-2-2　技术定义表

术语	定义
双金属复合管	由两种不同金属材料构成，管层之间通过各种变形和连接技术形成紧密结合，从而使两种材料结合成一体而制成的一种新型金属复合管材。一般是以碳钢为基管，不锈钢或镍基合金为衬管，基管保证其力学性能，衬管保证其耐蚀性能
双金属复合管件	由两种不同金属材料构成，通过各种变形和连接技术形成紧密结合，使两种材料结合成一体而制成的管道系统中起连接、控制、变向、分流、密封、支撑等作用的零部件统称，包含弯头（肘管）、法兰、三通和大小头（异径管）等
复合成形工艺	将碳钢外管和耐蚀内管复合成形的过程
热处理工艺	复合成形的复合管坯需要进行一定的热处理过程以消除应力或者增强韧性等
连接方式	复合管与复合管之间连接成管路的方式
管件类型	双金属复合管件按其在管路中所起的不同作用分为多种类型，如三通、弯头等
机械式复合	通过特定冷成形方法使内、外两层金属形成过盈配合，产生一定的接触压力，从而实现内、外层金属紧密配合的金属复合管，相应的冷成形复合工艺有液压复合、冷拔复合、旋压复合、爆炸复合、冷滚压复合等
冶金式复合	冶金复合管主要通过热加工成形方法使内、外层两种金属结合成一体，其结合界面为冶金结合状态，相应的热成形复合工艺有热挤压复合、离心铸造复合、粉末冶金复合、堆焊复合等
液压复合	将装配好的内外管完全密封——呈密闭长筒，再将液体注入筒内，逐步加压筒内的液体，使得内衬管逐步在直径方向向外扩张，在轴向方向向内收缩。通过连续逐步施压，使得内衬管最终达到塑性变形，外基管仍处于弹性变形范围内，当通过压力表判定内外管已达到塑性变形，外基管处于弹性变形要求时，释放压力，复合成形
冷拔复合	将装配好的内外管通过一个带有锥度（通常锥度为 1:25、1:50）的最大轮廓外圆尺寸固定的模具，沿内衬管轴线拉拔前行。通过拉拔模具挤压、扩张的方式，将内衬管在直径方向复合到外基管的内表面上，并通过继续扩张使外基管也处于弹性变形的范围内。当外力去除后，内衬管呈塑性变形无法收缩，外基管处于弹性变形呈收缩趋势，但受内衬管的限制，外基管内表面强力嵌合在内衬管的外表面上，复合成形
爆炸复合	将基衬管装配好，衬管内放置导爆索，利用导爆索爆炸时产生的瞬时超高压和超高速冲击波实现基衬管结合的一种复合方式
旋压复合	在旋压机具螺旋进给的挤压下，使内衬管连续局部塑性变形，外基管始终保持在弹性变形范围之内。当外力去除后，外基管弹性收缩，内衬管由于已呈塑性变形无法收缩，从而达到内衬管外表面强力嵌合在外基管的内表面中，复合成形
热轧复合	热轧复合实质上属于压力焊，如果变形量足够大，轧辊施加的压力就会破坏金属表面的氧化膜，使表面达到原子接触，从而使两表面焊在一起
热挤压复合	热挤压一般是针对双金属管坯进行的，是将两种以上的金属组成的大直径复合坯料加热到 1200℃左右，然后挤过由模具和芯轴形成的环状空间。当挤压坯料截面缩减到 10:1 时，高的挤压压力和温度会在界面处产生“压力焊”的焊接效应，促进界面间的快速扩散和广泛结合，实现界面的冶金结合
离心铸造复合	用于制造内衬金属熔点低于外层金属熔点的复合管。衬层和基体均采用液态金属。先将制外管的钢液引入一个旋转金属模，在外管凝固过程中监测管内温度。当外管凝固并达到一定温度时，浇入耐蚀合金等内层金属。通过控制铸造条件，可以生产出牢固的冶金结合的双金属复合管
粉末冶金复合	在碳钢或类似材料制成的母管与金属薄壁管之间加入粉末充填层，管子两端分别用底板密封。在预定的温度下加热，再热挤压成复合钢管。最后用酸洗方法去掉底板和金属薄壁管
固溶处理	将合金加热至高温单相区恒温保持，使过剩相充分快速冷却，以得到过饱和固溶体的热处理工艺
去应力退火	将复合管加热至 Ac1 以下某一温度，保温一定时间后冷却，使工件发生回复，从而消除残余内应力的工艺称为去应力退火
螺纹连接	螺纹连接是一种广泛使用的利用管端内外螺纹之间的啮合进行连接的方式
法兰连接	法兰连接就是把两个管道、管件或器材，先各自固定在一个法兰盘上，然后在两个法兰盘之间加上法兰垫，最后用螺栓将两个法兰盘拉紧使其紧密结合起来的一种可拆卸的接头

续表

术语	定义
焊接连接	将复合管通过加热或加压或两者并用，并且用或不用填充材料，使管道连接处的材质达到原子间结合而形成永久性连接的工艺过程
复合三通	三通是具有三个口，即一个进口、两个出口，或两个进口、一个出口的一种管件，有 T 形与 Y 形，有等径管口，也有异径管口，用于三条相同或不同管路汇集处。三通的主要作用是改变流体方向
复合弯头	在管路系统中，弯头是改变管路方向的管件。按角度分，有 45°、90°、180° 三种最常用的，另外根据工程需要还包括 60° 等其他非正常角度弯头
复合法兰	法兰，又叫法兰凸缘盘或突缘，是管子与管子之间相互连接的零件，用于管端之间的连接；也有用在设备进出口上的法兰
复合大小头	大小头又称异径管、异径直通，用于两种不同管径的管道之间的连接。按照形状的不同，分为同心大小头和偏心大小头两种
胀形工具	在双金属复合管液胀成形过程中，内衬管和基管都要发生轴向和径向变形，密封的结构形式是保证复合管液胀成形顺利进行的关键技术，特殊胀形工具的研发主要解决双金属成形过程中的高压密封问题
变形长度补偿	在双金属复合管液胀成形过程中，内衬管发生塑性变形，轴向长度变化尤为显著，内衬管初始长度的确定需要考虑变形长度的补偿因素，是液胀成形的关键参数之一
目的/程度	研究对双金属复合管进行固溶处理的目的是什么，或者说要处理到什么程度终止
管材料	研究何种材料的双金属复合管需要进行去应力退火处理
齿形状	螺纹连接所用管端螺纹的形状，有锥形、圆柱形等
密封方式	管道利用螺纹连接时可采用密封环、垫片、橡胶圈等方式达到密封效果
材质/硬度	管道连接时管端螺纹的材质如何或者硬度如何保证

2.2 数据检索

2.2.1 数据来源和范围

本报告的专利数据主要来自 IncoPat 检索系统和智慧牙检索系统。中国专利数据最早是 1985 年，截至 2015 年 9 月 21 日。国外专利数据最早为 1910 年，截至 2015 年 9 月 23 日。

2.2.2 检索策略

本项目研究包括双金属复合管的复合成形工艺、连接方式、热处理工艺以及双金属复合管件的复合成形工艺。对复合管和复合管件两大部分的检索，分别采用总分式的检索策略，先用关键词与分类号相结合（二者检索结果相“与”）获得与主题相关的总的文献量范围，再进一步根据技术分解表，采用与各技术点相对应的核心关键词在总的文献范围内进行细分检索，获得总样本检索文献量，具体检索要素如表 6-2-3 所示。

表 6-2-3 检索要素表

关键词	分类号
双金属管，双金属复合，双壁管，金属，双金属，合金，不锈钢，碳钢，钢，复合管，钢管，内管，外管，内层，外层，基层，覆层，衬管，基管，Bimetal，bi-metal，dual metal，metal，steel，alloy，double wall，clad pipe，clad tube，composite pipe，composite tube，pipe，tube	F16L B21 B22 B23 B32 C21 C22 C23C E21B17
液压，水压，液胀，冶金，爆炸，爆燃，旋压，冷拔，拉拔，钎焊，堆焊，焊，滚压，喷涂，离心铸造，挤压，轧，hydraulic，expansion，expand，liquid pressure，liquid flow，spin，roll，draw，spray，metallurgical，metallurgy，blast，explode，explosion，explosive，centrifuge，centrifugal casting，squeeze，squeezing，extrude，extruding，extrusion	
螺纹连接，螺纹，法兰连接，焊接连接，连接，connect，connection，join，joint，joining	
热处理，固溶，应力，退火，heat，thermal，solid solution，solution，stress，destress	
管件，三通，弯头，法兰，大小头，异径管，异径直通，异径，pipe fitiing，tee，elbow，flange，reducer，crossover	

2.3 数据处理

2.3.1 数据清理

专利检索得到的总数据集为中文专利 8311 件，外文专利 10156 件。

初步去噪：采取批量去噪的方式，在“标题”字段通过筛选的方式，批量去除包含“板”“塑料”“树脂”“复合材料”“线材”“导线”“锤头”“电缆”“纤维”“玻璃”“空调”等的绝对噪声文件，“标题”与“摘要”字段兼顾，并结合人工阅读的方式，筛选出与关键技术点相关的专利集。初步去噪后得到国内总样本专利文献量 5760 件，国外总样本 5035 件，以此分别作为待验证的国内外总样本查全与查准专利文献集合。

二次去噪：主要采用人工阅读的方式，并适当结合关键词的批量筛选进行去噪。最终获得国内总样本专利 1670 件，国外总样本 1830 件，以此分别作为国内外的总样本专利标引集合。

2.3.2 数据标引

1. 总样本专利标引

对第二次去噪后的 1670 件中文总样本专利进行标引，标引策略分为常规字段的定量标引与自定义字段的定性标引。

（1）常规字段标引。

常规字段的标引是从所下载专利著录项中直接或间接得到的信息，具体标引如表 6-2-4 所示。

表 6-2-4　总样本专利常规标引

常规标引字段名称	标引规则
申请人	申请人名称统一化
申请人类型	公司（包括公司、会社、集团等），院校（包括研究所、研究院、大学、学院等），个人
申请人国籍	根据申请人地址
申请年	从申请日中提取年份
专利类型	发明、实用新型、外观
被引频次	后引证专利的数量
当前法律状态	包括公开、撤回、实质审查的生效、实质审查后的驳回、授权、专利权的放弃或终止等
专利权有效性	包括有效（授权）、无效（撤回/驳回/放弃/终止）、未决（公开/实质审查生效）
同族专利及其数量	同一项发明创造在多个国家申请专利而产生的一组内容相同或基本相同的专利文献

（2）自定义字段标引。

自定义字段标引主要是根据技术分解表的一级、二级、三级技术分支对总样本进行定性标引，首先是关于一级分类的标引，包括复合管、复合管件、三通、弯头、法兰、大小头；其次，进行工艺类型和三级技术分支的标引，具体标引如表 6-2-5 所示。

表 6-2-5　总样本专利自定义标引

自定义标引字段名称	分类	工艺类型	三级技术分支
具体标引项	复合管 复合管件 三通 弯头 法兰 大小头	复合	液压复合
			冷拔复合
			爆炸复合
			旋压复合
			热轧复合
			热挤压复合
			离心铸造复合
			粉末冶金复合
		热处理	固溶处理
			去应力退火
		连接	螺纹连接
			法兰连接
			焊接连接

对第二次去噪后的 1830 件外文总样本专利进行标引，标引策略同中文专利，分为常规字段的定量标引与自定义字段的定性标引。其中，自定义字段与中文专利自定义字段标引相同，常规字段标引项与中文略有不同，增加了专利申请目的国的标引，标引规则为提取专利申请号的前两位。

2. 关键技术点专利标引

对国内外的关键技术点（国内237件，国外167件）的标引策略一致，首先，常规字段的标引与总样本标引规则基本相同，这里不再赘述；其次，自定义字段的标引则主要是按照技术分解表中的四、五级技术分支分别对四个关键技术点进行定性的详细技术标引，具体描述如下。

关键技术点一：液压复合技术；自定义标引字段：技术方案、胀形工具、管端密封方式、长度补偿、附图。

关键技术点二：螺纹连接技术；自定义标引字段：技术方案、齿形状、密封方式、材质/硬度、附图。

关键技术点三：固溶处理技术；自定义标引字段：是否两种材料、材料类型、热处理方式、效果、具体目的/程度。

关键技术点四：去应力退火；自定义标引字段：去应力方案、管材料类型。

3. 主要竞争对手专利标引

国内外主要竞争对手（国内134件，国外59件）的标引策略一致，常规标引字段与总样本标引规则基本相同，唯一区别是把申请人字段改为发明人字段的标引；自定义标引则主要标引字段为类型（包括复合管、复合管件、其他），技术分支（包括复合、连接、热处理、其他），技术方案或者发明点。

2.3.3　重点专利筛选

重点专利的筛选主要从四个关键技术点相关专利中分别进行，基本原则是以最切合企业需求的详细技术分支为着力点，结合法律状态、被引频次、申请人等情况，为企业提供最具有借鉴意义的技术方案，最终筛选中文重点专利86件，外文57件。

第3章 主要竞争对手分析

3.1 大连合生科技开发有限公司

3.1.1 专利布局

大连合生科技开发有限公司专业从事双金属或多金属复合材料的研发、制造，是一家综合性公司，涉及复合管、管件及其他管道系统，主要产品有金属复合管、内衬不锈钢复合钢管、内衬铜复合钢管、外包不锈钢复合钢管、内覆不锈钢复合钢管等，以及液压复合装置、三通、四通、弯头、异径管等各种复合管件。

截至目前，该公司专利申请量总共19件，专利布局情况如图6-3-1所示，其中，复合管和复合管件的相关专利申请量相当，各为9件，还有1件是关于全钛复合耐蚀热交换器，涉及钛复合管的应用。而在复合管相关专利中，有7件是关于复合工艺方面的，2件是关于管道连接方面的，其具体技术方案在后续技术路线说明部分予以阐述。

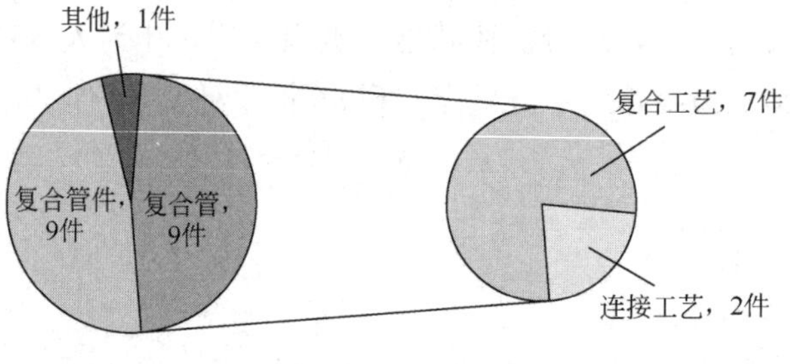

图6-3-1 大连合生科技开发有限公司的专利布局

3.1.2 技术路线分析

本节对大连合生科技开发有限公司的技术路线作了分析，具体如图6-3-2所示，可以看出该公司很注重知识产权保护，专利申请涵盖复合管、复合管件、复合装置、管道连接等多方面，并且所有专利申请已获得授权，除1件公司主动放弃专利权外，其余截至目前均为有效状态。

2007年公司成立伊始便申请了第一件实用新型专利并获得授权，是关于配合升降结构的液压复合装置，主要结构有升降移动杆，可扣合后形成圆管的半圆状上、下支撑管，以及与之相配的左、右高压膨胀头。整体结构简单，制造成本低，易操作。2008 年该公司依旧关注液压复合装置方面的研究，只是研究重点变为密封效果的保证。在这一年共申请了 3 件专利，其中 2 件是关于液压复合装置密封效果的研究，该发明申请 CN101352745A 已被授权，关键发明点就是：密封芯头 1、2 左、右分离设置，中间由拉杆 13 连接，密封圈 5、6 均为波纹状，前端固定在左、右密封芯头上，后端固定在密封滑套 9、10 上，波纹状密封圈可随密封滑套滑动，密封时处于压缩状态，能够保证在复合管因液压膨胀而径向尺寸发生扩大时，持续与复合管内壁紧密结合，达到良好的密封效果，该装置示意图见图 6-3-3。

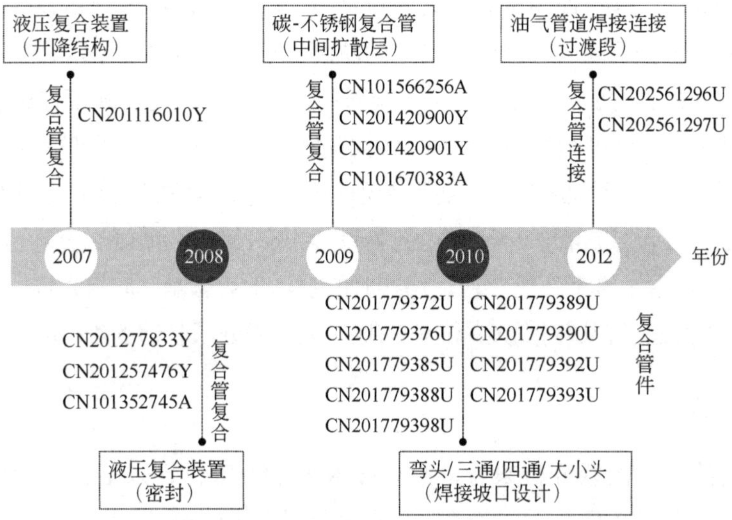

图 6-3-2　大连合生科技开发有限公司的技术路线图

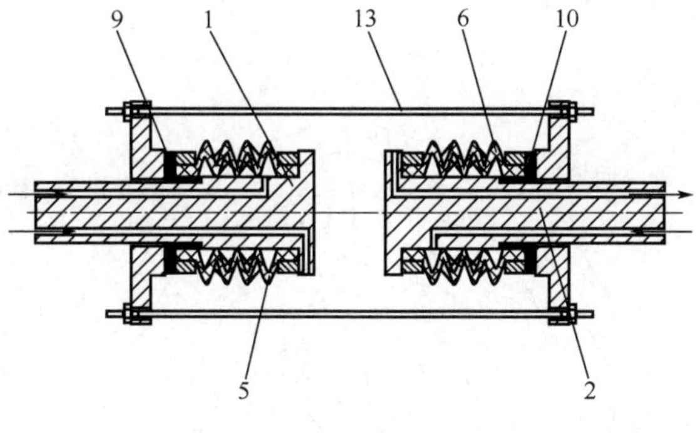

图 6-3-3　液压成形装置示意图

1，2—密封芯头；5，6—密封圈；9，10—密封滑套；13—拉杆

以上介绍的几件专利都是关于复合液压工艺过程中复合装置方面的研究，与本项目需求密切相关，尤其是其关于内胀式密封方式的研究，企业可重点关注该发明专利 CN101352745A。

另外，还有一件是关于全钛复合耐蚀热交换器的实用新型专利 CN201277833Y，该热交换器是由钛复合管及与其端口外接的钛复合板焊接组成的，保证与介质相接触的面均为钛层，防止钛复合管的钢截面直接与介质接触，提高产品的耐腐蚀效果。2009 年，公司共申请了 4 件专利——2 件发明申请和 2 件实用新型，同属于一个系列，都是关于碳-不锈钢复合钢管的制造，主要是通过在外层碳钢管与内层不锈钢管之间充分填充扩散钎焊层，一般选择廉价的黄铜，也可以是纯铜箔，或者黄铜扩散层与镍基钎焊层结合使用，填充扩散钎焊层的目的是填补不锈钢管与碳钢管之间的间隙，并且在扩散退火或者焊接的过程中，扩散层可以与内、外管间有微米数量级的扩散，形成牢固的冶金结合，结合强度达到 200MPa 以上，结合率达到 100%，从而制得性能优良的复合钢管。

而到 2010 年，公司主要针对的是复合管件的研究，包括双金属复合等径/异径三通、四通、弯头以及管帽等，这些管件设计的共同点是用于与管路焊接的坡口设计，坡口设计应保证与管件焊接时为分层焊接，管接口端口处的防腐内层与碳钢外层呈阶梯状，防腐内层前凸 2～6mm，碳钢外层的端面为由内至外向下倾斜的斜面，这种设计既可保证管件与管路牢固结合、不会产生渗漏，又可确保原有的优良耐腐蚀性能不因焊接而改变。之后在 2012 年的专利申请则是侧重复合管的应用，主要是在油气管道中的焊接连接，在管体两端接 300～320mm 的不锈钢过渡段或者在管体两端内孔处设 130～140mm 耐蚀合金环，安装时管与管对接，由于过渡段或者耐蚀合金环的存在，焊接时的余热不会影响其防腐性能，使焊接区域的防腐能力保持不变，保证了管道对介质的正常输送，大大降低了管道的维修频次。

3.1.3 技术团队

从对该公司的研发团队分析来看，主要技术骨干为田科、宋玉春、刘世程、欧阳雪峰等，并且各自研发侧重点不同，复合管件方面的专利申请全部以田科为第一发明人，复合管制造方面主要是刘世程，液压复合装置方面主要是欧阳雪峰，其余基本都是以该公司董事长宋玉春为第一发明人，研发团队具体情况如图 6-3-4 所示。

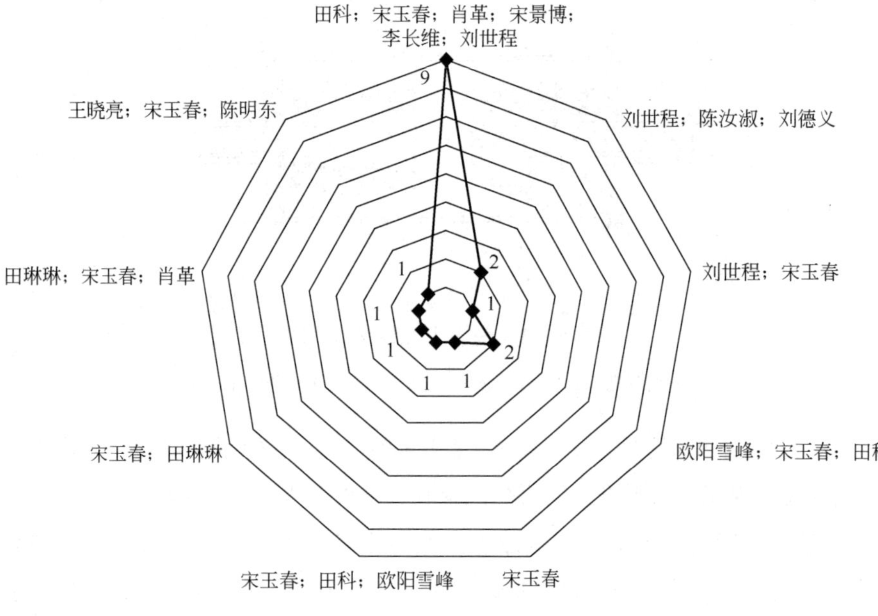

图 6-3-4　大连合生科技开发有限公司的技术团队

大连合生科技开发有限公司专利申请涵盖复合管、复合管件、复合装置、管道连接等多方面，并且所有专利申请已获得授权，所研发的液压复合装置，尤其是其关于内胀式密封方式的研究，企业可重点关注其发明专利 CN101352745A。

3.2　上海海隆防腐技术工程有限公司

3.2.1　专利态势

上海海隆防腐技术工程有限公司是一个集输送管道涂敷、内衬耐蚀合金复合钢管生产、CWC 混凝土配重涂敷、海隆衬套（UB 滑套）生产、机器人内补口、石油管防腐技术研究及输送管线完整性技术服务的研发性技术型企业。图 6-3-5 给出了该公司的专利态势，包括专利申请趋势和法律状态。上海海隆防腐技术工程有限公司 2007 年申请了第一件专利，之后 2008 年、2009 年两年申请量直线上升，2010—2013 年申请量较少，可能跟海隆防腐技术工程（太仓）有限公司的成立有关，研发投入有所减少。之后 2014 年申请量又有了显著增长，申请量达到 13 件，仅次于 2009 年的峰值。

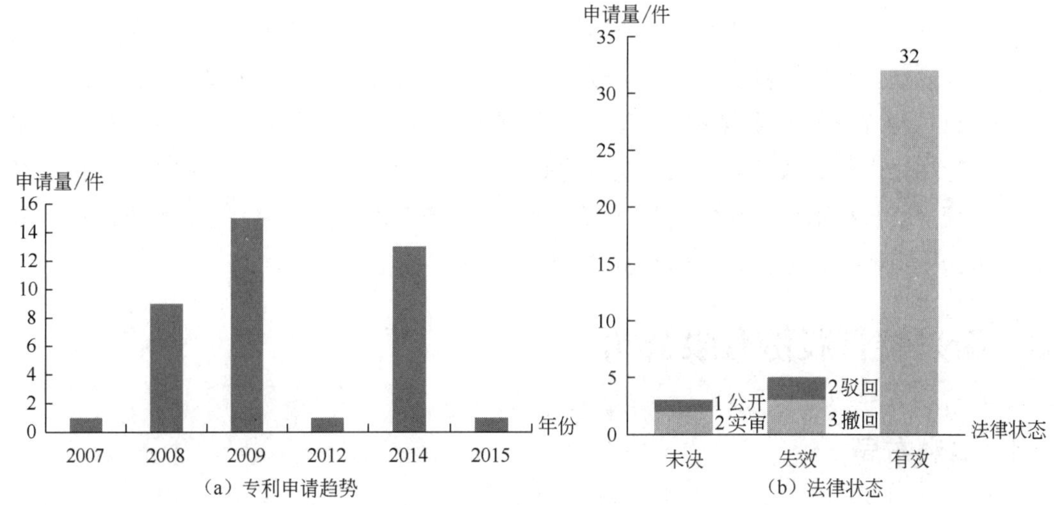

图 6-3-5　上海海隆防腐技术工程有限公司的专利态势

从法律状态分布来看，该公司 80%的专利申请都已被授权，处于有效状态；仅 5 件专利失效，其中 3 件撤回，2 件被驳回；3 件目前还处于未决状态，1 件刚公开，另外 2 件处于实质审查阶段。

3.2.2　专利布局

从图 6-3-6 该公司的专利布局中可以看出，上海海隆防腐技术工程有限公司主要研究集中在防腐涂层涂料上，包括耐蚀内涂层涂料本身性能的提高（耐蚀性、耐磨性、耐高温、抗阴极剥离性能等），涂料的种类（粉末、水性、胶黏剂等）以及涂料喷涂装置的研究（提高涂层致密性、冷却结构设计等)。其次是关于管道内壁、外壁的清理，主要是清理装置的研究。还有 2 件专利是属于检测领域的，都是无损检测装置，可以非破坏性地全面检测钢管上的缺陷。该公司自主研发的多功能、自动化钢质管道内涂层补口探伤检测专用设备，管道机器人内防腐自动除锈补口和 X 射线探伤系列设备为无线遥控式，在管道内可爬行 1000m 以上，一次可处理 85 道焊缝，大大提高了工作效率，降低成本，减少工期，完全满足新管线铺设工期进度要求。其他还有一些关于辅助性装置的研制。

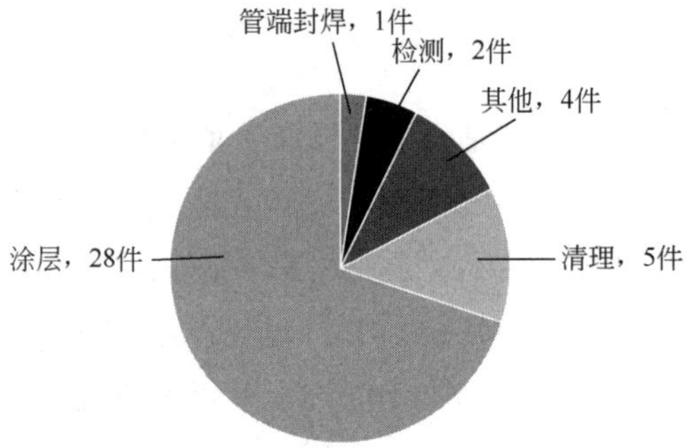

图 6-3-6　上海海隆防腐技术工程有限公司的专利布局

而关于复合管的，除了缺陷检测装置外，工艺方面只有 1 件专利——一种复合管管端封焊方法，该方法是在爆燃复合后进行管端封焊加工，其特征在于：爆燃复合后，在距离管端 4～6mm 处内壁车出径向圆角楔形槽，在楔形槽内分层进行过渡封口焊，过渡封口焊完成后，切掉管端预留段。该发明方法与现有的原有轴向楔形槽技术封焊接头相比，焊接质量明显提高；径向圆角楔形槽过渡焊接散热快，不会烧穿薄壁内衬，使内衬合金厚度降低，节约材料成本；楔形槽到管端预留很短，加工外坡口后，不会浪费材料。

3.3　新兴铸管股份有限公司

3.3.1　专利布局

新兴铸管股份有限公司拥有河北邯郸、安徽芜湖、新疆巴州、湖北黄石、湖南桃江、四川崇州等多个生产基地，目前已形成新兴铸管、新兴管件、新兴钢材、新兴特种钢管、新兴格板、新兴锻件、新兴钢塑管七大产品系列。

截至本项目专利检索日期，新兴铸管股份有限公司共申请专利 1690 件，其中，中国专利 1683 件，世界知识产权组织专利 7 件。由于该公司研发面较广，很多专利申请与本分析项目需求偏差较大，为噪声文件，因此本项目在检索该公司专利时结合关键词“复合管”“复合钢管”“双金属”“双壁”“双层”获得专利 72 件，这 72 件专利的布局情况如图 6-3-7 所示。可以看出，复合管相关专利最多，有 54 件，其中复合工艺方面 38 件，热处理工艺方面 5 件，复合工艺与热处理工艺均涉及的有 7 件，管道连接方面 1 件，其余还有 3 件；复合管件跟其他器件的相关专利申请则各有 9 件。

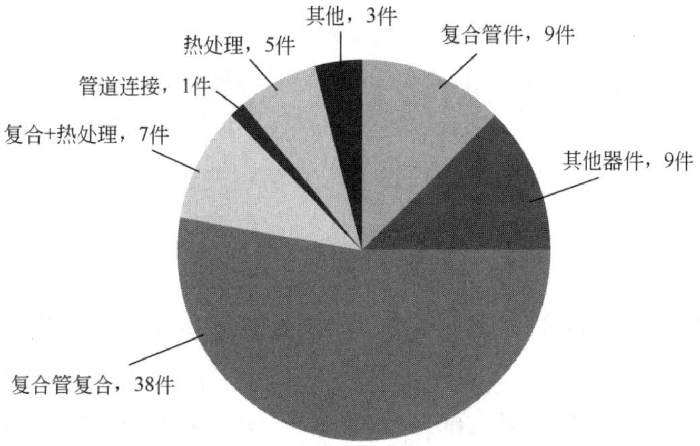

图 6-3-7　新兴铸管股份有限公司的专利布局

3.3.2　技术路线分析

本节对新兴铸管股份有限公司在复合管工艺研究方面的技术路线作了分析，具体如图 6-3-8 所示，2005—2014 年，该公司在复合管领域的专利申请主要包括以下几个大的方面：首先是专利申请量最多的有关离心铸造复合工艺，以及离心铸造复合工艺与热挤压、热轧相结合的复合工艺，还涉及利用离心铸造复合工艺制造双金属复合管坯后进行后续热处理的相关专利；其次是单纯复合管热处理工艺方面的专利申请，包括固溶热处理、去应力退火等；另外，还有一些关于其他复合工艺的专利申请，包括热挤压复合、冷拔复合、轧制等，还涉及钢塑复合管的焊接复合成形工艺。

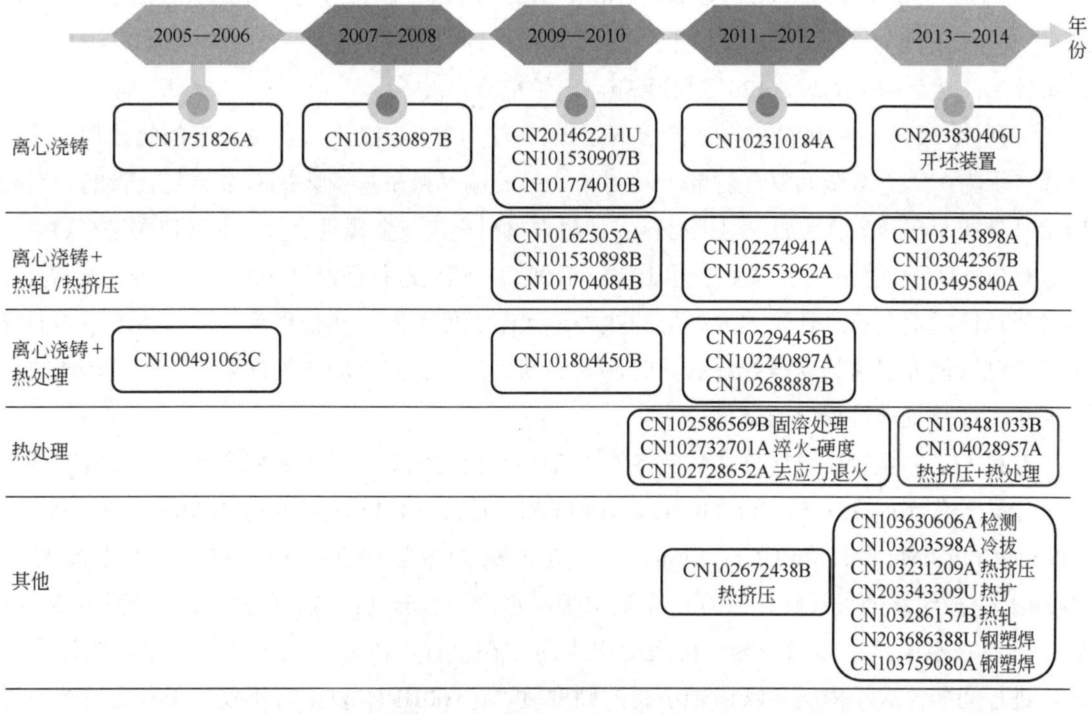

图 6-3-8　新兴铸管股份有限公司复合管相关工艺技术路线图

从整体申请趋势来看，2011—2012 年两年内专利申请量很大，并且涵盖了该公司在复合管领域所研究的各个方面。2013—2014 年的专利申请量更大，并且申请面也更广，包括多种复合工艺的专利申请。

这里只对该公司所申请专利中与本项目需求密切相关的几件重点专利的技术方案作具体描述，主要是热处理方面的。

专利 1：2010 年申请的专利 CN101804450B 已被授权，该发明是针对 20 碳钢-321H 不锈钢双金属复合管，通过热处理工艺来控制内、外层金属的硬度。首先是软化热处理，以降低其硬度，软化热处理的温度为 860～950℃，然后炉冷，软化热处理后外层金属布氏硬度 90～110HBW，内层金属布氏硬度 100～120HBW。第二道次冷轧前需要对管子进行退火处理，使外层金属硬度一般控制在 110～140HBW，内层金属硬度一般控制在 140～170HBW。冷轧成所需要的成品管规格后，再进一步进行热处理，热处理温度为 860～950℃，然后空冷，此处应按照 20#钢的热处理工艺对成品管进行热处理。

专利 2：专利 CN102294456B 用于制造 14MnV 与 316L 离心坯斜轧双金属复合无缝钢管。首先在内层温度不低于 1200℃时推管，对双金属复合圆管坯内进行喷水固溶处理；之后将双金属复合圆管坯在环形加热炉中加热到 1120～1200℃，然后在斜轧机组上进行穿孔、轧管、定减径轧制，轧制后内层热处理工艺：在 1050～1200℃对内层管坯进行固溶，外层热处理工艺：加热到 850～950℃后，在空气中进行冷却并降到室温，然后再加热到 600～700℃，再在空气中进行冷却并降到室温。该发明中并没有明确指出进行这些热处理的目的是什么，只是表明用这种方式制造出的产品表面质量好，材料利用率高。

专利 3：专利 CN102688887B 是对 10Mn-9Cr2Mn 双金属管进行软化退火升温至 800℃，保温 4h，再随炉缓冷至 500℃，出炉空冷。再进一步淬火+低温回火处理：850℃保温 1h，出炉淬油，然后回火处理，170℃保温 3h，出炉空冷。

专利 4：专利 CN102586569B 则公开了一种 TP310Cb-T11 双金属复合管的热处理工艺。具体步骤为：①将双金属复合管的一端封堵，另一端焊接吊耳；②把双金属复合管的一端利用吊耳悬挂，在其开口端加入耐火材料，使耐火材料充满双金属复合管，对开口端进行封堵；③对双金属复合管在井式炉内加热至 1050～1100℃，然后进行保温 1～2h，最后冷却至常温。该发明是针对双金属复合管的内外层的热处理保温温度不同，热处理后的冷却速度不同而提出的，可以使外层达到固溶处理的同时，内层满足正火和回火的热处理要求，而且还能防止内层 T11 在热处理过程中的氧化。

专利 5：专利 CN102732701A 是将外层低碳钢/内层高碳铬轴承钢双金属管（该发明涉及的具体材质有 10#/GCr15、20#/GCr15、10MnV/GCr15、14MnV/GCr15、16Mn/GCr15SiMn、20Mn/GCr15SiMn、16Mn/GCr15SiMo 等）在淬火炉中加热到 835～855℃，保温 15～40min，完成组织的奥氏体化过程；立刻出炉，水冷 4～6s 后，立刻提出水面，稍等 3～4s 后，再淬入水中，冷却 2～4s，再次提出水面，在空气中冷却。该方法使用水作为淬火介质，进行间断淬火，内层高碳铬轴承钢的硬度值可达 60HRC 以上，不仅实现了良好的淬透性，而且避免了双金属管直接在水中冷却到室温导致的淬火裂纹。

专利 6 和 7：专利 CN103481033B 和 CN104028957A 则是对热挤压后的复合管坯进行淬火、回火热处理，且根据不同材质选取不同热处理温度，来达到一定的抗拉强度、屈服强度和伸长率等，具体管材质跟热处理温度以及机械强度方面的对应关系如表 6-3-1 所示，可以看出相同材质的双金属管可以根据淬火温度（可以选择水淬或者油淬）、回火温度的不同，来得到不同力学性能的复合管，这方面企业可以依据实际需要来自由进行调节。

表 6-3-1　不同材质双金属复合管的热处理温度

管材质外/内	淬火温度/℃	回火温度/℃	抗拉强度/MPa	屈服强度/MPa	伸长率/%	结合强度/MPa
42CrMo/304	840	690±10	1100	950	15	—
L360/825	930±10	630±10	545	395	28.6	—
X70/316L	920±20	620±20	653	530	26.3	—
42CrMo/304	860	540±10	806	638	19.4	397
L245/316L	930±10	630±10	497	379	27.1	341
L360/825	960±10	600±10	535	405	27.8	318
L360/825	940±10	580±10	552	415	28.4	336

专利 8：专利 CN101912948B 是关于耐蚀双金属管件的固溶处理，当外层金属为 16Mn 或 21CrMo10 时，固溶处理温度为 1050～1150℃，然后快速冷却。将经固溶处理后的耐蚀双金属管件再进行热处理：当耐蚀双金属管件为 16Mn/825 时，将其加热到 Ac3 线以上 50～100℃正火；当耐蚀双金属管件为 21CrMo10/825 时，先将其加热到 Ac3 线以上 50～100℃正火，然后在 590～610℃高温回火。该发明专利中只提到经热处理后的管件具有良好的力学性能，未给出具体效果说明。

以上所列 8 件重点专利均是关于复合管以及管件的固溶处理方面的研究，包括管材质类型、具体热处理工艺、热处理目的等方面的信息，企业可加以借鉴。这里还有两件专利是关于去应力退火方面的，详细信息如下。

专利 9：专利 CN102240897A 是对离心铸造管坯进行去应力退火处理，该管材质为低碳合金，选择的退火温度为 650～700℃，保温 3h。

专利 10：专利 CN102728652A 则是涉及铁基合金的热处理技术领域，外层低碳钢/内层轴承钢的双金属无缝钢管（该发明实施例中给出的是 14MnV/GCr15 和 10MnV/GCr15 两种材质复合管），先进行管坯球化退火：在球化退火前对管坯进行缩口热打头，管坯打头一侧加热到 800～900℃，加热段长度 270～300mm，打头区长度 150～200mm，然后将管坯整体加热到 790～810℃，保温 4～6h，然后开始冷却，冷却速度 30～35℃/h，随炉冷却到 400～500℃，出炉空冷，进行冷轧、冷拔加工；之后进行去应力退火，将双金属无缝钢管加热到 680℃，保温 2～3h，出炉空冷。

3.4　德国布延恩公司

3.4.1　专利态势

德国的布延恩公司（Butting）是世界上最早开发，也是目前最知名的双金属复合管制造企业，迄今已有 200 多年历史。专业生产各种规格的纵向焊接不锈钢管道产品。

图 6-3-9 给出了布延恩公司的专利申请趋势，从 1994 年开始一直到 2010 年均有在管道连接方面的专利申请，且经历了两个快速发展期，分别在 2000 年和 2009 年达到峰值。而关于复合工艺方面的专利申请仅在 2000 年有 1 件。对于 2010 年之后的专利并未检索到，也许跟检索系统对国外数据的更新速度有关。

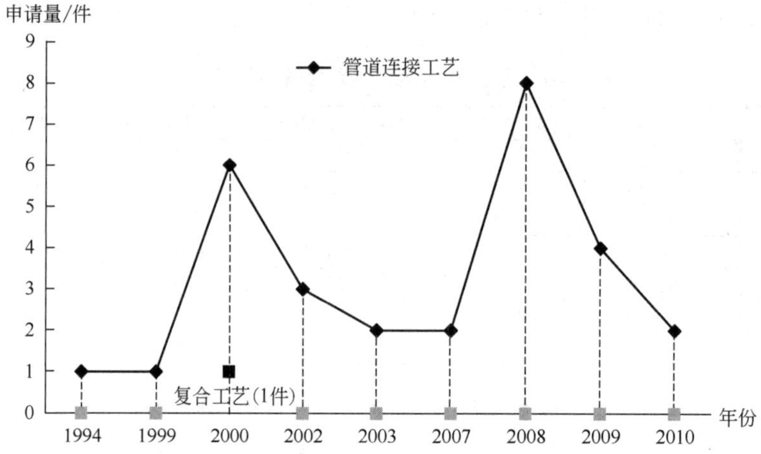

图 6-3-9　布延恩公司专利申请趋势

另外，该公司在多国进行了专利布局，除了在本国申请 12 件，还分别向世界知识产权组织、欧洲专利局、澳大利亚、挪威、西班牙、中国、加拿大、巴西、奥地利等申请了专利保护（见图 6-3-10）。

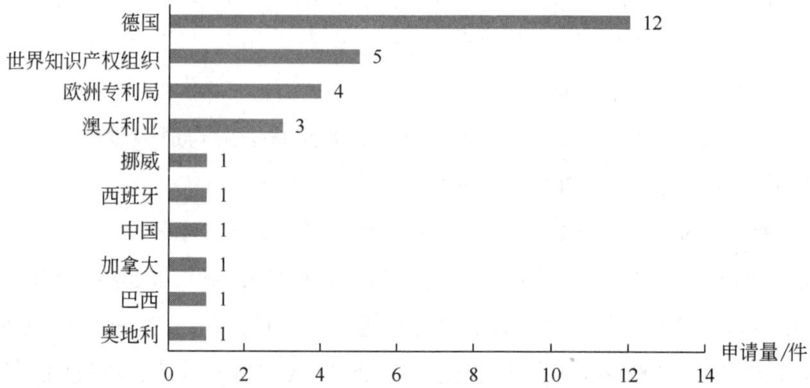

图 6-3-10　布延恩公司专利申请地域分布

3.4.2　主要专利技术分析

对布延恩公司的主要专利技术进行分析，该公司的专利申请主要涉及管道连接方面，最主要的是焊接连接方式，另外也有一些关于螺纹连接的，主要是借助管接头或者螺纹套筒来实现，在中国申请的专利也是螺纹连接方面的，但是已撤回，法律状态为无效，企业可以合理借鉴。这里首先将所有专利进行合并同族，再将每族专利中的主要技术信息以如下专利卡的形式列出。

公开号	DE4406188C1	名称	Plated pipe		
申请日	1994-02-25	发明人	QUITZOW GERHARD	技术分支	焊接连接
技术方案		发明点		附图	
可焊接管道，包括碳钢管 1 及内、外镀的耐腐蚀钢薄壁 2，可为镍或钛及其合金，管端部 4 轴向伸出超过管 1，设置一个倒角 13，安装一个管环 6，连接管 1、2 和管环 6 可通过内、外焊接接缝进行焊接，可为气弧焊或电子束焊		管环 6 具有内、外焊接接缝		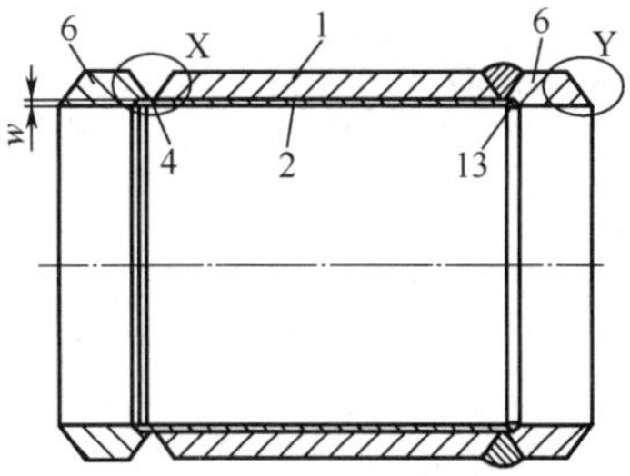	

公开号	CN101836023A	名称	用于双壁的管的连接系统	法律状态	失效
申请日	2008-10-24	发明人	Holler Gernold	技术分支	螺纹连接
技术方案		发明点		附图	
外管 11、21 比不锈钢内管 12、22 的抗拉强度大，外管端部有外螺纹 13、23，螺旋套筒 3 有内螺纹，密封环 4 在螺纹连接状态中使该套筒 3 被通过内管输送的介质密封		螺纹构造成锥状或圆柱状，管端部和密封环构造有相对应的形状锁合元件，避免密封环和耦合段在周向方向上相对运动		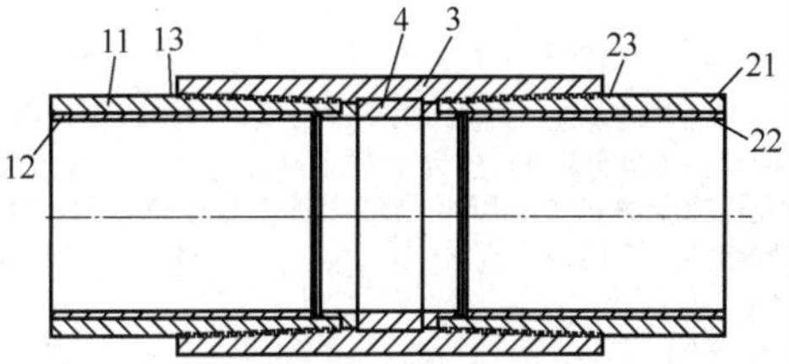	

公开号	WO2011054439A1	名称	THREADED SLEEVE，CONVEYING PIPE，AND SYSTEM COMPRISING A THREADED SLEEVE AND A CONVEYING PIPE		
申请日	2010-10-18	发明人	Holler Gernold	技术分支	螺纹连接
发明点			附图		
螺纹套筒 10 用于连接管 20，从套筒两个端部到套中心各有一排螺纹 14。螺纹套筒 10 具有一个金属主体 11，内、外覆有耐腐蚀粘接涂层 12、13，螺纹上也有涂层。连接管 20 还包括一个金属主体 21，内、外涂覆耐腐蚀涂层 22、23			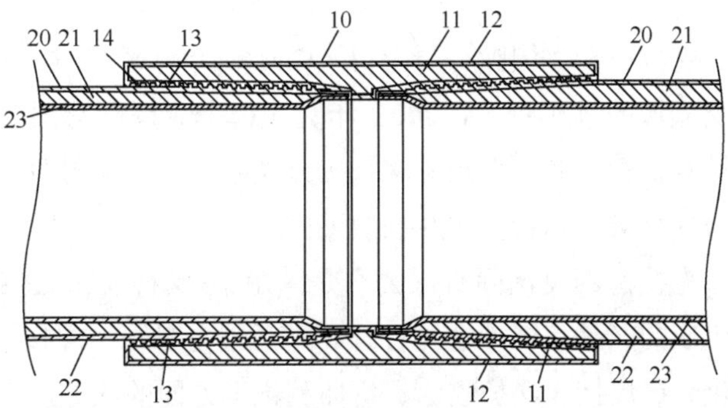		

<table>
<tr><td>公开号</td><td>EP1060827A</td><td>名称</td><td colspan="3">Method and apparatus for treating the interoir of metallic tubes</td></tr>
<tr><td>申请日</td><td>2008-10-24</td><td>发明人</td><td>Schäfer，Karl，Dr.</td><td>技术分支</td><td>焊接连接</td></tr>
<tr><td colspan="3">发明点</td><td colspan="3">附图</td></tr>
<tr><td colspan="3">金属管道端部焊缝焊接装置：焊接后在管端外部区域处理中空内壁表面 1a；焊接时工件腔体部分 14 充入保护性气氛，焊接后通空气，利用电压加入电解液，之后用水清洗中空部分</td><td colspan="3">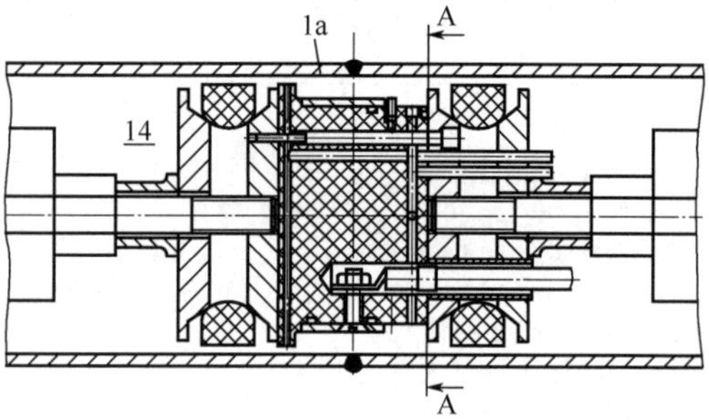
</td></tr>
</table>

<table>
<tr><td>公开号</td><td>DE10063776C</td><td>名称</td><td colspan="3">Weld seam forming device，for pipe or container weld seam，has forming gas chamber on opposite side to welding torch displaced magnetically in synchronism with latter</td></tr>
<tr><td>申请日</td><td>2000-12-21</td><td>发明人</td><td>HENNEICKE FRIEDRICH</td><td>技术分支</td><td>焊接连接</td></tr>
<tr><td colspan="3">发明点</td><td colspan="3">附图</td></tr>
<tr><td colspan="3">圆形焊缝装置：焊炬-LED 成形室，焊接范围氮-氢混合室 6，安装在一个运行轿厢 2 上，以滑动件或辊元件来支撑和转移焊炬转向管或容器侧壁，同时配置至少一个磁性元件 8</td><td colspan="3">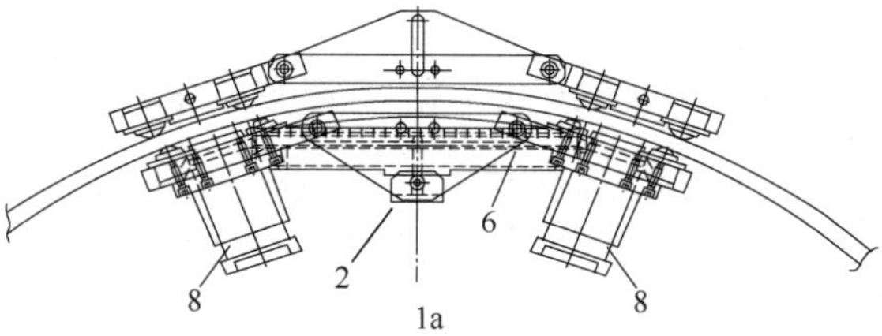
</td></tr>
</table>

3.5 澳大利亚克拉德泰克国际有限公司

3.5.1 专利态势

克拉德泰克国际有限公司（Cladtek）总部在澳大利亚奥斯本，是耐蚀合金内衬管和焊接覆层领域的领军企业，2001 年克拉德泰克国际有限公司利用自创的干液压扩充法生产出了机械复合管。利用普通碳钢作为外覆层保证力学性能，同时利用最少量的高成本耐腐蚀合金作为内衬层达到最佳防腐蚀效果。

克拉德泰克国际有限公司是陆上/海上石油和天然气领域所用管材的最大供应商之一，其供应的产品包括冶金复合管、不锈钢内衬管、焊接覆层管等，还有弯头、法兰等，此外还提供管道焊接、保护喷涂、弯曲测试等方面的服务。

克拉德泰克国际有限公司的专利申请并不多，共 10 件，且为同族专利，于 2003 年 5 月

20 日首次在澳大利亚提出专利申请，之后于 2004 年 5 月 20 日同时向世界知识产权组织、欧洲专利局、中国、美国、巴西提出相同专利申请，2005 年 12 月 20 日向挪威提出相同专利申请，并均享受 2003 年 5 月 20 日所申请专利的优先权，专利申请量和目的国分布情况如图 6-3-11、图 6-3-12 所示。而该公司的其他技术并未通过专利申请来进行保护。

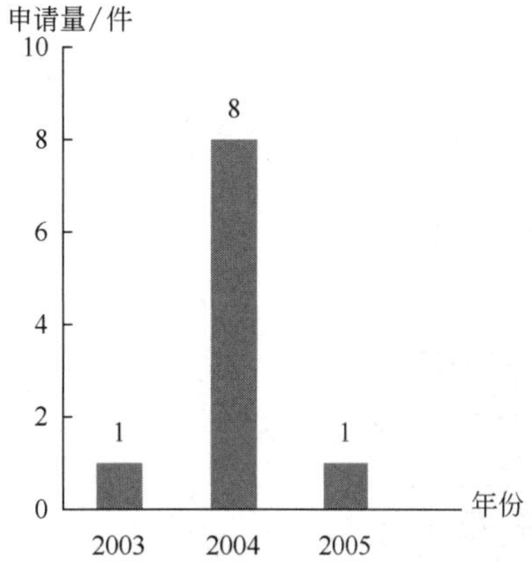

图 6-3-11 克拉德泰克国际有限公司专利申请趋势

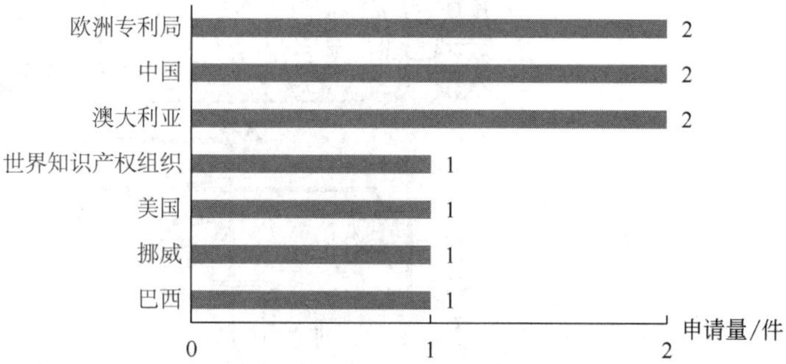

图 6-3-12 克拉德泰克国际有限公司专利申请地域分布

3.5.2 主要专利技术分析

克拉德泰克国际有限公司所申请的这一项专利是关于复合管的制备方面的，该方法主要步骤是将内管放入外管中，使用膨胀工具（见图 6-3-13）径向膨胀内管，以便与外管的圆周部分相接触，继续径向膨胀内管产生塑性变形，使得外管部分产生弹性变形。因为内管径向膨胀到产生塑性变形状态，而外管径向膨胀到产生弹性变形但非塑性变形，因此外管中的残余拉伸应力和内管中的残余压缩应力使得内管和外管之间配合形成复合管。就该复合管制备方法，克拉德泰克国际有限公司已在中国申请相关专利（专利号 CN1822907A 和 CN100364685C），但法律状态为全部无效。关于整个膨胀装置，包括膨胀囊、密封环、套筒等方面的设计，企业均可以合理借鉴其技术，该膨胀装置的关键零部件及工作原理具体如下文所描述。

该膨胀工具 17 包括一个底座 25，该底座 25 可以是一个安装在间隔设置的辊子组件 27 上的一个轴。底座 25 和辊子组件一起作为一个支架。每个辊子组件 27 都包括数个沿着周向间隔设置的辊子 29，它们可以与内管的内表面接合，并在上面滚动。采用这种结构，辊子组件 27 安装在内管的内部中心轴向定位轴 25 上。一个压力结构 31 被支撑在两个辊子组件 27 之间的轴 25 上。压力结构 31 包括两个刚性端部 33 和一个在其间的中间部分 35。中间部分 35 包括一个支撑在两个端部 33 之间的弹性圆柱壁 39，来确定一个膨胀囊 40。圆柱壁 39 具有一个外表面 41，其形成了一个压力面 19，用来接合并径向膨胀内管的内表面部分。囊 40 可以被膨胀流体膨胀，膨胀流体在本实施例中是空气。囊 40 的膨胀就会引起圆柱壁 39 的径向膨胀，因此就可以给内管的内表面施力。

膨胀工具 17 还包括控制装置 42，用来有选择地将膨胀流体传递给膨胀囊或从这里排出。控制装置 42 包括一个通过一个气压管路 47 连接到空气管道 45 上的空气压缩机 43。空气管道 45 连通到囊 40 的内部，以将膨胀流体传递给囊，并从囊中排放出去。控制装置 42 还具有一个控制电路 48，控制电路包括一个控制板 49。

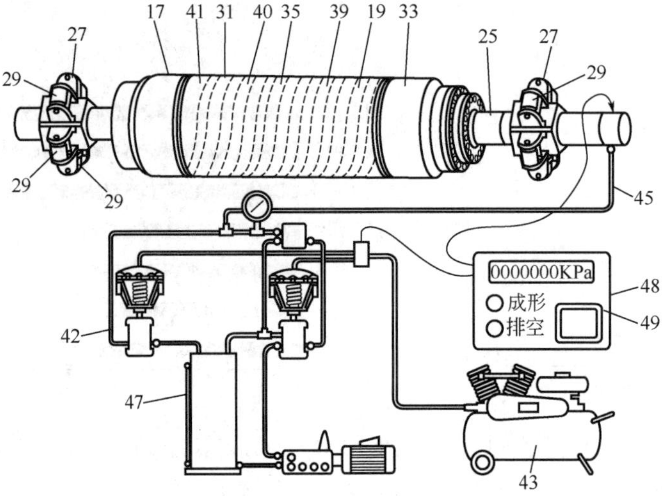

图 6-3-13　胀形装置示意图

17—膨胀工具；19—压力面；25—底座（轴）；27—辊子组件；29—辊子；31—压力结构；33—刚性端部；35—中间部分；39—圆柱壁；40—膨胀囊；41—外表面；42—控制装置；43—空气压缩机；45—空气管道；47—气压管路；48—控制电路；49—控制板

3.6 英国 Proclad 公司

3.6.1 专利态势

Proclad 公司成立于 1972 年，总部在英国苏格兰，是世界领先的耐蚀合金管生产制造公司，为石油、天然气领域管道的最大供应商之一，客户主要集中在中东地区，涵盖了大部分中东国家的石油公司，如阿布扎比、埃及、阿曼、沙特、卡塔尔等国的石油天然气公司。该公司的产品包括焊接复合管和机械粘合内衬管，还包括复合管件、复合法兰、vessel 和井口组件。除产品外还提供如锻造原材料供应、锻造技术和锻造部件、管道制造、保护喷涂、感应弯曲、热处理、检测和现场安装等多方面的服务。

该公司早在 1975 年便有了专利申请，不过是关于装配式建筑结构的，之后 1999—2000 年申请的专利是复合管领域的，而 2004 年申请的两件专利是关于工具安装装置的，在图 6-3-14 中以颜色深浅作了标示，深色为复合管领域，浅色为其他领域。在世界多国进行了专利保护，如图 6-3-15 所示，申请量最多的是德国，其次是欧洲专利局、英国、葡萄牙、西班牙、丹麦，专利申请目的国基本全部为欧洲国家。

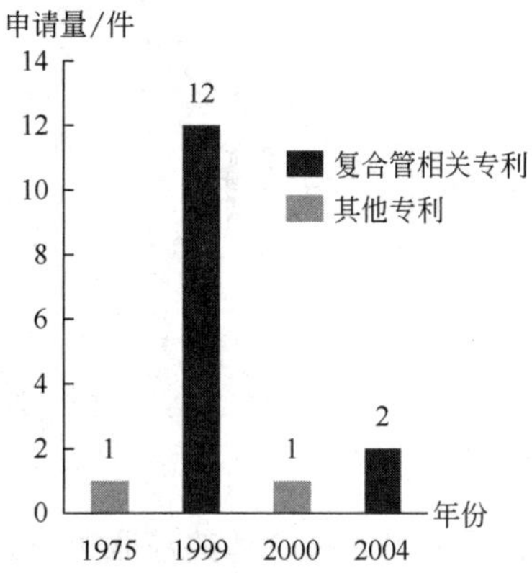

图 6-3-14　Proclad 公司专利申请趋势

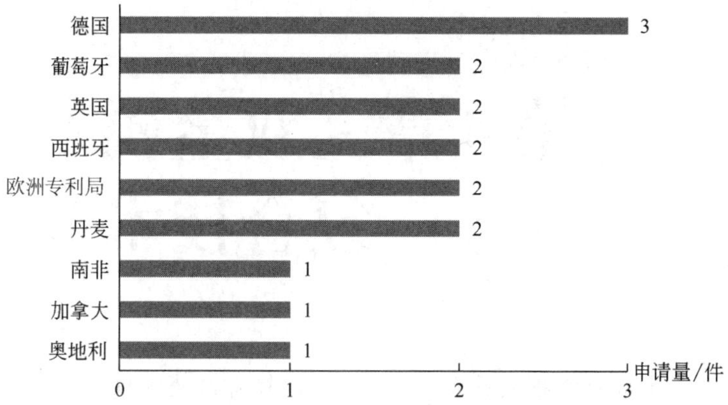

图 6-3-15　Proclad 公司专利申请地域分布

3.6.2　主要专利技术分析

关于复合管领域的 13 条专利为同族专利，涉及一种用于生产复合管的工艺方法，该过程主要是一种中空体基材料，冶金结合一层包覆材料，以形成复合体，随后挤压复合体形成复合管。其关键在于挤压之前使内、外层材料达到冶金结合，避免在挤压过程中包覆材料与基材的迁移量不成比例而使得内、外层的包覆厚度不好控制。异种材料的冶金结合可以通过一些热处理工艺来实现，如热扩散退火、感应加热等。

第 4 章　双金属复合管液压复合技术分析

本章中企业欲了解国内外双金属复合管液压复合技术中关于如何选择合适的液胀模具，包括管端如何密封可以防止管间隙进水以及变形长度补偿的问题。

4.1　国内外专利申请态势

4.1.1　申请趋势

从图 6-4-1 国内外在双金属复合管液压复合技术方面的专利申请情况来看，国外研究起步较早，比国内早了 10 余年。到 2000 年左右，国外在此方面的研究逐渐弱化，专利申请量呈逐年减少的趋势，从 2000 年到 2015 年本项目检索截止日期，国外的专利申请一直处于衰落期；而与此同时国内在此方面的研究才刚刚起步，到 2005 年以后国内的申请量开始快速增长，直到现在，一直处于快速增长期。

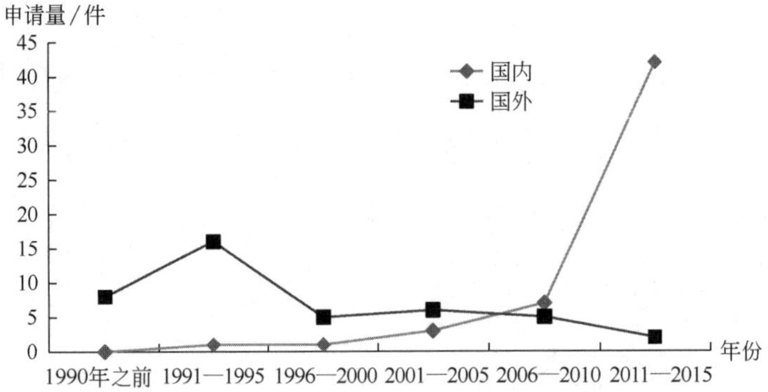

图 6-4-1　国内外液压复合方面专利申请趋势对比

国内的企业正在加大在液压复合领域的研发力度，西安向阳航天材料股份有限公司后期可以根据本专利分析项目的研究情况合理选择自己的研发方向，以更加增强自身的竞争力，在行业领域内立于不败之地。

4.1.2　主要申请人

图 6-4-2 对双金属复合管液压复合技术领域的主要申请人作了统计分析，国内的主要

申请人中国重型机械研究院股份公司、江苏三汇联发管业有限公司、哈尔滨工业大学空间钢结构幕墙有限公司和大连合生科技开发有限公司，都是行业内的知名企业，尤其是中国重型机械研究院股份公司在液压复合技术领域研究较为深入，该公司研发的胀形工具不仅解决了双金属成形过程中的高压密封问题，而且解决了双金属管复合成形过程中的变形补偿难题，标志着其已经完全掌握双金属复合管液胀成形技术。

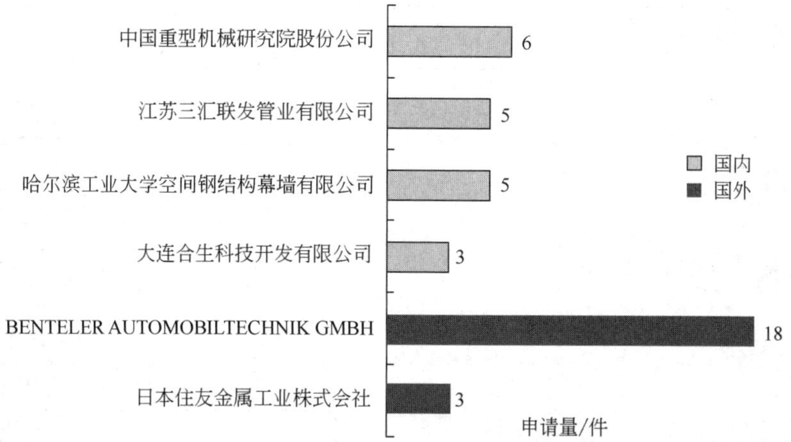

图 6-4-2 液压复合方面国内、国外主要申请人对比

国外的主要申请人有德国本特勒集团和日本住友集团，两大集团都是综合性跨国企业。德国本特勒集团旗下设有四大构成部分，即汽车工业、钢/管、机械工程和配送中心。日本住友集团则包括钢铁、化工、机械、电子、纺织、物资、物流、IT 等各行业。两家企业都早在 20 世纪八九十年代便在液压复合技术领域申请了相关专利，并且至今在此领域的研究一直未停止。

关于上述公司的相关专利技术将在下面的重点专利技术中进行详细介绍。

4.2 重要专利清单

4.2.1 国内液压复合技术

1. 技术路线

本项目所研究的中国的液压复合主要技术路线如图 6-4-3 所示，大的技术层面主要分为两个部分：密封方式的选择和长度补偿的解决。密封方式包括采用密封元件（有密封堵头、密封垫圈、密封金属环、密封垫片、接筒、卡箍等），焊接密封（利用焊接方式对管端进行点焊、环焊等以形成密封），自封液囊（将液体介质密封在橡胶等弹性液囊中来实现加压密封）几种。长度补偿大体分为两种方式：一种是利用定径/定位装置等模具设计来控制复合管的外形；另一种则没有进行实际意义上的长度补偿，直接对复合管进行端部切割，这种办法会浪费材料。这里我们重点关注第一种长度补偿的方式，即利用定径/定位装置。

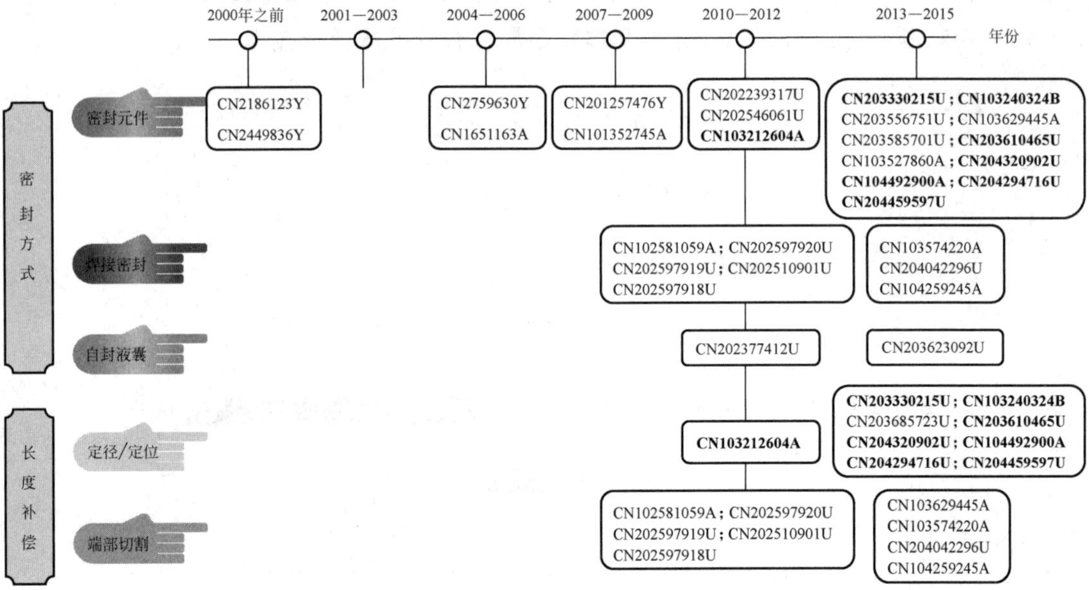

图 6-4-3 中国液压复合主要技术路线图

首先是密封方式的选择方面，有密封元件、焊接密封、自封液囊三种密封方式，从图 6-4-3 中可以看出，利用不同密封元件来达到密封效果的专利申请最多，此方法最传统简单，从 2000 年之前便有此方面的专利申请，一直到目前，此办法仍是很多企业的首选。早期的内胀密封主要是将密封头、密封圈等伸入双金属管中一段距离，通过间隙密封圈胀径达到密封效果。由于高压作用，在距离管端部分会出现不同程度的胀径，直径变化一般为 2～5mm，为了防止胀径，在水压复合之前可在管端加装两半圆卡箍，用螺栓进行机械连接，液压复合完成后再将卡箍拆除，对于大管径的卡箍由于要保证足够的强度，卡箍在制作时壁厚选得较厚，所以重量较重，这样在装拆卡箍时就非常费时费力。同时由于密封头伸入双金属管内一段距离，液压复合过程后密封头伸入位置以外对应的钢管达不到所需的高压，所以在液压复合完成后必须将未复合的管端钢管切除，不仅浪费钢管、不锈钢管材料，而且需要进行机械加工切除未复合的部分，浪费时间，增加了工人劳动强度。但是后期伴随很多特定液压胀形装置的研发，普通密封元件跟定径/定位装置结合起来使用，管端也能达到很好的复合效果，不需要再对管端进行切割。所涉及的具体专利技术信息将在下面的重点专利技术中介绍。

而焊接密封和自封液囊两种密封方法则是 2010 年以后才发展起来的，尤其是关于液囊的专利申请，截至目前只有 2 件，分别是由洛阳双瑞金属复合材料有限公司和北京隆盛泰科石油管科技有限公司申请的，均已被授权为有效专利，不过液囊只属于复合装置中的一个零部件，企业可以在不侵权的前提下加以借鉴。

其次是长度补偿方面，综合成本考虑，企业可以根据自身情况，选择定径/定位装置的研发或者选择直接进行端部切割。关于此方面的专利，不管是哪种长度补偿方式，都是在2010年之后才开始有企业申请专利。

双金属复合管的液压复合过程中，不管是选择哪种长度补偿方式，都需要首先保证其密封性，在实际生产中两者是不可分开的，图 6-4-3 中标黑体的专利号则是在专利中同时对两方面内容都涉及的。

2. 重点专利技术

针对本项目需求，将中国部分相关重点专利技术汇总如下，这里以密封方式分类。

（1）密封元件（利用密封堵头、密封垫圈、密封金属环、密封垫片、接筒、卡箍等达到密封效果）。

<table>
<tr><td>公开号</td><td>CN101352745A</td><td>名称</td><td colspan="2">复合管液压成形装置</td><td>法律状态</td><td>有效</td></tr>
<tr><td>申请日</td><td>2008-09-11</td><td>申请人</td><td>大连合生科技开发有限公司</td><td>技术分支</td><td colspan="2">密封元件</td></tr>
<tr><td colspan="4">技术方案</td><td colspan="3">胀形工具</td></tr>
<tr><td colspan="4">左密封芯头 1、右密封芯头 2 内分别设有液压水进口 3、排气出口 4，芯头外侧分别设有密封圈 5、6，波纹状密封圈可随密封滑套滑动，安装十分方便；密封时处于压缩状态，能够保证在复合管因液压膨胀而径向尺寸发生扩大时，持续与复合管内壁紧密结合，达到良好的密封效果</td><td colspan="3">左、右密封芯头，外侧有可滑动氟硅橡胶波纹状密封圈</td></tr>
<tr><td colspan="7">附图（不同使用状态示意图）</td></tr>
<tr><td colspan="7">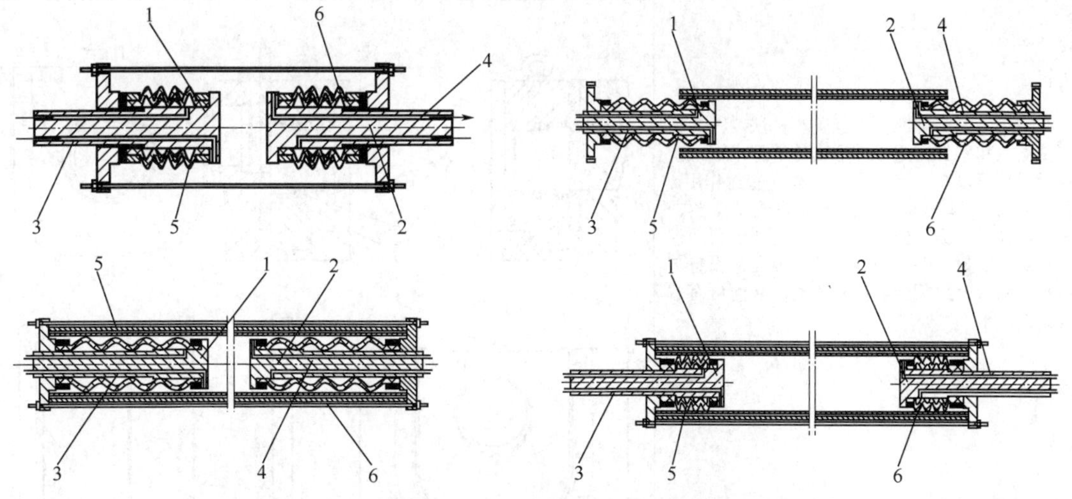</td></tr>
</table>

<table>
<tr><td>公开号</td><td>CN202239317U</td><td>名称</td><td>油管内衬不锈钢复合管的制备装置</td><td>法律状态</td><td>有效</td></tr>
<tr><td>申请日</td><td>2011-09-15</td><td>申请人</td><td>大庆井泰机械制造有限公司</td><td>技术分支</td><td>密封元件</td></tr>
<tr><td colspan="3">技术方案</td><td colspan="3">胀形工具</td></tr>
<tr><td colspan="3" rowspan="3">油管内衬不锈钢复合管的制备装置，该装置包括液压复合器、液压装置、油管和不锈钢衬管，油管内套装有不锈钢衬管，油管两端分别连接液压复合器，液压复合器连接液压装置；液压复合器包括外套、空心螺杆、螺旋丝母、密封圈、封堵头，空心螺杆上套装有螺旋丝母，螺旋丝母卡在外套的开口处并能够自由旋转，空心螺杆另一端进入外套内部，并且固定连接有封堵头，封堵头上套装有密封圈；液压装置包括液体储存箱、液压泵，液压泵一端连接液体储存箱，另一端和液压复合器中的空心螺杆相连接</td><td colspan="3">密封圈 12，封堵头 13</td></tr>
<tr><td colspan="3">附图</td></tr>
<tr><td colspan="3">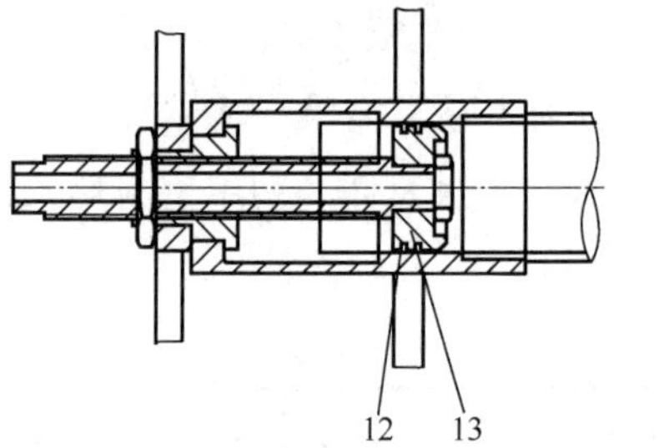
</td></tr>
</table>

<table>
<tr><td>公开号</td><td>CN202546061U</td><td>名称</td><td>水压试验机高压快速密封装置</td><td>法律状态</td><td>有效</td></tr>
<tr><td>申请日</td><td>2012-04-23</td><td>申请人</td><td>武汉钢铁（集团）公司</td><td>技术分支</td><td>密封元件</td></tr>
<tr><td colspan="3">技术方案</td><td colspan="3">胀形工具</td></tr>
<tr><td colspan="3" rowspan="3">在密封座的下部凹槽内嵌置测试法兰，并在测试法兰和密封座定位后形成的缝隙中嵌入密封滑板，可以在两者之间起到刚性密封作用。同时，在密封滑板的一侧平面与测试法兰之间，以及另一侧平面与密封座之间通过平面密封圈贴合密封，并在测试法兰的内孔中设置与被测试钢管密封配合的主密封圈，从而可有效封住高压水</td><td colspan="3">高压快速密封装置（包括管两端的密封座、测试法兰和密封滑板）</td></tr>
<tr><td colspan="3">附图</td></tr>
<tr><td colspan="3">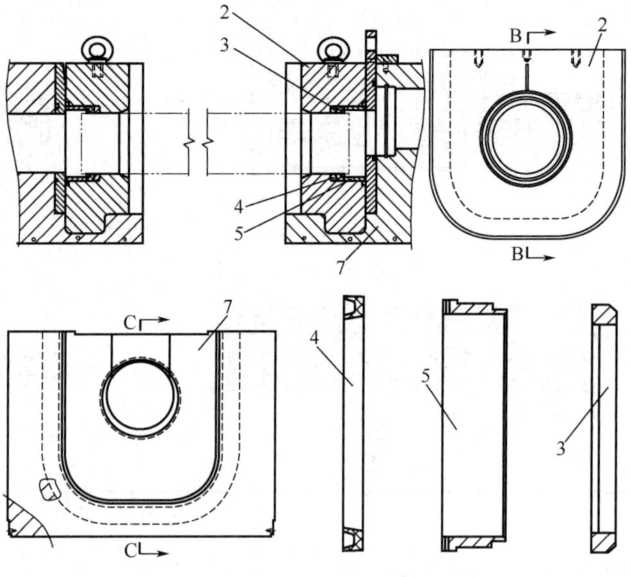
</td></tr>
</table>

<table>
<tr><td>公开号</td><td>CN103240324B</td><td>名称</td><td>一种双金属复合管液胀成形系统</td><td>法律状态</td><td>有效</td></tr>
<tr><td>申请日</td><td>2013-05-08</td><td>申请人</td><td>中国重型机械研究院股份公司</td><td>技术分支</td><td>密封元件+定位工具</td></tr>
<tr><td colspan="3">技术方案</td><td colspan="3">胀形工具</td></tr>
<tr><td colspan="3" rowspan="3">液胀成形系统包括模套，设置在模套上的随动胀套以及固定在模套上的防护罩；其中，随动胀套包括密封圈、定位装置、模芯、内密封圈和径向密封导块。本发明采用随动胀套 1 达到与复合管长度变化位置随动和力量自平衡的目的，保证各种长度的复合管成形过程具有良好密封的要求。在液胀成形过程中能够随内层管轴向缩短自动移动，保证钢管端部始终和模芯端面紧密接触；内密封圈在液体压力下能够起到向钢管内充液前预先密封，增压过程继续密封的作用，保证内层管始终处于密封状态，且能使内层管端部无液压接触区域与外管紧密结合</td><td colspan="3">随动胀套 1（包括密封圈 2、定位装置 3、模芯 4、内密封圈 5 和径向密封导块 12），外管 6，内管 7，密封挡圈 8，防护罩 9，模套 10，螺栓 11</td></tr>
<tr><td colspan="3">附图</td></tr>
<tr><td colspan="3">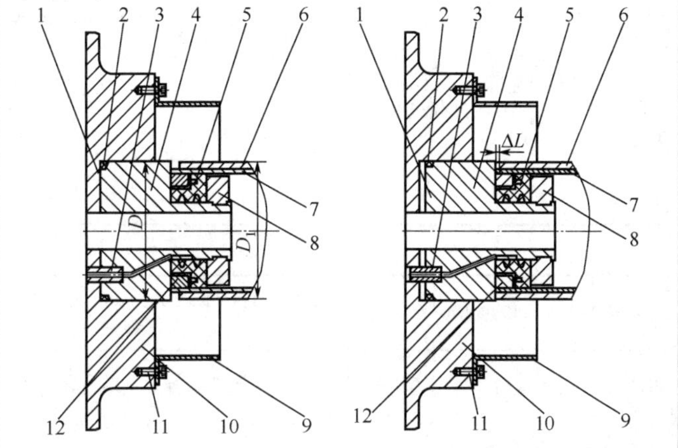
</td></tr>
</table>

<table>
<tr><td>公开号</td><td>CN203610465U</td><td>名称</td><td>一种双金属复合管管端水压复合装置</td><td>法律状态</td><td>有效</td></tr>
<tr><td>申请日</td><td>2013-11-21</td><td>申请人</td><td>番禺珠江钢管有限公司</td><td>技术分支</td><td>密封元件+定径装置</td></tr>
<tr><td colspan="3">技术方案</td><td colspan="3">胀形工具</td></tr>
<tr><td colspan="3" rowspan="3">包括最大外径小于复合管 10 内径的扩头体 1，扩头体内设有预密封水压管道 2、扩径水压管道 3 和排气管道 4，两端均设有密封圈槽 51，内设有密封圈 5。将扩头体置于复合管内，先通过预密封水压管道的压强锁住扩头体两端与复合管密封，然后通过扩径水压管道的压强进行管道复合，复合过程中产生的气体通过排气管道排出，管道复合完成后进行泄压即可进行下一个管道的复合</td><td colspan="3">通过预密封水压管道的压强锁住扩头体两端与复合管密封</td></tr>
<tr><td colspan="3">附图</td></tr>
<tr><td colspan="3">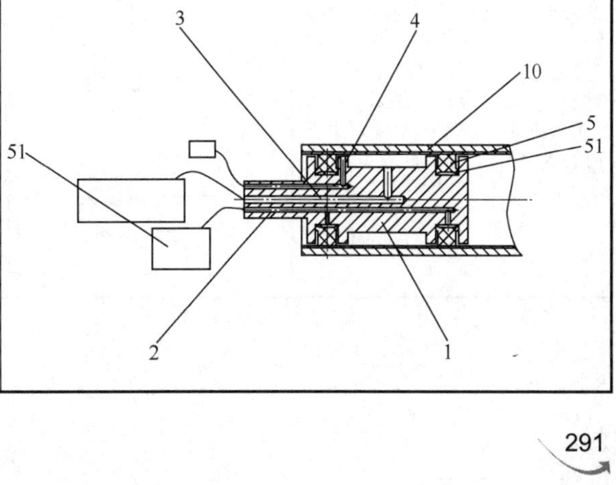
</td></tr>
</table>

<table>
<tr><td>公开号</td><td>CN103629445A</td><td>名称</td><td>一种复合管液压胀合方法和制作装置及其得到的复合管</td><td>法律状态</td><td>审中</td></tr>
<tr><td>申请日</td><td>2013-12-05</td><td>申请人</td><td>青岛恒基泰机电科技有限公司</td><td>技术分支</td><td>密封元件</td></tr>
<tr><td colspan="3">技术方案</td><td colspan="3">胀形工具</td></tr>
<tr><td colspan="3" rowspan="3">将周向安装密封圈的堵头插入内管中；向密封圈内圈与堵头之间通入密封压力液体，密封内管端部；在进行胀合之前，紧贴需要胀合的复合管外管端面安装与复合管外管内径相同的套环，且密封圈最内端在复合管外管端面以外，内管腔内的压力可以达到外管端部，克服了现有技术制作的复合管端部留有复合盲区的缺陷，无须再截去盲区便可使用</td><td colspan="3">将周向安装密封圈的堵头插入内管中；向密封圈内圈与堵头之间通入密封压力液体，密封内管端部</td></tr>
<tr><td colspan="3">附图</td></tr>
<tr><td colspan="3">极限状态1，密封圈不能再往里了　　极限状态2，密封圈不能再往外了
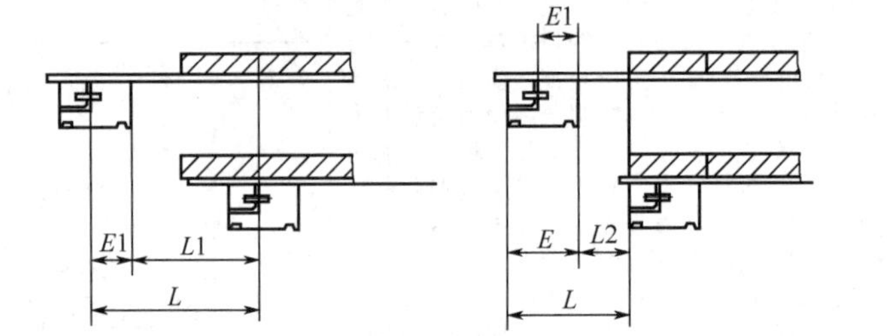
</td></tr>
</table>

<table>
<tr><td>公开号</td><td>CN104492900A</td><td>名称</td><td>一种全封闭水压复合双金属钢管生产工艺及装置</td><td>法律状态</td><td>审中</td></tr>
<tr><td>申请日</td><td>2014-11-17</td><td>申请人</td><td>太原纵横海威机械设备有限公司</td><td>技术分支</td><td>密封元件+定位工具</td></tr>
<tr><td colspan="3">技术方案</td><td colspan="3">胀形工具</td></tr>
<tr><td colspan="3" rowspan="3">①准备：上夹具在抬起位，下夹具和右锁紧装置在移出位，左锁紧装置和右锁紧装置在后退位，左试验头和右试验头在后退位；升降吊管单元将钢管放在下夹具上。②进管：下夹具和右锁紧装置整体横移，将钢管送入中心，上夹具由升降油缸推动压下夹紧钢管，左、右锁紧卡瓦在移动油缸推动下卡紧上、下夹具。③复合：左、右试验头在油缸的推动下前进，护套与基管顶紧后自动停止前进；控制系统接到试验头到位信号后，左、右试验头上的大间隙密封圈胀开撑紧衬管内壁，进水阀打开衬管内充低压水，进水阀、排气阀密封，衬管内增压，保压。④卸压：大间隙圈缩回，试验头后退，钢管内的水流出。⑤出管</td><td colspan="3">左、右试验头上的大间隙密封圈胀开撑紧衬管内壁，进水阀、排气阀密封</td></tr>
<tr><td colspan="3">附图</td></tr>
<tr><td colspan="3">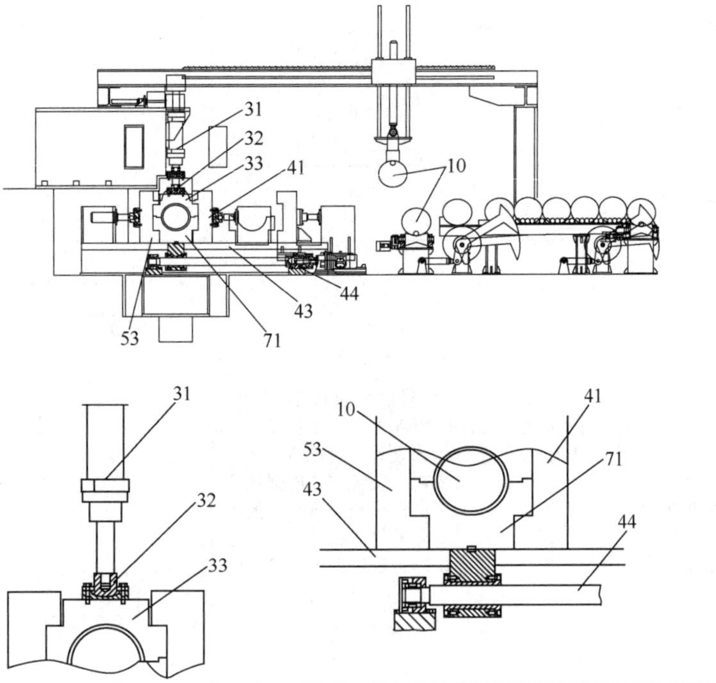
</td></tr>
</table>

（2）焊接密封（利用焊接方式对管端进行点焊、环焊等以形成密封）。

<table>
<tr><td>公开号</td><td>CN103574220A</td><td>名称</td><td>一种液压胀合内衬耐蚀合金复合管及其制造方法</td><td>法律状态</td><td>审中</td></tr>
<tr><td>申请日</td><td>2013-08-31</td><td>申请人</td><td>宝鸡石油钢管有限责任公司</td><td>技术分支</td><td>焊接密封+端部切割</td></tr>
<tr><td colspan="3">技术方案</td><td colspan="3">胀形工具</td></tr>
<tr><td colspan="3" rowspan="3">管端处理：管端封焊和管端倒棱，封焊前先将内管切除一定长度。管端采用MAG焊密封后注水打压至一定压力，保压10min后卸压；向内部注水打压时施加压力值为10～70MPa，间隙1～3mm，抽真空处理</td><td colspan="3">管端MAG焊密封</td></tr>
<tr><td colspan="3">附图</td></tr>
<tr><td colspan="3">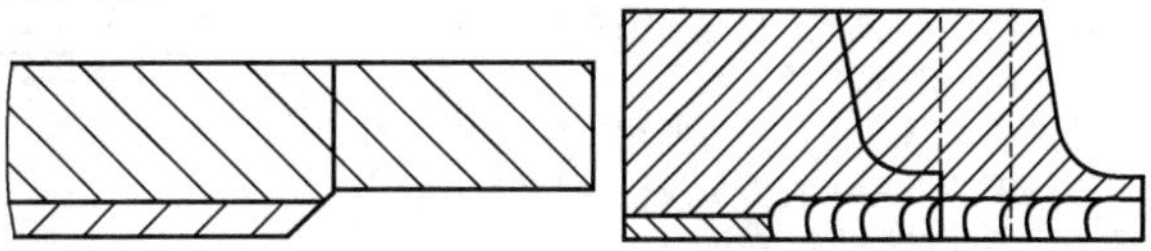</td></tr>
</table>

<table>
<tr><td>公开号</td><td>CN104259245A</td><td>名称</td><td>一种复合钢管的生产设备及其生产工艺</td><td>法律状态</td><td>审中</td></tr>
<tr><td>申请日</td><td>2014-09-11</td><td>申请人</td><td>河海大学常州校区</td><td>技术分支</td><td>焊接密封+端部切割</td></tr>
<tr><td colspan="3">技术方案</td><td colspan="3">胀形工具</td></tr>
<tr><td colspan="3" rowspan="3">提供一种复合钢管的生产流水线以及设备，包括电阻加热炉、钢管复合套装机、锯切机以及打压装置。采用电阻加热炉对外钢管10进行加热，使之受热膨胀，外钢管发生弹性变形；将内钢管11两端焊接法兰盘密封，一端连接试压泵和排气管道及控制阀门，注水排气使内管内腔充满水；内外管套装后将试压泵与内管试压管道连接，利用打压装置对内管实施液压胀形，内管发生塑性变形，同时外管发生冷缩引起弹性变形，内外管紧密贴合，复合完成</td><td colspan="3">焊接法兰盘密封，一端连接试压泵和排气的管道及其控制阀门，注水排气使内钢管内腔充满水</td></tr>
<tr><td colspan="3">附图</td></tr>
<tr><td colspan="3">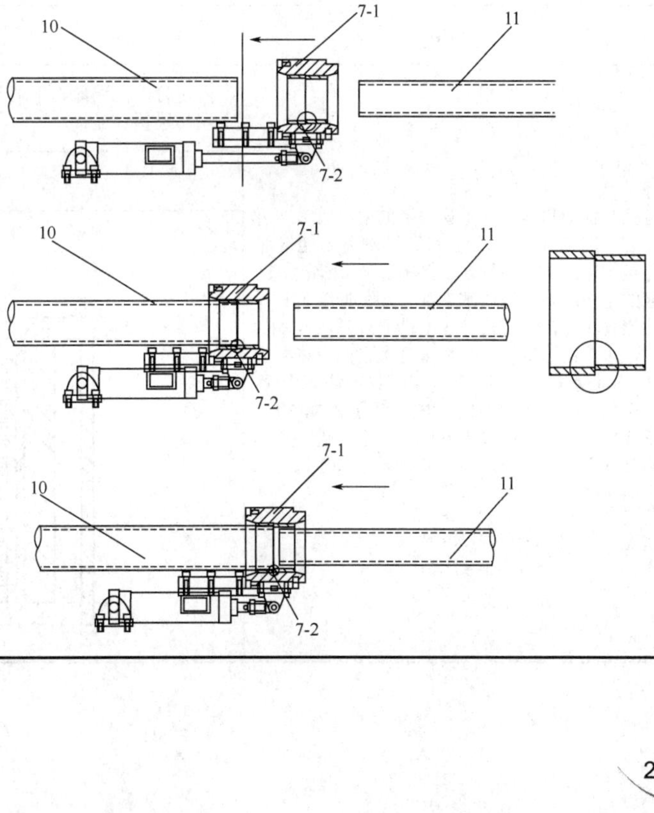
</td></tr>
</table>

（3）自封液囊（将液体介质密封在橡胶等弹性液囊中来实现加压密封）。

<table>
<tr><td>公开号</td><td>CN202377412U</td><td>名称</td><td>一种用于管材整圆扩径或用于内衬复合管加工的扩径头</td><td>法律状态</td><td>有效</td></tr>
<tr><td>申请日</td><td>2011-12-28</td><td>申请人</td><td>北京隆盛泰科石油管科技有限公司</td><td>技术分支</td><td>自封液囊</td></tr>
<tr><td colspan="3">技术方案</td><td>胀形工具</td><td colspan="2">高压弹性液囊</td></tr>
<tr><td colspan="3" rowspan="2">本扩径头，其特征在于：包括固定轴、套筒、挡板法兰、高压弹性液囊、出液管和进液管，结合了水压扩径与机械扩径各自的优点，相比液压扩径，减少了液压介质的泄放过程，同时在扩径时所用液压介质的容积量较小，可以省去传统液压扩径时必须采用的外包模具；在进行内衬双金属复合管的加工时，该扩径头的腔囊微软质材料可以避免对内衬管的摩擦损伤</td><td colspan="3">附图</td></tr>
<tr><td colspan="3">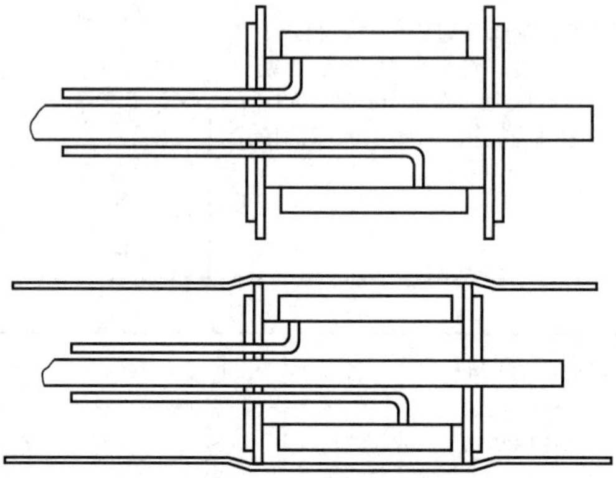</td></tr>
</table>

<table>
<tr><td>公开号</td><td>CN203623092U</td><td>名称</td><td>一种金属复合管内壁液压加衬装置</td><td>法律状态</td><td>有效</td></tr>
<tr><td>申请日</td><td>2013-10-29</td><td>申请人</td><td>洛阳双瑞金属复合材料有限公司</td><td>技术分支</td><td>自封液囊</td></tr>
<tr><td colspan="3">技术方案</td><td colspan="3">胀形工具</td></tr>
<tr><td colspan="3" rowspan="3">包括基管7和紧贴在基管内壁的内衬管8，两端安装上端盖5和下端盖11，两端盖由连接部件连接固定；由内衬管8、上端盖5、下端盖11组成的空间内安装橡胶水囊9，橡胶水囊9上端与连接管3连接，连接管3上端通过螺纹与加压管1连接，在连接管3与加压管1之间有密封器件2；橡胶水囊9、连接管3与密封器件2构成一个密闭空间，密闭空间内填充液压介质10。液压介质被密封在橡胶水囊里面，不会进入内衬管和基管之间的缝隙，使之贴合紧密，使用过程中不会起泡</td><td colspan="3">内衬管、上端盖、下端盖组成的空间内安装有橡胶水囊，橡胶水囊上端与连接管连接</td></tr>
<tr><td colspan="3">附图</td></tr>
<tr><td colspan="3">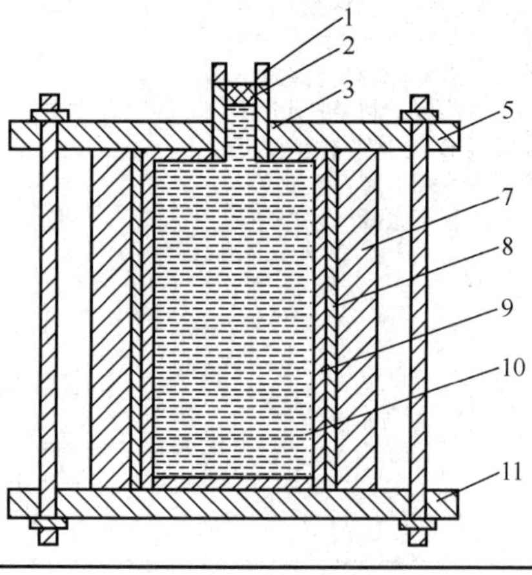</td></tr>
</table>

4.2.2　国外液压复合技术

1. 技术路线

国外的液压复合主要技术路线如图 6-4-4 所示，大的技术层面主要分为两个部分：密封方式的选择和长度补偿的解决。与国内相关专利技术相比，国外专利技术中的密封方式没有自封液囊方面的，另外除了密封元件、焊接密封外，还包括单独利用凹槽或者锥形面的设计来达到密封的目的；长度补偿方面除了利用定径/定位等模具来控制，还包括一种条件控制方法，即通过控制生产温度、压力等条件来控制复合管的径向变化，比如，通过保持膨胀的液压压力达到设定直径，最小化卸压时内、外管之间的温度差异，使不锈钢内管和碳钢外管之间具有高的径向配合且不发生轴向错位。

首先是密封方式的选择方面，有密封元件、焊接密封、凹槽锥面三种密封方式，从图 6-4-4 中可以看出，利用不同密封元件来达到密封效果的专利申请最多，也是发展最早的，这点与国内相同。而其余两种申请量则较少，且每一种方法都是集中在某一段时间被应用，并没有得到大力推广和发展，这也许是因为这几种方法不具有普适性或者与生产成本等方面因素有关。

其次是长度补偿方面，与国内不同的是，国外采用模具控制复合管管径的专利申请最多，可见此方法被国外企业普遍采用，且技术也一直在不断进行更新改进。另外，还增加了条件控制方面的专利申请，不过只是个别专利，且条件控制很容易受多种因素干扰，不具有可靠性，故此办法 1995 年以后便没有相关专利申请了，算是一种被淘汰的技术，企业可以适当了解，某些情况下可以利用。本部分依然重点关注模具控制方面的专利技术。

2. 重点专利技术

针对本项目需求，将国外相关重点专利技术汇总如下，这里同样以密封方式分类。

（1）密封元件。

首先，是由德国本特勒集团首次在美国提出的专利申请，公开号为 US5582052A，该专利价值很高，自 1994 年申请至今一直保持有效状态，且被引频次达到 36 次，其家族被印证次数达 94 次，该专利引证图如图 6-4-5 所示。该专利的简单同族专利有 EP627272A3、JP2997909B2、US5475911A、US5363544A、DE69404757D1、US5582052A、AT156396T、ES2105523T3 等，共 12 件；扩展同族专利除简单同族中所列以外，还有 EP686440A1、US5600983A、JP08187523A 等，共 20 件；Inpadoc 同族专利有 EP686440A1、AT175598T、DE69507201D1 等，共 10 件；该系列专利已在世界多国进行了专利保护，包括欧洲专利局、美国、德国、日本、奥地利、西班牙等。

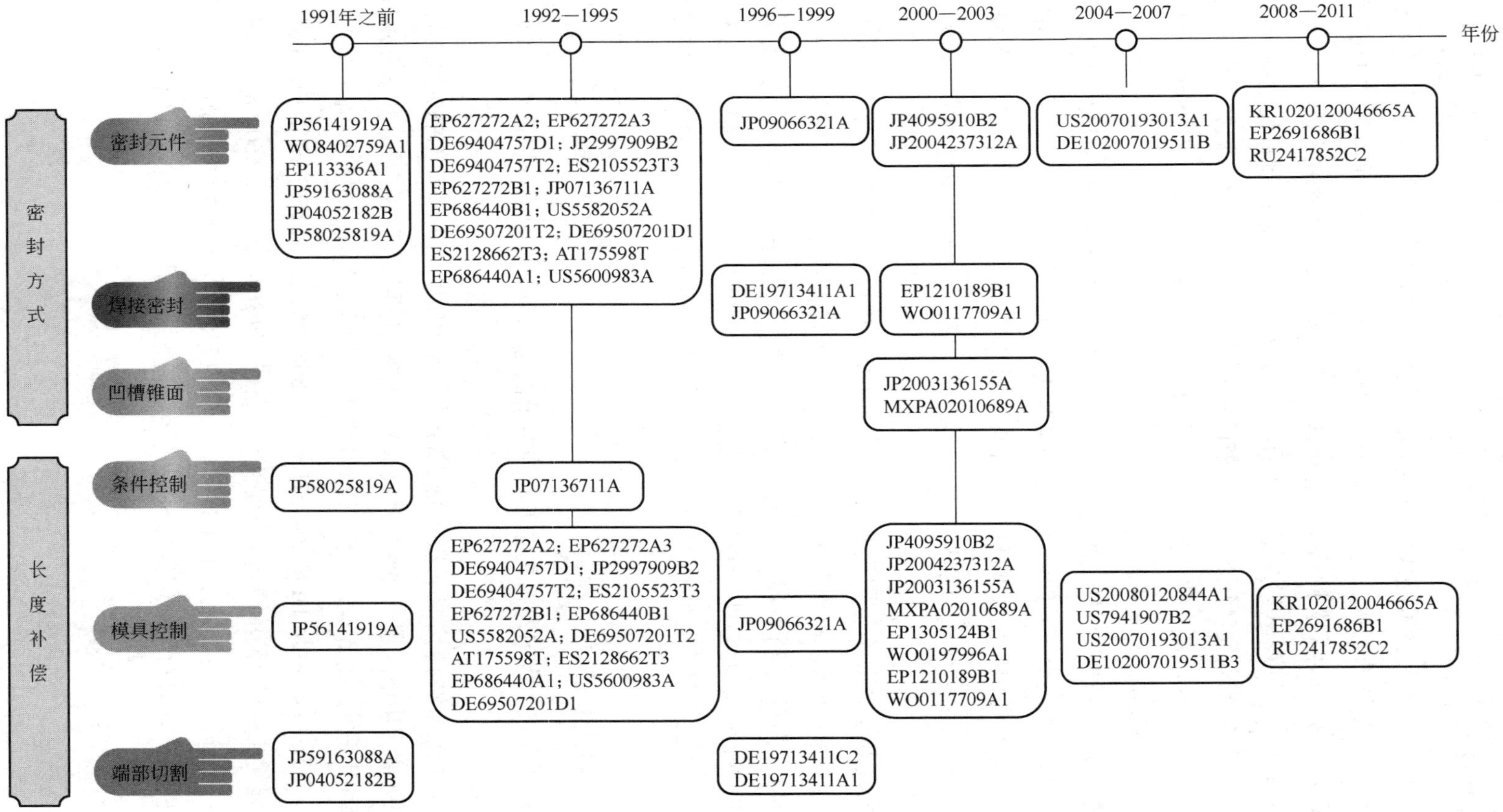

图 6-4-4　国外液压复合主要技术路线图

<table>
<tr><td>公开号</td><td>US5582052A</td><td>名称</td><td colspan="3">Controlled time-overlapped hydroforming</td><td>法律状态</td><td>有效</td></tr>
<tr><td>申请日</td><td>1994-05-12</td><td>申请人</td><td>BENTELER IND INC</td><td>技术分支</td><td>密封元件+模具控制</td><td>被引频次</td><td>36</td></tr>
<tr><td colspan="4">技术方案</td><td colspan="4">附图</td></tr>
<tr><td colspan="4">液压复合成形分两个阶段：第一阶段，内管和外管二者同时展开的时候，这些开口封住的端塞密封，使得液压成形流体仅进入内管，扩大两个管到第一选定尺寸。这不仅可以控制膨胀，也避免了缩颈特性引起的现有弯曲步骤中的皱纹，达到所要求的内管尺寸。在此阶段如果管部有缺陷是可以被检测到的，例如在管的纵向焊缝，因为液压成形流体将通过缺陷管之间逸出，并在两端的管之间喷射，引起压力明显下降或停止。第二阶段：一旦第一个膨胀步骤完成，在内管中的开口故意揭露，即密封件，然后液压成形流体在压力下重新注入内管，从而流经开口入外管，以扩大外管到选定的尺寸，同时保持内管两侧压力均衡。因此得到的管的尺寸和间隙都是均匀的，最后流体从导管通过排水或卸压
成形模具有一对成形模腔 14 和 16，第一和第二腔分别由空腔、上压板 19 和下压板 17 组成，当上、下压板被放在一起，这样就完成并关闭腔。虽然一对端塞可用于两个空腔，通常有两个双端塞的更方便。第一对需要一个弹性的逐渐变细端塞 20 在第一成形模腔，具有径向可膨胀的环形密封件 28，以密封工件内管的开口。第二对端塞 40 具有锥形端部，在第二成形模腔，不直接密封管子开口，而是在第二液压成形阶段内、外管膨胀到预定尺寸时，端塞可以同时密封内管和外管的扩口端部，以防止泄漏
模具组件是通过橡胶隔膜封闭的，加压流体从囊 33 的表面上方引入，迫使保持器下部向下靠着上压板按压模具组件的力稍微超过液压成形的力，以保持液压成形模具封闭</td><td colspan="4" rowspan="3">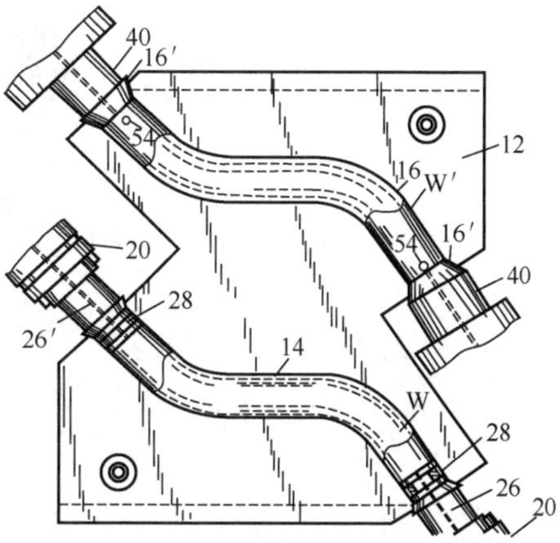

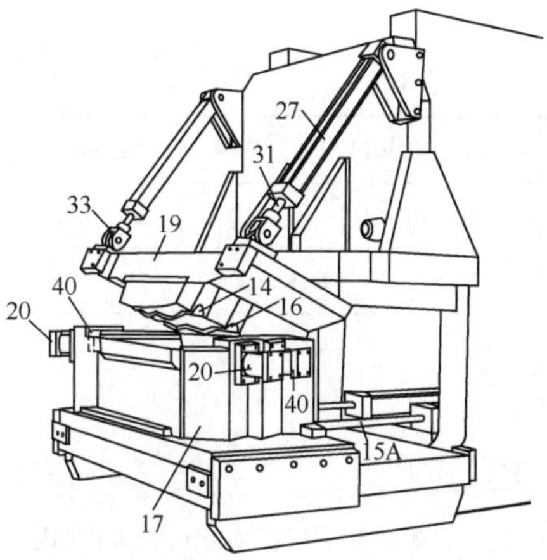

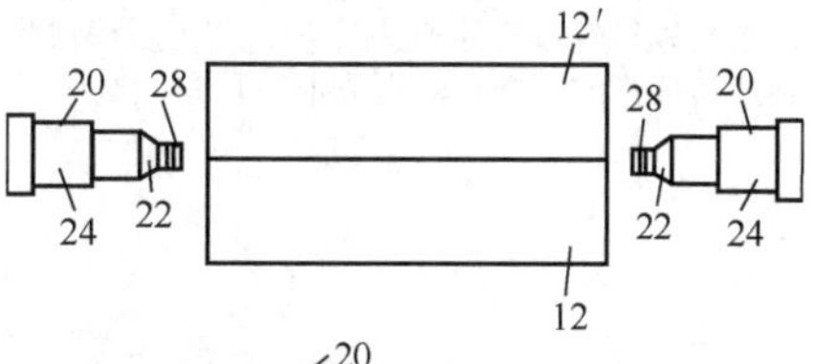

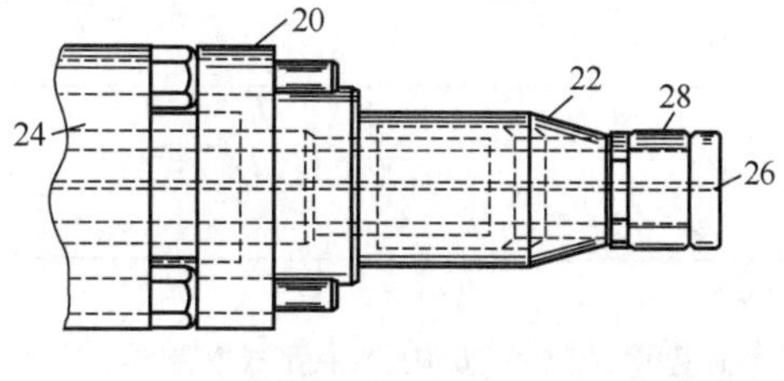
</td></tr>
<tr><td colspan="4">胀形工具</td></tr>
<tr><td colspan="4">两对端塞（弹性密封件、橡胶隔膜）、两个液压成形腔</td></tr>
</table>

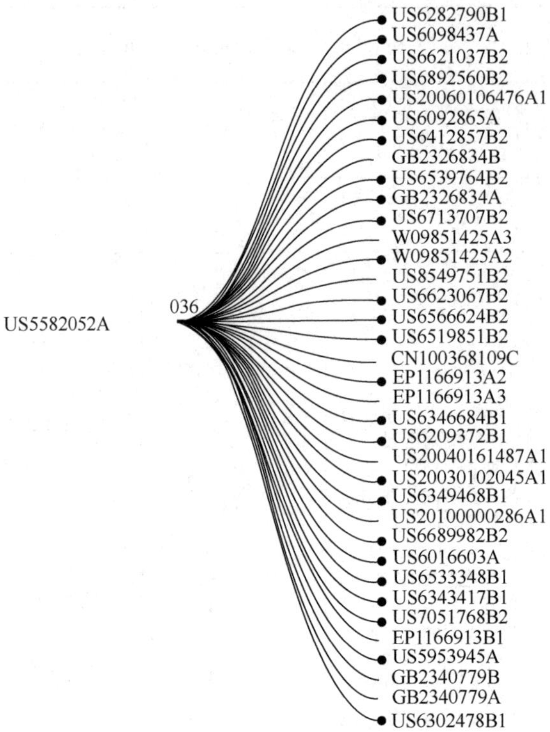

图 6-4-5　专利 US5582052A 的引证图

<table>
<tr><td>公开号</td><td>US20070193013A1</td><td>名称</td><td colspan="3">Method for forming a complex-shaped tubular structure</td><td>法律状态</td><td>有效</td></tr>
<tr><td>申请日</td><td>2006-02-21</td><td>申请人</td><td>MELLAS SPYROS P</td><td>技术分支</td><td>密封元件+模具控制</td><td>被引频次</td><td>1</td></tr>
<tr><td colspan="4">技术方案</td><td colspan="4">附图</td></tr>
<tr><td colspan="4">具有纵向轴线 A 的钣金坯料轧制围绕纵向轴线以形成一个管状的形状和坯件的侧边缘，然后焊接在一起以形成管，将管封闭在液压成形模具并加压，以符合该管的模具的形状，从而形成所希望的复杂形状，包括液压成形的凸起和液压成形的孔</td><td colspan="4" rowspan="3">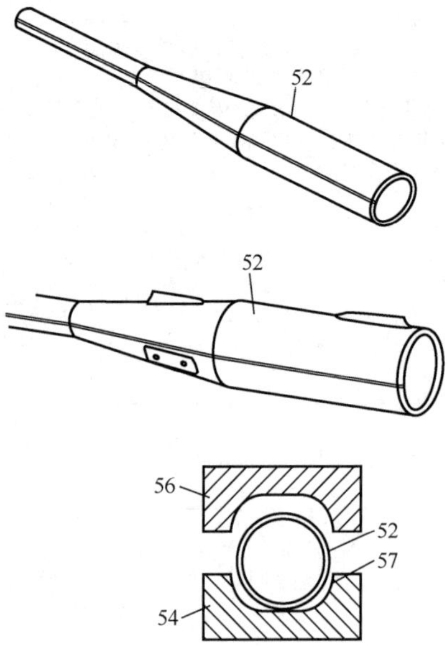</td></tr>
<tr><td colspan="4">胀形工具</td></tr>
<tr><td colspan="4">模具由上模和下模 54、56 彼此对接形成模腔 57</td></tr>
</table>

<table>
<tr><td>公开号</td><td>EP2691686B1</td><td>名称</td><td colspan="3">AN HYDRAULIC SYSTEM</td><td>法律状态</td><td>有效</td></tr>
<tr><td>申请日</td><td>2011-03-31</td><td>申请人</td><td>The Safer Plug Company Limited</td><td>技术分支</td><td>密封元件+模具控制</td><td>被引频次</td><td>0</td></tr>
<tr><td colspan="4">技术方案</td><td colspan="4">附图</td></tr>
<tr><td colspan="4">液压系统包括至少一个液压活塞；泵，每个液压活塞和泵之间的储液器；泵操作装置；歧管 100，泵和液压活塞之间包括多个流体管道，歧管可操作控制流体在管路的流动，以控制该制动活塞的夹紧与密封。包括多个压力传感器，压力释放阀。液压系统适合于在宽范围的自主管道隔离工具，包括具有 0.15m 内部直径的管道使用</td><td colspan="4" rowspan="3">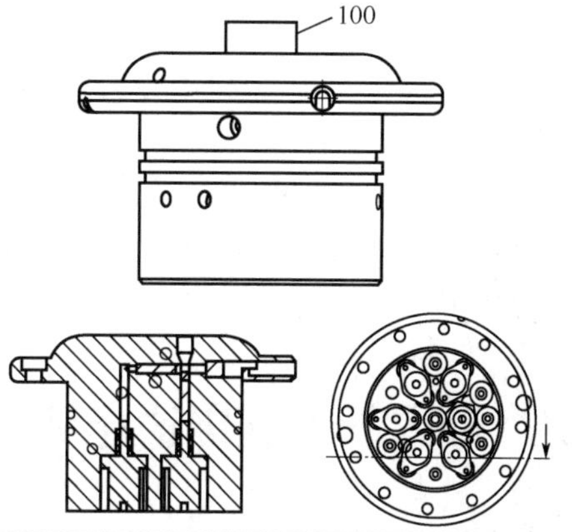
</td></tr>
<tr><td colspan="4">胀形工具</td></tr>
<tr><td colspan="4">液压活塞及控制液压活塞的泵</td></tr>
</table>

（2）焊接密封。

<table>
<tr><td>公开号</td><td>EP1210189B1</td><td>名称</td><td colspan="3">REINFORCED HYDROFORMED MEMBERS AND METHODS OF MAKING THE SAME</td><td>法律状态</td><td>有效</td></tr>
<tr><td>申请日</td><td>2000-09-08</td><td>申请人</td><td>Cosma International Inc.</td><td>技术分支</td><td>焊接密封+模具控制</td><td>被引频次</td><td>0</td></tr>
<tr><td colspan="4">技术方案</td><td colspan="4">附图</td></tr>
<tr><td colspan="4">金属管坯 10，内、外表面 22、24，金属加强件 20，膨胀芯轴 30 可以是常规的设计和操作，可以包括多个径向可膨胀部分 28。将管坯 10 和加强件 20 焊接成一个液压成形模具，具有模表面，限定一模腔，管坯端部对焊接密封，在管坯内提供加压流体，以使管坯与模腔模表面相符合。首选的液压成形模具装配是按美国专利号 5979201 的规定制造的</td><td colspan="4" rowspan="3">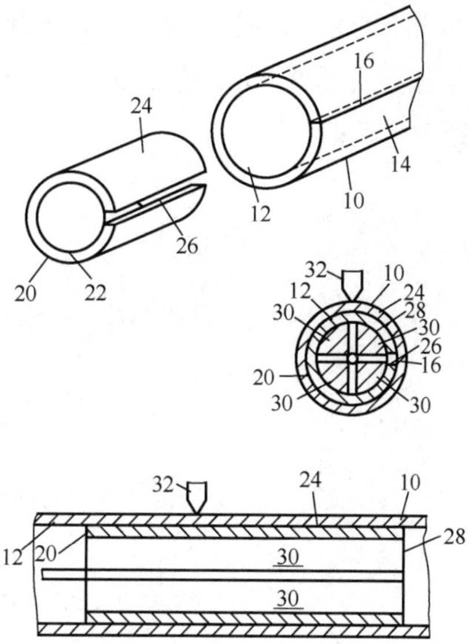
</td></tr>
<tr><td colspan="4">胀形工具</td></tr>
<tr><td colspan="4">液压成形模具</td></tr>
</table>

第5章　双金属复合管螺纹连接技术分析

本章中企业想了解国内外双金属复合管螺纹连接中有关螺纹齿形状、密封方式以及材质硬度方面的专利技术。

5.1　国内外专利申请态势

5.1.1　申请趋势

从图 6-5-1 国内外在双金属复合管螺纹连接方面的专利申请情况来看，国外研究起步较早，比国内早了 10 余年。2005 年之前国外在此方面的研究逐渐增强，专利申请量呈逐年增加的趋势，至 2005 年达到峰值，之后开始进入成熟期，申请量骤降，近几年申请量又稍有增加。而国内在此方面的研究起步较晚，直到 1996 年以后才有了相关专利申请，一直呈现快速增长的趋势，在 2010 年达到峰值，之后略有下降，估计跟近两年很多专利申请后还未公开有关，可见管道连接方面依然是国内企业关注的热点，此研究方向的相关专利申请还一直处于增长期。

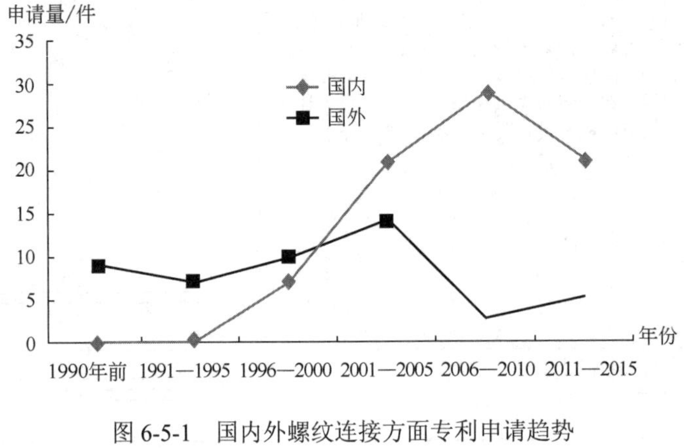

图 6-5-1　国内外螺纹连接方面专利申请趋势

5.1.2　主要申请人

图 6-5-2 对双金属复合管螺纹连接领域的主要申请人作了统计分析，国内的主要申请人除了中国的衡阳华菱钢管有限公司、中国重型机械研究院股份公司、中国石油天然气集团公

司、新兴铸管股份有限公司和沈阳和世泰实业有限公司外，还有日本的住友金属工业株式会社和杰富意钢铁株式会社、美国的亿万奇环球技术公司，都是行业内的知名企业。国外的主要申请人则大多分布在美国，有 Marubeni tubulars INC、约翰·甘迪公司和 Grant Prideco，LP，还有法国的瓦卢莱克曼内斯曼石油天然气公司和中国的衡阳华菱钢管有限公司。

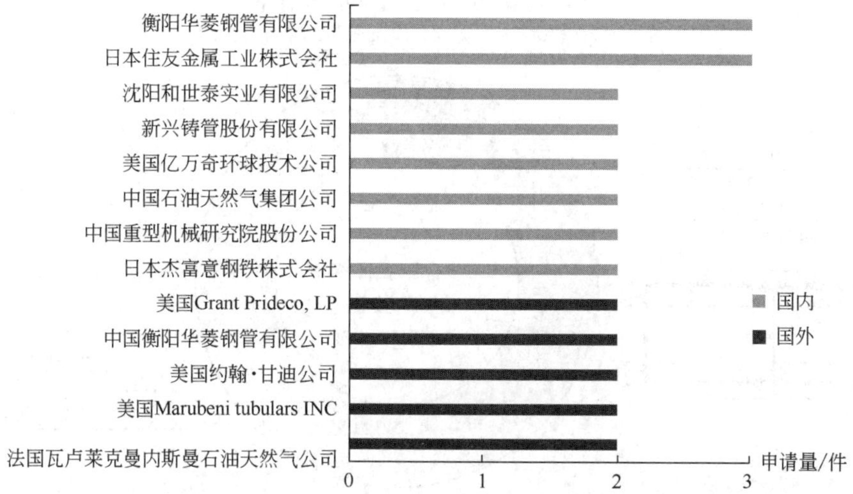

图 6-5-2　螺纹连接方面国内、国外主要申请人

其中，中国的衡阳华菱钢管有限公司在国内、国外此领域的专利申请量都排在前列，该公司对于双金属复合管之间的连接采用的是内管焊接与外管螺纹连接相结合的方式，外管由碳钢或者低合金钢材料制成，内管由耐腐蚀材料制成，双金属复合管还包括连接部，连接部与内管材质相同，连接部与外管通过螺纹相连接避免了可能发生的异金属焊接造成的焊接强度下降，连接部与内管材质相同，直接进行焊接。

与衡阳华菱钢管有限公司一样的还有日本住友金属工业株式会社、日本杰富意钢铁株式会社、美国约翰·甘迪公司、法国瓦卢莱克曼内斯曼石油天然气公司等，这些公司在国内、国外均进行了相关专利保护，并且长期以来一直保持有效状态，以上各申请人的相关专利技术将在下一节中进行具体阐述。

5.2　重要专利清单

5.2.1　国内螺纹连接技术

1. 技术路线

双金属复合管螺纹连接技术主要包括三个部分：螺纹齿形状、螺纹硬度或者材质、螺纹连接的密封方式。从专利标引情况来看，几乎每件专利中都涉及密封方式，而涉及螺纹齿形状和材质硬度的专利则较少，这里我们主要以密封方式为主要分类方式进行技术路线的介绍。国内螺纹连接中应用的密封方式有五大类：采用形状记忆合金、密封元件（密封圈、金属环、垫片等）、台阶/凹槽/锥面设计、借助套筒/接箍密封连接、涂覆涂层或者润滑剂等，其主要技术路线如图 6-5-3 所示。

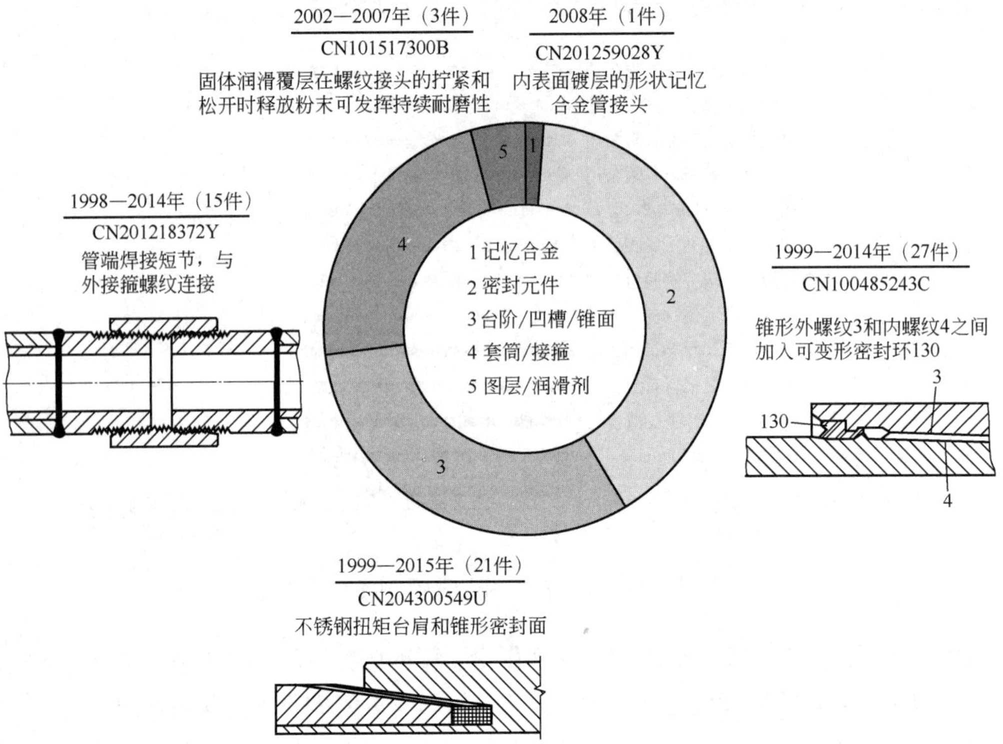

图 6-5-3　中国螺纹连接技术路线图

从图 6-5-3 中可以看出，利用密封元件、套筒/接箍、台阶/凹槽/锥面设计几种密封方式早在 20 世纪 90 年代便已有相关专利申请，并且这几种方式一直发展至今，相关专利申请量较大。而利用形状记忆合金和涂覆涂层或者润滑剂等的密封方式则出现得较晚，而且申请量较少，共 4 件。在螺纹连接处涂覆的涂层一般为固体或者液体的润滑涂料，也可以是金属镀层，原理都是利用固体粉末的润滑、耐磨性来增强螺纹啮合的紧密性；而形状记忆合金则是利用其记忆性能，可以紧固连接管路，密封性能好。

所有密封方式中最常用的还是利用密封元件来实现螺纹连接密封，如可直接在内、外螺纹之间加入可变形密封环、密封圈等，如图 6-5-3 中 CN100485243C 插图所示，密封元件一般选用橡胶、树脂等弹性材料制成，也可以是金属环，这样在内、外螺纹拧紧配合的时候，可以利用弹性密封环的可伸缩性填充螺纹间的缝隙，达到较好的密封效果。

再者，管端的螺纹连接处再配合上台阶/凹槽/锥面的设计，相比较等直径管端连接来说能达到更好的密封效果，如图 6-5-3 中 CN204300549U 插图所示，同时还设计了台肩，使螺纹配合到位，避免了拧紧时出现的过拧现象。还可借助外接套筒/接箍，可以直接在套筒/接箍上加工螺纹来连接两根复合管的管端螺纹，如果复合管管端不加工螺纹的话，也可以在管端焊接一个小短节或者管接头，利用短节或者接头与套筒/接箍连接，如图 6-5-3 中 CN201218372Y 插图所示。

以上每种连接密封方式只给出了一件代表性专利技术，其余重点专利技术的阐述详见下面的重点专利技术部分。

2. 重点专利技术

针对本项目需求，将国内相关重点专利技术汇总如下，这里以密封方式分类。

（1）密封元件（内、外螺纹间加入密封圈、金属环、垫片等）。

<table>
<tr><td>公开号</td><td>CN1355876A</td><td>名称</td><td colspan="2">具有多面螺纹面的螺纹结构</td><td>有效性</td><td>失效</td></tr>
<tr><td>申请人</td><td colspan="2">约翰·甘迪公司</td><td>齿形状</td><td>楔形</td><td>材质/硬度</td><td colspan="2">防腐合金</td></tr>
<tr><td colspan="5">技术方案</td><td colspan="3">附图</td></tr>
<tr><td colspan="5">螺纹工具接头适配器连接，是一个中间元件，具有反向面的外螺纹端部。这个反向面的外螺纹端部与配合的内螺纹元件啮合，内螺纹元件能用于把一个标准的旋转的工具接头连接器连接到镦粗管上。在一个实施例中，这个中间元件是由防腐合金制成的。内螺纹元件是由 NACE 批准的材料制成的。外螺纹和内螺纹可以具有前面所描述的复合的刺戳和荷载螺纹面，以便在外螺纹元件和内螺纹元件的螺纹面之间提供期望的相互配合，也可以具有其他楔形螺纹外形。在这种连接的每一端，在内螺纹和外螺纹的啮合表面和螺纹表面的相对范围处形成金属-金属密封</td><td colspan="3">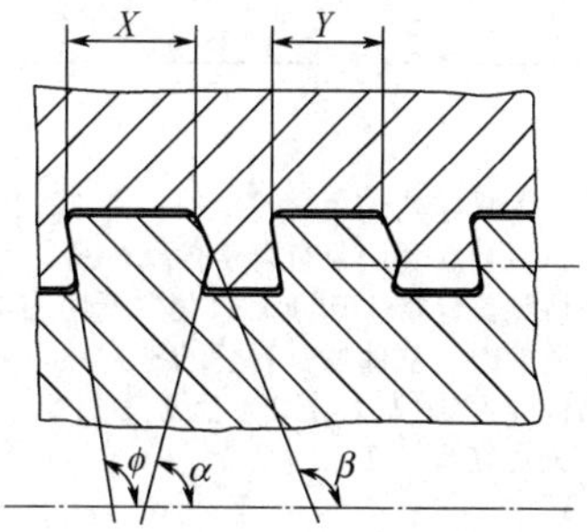
</td></tr>
</table>

<table>
<tr><td>公开号</td><td>CN100485243C</td><td>名称</td><td>制造螺纹管连接的方法、该方法所用成套组件和密封环及螺纹管连接</td><td>有效性</td><td>有效</td></tr>
<tr><td>申请人</td><td colspan="3">法国瓦卢莱克曼内斯曼石油天然气公司；住友金属工业株式会社</td><td>齿形状</td><td>圆锥</td></tr>
<tr><td colspan="4">技术方案</td><td colspan="2">附图</td></tr>
<tr><td colspan="4">一个带锥形外螺纹 3 的公管件 1，一个与上述外螺纹 3 配合的带锥形内螺纹 4 的母管件 2，以及插在公管件和母管件之间的一个可变形密封环 130</td><td colspan="2">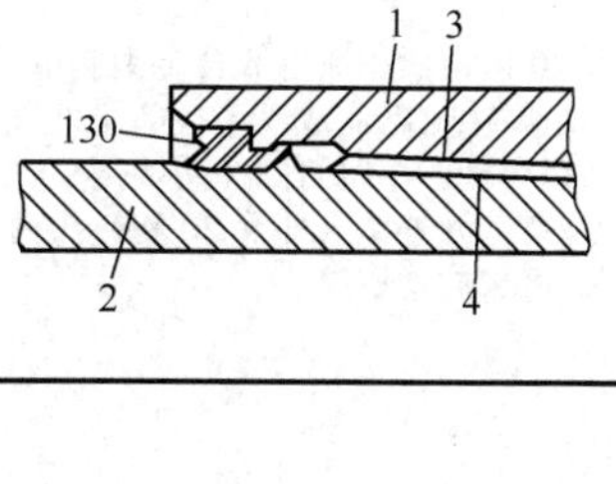
</td></tr>
</table>

<table>
<tr><td>公开号</td><td>CN1441188A</td><td>名称</td><td colspan="3">一种管路接头的连接方法</td><td>有效性</td><td>失效</td></tr>
<tr><td>申请人</td><td colspan="2">蒋伯观</td><td>齿形状</td><td>圆柱/锥</td><td>材质</td><td colspan="2">铜/铝</td></tr>
<tr><td colspan="5">技术方案</td><td colspan="3">附图</td></tr>
<tr><td colspan="5">将一个管路接头体的至少一端设置为圆锥状，外圆周设置外螺纹，将一个加强环套合在所需连接的管材的一端的外周，再将所述的管路接头体的螺纹端拧入所述的管材一端内壁，为防止管材在圆周方向发生位移，还可以在所述的加强环的内侧壁上设置凸齿，更进一步地，所述的管路接头体的螺纹端通过自攻螺纹拧入所述的管材一端内壁，优选内壁加工成圆柱或圆锥内螺纹，再将所述的管路接头体的螺纹端拧入所述的管材一端内壁</td><td colspan="3">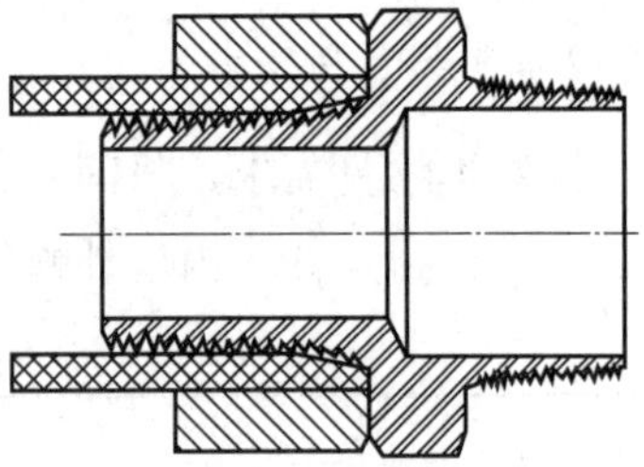</td></tr>
</table>

<table>
<tr><td>公开号</td><td>CN201884857U</td><td>名称</td><td>一种复合管接口衬套以及其与复合管的连接结构</td><td>有效性</td><td>失效</td></tr>
<tr><td>申请人</td><td colspan="3">广东联塑科技实业有限公司</td><td>材质</td><td>镀锌</td></tr>
<tr><td colspan="4">技术方案</td><td colspan="2">附图</td></tr>
<tr><td colspan="4">中空管状结构的复合管接口衬套3，其外径与复合管件1内径相配合。将接口衬套3套进复合管1内壁焊缝，凸环2贴紧复合管1内壁，防止水渗透到复合管1切断面而发生氧化，接口衬套3内的胀簧4增加衬套对内壁的力，从而增强衬套的密封性。复合管1通过螺纹旋进连接件，连接件内壁螺纹处增加一个密封圈5，防止外界有腐蚀性的气体或液体渗漏进复合管1</td><td colspan="2">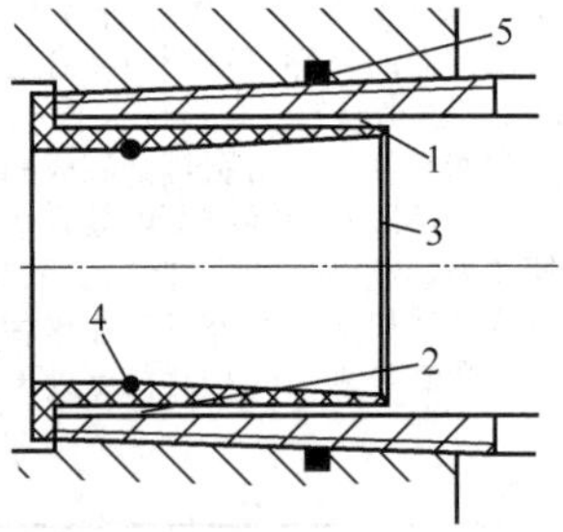</td></tr>
</table>

<table>
<tr><td>公开号</td><td>CN101915064B</td><td>名称</td><td>双金属复合管</td><td>有效性</td><td>有效</td></tr>
<tr><td>申请人</td><td colspan="3">衡阳华菱钢管有限公司</td><td>材质</td><td>碳钢/低合金钢</td></tr>
<tr><td colspan="4">技术方案</td><td colspan="2">附图</td></tr>
<tr><td colspan="4">外管20由碳素钢或者低合金钢制成，内管10由耐腐蚀材料制成，连接部由耐腐蚀材料制成，连接部与外管20通过螺纹相连接，内管10与连接部相焊接。用密封圈在两端接头处进行密封，对内管10施加液压力胀大使内管10外壁与外管20和接头内壁紧贴复合；第二接头32与第一接头31机械拧紧螺纹</td><td colspan="2">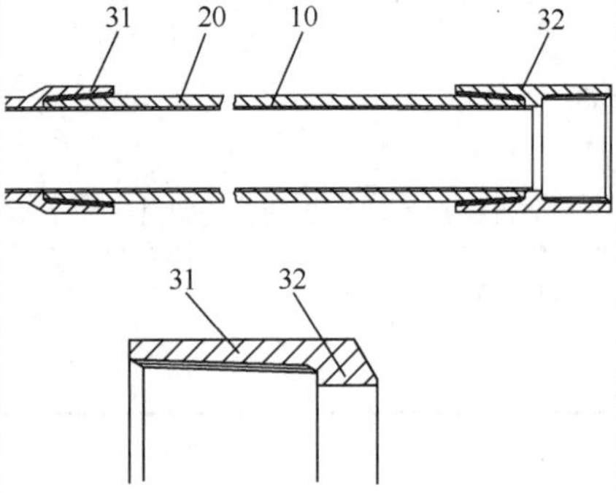</td></tr>
</table>

（2）台阶/凹槽/锥面设计。

<table>
<tr><td>公开号</td><td>CN202176274U</td><td>名称</td><td colspan="2">一种双金属复合油套管气密封螺纹连接结构</td></tr>
<tr><td>申请人</td><td colspan="2">西南石油大学</td><td>有效性</td><td>失效</td></tr>
<tr><td colspan="3">技术方案</td><td colspan="2">附图</td></tr>
<tr><td colspan="3">在两根外壁管端部设置一个螺纹接箍，将两根外壁管连接在一起，在螺纹接箍内、两个外壁管之间的凹槽内设置一个耐蚀合金衬套，耐蚀合金衬套的外壁与螺纹接箍的内壁接触，耐蚀合金衬套的内壁与耐蚀合金短节的外壁接触。本实用新型的特征在于：耐蚀合金衬套内壁为轴对称锥面，耐蚀合金短节外壁为球面，二者形成球面-锥面的线接触密封；两个耐蚀合金短节相接触的一端具有台阶，二者采用台阶密封，起到隔离流体并辅助密封的作用</td><td colspan="2">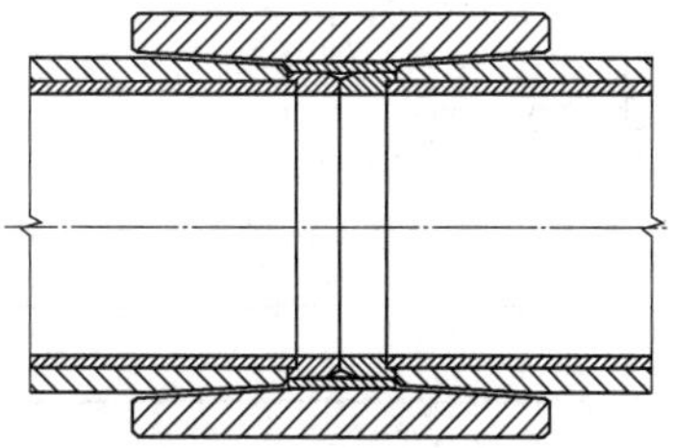</td></tr>
</table>

<table>
<tr><td>公开号</td><td>CN102506249A</td><td>名称</td><td colspan="2">高适应性的复合材料管件接头</td></tr>
<tr><td>申请人</td><td colspan="2">中国科学院国家天文台南京天文光学技术研究所</td><td>有效性</td><td>失效</td></tr>
<tr><td colspan="3">技术方案</td><td colspan="2">附图</td></tr>
<tr><td colspan="3">金属连接件 2，金属收紧锥套 3，复合材料管件 4。金属锥管的三段分别是锥度部分、外螺纹部分、连接段部分。每次连接前都是先处理复合材料管连接端（开缝和涂胶）；然后将金属收紧锥套预先通过配合螺纹连接到金属连接件上，但不旋紧；之后将复合材料管压入金属收紧锥套内，金属收紧锥套内锥度或者金属连接件的锥度部分将保证复合材料管件连接端被扩张或者收束成需要的形状；最后收紧金属收紧锥套，等待胶黏剂固化，即完成复合材料管接头的连接</td><td colspan="2">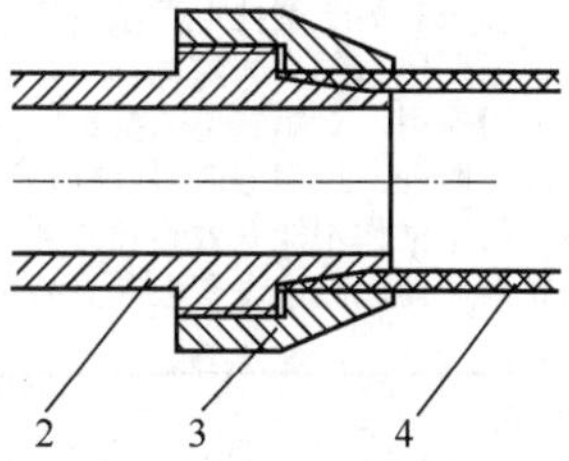</td></tr>
</table>

<table>
<tr><td>公开号</td><td>CN203604862U</td><td>名称</td><td colspan="2">一种多层连续复合管的连接结构</td></tr>
<tr><td>申请人</td><td colspan="2">文登鸿通管材有限公司</td><td>有效性</td><td>有效</td></tr>
<tr><td colspan="3">技术方案</td><td colspan="2">附图</td></tr>
<tr><td colspan="3">内芯的内圆上设有环形凹槽，由内侧向外逐渐增大呈阶梯状排列，外套的内孔带有锥度与内芯的外圆锥度相配合，两外套的尾端内设有限位台阶，在两外套的端头外部上设有圆台，在一侧外套端头上圆台设有连接螺纹，连接螺母连接两外套呈活络连接</td><td colspan="2">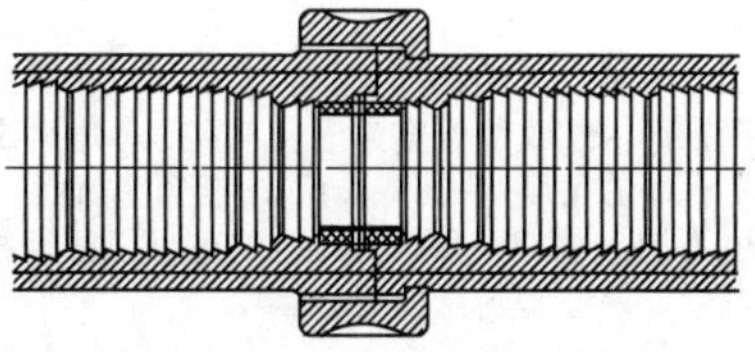</td></tr>
</table>

公开号	CN201406995Y	名称	一种管连接件	有效性	失效
申请人	陆金福	齿形状	梯形		
技术方案			附图		
管连接件包括相互连接的内接端 1 和外接端 2，内接端 1 的内接端头 11 上设置有外凸的三个圆形台阶面 12，内接端尾 13 与一个钢管 A14 相连接；所述外接端 2 的外接端头 21 设置有内凹的三个圆形承接肩 22，外接端尾 23 与另一个钢管 B24 相连接；所述内接端头 11 上的圆形台阶面 12 与外接端头 21 上的圆形承接肩 22 数目相同，相互密封贴合，实现径向密封			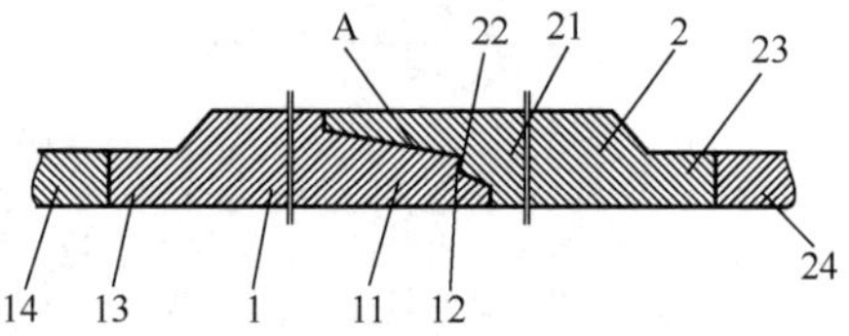		

公开号	CN204300554U	名称	一种耐高温高压的扩口式锥密封螺纹管接头	有效性	有效
申请人	上海光建传动控制设备有限公司	硬度	≤31.5MPa		
技术方案			附图		
耐高温高压的扩口式锥密封螺纹管接头，包括接头本体、螺母、管子。管接头的第一圆柱形管子采用迷宫密封、高温热胀、高压鼓胀原理，温度压力越高间隙就越小，其密封性就越好，能起到第一道辅助密封作用，对第二道的扩口主密封处形成有效保护，使之更不易泄漏、腐蚀，使用寿命得到延长，同时，第一圆柱形管子插入接头本体的定位作用能有效消除外部弯矩力而实现扩口主密封处完全啮合密封，使用温度没有限制且接头承压可达到≤31.5MPa			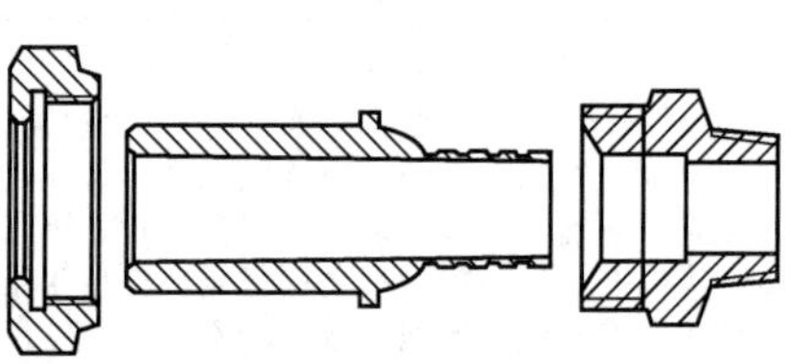		

公开号	CN204300549U	名称	一种抗腐蚀的油套管连接结构	有效性	有效		
申请人	上海海隆石油钻具有限公司；上海海隆石油管材研究所；海隆石油工业集团有限公司	齿形状	圆锥	材质	不锈钢		
技术方案			附图				
由一个复合外螺纹接头和一个不锈钢接箍组成。锥形外螺纹、不锈钢锥形内螺纹的锥度为 1:16～1:32，外螺纹扭矩台肩、不锈钢内扭矩台肩的角度为-25°～0°，锥形密封面、不锈钢锥形密封面的角度为 15°～45°。负角扭矩台肩可以很好地控制上扣扭矩，防止过扭发生，保证密封结构的可靠性			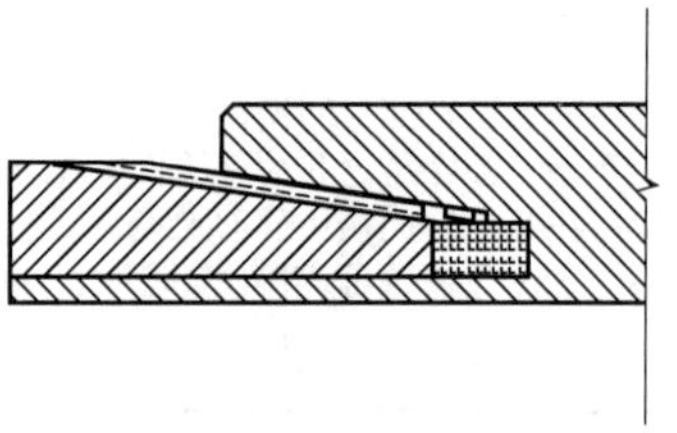				

（3）套筒/接箍。

公开号	CN201218372Y	名称	双金属复合管螺纹连接接头	有效性	有效
申请人	中国石油天然气集团公司	齿形状	圆锥/梯形	材质	316L 不锈钢/2205 双相不锈钢/镍基合金
技术方案			附图		
由双金属复合管、短节和接箍组成，其中，双金属复合管由内管和外管组成。在双金属复合管的端部焊接有短节。短节的内孔直径与内管的内径相同，在短节的端部有外螺纹。在短节的外螺纹上连接接箍。接箍的两端有内螺纹			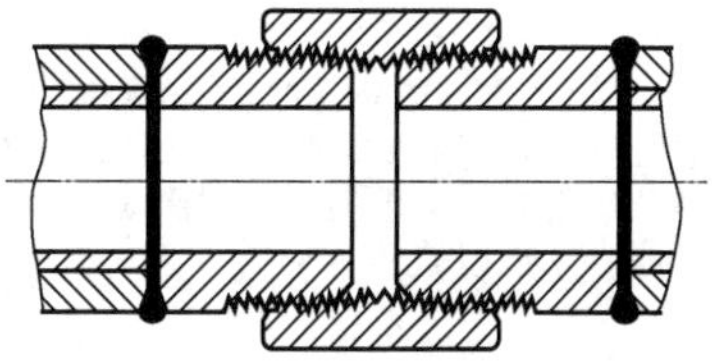		

公开号	CN202469289U	名称	管用螺纹接头	有效性	有效
申请人	杰富意钢铁株式会社	齿形状	圆锥		
技术方案			附图		
套筒部件，具有内螺纹部，与销部件外螺纹部螺纹结合；具有与销部件头部外周面相对的内周面；以及与台肩部抵接的台肩部 销部件和套筒部件借助上述螺纹结合在一起，销部件的头部外周面与套筒部件的内周面形成金属对金属接触，其接触界面形成密封面，套筒内周面为锥面 20（锥角<10°）			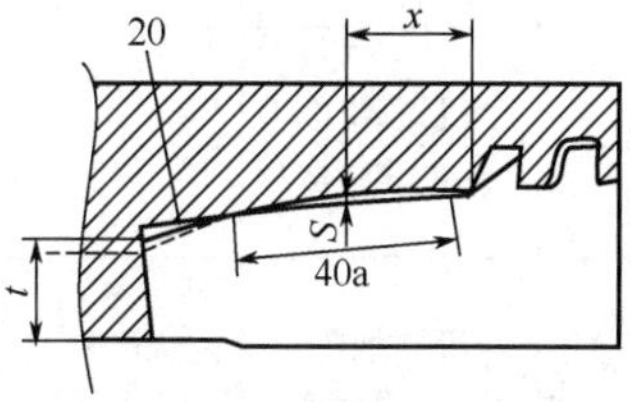		

（4）涂层/润滑剂。

公开号	CN2599367Y	名称	滚压外螺纹管接头	有效性	失效
申请人	肖肖；肖金安	齿形状	圆柱圆锥	材质	表面镀锌/铬的低碳钢
技术方案			附图		
利用金属塑性变形原理，采用滚压工艺加工出的外螺纹表面平滑、均匀，硬度高，另外由于经过滚动碾压，镀层金属组织纤维发生延展自动成为填料。与标准锥内螺纹管接头连接时，可不加填料，即可达到密封的效果			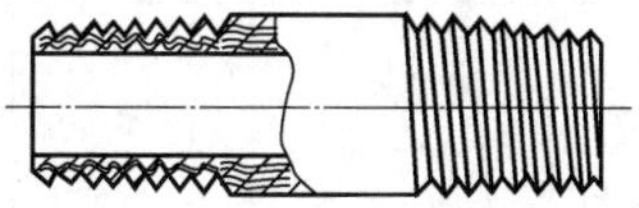		

公开号	CN101517300B	名称	钢管用螺纹接头	有效性	有效
申请人	住友金属工业株式会社；法国瓦卢莱克曼内斯曼石油天然气公司		材质/硬度	高合金钢	
技术方案			附图		
用具有不同硬度的两个金属层涂覆螺纹接头的销和箱中的螺纹部和无螺纹金属与金属接触部的接触面，然后，在这些金属底覆层上形成固体润滑覆层。固体润滑覆层在螺纹接头的拧紧和松开时磨损，使覆层中含有的粉末形式的润滑剂成分从覆层释放，并且释放的粉末被埋设在相对软的第二层中，可以发挥持续较长的耐擦伤性 本发明的钢管用螺纹接头能够维持优异的耐擦伤性，即使当该螺纹接头是由高合金钢制成的 OCTG 用螺纹接头时，也能够防止擦伤			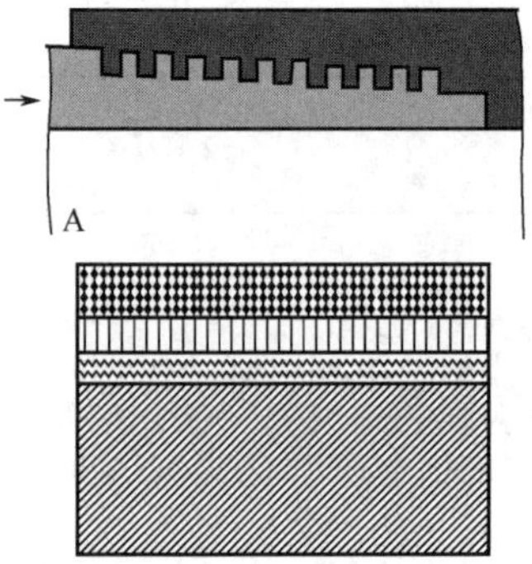		

专利 CN101517300B 的实施例中还给出了对螺纹接头进行多种不同的表面处理方式，如改变镀覆层材料、厚度、粗糙度等，具体见表 6-5-1；处理完后对螺纹接头进行重复拧紧和松开试验，并对最终擦伤结果作了对比，如表 6-5-2 所示。企业可重点关注本专利。

表 6-5-1　专利 CN101517300B 实施例汇总表

序号	销		箱			钢
	表面	防锈覆层	第一底覆层	第二底覆层	固体润滑覆层	
实施例 1	机械加工 （3μm Rmax）	无	Cu 镀覆层 Hv200 厚度：4μm	Sn 镀覆层 Hv10 厚度：5μm 表面粗糙度：Ra1μm	润滑性粉末：二硫化钨 黏合剂：环氧树脂 厚度：20μm	A
实施例 2	机械加工 （3μm Rmax）	丙烯酸树脂 10μm 厚	Cu 镀覆层 Hv150 厚度：5μm	Sn-Bi 合金镀覆层 Hv30 厚度：12μm 表面粗糙度：Ra2μm	润滑性粉末：石墨 黏合剂：热熔树脂（聚酰胺，含有巴西蜡） 厚度：25 μm	A
实施例 3	机械加工 （3μm Rmax）	无	Ni 镀覆层 Hv250 厚度：5μm	Sn-Zn 合金镀覆层 Hv50 厚度：10μm 表面粗糙度：Ra1.5μm	润滑性粉末：云母、滑石以及膨润土 黏合剂：聚酰胺-酰亚胺树脂 厚度：15μm	B
实施例 4	机械加工 （3μm Rmax）	丙烯酸树脂 15um 厚	Cu 镀覆层 Hv250 厚度：8μm	Cu-Sn-Bi 合金镀覆层 Hv100 厚度：20μm 表面粗糙度：Ra5μm	润滑性粉末：石墨和二硫化钼 黏合剂：Ti-O 型无机聚合物 厚度：10μm	B
比较例 1	机械加工 （3μm Rmax）	无	Cu 镀覆层 Hv150 厚度：6μm 表面粗糙度：Ra 0.5μm	无	润滑性粉末：二硫化钨 黏合剂：环氧树脂 厚度：20μm	A
比较例 2	机械加工 （3μm Rmax）	无	Sn 镀覆层 Hv10 厚度：5μm	Cu 镀覆层 Hv150 厚度：10μm 表面粗糙度：Ra1.2um	润滑性粉末：二硫化钨 黏合剂：环氧树脂 厚度：20μm	A

表 6-5-2　专利 CN101517300B 擦伤试验汇总表

序号		擦伤的发生（次数=拧紧循环）									
		1	2	3	4	5	6	7	8	9	10
实施例	1	○	○	○	○	○	○	○	○	○	○
	2	○	○	○	○	○	○	○	○	○	○
	3	○	○	○	○	○	○	○	△	△	△
	4	○	○	○	○	○	○	○	○	△	△
比较例	1	○	○	×	—	—	—	—	—	—	—
	2	○	×	—	—	—	—	—	—	—	—

○：无擦伤发生；△：发生稍微擦伤；×：发生严重擦伤；—：试验终止。

（5）记忆合金。

公开号	CN201259028Y	名称	一种用于管路紧固连接的形状记忆合金管接头	有效性	有效
申请人	北京有色金属研究总院	材质/硬度	TiNi 基或 Fe 基形状记忆合金		
技术方案					
对形状记忆合金管接头低温下扩径，将扩径好的管接头采用化学或者电沉积等方法在记忆合金内壁镀上 500μm 单层防腐镀层，可以是锡、铜、银等，将管接头与被接管间隙配合，装配后加热管接头，由于形状记忆合金的记忆效应发生回复，管径收缩并产生很大的回复力，使内壁镀层与被接管的外壁接触并发生适当的形变，利用镀层金属的塑性变形从而提高气密性					

5.2.2　国外螺纹连接技术

1. 技术路线

同国内双金属复合管螺纹连接技术类似，从专利标引情况来看，几乎每件外文专利中都涉及密封方式，而涉及螺纹齿形状和材质硬度的专利则较少，这里我们主要以密封方式为主要分类方式进行技术路线的介绍。国外螺纹连接中应用的密封方式有四大类：采用密封元件（密封圈、金属环、垫片等），台阶/凹槽/锥面设计，借助套筒/接箍密封连接，涂覆涂层或者润滑剂等，与国内相比少了形状记忆合金的利用，国外主要技术路线如图 6-5-4 所示。

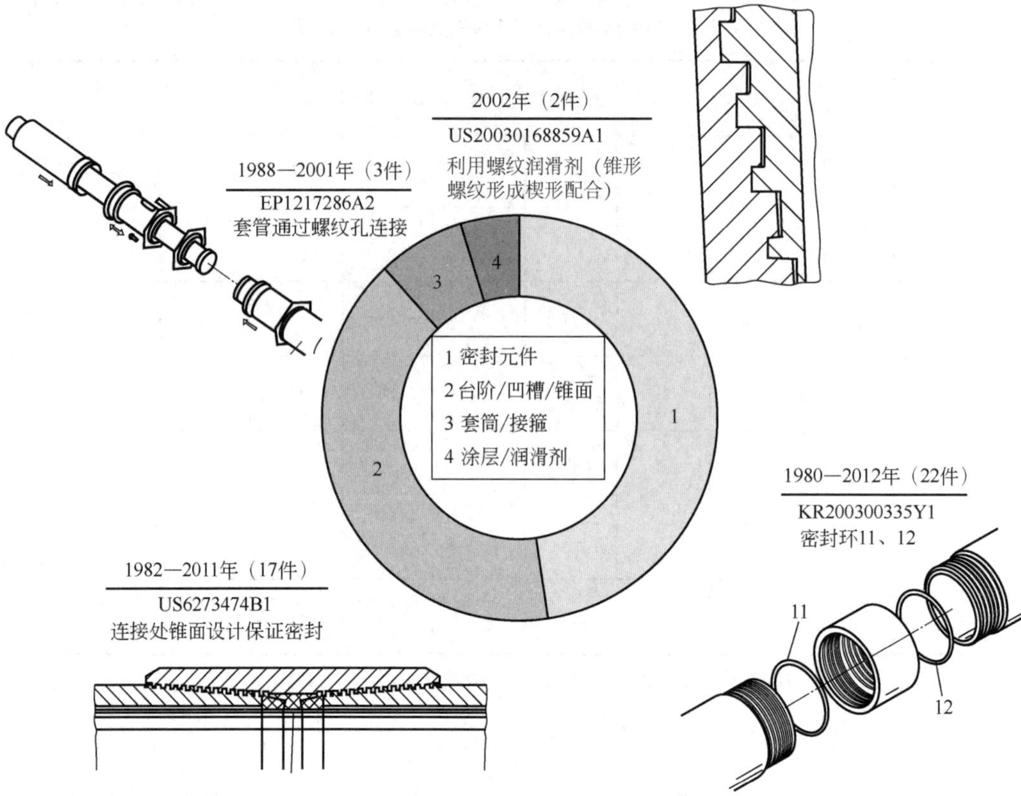

图 6-5-4　国外螺纹连接技术路线图

从图 6-5-4 中可以看出，利用密封元件、台阶/凹槽/锥面设计这两种密封方式早在 20 世纪 80 年代便已有相关专利申请，并且一直发展至今，相关专利申请量较大。而关于利用外接套筒/接箍和涂覆涂层/润滑剂密封方式的专利申请，则出现得较晚，而且申请量较少，共 5 件。国外所有密封方式中最常用的同国内相同，都是利用密封元件来实现螺纹连接密封，如可直接在内、外螺纹之间加入可变形密封环、密封圈等，如图 6-5-4 中 KR200300335Y1 插图所示，该专利技术还同时利用了外接套筒，这样所有复合管管端的螺纹可以设计成一样的外螺纹，而套筒设计成与之配合的内螺纹，便于批量生产与安装。

再者，管端的螺纹连接处再配合台阶/凹槽/锥面的设计，相对于等直径管端连接来说能达到更好的密封效果，如图 6-5-4 中 US6273474B1 插图所示，该专利也是同时借用了外接接头，接头与复合管管端均设计成一定锥度的锥面，使螺纹啮合更紧密，中间 T 形台肩的设计也是为了防止过拧现象的发生。还可直接借助外接套筒连接，如图 6-5-4 中 EP1217286A2 插图所示。

以上每种连接密封方式只给出了一件代表性专利技术，其余重点专利技术的阐述详见下面的重点专利技术部分。

2. 重点专利技术

针对本项目需求，将国外相关重点专利技术汇总如下。

公开号	US6273474B1	名称	螺纹连接，用于内复合管			被引频次	19
申请人	Grant Prideco，LP	材质	碳钢	齿形状	梯形	密封方式	台阶/凹槽/锥面
技术方案						附图	
管道 12 包括一个耐腐蚀外管 36，如碳钢和金属抗腐蚀内管 38，管道端部进行环缝焊接；管接头 10 包括管状构件 14，第一端 16 带有锥形内螺纹 18 和第二端 20 具有锥形内螺纹 22；环形插件 24 具有径向向内突出的肋，限定锥形螺纹的无肩端的位置，同时肋限定外管 36 轴向相对邻接的两部分						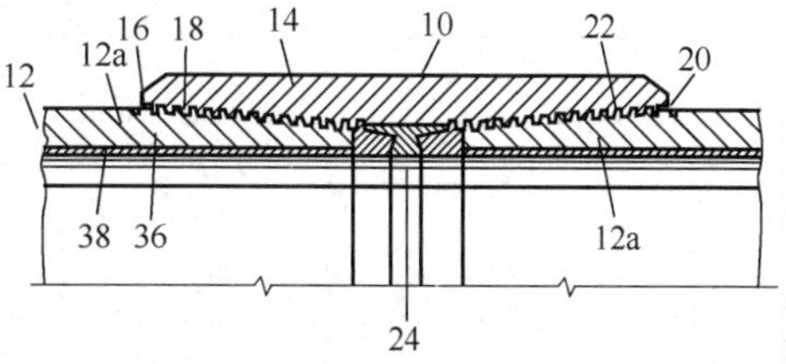	

公开号	WO0065268A1	名称	多侧面螺纹形式		被引频次	12
申请人	约翰·甘迪公司	齿形状	楔形	密封方式	台阶/凹槽/锥面	
技术方案					附图	
外螺纹具有多面 69、71、73 的复合外形的刺戳螺纹面，用于与互补的内螺纹元件上的配合刺戳螺纹面啮合，以便在外螺纹与内螺纹的表面之间提供一个楔形互相配合，形成金属-金属密封。内密封是一个短的低角度密封，该内密封的啮合长度为 0.200～0.400in，锥度为 1°～5°；外密封是一个长的低角度的密封，该外密封的啮合长度至少为 0.400in，锥度为 1°～5°，外密封的啮合长度大于内密封的啮合长度，外密封的啮合长度与内密封的啮合长度的比大于 2:1。同时，通过外螺纹元件和内螺纹元件的刺戳螺纹面与荷载螺纹面的这种相互配合，在内外螺纹齿根和齿顶间形成一个间隙，以允许受阻挡的螺纹润滑剂排出					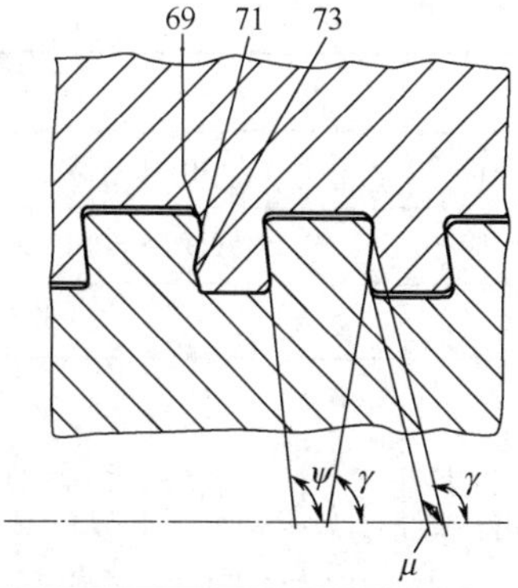	

公开号	US20030168859A1	名称	锲形螺纹管接头		被引频次	7
申请人	BEVERLY WATTS RAMOS	齿形状	楔形	密封方式	涂层/润滑剂	
技术方案					附图	
利用螺纹润滑剂进行螺纹管连接装配，具有形成锥形配合楔形螺纹的阴螺纹和阳螺纹，阴螺纹具有牙顶 21、牙根 8、嵌入螺牙侧面和负载螺牙侧面 6，阳螺纹具有牙顶 7、牙根 20、嵌入螺牙侧面和负载螺牙侧面 5，螺牙侧面之间的间隙中测得有夹角，螺纹具有第一轴向牙顶宽度和第二轴向牙顶宽度，第一和第二牙顶宽度设置成相隔一个螺纹匝，第一牙顶宽度尺寸由第一半径计算并且第二牙顶宽度尺寸由第二半径计算，尺寸为润滑剂可以在配合螺纹间密封的最宽间隙宽度的桥接厚度，是润滑剂可在配合螺纹间压紧的最小厚度（第一牙顶半径减去第二牙顶半径/第一牙顶宽度减去第二牙顶宽度为改变比；改变比不大于桥接厚度尺寸除以最小厚度尺寸所得比）					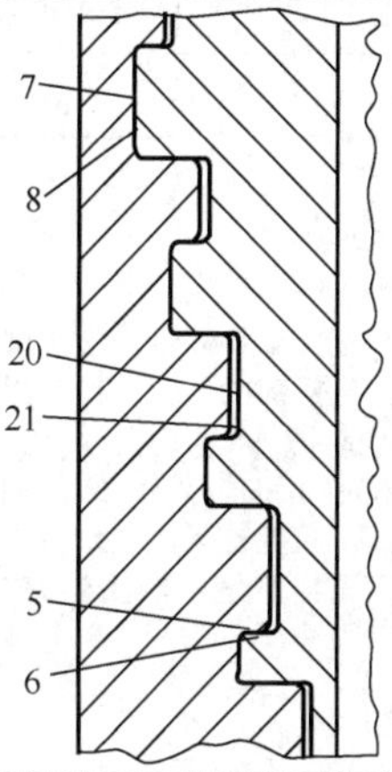	

公开号	GB2095591A	名称	复合金属管连接器	被引频次	3
申请人	DONCASTER DANIEL & SONS LTD		密封方式	台阶/凹槽/锥面	
技术方案			附图		
锥形螺纹连接部，材质：4130 或 4137 钢，而对于含硫油井应用 A286 和 4137 的复合材料更合适			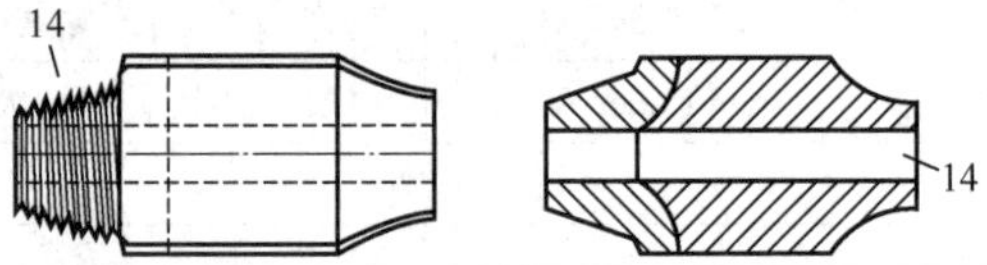		

公开号	RU2248495C1	名称	钢管螺纹接头，其特征在于改进对磨损的阻力和防止生锈		被引频次	0
申请人	住友金属株式会社	材质	碳钢，Cr-Mo 钢，13% Cr 钢和高合金钢	密封方式	涂层/润滑剂	
技术方案				附图		
在丝扣接头的螺纹部分和无螺纹金属接触部分表面上，采用诸如喷镀的冲击镀法形成多孔锌或锌合金涂料下层或底层，以及上面的固体润滑涂层或不含重金属粉的液体润滑涂层，在重复进行扣紧和松开后，依然保证其金属密封部分的气密性				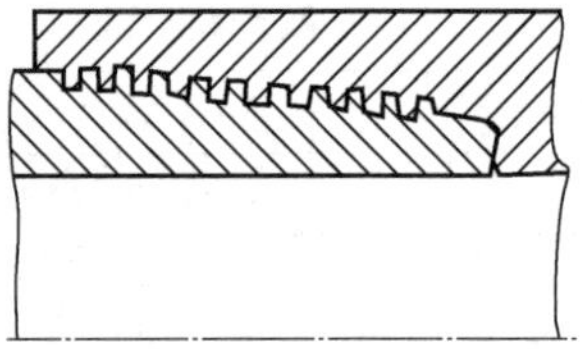		

公开号	JP11094142A	名称	包覆钢管接头		被引频次	0
申请人	NIPPON STEEL CORP	齿形状	锥形	密封方式	台阶/凹槽/锥面	
技术方案				附图		
管体具有两个肩部，在没有螺纹的尖端部设置阶梯和中间部形成的金属接触面，尖端的金属接触面 4、4′ 形成第一接触密封面，肩部 5、5′ 形成第二密封面，为最终级的紧固				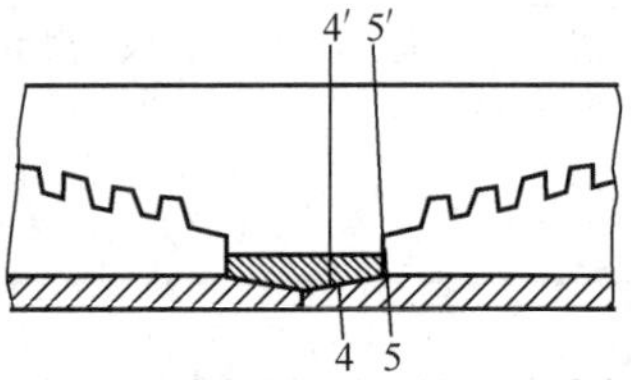		

公开号	WO2012034517A1	名称	双-金属复合输送管		被引频次	0
申请人	衡阳华菱钢管有限公司	材质	碳钢/低合金钢	密封方式	密封元件	
技术方案				附图		
内管与连接部相焊接，连接部的一端与外管通过螺纹相连接，避免了异金属焊接，连接部的另一端具有焊接坡口与另一根双金属复合输送管一端的连接部相焊接，是同金属焊接，也能满足管路之间的连接强度的要求。外管 20 与连接部 30 连接时，外管 20 的端部顶在连接部 30 的环形抬肩处，在螺纹拧紧之后，可起到拧紧定位作用，防止外管 20 和连接部 30 的连接在施工作业中可能出现相互配合的螺纹被拧过预定位置的“过拧现象”				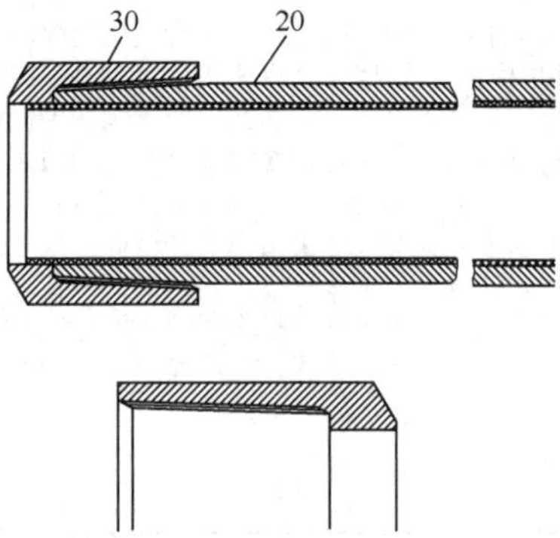		

<table>
<tr><td>公开号</td><td>AT352005T</td><td>名称</td><td colspan="2">密封螺纹管连接的制造方法</td><td>被引频次</td><td>0</td></tr>
<tr><td>申请人</td><td>法国瓦卢莱克曼内斯曼石油天然气公司；
住友株式会社</td><td>齿形状</td><td>锥形</td><td>密封方式</td><td colspan="2">密封元件</td></tr>
<tr><td colspan="4">技术方案</td><td colspan="3">附图</td></tr>
<tr><td colspan="4">带锥形外螺纹 3 的公管件 1，与外螺纹配合的带锥形内螺纹 4 的母管件 2，以及插在公管件和母管件之间的一个可变形密封环 130。外螺纹包括一个螺纹尾区，其螺纹径向高度通常从名义值减少到零值。与公管件自由端相反位置上确定环形肋 53 的环形槽具有与肋 53 对着的侧面，它相对于连接轴线稍有倾斜，在螺接结束时与上述密封环的径向内表面接触，增强上述密封环的压缩性和连接的密封性</td><td colspan="3">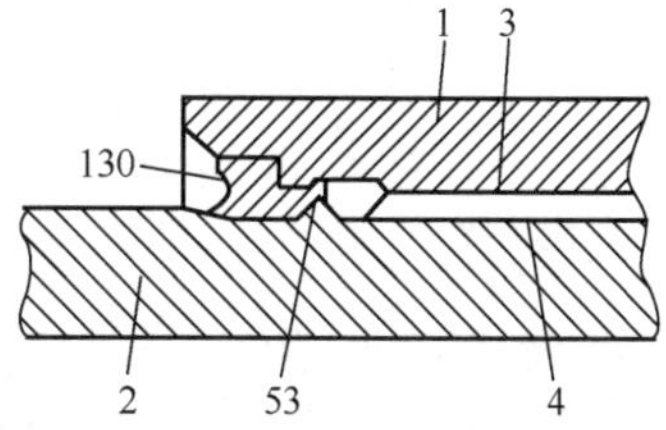</td></tr>
</table>

<table>
<tr><td>公开号</td><td>EP1066450B1</td><td>名称</td><td colspan="2">含腐蚀性流体金属管的螺纹组件设计</td><td>被引频次</td><td>0</td></tr>
<tr><td rowspan="2">申请人</td><td rowspan="2">法国瓦卢莱克曼内斯曼石油天然气公司</td><td rowspan="2">齿形状</td><td rowspan="2">锥形</td><td>密封方式</td><td colspan="2">密封元件</td></tr>
<tr><td>材质</td><td colspan="2">低合金钢</td></tr>
<tr><td colspan="4">技术方案</td><td colspan="3">附图</td></tr>
<tr><td colspan="4">连接管的环形端面与密封圈接触，该环形端面为稍微凸起的圆锥形表面，可以楔入密封圈中，防止密封圈向着其轴线作径向移动。在密封圈 40 的边缘 44、44′ 的圆锥形外表面，和密封圈槽 21 的圆锥形的边缘 22、22′ 之间有间隙。这个间隙在轴向方向的宽度均为 1mm 左右，它可以允许在配合件 20 与管子 10′ 连接后，再放入密封圈 40；或者它可允许将管子 10′ 拧入已经放入了密封圈 40 的配合件 20 中，而不会使密封圈从其槽中脱出。螺纹截面为梯形（每英寸 5 个螺纹）的圆锥形螺纹（直径上的锥度为 1/16）</td><td colspan="3">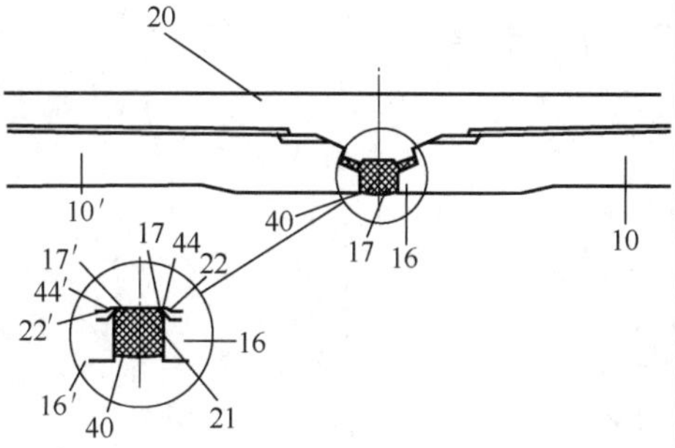</td></tr>
</table>

第 6 章　双金属复合管热处理技术分析

本章中企业想通过专利分析了解国内外相关企业是如何对双金属复合管进行固溶处理的，包括何种材质、热处理程度和目的等；另外，想了解国内外相关专利中是对哪些材质的复合管进行去应力退火处理的。

6.1　国内外专利申请态势

6.1.1　申请趋势

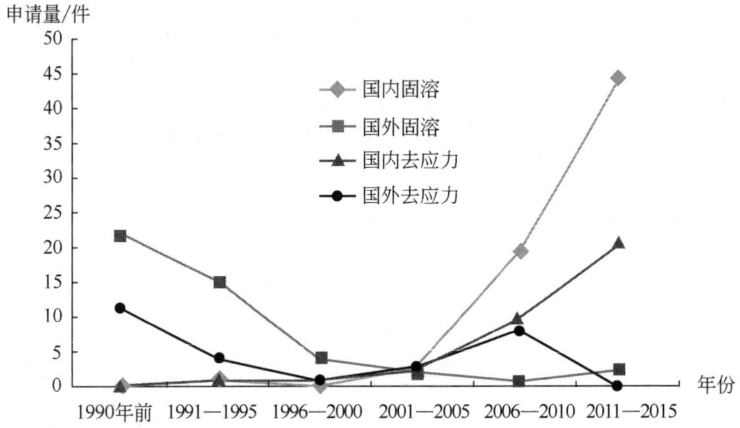

图 6-6-1　国内外热处理方面专利申请趋势

从图 6-6-1 国内外在双金属复合管热处理方面的专利申请情况来看，无论是固溶处理方面还是去应力退火方面，国外的研究均起步较早，比国内早了 10 余年。固溶处理方面的相关专利，国外从 1982 年开始有第一件专利申请，1990 年之前专利申请量最大，之后开始略有下降，至 2000 年专利申请几乎为零，至今为止，专利申请一直处于衰弱期。而国内的固溶处理相关专利申请则是从 2000 年开始萌芽，至 2005 年处于缓慢增长期，2005 年以后快速增长，申请量呈直线上升趋势，直至今日。国内外整体趋势正好相反，可见国内外在此领域的关注点并不相同。

去应力退火方面，国外的专利申请趋势在 2000 年之前与国外固溶处理的研究趋势相同，但 2000 年只是一个转折点，之后又开始逐年增加，至 2010 年达到峰值。而国内的去应力退火方面的专利申请趋势则与国内固溶处理的趋势完全相同，一直处于快速增长期，可见国外近些年在此领域的专利申请并不多，双金属管热处理方面依然是国内企业关注的热点。

6.1.2　主要申请人

图 6-6-2 对双金属复合管热处理领域的主要申请人作了统计分析，国内的热处理方面，无论是固溶处理还是去应力退火方面，新兴铸管股份有限公司和北京有色金属研究总院都是最主要的申请人，除此之外，固溶处理方面还有中国兵器工业第五二研究所、天津市联众钢管有限公司和大连合生科技开发有限公司。

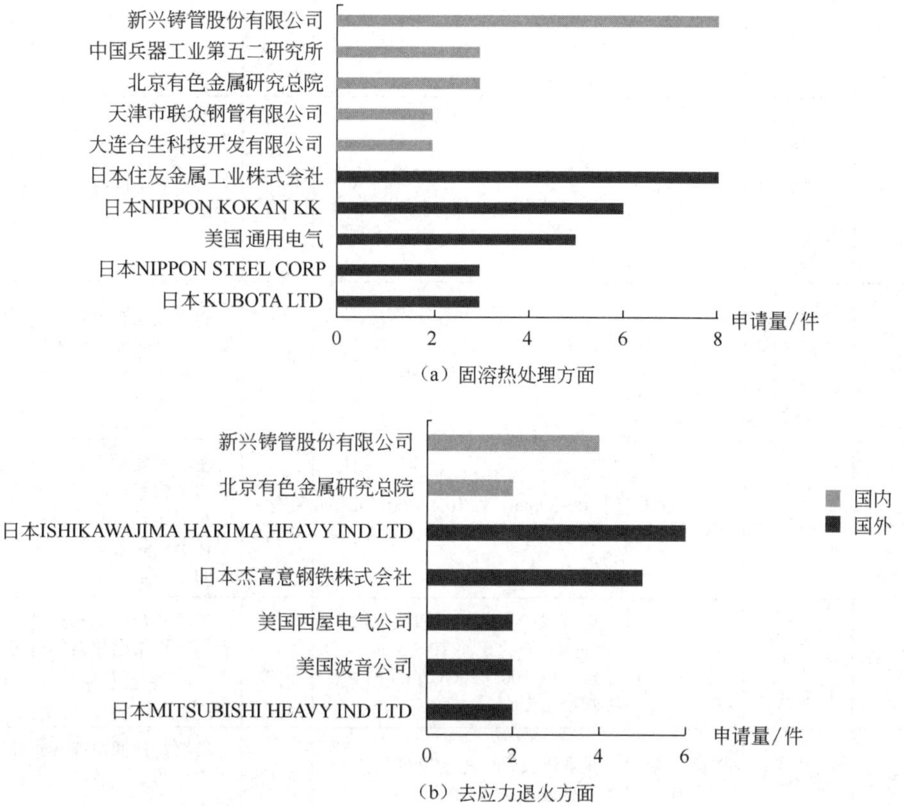

图 6-6-2　热处理方面国内、国外主要申请人

国外固溶处理技术方面的主要申请人主要分布在日本，有住友金属工业株式会社、NIPPON KOKAN KK、NIPPON STEEL CORP 和 KUBOTA LTD，此外还有美国的通用电气公司；国外去应力退火方面的主要申请人也是主要分布在日本和美国，有日本的 ISHIKAWAJIMA HARIMA HEAVY IND LTD、杰富意钢铁株式会社、MITSUBISHI HEAVY IND LTD，美国的西屋电器公司和波音公司。

本章企业欲了解的相关专利技术，包括不同材质管的固溶处理的程度和不同材质的去应力退火处理，这部分内容均以表格的形式列出，具体如下节各技术的重点专利表所示。

6.2 固溶处理技术重要专利清单

6.2.1 国内固溶处理技术（见表 6-6-1）

表 6-6-1 国内固溶处理技术重点专利表

公开号	申请人	材料类型	处理方式	效果	具体目的	有效性
CN101745793A	北京有色金属研究总院	铝-镍 铝-铜	异型截面铝管与不锈钢管组焊件热等静压炉中热处理，温度350～650℃，压力50～250MPa，保温时间20～240min	界面扩散	450℃-100MPa-120min；界面冶金结合率为100%	失效
CN104227338A	北京有色金属研究总院；北京空间飞行器总体设计部	铝-不锈钢	热等静压300～500℃，压力100～200MPa，时间为1.0～6.0h	界面扩散	界面冶金结合率为100%	审中
CN104550281A	常州市腾田液压机械有限公司	20碳钢-347H不锈钢；N80碳钢-G3耐蚀合金	中频感应快速加热，外层管200～900℃，内层管450～900℃	塑性	避免金属有害相析出，确保不会严重弱化内外层金属管的塑性、耐蚀性、可焊性和冲击韧性	审中
CN101566256A	大连合生科技开发有限公司	碳钢（铜箔）不锈钢	保护气氛下加热930～960℃，保温10～30min，以100～200℃/min的降温梯度自下而上风冷复合管坯	耐蚀+机械	使碳钢处于正火状态，得到细小的组织，使强度与塑性匹配良好；不锈钢处于固溶状态，具有最佳的耐腐蚀性能	有效
CN101670383B	大连合生科技开发有限公司	碳钢（铜箔）不锈钢	充有保护气体的扩散退火炉中900～950℃，保温10～60min，出炉后以100～200℃/min的速度冷却至常温	界面扩散	扩散复合的加热温度略高于不锈钢中碳化铬的析出温度，金属原子有足够扩散能力	有效
CN1565775A	傅德生	碳钢-高铬铸铁	采取淬火后回火的热处理工艺，加热速度不大于70℃/h	硬度	根据铸件的厚度确定淬火加热温度，才能得到高的硬度	失效
CN104266003A	邯郸新兴特种管材有限公司	碳钢（镍基层）不锈钢	高温扩散热处理温度为1080～1120℃	耐蚀+机械	奥氏体不锈钢和碳素钢双金属复合钢管结合强度高，保证管坯成分稳定，防止不锈钢防腐性能受损	审中
CN102274853A	四川三洲特种钢管有限公司	碳钢-不锈钢	根据不同材质、不同规格的复合管荒管坯热处理条件，将复合管荒管坯加热到915～950℃，加热8～10h，出炉冷却	强度		失效
CN104148437A	柳州美纳机械有限公司	双金属	对经过热轧得到的复合管进行退火处理，退火温度为650℃，保温时间为2h；然后进行淬火处理，淬火温度为850℃，保温1h，出炉淬油；然后回火处理，回火温度为150℃，出炉空冷	强度	解决现有双金属复合管的复合层间结合力较差的问题，力学性能增强，复合层的结合强度高，复合效果好	审中

续表

公开号	申请人	材料类型	处理方式	效果	具体目的	有效性
CN104033665A	陕西太合科技有限公司	钛合金-铜合金	完成复合的金属复合管置于箱式电阻炉或真空炉内，在300～450℃保温1～4h进行时效处理	强度	使铜合金管强化，钛合金管的室温拉伸性能：$\sigma_b \geqslant$ 900MPa，$\delta \geqslant$ 10%；铜合金管的室温拉伸性能为：$\sigma_b \geqslant$ 700MPa，$\delta \geqslant$ 4%	审中
CN101032783A	束润涛	碳钢-不锈钢	当复合钢管处在低于300℃的状态下，将其置于热处理炉中进行热处理；入炉后的升温速度低于200℃/h，并根据不同类型的材料及结构，选定热处理温度的上限和保温时间；然后出炉自然空冷	强度	如奥氏体不锈钢热处理温度为850～1050℃，应避开奥氏体敏化温度区间（450～800℃）；而铁素体不锈钢热处理温度为750～900℃，应避开铁素体脆性温度区间（350～650℃）。剪切强度≥200 MPa；剥离强度≥200MPa	失效
CN104874761A	四川鑫鼎新材料有限公司	X52管钢-316L不锈钢	在对管线钢管进行热处理时，正火温度应为（900 ±20）℃，保温1～2h，冷却方法选用空冷或风冷均可。进一步地，回火温度应为（600±20）℃，保温2～4h，冷却方法为空冷	耐蚀+机械	既能满足外层金属强度的性能要求，也能保证内层金属耐腐蚀的要求	审中
CN103256433A	天津市联众钢管有限公司	高碳低合金钢-低合金结构钢	利用直线感应加热机对LZN高碳低合金钢焊管进行中频常化热处理	硬度	经过处理后内壁管的硬度不低于HRC60	失效
CN102729009A	中国海洋石油总公司	碳钢-低合金	碳钢/低合金调质钢管道弯管在550～670℃下进行热处理，保温3～4h	耐蚀+机械	既能保证材料的承载、耐温性能，又能保证材料的耐腐蚀性能	失效
CN102586569A	新兴铸管股份有限公司	TP310Cb不锈钢-T11低合金	管内加入大量的耐火材料（外层TP310Cb厚1.5 mm，内层T11厚3.5mm），加热到1050～1100℃，保温1～2h，出炉后风冷、空冷交替进行，控制外表面温度在650～750℃，10min后停止风冷，自由空冷	耐蚀+机械	外层达到固溶处理的同时，内层满足正火和回火的热处理要求。外层的耐腐蚀要求，内层的力学性能要求	有效
CN104028957A	新兴铸管股份有限公司	42CrMo-304	淬火860℃；回火（540±10）℃	抗拉屈服结合伸长	806 638 397 19.4%	审中
		L245-316L	（930±10）℃；（630±10）℃		497 379 341 27.1%	
		L360-825	（960±10）℃；（600±10）℃		535 405 318 27.8%	
		L360-825	（940±10）℃；（580±10）℃		552 415 336 28.4%	
CN103481033A	新兴铸管股份有限公司	42CrMo-304	淬火840℃；回火（690±10）℃	抗拉屈服伸长	1100 MPa 950 MPa 15%	有效
		L360-825	（930±10）℃；（630±10）℃		545 MPa 395 MPa 28.6%	
		X70-316L	（920±20）℃；（620±20）℃		653 MPa 530 MPa 26.3%	
CN101804450A	新兴铸管股份有限公司	20碳钢-321H不锈钢	冷轧前应对荒管进行软化热处理860～950℃，然后炉冷。第二道次冷轧前需要对管子进行退火处理。冷轧成所需要的成品管规格后，再进一步进行热处理，热处理温度860～950℃，然后空冷，此处应按照20#钢的热处理工艺对成品管进行热处理	耐蚀+机械	软化热处理降低硬度，外层金属布氏硬度90～110HBW，内层布氏硬度100～120HBW；退火处理使得外层金属硬度一般在110～140 HBW，内层金属硬度一般在140～170 HBW	有效

续表

公开号	申请人	材料类型	处理方式	效果	具体目的	有效性
CN103599931A	银邦金属复合材料股份有限公司	碳钢-铝合金	热处理退火时所述铝钢复合材料的加热温度为500～550℃，保温18～22h	强度	减少脆性	审中
CN103290306B	兴安宸亿工贸有限公司	高碳高合金钢	铸管加热至930～980℃并且保温110～130min，然后以70～85℃/S的冷却速度油冷至室温，从而使合金元素固溶于基体金属中，完成固溶强化热处理；最后再进行两次回火弥散硬化热处理工艺：一次回火温度为350～400℃，保温时间为70～90min，空冷至室温；二次回火温度为520～550℃，保温时间70～90min，空冷至室温，完成对于铸管的热处理	硬度	固溶强化+回火弥散硬化，使金属管道具有较高硬度和耐磨性能，产品硬度达66～69HRC	有效

6.2.2 国外固溶处理技术（见表6-6-2）

表6-6-2 国外固溶处理技术重点专利表

公开号	申请人	材料类型	处理方式	效果	具体目的	有效性
JP2629918B2	ISHIKAWAJIMA HARIMA JUKOGYO KK	不锈钢-低碳钢	（550±20）℃退火1.5h	应力	去除应力	失效
JP01028328A	SUMITOMO METAL IND LTD	不锈钢-碳钢	不锈钢内表面感应加热至1050～1150℃，外表面碳钢920～980℃	耐蚀+机械	内表面不锈钢具有优异的耐蚀性，外表面上的碳钢具优异的强度和韧性	失效
JP01152218A	KUBOTA LTD	不锈钢-碳钢；不锈钢-低合金钢	外表面迅速加热到1050～1100℃，内表面1030～1080℃	耐蚀+机械	强度和韧性	
JP01242720A	SUMITOMO METAL IND LTD	不锈钢-碳钢	≥1000℃	耐蚀+机械	防止应力腐蚀开裂	失效
JP02225622A	KUBOTA LTD	不锈钢-碳钢；不锈钢-低合金钢	（820±30）℃处理后水淬，再（600±30）℃回火	耐蚀+机械	先硬化处理，再进行回火增强韧性	失效
JP01152217A	KUBOTA LTD	不锈钢-碳钢；不锈钢-低合金钢	外管1050～1100℃，内管1030～1080℃	耐蚀+机械	内表面不锈钢具有优异的耐蚀性，外表面上的碳钢具优异的强度和韧性	失效
JP04314826A	NIPPON STEEL CORP	低碳钢-不锈钢；低碳钢-镍基合金	加热到1100～1250℃，850～1000℃精轧，从≥750℃以5～40℃/s的冷却速度到≤550℃	强度		失效

续表

公开号	申请人	材料类型	处理方式	效果	具体目的	有效性
JP61110719A	NIPPON KOKAN KK	不锈钢-碳钢	≥1000℃	腐蚀性	防止应力腐蚀开裂	失效
DE69500502T2	SUMITOMO METAL IND LTD	镍基合金-碳钢	1050～1250℃	界面扩散	冶金结合	失效
GB2095591A	DONCASTER DANIEL & SONS LTD	合金-碳钢	900℃处理 2h，水淬，再 720℃处理 16h，空冷，再 650℃处理 8h，空冷	强度	提高整体强度和耐腐蚀性	失效
JP02153045A	HITACHI LTD	高碳合金钢	1150～1230℃扩散退火后进行淬火和回火	硬度	具有高硬度和优良的耐磨性	失效
EP666341A1	SUMITOMO METAL IND LTD	镍基合金-碳钢	1050～1250℃	界面扩散	冶金结合	失效
US5855699A	DAIDO TOKUSHUKO KABUSHIKI KAISHA；NIPPON KOKAN CO LTD	镍基合金-不锈钢	1150℃固溶处理，再 910℃时效处理	强度	冷弯曲实验可弯曲 180°	失效

6.3 去应力退火技术重要专利清单

6.3.1 国内去应力退火技术（见表 6-6-3）

表 6-6-3 国内去应力退火技术重点专利表

公开号	申请人	材料类型	去应力方案	有效性
CN103350320A	华东理工大学	碳钢-镍合金	正火处理，正火温度 920℃，以再结晶、消除应力和提高性能为目的的热处理工序	审中
CN102729009A	中国海洋石油总公司；中海石油（中国）有限公司湛江分公司	碳钢-低合金钢	去应力回火处理，回火温度为 500～600℃，保温 3～4h	失效
CN102513713A	张家港圣汇气体化工装备有限公司	碳钢-不锈钢	将堆焊后的不锈钢复合板制压力容器壳体进行消除应力热处理 550℃	失效
CN102049626A	西安天力金属复合材料有限公司	钛-钢（钛及钛合金；碳素钢及低合金结构钢）	对复合管板进行退火热处理以消除应力，退火温度为（540±15）℃，时间为 3～8h	失效
CN101474703A	东方锅炉（集团）股份有限公司	碳钢-不锈钢	采用手工氩弧焊或自动脉冲钨极氩弧焊焊接管板不锈钢复合层与管端堆焊层。可以避免管板不锈钢复合层与碳钢管子的封口焊产生的根部裂纹，减少焊缝根部的残余应力	有效

续表

公开号	申请人	材料类型	去应力方案	有效性
CN103667792A	福州市仓山区博德新材料科技有限公司	锌-铝	对合金管材根据不同的挤压工艺选择100～200℃退火热处理 1～24h，去除残余应力得到组织和性能稳定的环保、高塑性、低硬度合金挤压管，其室温延伸率不小于150%，硬度不高于45HV	有效
CN102039326A	北京长兴凯达复合材料科技发展有限公司	304L钢-20G钢	第一次退火在 1050℃的温度下处理24h，目的是减少高温锅炉工况下界面热应力	有效
CN102240897A	新兴铸管股份有限公司	低碳锻钢	去应力退火，退火温度为 650～700℃，保温3h	失效
CN102829254A	枣庄市凯博机械制造有限公司	碳钢-高铬铸铁	退火温度 750～1000℃，退火保温时间1～2h	审中

6.3.2 国外去应力退火技术（见表6-6-4）

表6-6-4 国外去应力退火技术重点专利表

公开号	申请人	材料类型	去应力方案	有效性
JP60135526A	ISHIKAWAJIMA HARIMA HEAVY IND		通过感应加热内外管焊接区的外表面以除去残余拉伸应力	失效
US4820359A	WESTINGHOUSE ELECTRIC CORP	镍合金	1150～1500℉的温度加热用于消除热应力	失效
JP01242720A	SUMITOMO METAL IND LTD	碳钢-合金钢	≥1000℃	失效
JP2629918B2	ISHIKAWAJIMA HARIMA JUKOGYO KK	不锈钢-低碳钢	（550±20）℃退火1.5h以消除残余应力	失效
JP04339517A	NAKAJIMA KOKAN KK	钢	高频率加热退火除去残余应变和内部应力	失效
JP11319958A	MITSUBISHI HEAVY IND LTD	不锈钢-低合金钢	630℃处理3h应力释放退火	
EP1493828A1	NIPPON STEEL CORPORATION	低合金钢	600～800℃	失效
JP2004346344A	MITSUBISHI HEAVY IND LTD	奥氏体不锈钢	550℃加热该双壁管以降低该残留的拉伸应力	
JP4466619B2	JFE Steel Corporation	钛镍合金钢	510～660℃	
EP2050833A1	JFE Steel Corporation	铁素体钢（钛铌）	510～660℃	不确定

第 7 章　结论与建议

7.1　结论

7.1.1　竞争对手

（1）国内竞争对手中，大连合生科技开发有限公司专利申请涵盖复合管、复合管件、复合装置、管道连接等多方面，并且均已获得授权，所研发的液压复合装置，尤其是其关于内胀式密封方式的研究，企业可重点关注其发明专利 CN101352745A。

新兴铸管股份有限公司专利申请量最多的是有关离心铸造复合工艺的，还有一些关于其他复合工艺的如热挤压复合、冷拔复合、轧制等，关于复合管热处理方面的专利申请，包括固溶处理中不同管材料的处理程度以及对某些合金材料的去应力退火工艺，企业可重点关注本报告中所列出的此方面的 10 件重点专利。

而上海海隆防腐技术工程有限公司主要侧重防腐涂层涂料相关方面的研究，与本项目研发需求偏离较大，可暂时不予考虑。

（2）国外竞争对手中，德国布廷恩公司主要涉及管道连接方面，最主要的是焊接连接方式，也有关于螺纹连接的，主要是借助管接头或者螺纹套筒来实现，在中国的专利申请已无效，企业可以重点把握布廷恩公司在螺纹连接方面的相关专利 DE102007051436A1、CN101836023A 和 WO2011054439A1。

澳大利亚克拉德泰克国际有限公司主要涉及利用膨胀工具进行双层管的复合，该技术中涉及一个膨胀囊，利用空气对其进行加压以达到膨胀内层管的目的，原理类似于液压膨胀复合，包括其密封方面的技术，企业均可加以借鉴，可重点关注该公司的专利 CN1822907A 和 CN100364685C。

而英国 proclad 公司主要涉及热挤压复合成形方式的研究，与本项目需求无关，暂时不具有借鉴意义。

7.1.2　液压复合技术

密封方式方面：①国内外目前所采用最多的密封方式是利用密封元件，大部分是密封堵头、密封垫圈、密封环等密封元件相结合使用，根据不同密封元件的特点放置在装置的不同部位以充分保证其密封性；②将液体介质密封在橡胶等高压弹性囊中来实现加压密封的方式，这样只要保证囊本身的完整密封性即可，液体不会直接接触管壁，更不会泄漏到管间隙中，并且整个液压装置也会变得很简单；③管端直接进行焊接密封，利用点焊、环焊等方式在管端焊接上法兰盘、管封头等管件形成管端密封，缺点是液压复合完成后，焊接的管端部分必须进行切割，此方法浪费材料。

长度补偿方面：①国内外主要是利用定径/定位装置等模具设计来控制复合管的外形，比如随动胀套、定位扩径头、径向导块的设计等，均可通过连接一定的外界操控设备随时实现生产过程中的内部复合可控；②关于条件控制，仅在 1995 年以前在国外个别专利中涉及过，且条件控制很容易受多种因素干扰，不具有可靠性，故此办法已被淘汰；③还有些情况下则不得不对管端进行切割，比如，复合管管端部若通过焊接方式密封，则在成形后必须对管端进行切割才可以得到成品管材。

7.1.3 螺纹连接技术

密封方式：①最常用的是利用密封元件来实现螺纹连接密封，可直接在内、外螺纹之间加入密封环、密封圈等密封元件，密封元件一般选用橡胶、树脂等弹性材料制成，在内、外螺纹拧紧配合时利用其可伸缩变形性填充螺纹间隙达到较好的密封效果；②管端的螺纹连接处配合台阶/凹槽/锥面的设计，相比较等直径管端连接来说能达到更好的密封效果，再加上台肩的设计避免出现过拧现象；③借助外接套筒/接箍，可以直接在套筒/接箍上加工内（外）螺纹来连接两根复合管的管端外（内）螺纹，若复合管管端不加工螺纹的话，也可以在管端焊接一个小短节或者管接头，利用短节或者接头与套筒/接箍连接；④在螺纹连接处涂覆涂层，该涂层一般为固体或者液体的润滑涂料，也可以是金属镀层，原理都是利用固体粉末的润滑、耐磨性来增强螺纹啮合的紧密性；⑤形状记忆合金管接头的设计，利用形状记忆合金的记忆性能，先低温下扩径与被接管间隙配合，装配后加热管接头发生回复，管径收缩使内壁与被接管外壁紧固接触，再加上镀层金属的塑性利用，可达到很好的气密性。当然，各种密封方式可以单独使用，也可以结合使用。

螺纹齿形状：所涉及的专利较少，其中采用的螺纹齿形状大部分为常见的圆锥/圆柱形，还有部分梯形、波形设计。另外，不管采用哪种螺纹齿形状，如果能使螺纹间形成楔形配合，其密封性和啮合性都会增强。

螺纹材质硬度：螺纹的硬度一般取决于外管的材质或者管接头、外接套筒/接箍的材质，此外也可通过螺纹镀层来增加其硬度，涂层的材料、厚度、粗糙度等对其都有影响。从专利分析来看此方面并没有统一的标准，不同材质复合管、不同应用领域复合管在此方面的要求都不同，企业技术人员可根据企业自身实际情况结合本报告中重点专利表中所列信息进行选择。

7.1.4 固溶热处理

从专利分析结果来看，针对不同材质的复合管，在不同热处理条件下可以达到不同的性能参数，其中固溶处理的目的大的方面有三个，包括力学性能、界面扩散、防腐性能，而力学性能又分为硬度、强度、塑性等，强度又包括拉伸强度、屈服强度、结合强度等。另外，对复合管的处理目的很多时候并不只是达到其中一种效果，而是追求各方面性能的良好匹配，比如既要保证内层不锈钢的耐蚀性，又要保证外层碳钢的优异强度和韧性。而对于复合管的热处理过程，也是分多步骤的，有淬火、回火、冷却等，改变其中任何一个步骤的处理，最终得到的效果也是不同的。因此，具体对于何种管材处理到什么程度不可一概而论，企业技术人员可根据相关重点专利技术合理借鉴。

7.1.5　去应力退火

对于何种材料需要进行去应力退火，从检索到的相关专利来看，包括以下材料：碳钢-合金钢（镍合金、低合金钢、钛合金、钛镍合金钢、高铬铸铁镍合金等），碳钢-不锈钢（20G 钢-304L 不锈钢、低碳锻钢、奥氏体不锈钢、铁素体钢等），锌-铝等。针对不同材料的去应力退火方案也在本报告中注明，可以为企业技术人员提供参考。

7.2　建议

7.2.1　竞争对手

在提到的几家竞争对手中，建议企业重点关注大连合生科技开发有限公司的液压复合装置方面、新兴铸管股份有限公司的热处理工艺方面、德国布廷恩公司的管道连接方面、澳大利亚克拉德泰克国际有限公司的膨胀囊设计。

除此之外，建议企业重点关注关键技术点部分的几个国内外主要申请人，比如中国重型机械研究院股份公司、日本住友金属工业株式会社、德国本特勒集团。

7.2.2　液压复合技术

液压复合技术方面，建议企业采用定径/定位装置与密封元件相结合的方法，比如随动胀套、定位径向导块等与密封圈、密封堵头等结合使用；另外，也可以直接采用液压囊密封液体介质的方式对管径进行膨胀复合。具体相关技术可参照报告中此方面的重点专利。

7.2.3　螺纹连接技术

螺纹连接技术中，关于螺纹齿形状，建议企业不必刻意追求创新，依旧采用常见的圆锥/圆柱形即可，如果能使螺纹间形成楔形配合最好，密封性和啮合性都会增强；另外，建议企业采用螺纹连接处涂覆涂层的方法，在螺纹拧紧过程中镀层产生的固体粉末可以增强螺纹的润滑性和耐磨性，同时固体粉末还会对螺纹连接间隙形成自动填充，这样既可以保护螺纹不被破坏，又可以保证螺纹连接的气密性。再者，复合管端螺纹尾部配合台肩的设计，可以防止出现螺纹过拧的现象，条件允许的话还可以把螺纹连接处设计成具有一定锥度的锥面，可以增加连接紧密性。

7.2.4 固溶热处理

建议企业处理时要兼顾内层不锈钢的耐蚀性和外层碳钢的力学性能，不同材质对应不同的处理过程，对具体的淬火、回火、冷却等步骤的处理程度，企业技术人员可参考报告中的相关重点专利技术。

7.2.5 去应力退火

目前专利结果中对几种碳钢-合金钢和碳钢-不锈钢材料的复合管进行了去应力退火，其具体退火方案也在本报告中注明，建议企业技术人员根据企业具体实际情况合理借鉴，可以先对复合管的应力做个测试再决定退火的必要性。

第七篇
壁纸生产成套设备专利分析报告

第 1 章　项目背景及需求

1.1　项目背景

壁纸生产成套设备是一类将壁纸的涂布、印刷、收卷、套印/套压等工艺集于一体的系统装置，对于现代壁纸的生产具有重要意义。其中，印刷中的干燥换热、收卷中的防皱和导向纠偏、套印/套压中的套准是影响壁纸质量的几个重要环节。

壁纸的印刷干燥是指壁纸印刷后油墨固化的过程，常用的干燥方式为热风干燥。热风干燥过程中，热能的传递是通过对流实现的。热能由热风主体以对流的方式传到印品表面，然后通过边界层进一步传导到内部，从而溶剂由印品内部向印品表面扩散，被气化后传至热风中。热风连续不断地将氧化的溶剂带走，从而达到干燥的目的。目前，印刷干燥技术的研究方向主要集中于提高效能、节约能耗和气浮式烘箱，除此之外，还包括热风干燥流体流动、热量传递完整过程的数值研究及干燥系统能耗分析和碳足迹的计算等。

壁纸收卷过程中，为了防止产生抽芯、打褶和串卷等问题，需要对壁纸张力进行控制，基于张力检测装置的反馈信息，对控制电机转速进行调整，进而保持张力稳定。收卷导向机构用于解决壁纸收卷过程中的跑偏问题，通过纠偏执行机构，控制壁纸在规定方向进行传输。高品质自动化地收卷成为该技术领域发展的重要方向。

壁纸套印/套压过程中，极易出现跑花现象，即每个色组套色的位置有偏差，不能完全准确地与前几个色组套色，通过色标检测进行套准是目前常用的解决方案，但该技术的难点则在于对相近色标的检测。为了提高套印/套压的质量，如何套准仍是该技术领域的研究重点，而对套准误差的校正也是该技术发展的主要趋势。

此外，圆网印花凭借其速度快、均匀度高及操作简单等优势，已成为壁纸的主流印刷方式之一，圆网印花主要是利用刮刀（或磁棒）使圆网内的色浆在压力作用下印制到织物上。圆网刮印技术的发展主要表现在结构优化、独立驱动、集成化等方面。

对于壁纸生产成套设备而言，已由单一功能转向了多功能的集合，一套设备集合了平网、圆网、凹版等多种印刷方式，并将印刷、烘干、撒料、发泡、收卷、分切、包装集于一体。再者，为了提高生产精度和效率，设备自动化程度将越来越高，尽可能地减少人工操作所带来的低效率和低精度。除此之外，对干燥产生的热量加以回收，节能能源，降低污染，将能源重新加以利用，也是壁纸生产设备将来发展的一个重要方向。

壁纸生产成套设备是西安航天华阳印刷包装设备有限公司（简称“西安航天华阳”）主要产品之一，奠定西安航天华阳在中国壁纸生产领域的行业地位。针对上述壁纸生产中的重要环节，西安航天华阳也申请了相关专利，进行了专利布局。

1.2 技术问题

1.2.1 干燥换热技术

1. 风道设计技术

流体动力学理论的研究深度还不够，造成风道结构设计相对英国爱默生设备的阻力偏大、风速偏低、风速均匀性差，这是影响干燥性能的主要原因之一。

2. 换热技术

对换热形式的状态研究得不够细，没有很好掌握各种加热形式的优点，导致设计的热交换器的换热效率和英国爱默生设备相比还有很大的差距。

1.2.2 收卷技术

收卷技术是限制壁纸设备提高生产速度的另外一个主要因素，目前，西安航天华阳无芯收卷技术存在以下技术问题：

（1）材料和克重不同导致壁纸的挺度不一，料头进入收卷轴成芯就可能出现打皱问题，为避免这种问题的出现，要对设备在生产前进行调整，这样降低了生产效率。

（2）导向机构的设计缺陷导致料头进入送料辊会出现跑偏的现象，这种情况只能停机，手动快速纠正，优化导向结构是下一步亟待解决的问题。

1.2.3 圆网刮印技术

圆网刮刀是决定印刷质量的部件，但是精度要求高，加工难度大。然而荷兰斯托克设备的刮刀结构简单、加工难度不大，很大程度上是因其结构的改变实现了加工难度的降低，但是真正的原因有待挖掘。

1.2.4 自动套色/套压技术

套准技术的难点就是解决套色光电眼对相近颜色的辨识问题。

1.3 项目需求

本项目旨在全球范围内全面检索壁纸印刷干燥换热、收卷防皱和导向纠偏、圆网刮刀结构以及自动套色/套压的套准等技术的相关专利，并进行深入的分析。具体包括如下六点需求：

一是重点搜集壁纸印刷干燥、换热技术专利，特别关注用于干燥的风箱中风道结构及用于换热的换热器设计等专利，分析斯托克、爱默生等竞争对手的相关专利，解决西安航天华阳因干燥技术而使壁纸生产速度受限的问题。

二是重点搜集壁纸收卷技术专利，特别关注防皱、导向纠偏相关专利，解决西安航天华阳的壁纸收卷速度有限的问题。

三是搜集圆网刮印的刮刀结构专利，解决西安航天华阳目前面临的刮刀杆结构加工难度大、不能适应不同黏度浆料的输送问题。

四是搜集壁纸套印/套压的自动套准技术专利，特别是光电眼检测相近色标的相关专利，解决西安航天华阳提高套准精度和套色/套压效果的问题。

五是对重点关注的印刷干燥换热技术发展路线图进行分析，找出该技术领域的最新技术，为西安航天华阳对相关产品的研发提供参考。

六是对重点关注的印刷干燥换热技术进行技术功效矩阵分析，挖掘技术空白点，为西安航天华阳在该技术领域的专利布局提供建议。

第 2 章　研究方法

2.1　技术分解

出于界定专利分析范围和确定专利检索要素等目的，本研究将壁纸生产成套设备技术主题进行了技术分解（见表 7-2-1）。

表 7-2-1　壁纸生产成套设备技术分解表

一级	二级	三级	四级
印刷	★★★ 干燥系统	烘箱	风道
			风嘴
	★★★ 换热系统	换热器	
		余热回收	
	圆网印刷	★ 刮刀装置	
★★ 收卷	控制	张力控制	
	送料	导向纠偏	
		防皱	
★★ 自动套色/套压	套准	色标检测	
		误差校正	

注：★表示企业关注重要度，其中，★★★——重点关注；★★——一般关注；★——了解。

上述技术分解表主要是基于行业习惯、关键技术、客户的需求及专利主题的分类而制定的，其中：

一级分支根据需求，分为印刷、收卷、自动套色/套压；

印刷一级分支的二级分支根据需求，分为干燥系统、换热系统及圆网印刷；

干燥系统二级分支的三级分支根据需求，分为烘箱；

烘箱三级分支的四级分支根据技术难点，分为风道和风嘴；

换热系统二级分支的三级分支根据技术难点，分为换热器和余热回收；

圆网印刷二级分支的三级分支根据技术难点，分为刮刀装置；

收卷一级分支的二级分支根据需求，分为控制和送料；

控制二级分支的三级分支根据技术难点，分为张力控制；

送料二级分支的三级分支根据技术难点，分为导向纠偏和防皱；
自动套色/套压一级分支的二级分支根据需求，分为套准；
套准二级分支的三级分支根据技术难点，分为色标检测和误差校正。

2.2　技术边界

为了使研究边界更为清晰，通过与企业的多次沟通，确定了如下的技术定义表（见表7-2-2）。

表 7-2-2　壁纸生产成套设备的技术定义表

术语	定义
印刷	是指在壁纸基材上印制图案的技术
干燥系统	是指热风干燥系统，即基于流体动力学的原理，利用热风将印刷所用油墨由液态转为固态的系统及方法
烘箱	是指供热风循环流动，干燥壁纸的装置
风道	是指烘箱中供热风流动的管道
风嘴	是指在印刷干燥过程中，用于将热风送入干燥区域的装置
换热系统	是指壁纸印刷干燥过程中热源的提供系统
换热器	是指用于壁纸印刷干燥的换热设备
余热回收	是指印刷干燥余热回收的装置和方法及余热回收的应用等，以达到节能的目的
圆网印刷	壁纸印刷的一种印刷方式，属于丝网印刷的一种，油墨通过给输浆管输送到镍网辊筒的内部，然后通过刮刀将油墨从网辊筒上的网孔挤压至壁纸基材上形成图案的印刷方式
刮刀装置	包括刮刀及其辅助装置，其中，刮刀是指使圆网内的色浆在压力的驱使下印制到壁纸上的装置，辅助设备包含刮刀座、调节装置等
收卷	是指将加工完成的壁纸缠绕成卷的技术
控制	是指壁纸收卷加工的控制装置和方法
张力控制	是指壁纸收卷传输过程中张力的控制装置和方法
送料	是指壁纸收卷过程的供给、传输装置和方法
导向纠偏	是指壁纸收卷过程中保证壁纸被平整、不偏移传输的装置和方法
防皱	是指壁纸收卷过程中保证壁纸被平整传输的装置和方法
自动套色/套压	是指使用计算机控制系统实现自动印花/压花的技术
套准	是指套色/套压过程中，网版或色标位置的确定、调整及控制方法或装置
色标检测	是指套色/套压过程中，网版或色标位置的检测与确定的方法或装置
误差校正	是指套色/套压偏位的检测、控制、补偿的方法或装置

2.3　数据检索

2.3.1　检索对象

本研究的检索主题为壁纸印刷的干燥换热、收卷的防皱和导向纠偏、自动套色/套压的套准等相关技术。

2.3.2 检索思路

本研究采用分总策略进行检索，即基于印刷、收卷、自动套色/套压各技术的检索结果，经合并、去重后得到技术主题——壁纸生产成套设备的检索总样本。具体思路如下：

首先，构建检索要素表，利用关键词、国际专利分类号（IPC）等检索要素进行初步检索。

其次，验证初步检索结果的查全率和查准率，当满足查全、查准要求时，结束检索过程，否则，进行补充检索，其中，中外文的查全率和查准率均需达到90%以上。

最后，采用关键词、分类号及人工阅读相结合的方式进行一次去噪。

2.3.3 检索工具和方法

本研究采用中国国家知识产权局知识产权出版社的 CNIPR 专利信息检索平台，对中国专利信息进行检索，以及采用律商联讯（LexisNexis）的 TotalPatent（简称 TP）专利检索平台对全球专利信息进行检索。

其中，CNIPR 所用数据库数据与国家知识产权局专利公开信息同步，是最权威的中文检索平台，而 TP 数据库收录了全球 100 个国家及专利机构的专利数据，包括 32 个国家及专利机构的专利全文和 68 个国家及专利机构的著录项目与摘要，专利数据更新与各国官网同步，专利文献同时包含了专利附图、同族专利、法律状态、专利转让、专利诉讼等综合信息。

2.3.4 检索关键词和分类号

1. 关键技术点的检索要素

（1）壁纸印刷技术。

壁纸印刷技术的中英文检索要素分别如表 7-2-3 和表 7-2-4 所示。

表 7-2-3 壁纸印刷技术的中文检索要素表

	壁纸印刷技术基本检索要素				
	壁纸	印刷	热风干燥	换热	加热方式
中文关键词	壁纸，墙纸，壁布，墙布	印刷，印制，转印，网印，凹印，圆网，镍网，丝网，凹版，涂布	干燥，烘干，烘箱，干燥箱，风道，烘道，风嘴，喷嘴，热风，热空气	换热，加热，散热，热交换，余热，热循环	天然气，蒸气，蒸汽，热油，电加热，电直热，电热
分类号（IPC）		B41F B41M	B41F23/04 F26B	F28D	

表 7-2-4　壁纸印刷技术的英文检索要素表

	壁纸印刷技术基本检索要素				
	壁纸	印刷	热风干燥	换热	加热方式
英文关键词	wallpaper，wall covering	print，coat，rotary screen，nickel，scraper，scraping cutter	dry，oven，duct，hole，passage，tunnel，channel，nozzle，tuyere，jet，nipple	heat，thermal cycle	natural gas，steam，vapor，heat，thermal，hot oil，electrothermal，electrothermic，electric heat
分类号（IPC）		B41F B41M	B41F23/04 F26B3/02	F28D	

（2）壁纸收卷技术。

壁纸收卷技术的中英文检索要素分别如表 7-2-5 和表 7-2-6 所示。

表 7-2-5　壁纸收卷技术的中文检索要素表

	壁纸收卷技术基本检索要素			
	壁纸	收卷	送料	张力控制
中文关键词	壁纸，墙纸，壁布，墙布	收卷，分卷，收料，有芯，无芯	送料，导向，跑偏，纠偏	张力控制，起皱，打皱
分类号（IPC）		B65H	B65H20 B65H79	B65H23 B65H43 B65H77

表 7-2-6　壁纸收卷技术的英文检索要素表

	壁纸收卷技术基本检索要素			
	壁纸	收卷	送料	张力控制
英文关键词	wallpaper，wall covering	reel，roll up，winding	feeding，guiding，deviation，deflect，offset	tension，wrinkle，cease，bulging
分类号（IPC）		B65H	B65H20 B65H79	B65H23 B65H43 B65H77

（3）壁纸自动套色/套压技术。

壁纸自动套色/套压技术的中英文检索要素分别如表 7-2-7 和表 7-2-8 所示。

表 7-2-7　壁纸自动套色/套压技术的中文检索要素表

	壁纸自动套色/套压技术基本检索要素				
	壁纸	套色	套压	对版	校正
中文关键词	壁纸，墙纸，壁布，墙布	套色，印色，色标	套印，套压，印花，压印，压花，压纹	误差，对版，对板，网版	电光眼，纠偏，误差

表 7-2-8　壁纸套色/套压技术的英文检索要素表

	壁纸自动套色/套压技术基本检索要素				
	壁纸	套色	套压	对版	校正
英文关键词	Wallpaper，wall covering，wall textile	color，colour	emboss，imprint，press print，overprint	register	correct，calibrate

2. 竞争对手的检索要素

（1）英国恩麦逊公司（Emerson & Renwick）。

恩麦逊公司的检索要素如表 7-2-9 所示。

表 7-2-9　恩麦逊公司的检索要素表

序号	企业名称表达	
1	中文名称扩展	子公司扩展
	英国恩麦逊公司	无
2	英文名称扩展	子公司扩展
	EMERSON & RENWICK LIMITED； EMERSON & RENWICK LTD	无

（2）荷兰斯托克公司（Stork）。

斯托克公司的检索要素如表 7-2-10 所示。

表 7-2-10　斯托克公司的检索要素表

序号	企业名称表达	
1	中文名称扩展	子公司扩展
	斯托克印刷公司	施托克印制系统（无锡）有限公司
2	英文名称扩展	子公司扩展
	STORK PRINTS B.V. STORK PRINTS SPG PRINTS B.V. SPG PRINTS	STORK SCREENS B.V. STORK SCREENS

（3）中国西安德高公司。

西安德高公司的检索要素表如表 7-2-11 所示。

表 7-2-11　西安德高公司的检索要素表

序号	企业名称表达	
1	中文名称扩展	子公司扩展
	西安德高机电企业集团	西安德高印染自动化工程有限公司 西安德高佳美印染设备有限公司
2	英文名称扩展	子公司扩展
	XI'AN DEGAO DYE. & PRI. AUTO ENGINEERING CO.，LTD.	DEGAO DYEING AUTOMATION ENGINE DEGAO PRINTING AND DYEING AUTO XI AN DEGAO JIAMEI DYEING & PRINTING EQUIPMENT CO LTD

2.3.5　检索结果

1. 关键技术点的检索结果

本研究主题的各技术分支的检索结果如表 7-2-12 所示。

表 7-2-12　壁纸生产成套设备关键技术点的检索结果

技术分支	检索结果		查全率	查准率
印刷	英文	一次检索——14173 件 二次检索——8091 件 三次检索——1734 件	94%	92%
	中文	一次检索——3025 件 二次检索——1019 件	94%	96%
收卷	英文	一次检索——5972 件 二次检索——1256 件 三次检索——2394 件	93%	94%
	中文	一次检索——772 件 二次检索——228 件	97%	95%
套色/套压	英文	一次检索——3731 件 二次检索——1460 件	98%	98%
	中文	3160 件	98%	92%

2. 竞争对手的检索结果

本研究的主要竞争对手的检索结果如表 7-2-13 所示。

表 7-2-13　壁纸生产成套设备竞争对手的检索结果

竞争对手	检索结果		查全率	查准率
恩麦逊	英文	56 件	100%	100%
	中文	2 件	100%	100%
斯托克	英文	一次检索——347 件 二次检索——1005 件	95%	92%
	中文	一次检索——16 件 二次检索——28 件	100%	100%
西安德高	中文	49 件	100%	100%

2.4　数据处理

本研究的标引分为技术分支标引和技术功效标引两部分，其中，技术功效标引仅指干燥系统和换热系统两个二级技术分支的标引。

2.4.1 技术分支标引

基于技术分解表制定了如表 7-2-14 所示的技术分支标引规则。

通过关键词、申请人、IPC 批量标引加人工阅读的方式，进行具体的标引工作，技术边界以表 7-2-2 中的技术定义为准。

表 7-2-14 壁纸生产成套设备的技术分支标引规则

技术主题	一级分支	标引代码	二级分支	标引代码	三级分支	标引代码	四级分支	标引代码
壁纸生产（标引代码：4）	印刷	1	热风干燥	1.1	烘箱	1.1.1	风道	1.1.1.1
							风嘴	1.1.1.2
			换热系统	1.2	换热器	1.2.1		
					余热收回	1.2.2		
			圆网印刷	1.3	刮刀装置	1.3.1		
	收卷	2	控制	2.1	张力控制	2.1.1		
			送料	2.2	导向纠偏	2.2.1		
					防皱	2.2.2		
	自动套色 自动套压	3	套准	3.1	色标检测	3.1.1		
					误差校正	3.1.2		

2.4.2 技术功效标引

针对需求，本研究选择对印刷干燥换热技术进行技术功效的标引，经与企业间的多次沟通，确定了如表 7-2-15 所示的印刷干燥换热技术的技术功效标引规则。

表 7-2-15 印刷干燥换热技术的技术功效标引规则

技术	标号	功效	标号
干燥系统	I	优化结构	A
烘箱	I . i	提高换热效率	B
风道	I . ii	提高干燥效率	C
风嘴	I .iii	提高干燥效果	D
换热系统	II	节能	E
换热器	II . i		
余热回收	III		

考虑到技术功效信息的重要性和隐藏性，本研究采用了人工逐篇阅读的方式进行技术功效的标引。

2.4.3　申请人合并

由于申请人名称的变更、专利的转让、翻译等原因，同一申请人可能会使用不同的名称申请专利，为解决该问题，本小节将对本研究所涉及的重要申请人的名称进行统一，其合并结果如表 7-2-16 所示。

表 7-2-16　壁纸生产成套设备重要申请人合并表

国别	申请人简称	申请人全称
中国	西安航天华阳	西安航天华阳印刷包装设备有限公司
		XI'AN AEROSPACE PRINTING & PACKAGING EQUIPMENT HUAYANG
	西安德高	西安德高佳美印染设备有限公司
		西安德高印染自动化工程有限公司
		XI'AN DGE PRINTING MACHINERY
	深圳浩能	深圳市浩能科技有限公司
		SHENZHEN HAONENG TECHNOLOGY CO
	陕西北人	陕西北人印刷机械有限责任公司
		SHAANXI BEIREN PRINTING MACH
	吴江华尔美特	吴江华尔美特装饰材料有限公司
		WUJIANG WALLMATE DECORATION MATERIALS CO LTD
	福建晋江佶龙	福建省晋江市佶龙机械工业有限公司
		FUJIAN JINJIANG JILONG MACHINE INDUSTRY
	长春吉海	长春市吉海测控技术有限责任公司
		CHANGCHUN JIHAI OBSERVATION AND CONTROL TECHNOLOGY CO LTD
	广东万昌	广东万昌印刷包装有限公司
		广东万昌科艺材料有限公司
		万昌印刷包装（沈阳）有限公司
		GUANGDONG MANCHEONG PRINTING PACKAGING COMPANY
	广东华南家电	广东华南家电研究院
		GUANGDONG SOUTH CHINA HOUSEHOLD ELECTRIC APPLIANCES RESEARCH INSTITUTE
		JIAN SU
	广东芬尼克兹	广东芬尼克兹节能设备有限公司
		GUANGDONG PHNIX ECO ENERGY SOLUTION LTD
	浙江美格	浙江美格机械有限公司
		浙江美格机械股份有限公司
		ZHEJIANG MEIGE MACHINERY CO LTD
	浙江光炎	浙江光炎节能环保科技股份有限公司
		ZHEJIANG GUANGYAN ENERGY SAVING ENVIRONMENTAL PROT TECHNOLOGY CO LTD
	东莞雅康	东莞市雅康精密机械有限公司
		DONGGUAN DONGPO PAPER PRINTING

续表

国别	申请人简称	申请人全称
	东莞海中	东莞市海中机械有限公司
		DONGGUAN HAIZHONG MACHINERY CO LTD
	洛阳明伟	洛阳市明伟机械有限公司
		LUOYANG MINGWEI MACHINERY TECHNOLOGY
	江阴镍网	江阴市镍网厂有限公司
		JIANGYIN NICKEL NET FACTORY
	常州高人	常州市高人制辊有限公司
		CHANGZHOU GAOREN SYSTEM ROLL
	黄石经纬	黄石经纬纺织机械有限公司
		HUANGSHI JINGWEI TEXTILE MACHINERY CO LTD
	湖北浩博特	湖北浩博特装饰材料有限公司
		H & B DECORATION MATERIALS CO LTD
	安徽华印	安徽华印机电股份有限公司
		ANHUI PRINTING MECHANICAL & ELECTRICAL CO LTD
荷兰	斯托克 STORK	Stork Prints B.V.，Boxmeer，NL
		STORK SCREENS
		STORK PRINTS
		斯托克印刷公司
德国	曼罗兰 MAN ROLAND	M.A.N. ROLAND DRUCKMASCHINEN
		MAN ROLAND DRUCKMASCHINEN
		MAN ROLAND SHEETFED
		MASCHINENFABRIK AUGSBURG NUERNBERG
		ROLAND MAN DRUCKMASCH
		德国曼罗兰公司
	海德堡 HEIDELBERGER	HEIDELBERGER DRUCKMASCH AG
		HEIDELBERGER DRUCKMASCHINEN AG
		HAIDERUBERUGAADORUTSUKUMASHIINEN AG
		海德堡印刷机械股份公司
	高宝 KBA	KOENIG & BAUER AG
		KBA-Planeta AG
		SCHNELLPRESSENFABRIK KOENIG BAUER AKTIENGESELLSC
		科尼希&鲍尔股份公司
	亚根堡 JAGENBERG	JAGENBERG WERKE
		JAGENBERG WERKE AG
		JAGENBERG WERKE AG A DUSSELDORF ALLEMAGNE
		JAGENBERG WERKE AG DT
	温德默勒与霍尔舍 W & H	WINDMOELLER & HOELSCHER
	福伊特 VOITH	Voith Paper Patent GmbH
		VOITH SULZER PAPIERMASCHINEN GMBH

续表

国别	申请人简称	申请人全称
英国	恩麦逊/爱默生 EMERSON & RENWICK	EMERSON & RENWICK LTD
		英国恩麦逊公司
日本	大日本印刷 DAINIPPON PRINTING	DAINIPPON PRINTING CO LTD
		大日本印刷株式会社
	凸版印刷 TOPPAN PRINTING	Toppan Printing Co. Ltd.
		日本凸版印刷株式会社
	富士 FUJIFILM	FUJIFILM CORP
		富士胶片株式会社
	三菱 MITSUBISHI	MITSUBISHI HEAVY IND LTD
		MITSUBISHI HEAVY IND PRINTING
		MITSUBISHI HEAVY INDUSTRIES
		MITSUBISHI JUKOGYO
	津田驹 TSUDAKOMA	TSUDAKOMA
		TSUDAKOMA INS
		TSUKUDA KOMA KOGYO
		津田驹工业株式会社（日本）
		津田驹机械制造（常熟）有限公司
	日本宫腰 MIYAKOSHI PRINTING	MIYAKOSHI PRINTING MACHINERY
		MIYAKOSHI PRINTING MACH
		日本宫腰印刷机械有限公司
	东伸工业 TOSHIN	TOSHIN KOGYO CO
		ICHINOSE SHIRO
		ICHINOSE S
		ICHINOSE INTERNATIONAL INC
		ICHINOSE INT L
		ICHINOSE INTERNAT INC
		东伸工业株式会社
比利时	爱克发-吉华 AGFA	AGFA GEVAERT
		AGFA
		爱克发·吉华集团
瑞士	博斯特 BOBST	BOBST CHAMPLAIN
		Bobst S.A.
		J. BOBST & FILS
		博斯特（上海）有限公司—瑞士
美国	MEGTEC	MEGTEC SYSTEMS INC.
		MEGTEC SYS INC.
	柯达 KODAK	EASTMAN KODAK COMPANY
澳大利亚	SILVERBROOK RESEARCH	Silverbrook Research Pty Ltd

第3章　壁纸生产成套设备专利数据分析

3.1　印刷干燥换热技术

3.1.1　全球专利分析

经过数据处理，共筛选出印刷干燥换热技术全球相关专利 1070 件，针对该 1070 件专利，本节将从申请趋势、地域分布和申请人排名三个方面对其总体态势进行分析，并进行技术功效、技术发展路线等方面的深入分析。

1. 总体态势

（1）申请趋势分析。

图 7-3-1 所示为印刷干燥换热技术的全球专利申请趋势。

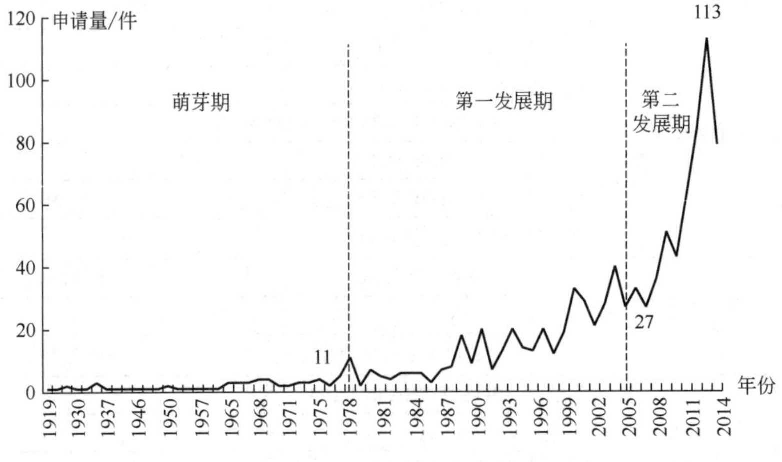

图 7-3-1　全球印刷干燥换热技术专利申请趋势

由图 7-3-1 可知，印刷干燥换热技术早在 20 世纪初期即已被申请专利，虽发展至今有近百年的历史，但相关专利的申请量依然保持着增长势头，技术发展前景可观。截至目前，印刷干燥换热技术的发展可以分为三个时期，即萌芽期、第一发展期和第二发展期。

萌芽期（1919—1977 年）。印刷干燥换热技术在该阶段刚刚出现与起步，年均专利申请量不足 3 件，申请人的数量也仅有近 70 家。其中，关于烘箱的专利有 2 件，分别为 ARGON SERVICE 公司在 1974 年 5 月 30 日申请的公开号为 GB1420547A、名称为

“DRYING OVEN FOR PRINTED SHEETS”的专利，以及COLAPINTO FABIO在1974年7月11日申请的公开号为US3911593A、名称为“DRYING OVEN FOR PRINTED SHEETS”的专利。此外，还包括3件换热器相关专利，分别为三菱在1968年5月25日申请的优先权号为JP43035370、名称为“HEAT EXCHANGER CONSTRUCTION”的专利，德国林德公司（LINDE AG）在1967年11月3日申请的优先权号为DE1601216、名称为“PLATE-TYPE HEAT EXCHANGER”的专利，以及CLARKSON THIMBLE TUBE BOILER公司在1950年3月2日申请的优先权号为GB5005362、名称为“IMPROVEMENTS IN OR RELATING TO TUBULOUS HEAT EXCHANGERS”的专利。

第一发展期（1978—2004年）。印刷干燥换热技术在该阶段进入了第一次快速发展的时期，专利申请量较萌芽期有了显著的提升，年均申请量达到15件，申请人的数量也增长到了349家。在该时期，86%的专利与干燥相关，且多用于提高干燥效率和干燥效果，印刷干燥技术申请量较多的申请人包括美国MEGTEC公司、德国曼罗兰集团（MAN ROLAND）、德国高宝股份（KBA）等。此外，作为本研究竞争对手之一的恩麦逊公司（EMERSON & RENWICK）也在第一发展期进入了该领域，申请了5件换热器相关专利，包括2件基础专利，分别为1999年6月10日申请的公开号为GB9913462D0、名称为“Apparatus for building a heat exchanger core”的专利和2001年1月23日申请的公开号为GB101697D0、名称为“Heat exchanger tube”的专利，以专利GB9913462D0为优先权，恩麦逊又于2000年6月9日向欧洲专利局提交了同名的专利申请，而以专利GB101697D0为优先权，恩麦逊又分别于2002年1月22日向美国专利局及2002年1月23日向欧洲专利局提交了同名的专利申请，由此可见，恩麦逊公司对于印刷换热技术的研究初期集中于对换热器的创新。

第二发展期（2005年至今）。印刷干燥换热技术在该阶段进入了第二次快速发展的时期，虽然发展时间不足第一发展期的一半，但年均专利申请量却达到了第一发展期年均申请量的近4倍，申请人总量达到440多家。萌芽期和第一发展期，鲜见中国申请人，但进入第二发展期后，中国申请人数占了全球申请总人数的近三成，其中申请量较多的中国申请人包括西安航天华阳、深圳浩能及陕西北人等。本研究关注的竞争对手恩麦逊研究的重点仍然是换热技术，但申请相关专利数量较少，在该时期，共申请了4件换热相关专利，其中，2008年7月31日申请的公开号为GB814031D0、名称为“HEAT EXCHANGER CORE METHOD AND APPARATUS”的专利为基础专利，之后2009年7月31日，恩麦逊以该专利为优先权专利进行了PCT专利申请，并指定美国和欧盟作为目的国家和地区。本研究关注的另一个竞争对手——西安德高也在该阶段申请了5件烘箱相关专利。此外，本研究关注的风道技术专利也在该时期开始被申请，申请人均为中国企业，其中，深圳浩能申请数量最多，该公司从2011年开始申请烘道相关专利，以烘道结构的改进为主，用于改善烘道内的空气循环，避免热风产生对冲。

（2）地域分布分析。

图7-3-2为印刷干燥换热技术的全球专利申请地域分布图。

由图7-3-2可见，该技术专利的申请在全球范围内主要集中于亚洲、欧洲和北美洲，申请量排名前三的国家分别为中国（369 件）、日本（208 件）和美国（145 件），该三国的申请总量占到了印刷干燥换热技术全球专利申请总量的 70%左右。此外，欧洲的德国、英国也是该技术专利布局的重要国家。由此可见，目前印刷干燥换热技术在上述国家或地区的竞争较为激烈，无论是在上述国家或地区进行专利的布局还是产品的销售，风险规避都是一个企业需要考虑的重要方面，无论是攻还是守都应谨慎应对。

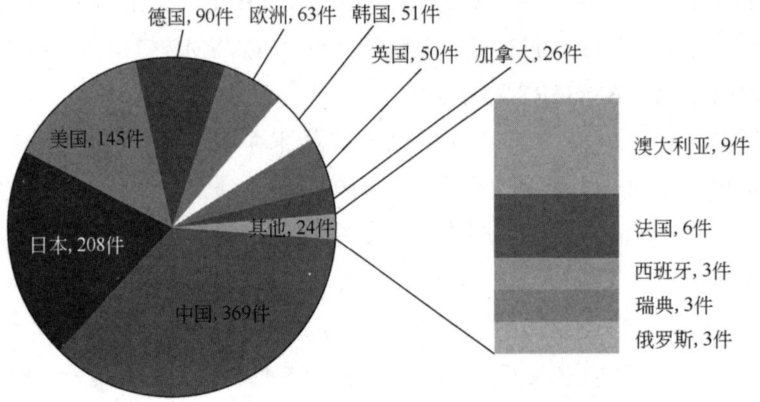

图 7-3-2　全球壁纸印刷干燥换热技术专利申请地域分布图

（3）申请人排名。

印刷干燥换热技术专利申请人全球的排名情况如图 7-3-3 所示。

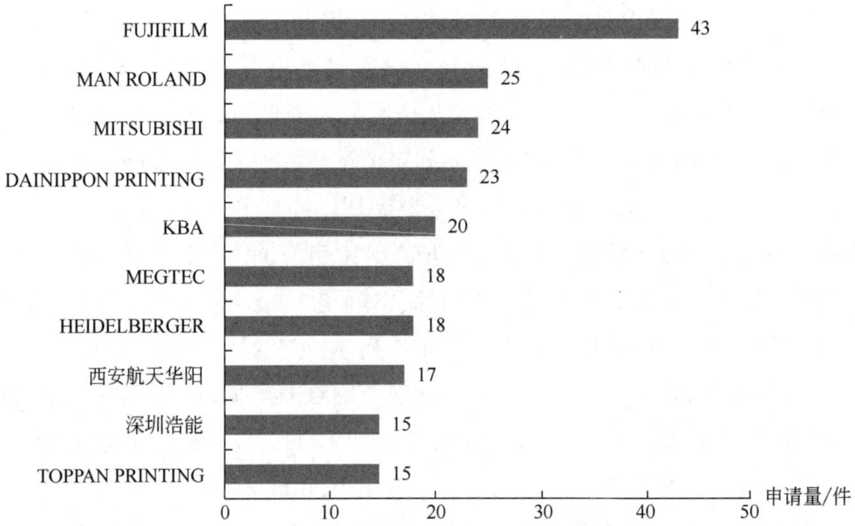

图 7-3-3　全球印刷干燥换热技术专利申请人排名

以申请量超过两位数为标准，图 7-3-3 列出了全球排名前十位的申请人，其中以日本和德国公司为主。

排名第一的是日本的富士胶片株式会社（FUJIFILM），在全球范围内申请了 43 件印刷干燥换热技术专利，以薄膜干燥技术为主。日本的三菱集团（MITSUBISHI）排名第三，在印刷该技术领域的全球专利申请量为 24 件，以印刷干燥技术为主，但对换热技术也有所涉猎。此外，日本的大日本印刷株式会社（DAINIPPON PRINTING）、日本凸版印刷株式会社（TOPPAN PRINTING）也都对印刷干燥技术有较多的研究。

德国的曼罗兰集团（MAM ROLAND）、高宝股份（KBA）及美国 MEGTEC 公司从该技术的第一发展期开始，一直保持着对该技术的关注，分列为全球排名的第二、第五和第六位。此外，德国的海德堡公司（HEIDELBERGER）在印刷干燥方面也申请了 18 件专利。

对于工业发展起步较晚的中国而言，在印刷干燥换热技术领域，中国的企业有着不错的表现，西安航天华阳位于全球排名的第八位，而深圳浩能则与日本凸版印刷株式会社（TOPPAN PRINTING）并列第九位。由此可见，中国的印刷干燥换热技术在全球范围内具有一定的竞争力。

2. 技术功效

图 7-3-4 为全球壁纸印刷干燥换热技术功效矩阵图。

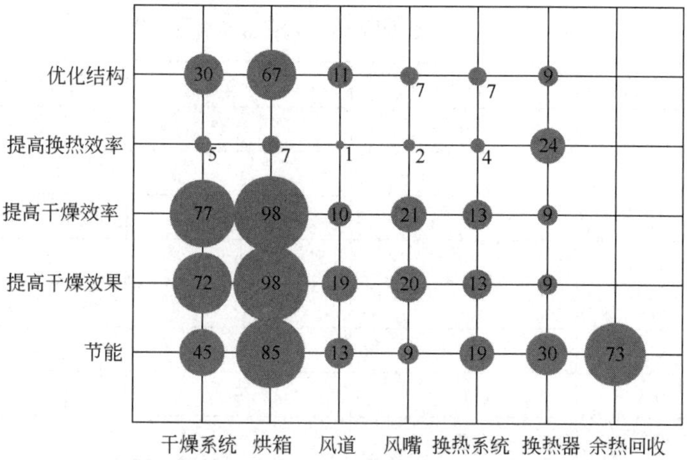

图 7-3-4　全球壁纸印刷干燥换热技术功效矩阵图

图 7-3-4 为全球壁纸印刷干燥换热技术功效矩阵图，横坐标为各技术分支（代表相应的技术手段），包括干燥系统、烘箱、风道、风嘴、换热系统、换热器、余热回收 7 个技术分支，纵坐标为功效（代表相应的技术需求），包括优化结构、提高换热效率、提高干燥效率、提高干燥效果、节能 5 个功效分支。如图 7-3-4 所示，全球针对印刷干燥换热技术的研究主要集中在干燥系统特别是烘箱的改进方面，而针对烘箱的改进则聚焦于提高干燥效率和干燥效果，此外，对于优化烘箱结构以及达到节能效果的研究也相对较多。在环保需求的作用下，以节能为目标而进行的改进在各项技术中也均有或多或少的体现。值得注意的是，针对提高换热效率而进行的技术改进相对较少，属于该技术发展的空白点，可以作为进一步研究和专利布局的重点之一。

图 7-3-5 所示为全球壁纸印刷干燥换热技术需求历年专利申请分布，表 7-3-1 所示为全球壁纸印刷干燥换热技术需求发展。

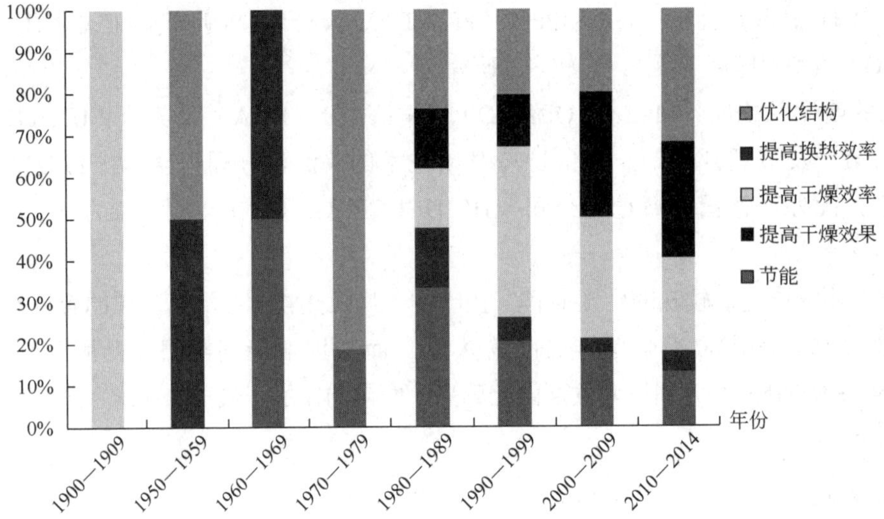

图 7-3-5　全球壁纸印刷干燥换热技术需求历年专利申请分布

表 7-3-1　全球壁纸印刷干燥换热技术需求发展

申请年	优化结构	提高换热效率	提高干燥效率	提高干燥效果	节能
1905 年	0	0	1	0	0
1950 年	0	1	0	0	1
1968 年	1	1	0	0	0
1974 年	2	0	0	0	1
1975 年	0	0	0	0	2
1976 年	0	0	0	0	1
1977 年	0	0	0	0	3
1978 年	0	0	0	0	5
1979 年	1	0	0	0	1
1980 年	2	0	0	0	1
1981 年	1	0	0	0	0
1983 年	0	0	0	0	1
1984 年	0	1	0	0	0
1985 年	1	2	1	1	0
1986 年	0	0	0	1	0
1987 年	0	0	1	0	0
1988 年	2	0	0	1	2
1989 年	1	0	1	0	1
1990 年	2	1	3	0	0
1991 年	1	0	7	0	6
1992 年	1	0	0	0	1

续表

申请年	优化结构	提高换热效率	提高干燥效率	提高干燥效果	节能
1993 年	3	1	2	2	1
1994 年	4	1	7	4	0
1995 年	1	1	6	1	2
1996 年	2	0	0	0	1
1997 年	1	0	5	0	1
1998 年	1	0	2	2	2
1999 年	2	1	4	2	4
2000 年	5	0	8	9	2
2001 年	1	2	9	5	2
2002 年	1	0	9	4	1
2003 年	2	1	6	11	4
2004 年	3	1	9	4	2
2005 年	3	0	4	7	5
2006 年	8	1	9	5	3
2007 年	5	1	8	6	2
2008 年	4	2	3	16	7
2009 年	14	1	11	11	24
2010 年	8	5	9	11	14
2011 年	7	7	22	19	23
2012 年	14	5	29	32	35
2013 年	13	6	23	39	52
2014 年	22	2	26	36	33

图 7-3-5 和表 7-3-1 反映了 1900—2014 年全球壁纸印刷干燥换热相关技术需求每十年的发展情况。从中可以看出，提高干燥效率相对于其他四个技术需求，早在 20 世纪初即已出现，并集中于 1905 年针对该技术需求申请了 1 件专利，从 1950 年开始，节能及提高换热效率成为该领域新的技术需求点，而优化结构和提高干燥效果的技术需求则分别于 1968 年和 1985 年才开始出现。从 1980 年后，全球壁纸印刷干燥换热相关技术需求发展趋于多元化，各需求之间出现均衡发展的趋势。企业对于节能、提高干燥效果、提高干燥效率方面保有较多的持续关注，全球专利申请量基本上呈逐年递增的趋势，而在提高换热效率和优化结构方面的相关需求则相对呈逐年递减的趋势，全球专利的年申请量不足其他三个技术需求的一半。

3. 技术路线

从印刷干燥换热技术的全球专利申请趋势可以看出，干燥换热技术早在 1919 年即已被申请专利，但申请量一直不大，直到 2000 年后相关专利的申请量才有了较大的提高，故本研究以 2000 年后的相关专利作为本技术路线分析的主要研究对象，使用技术聚集法，找出每个时期每个技术分支的主要研究点，以 2 年为一个周期，得到相关技术的发展路线图（见图 7-3-6）。

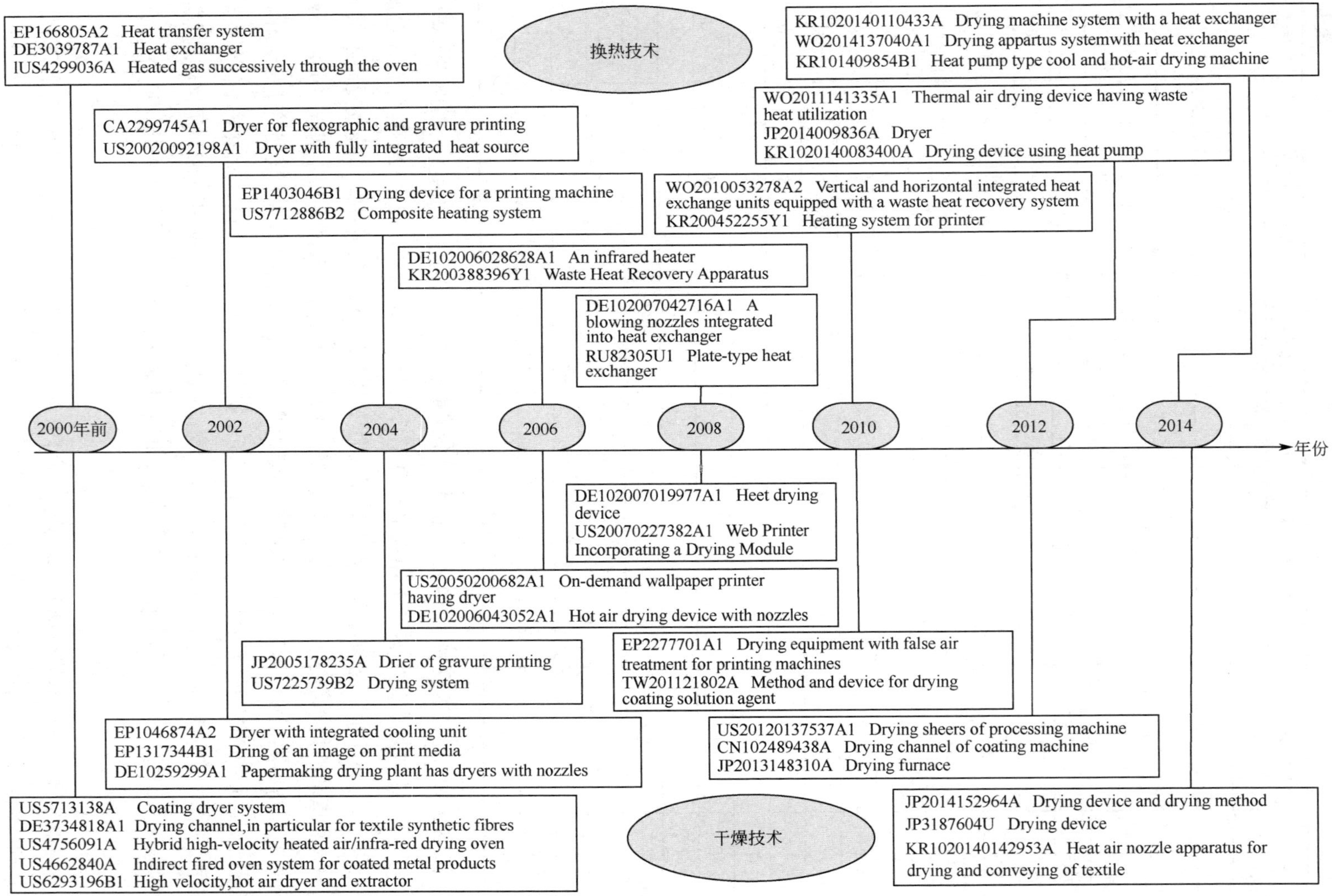

图7-3-6 全球壁纸印刷干燥换热技术路线图

所述技术发展路线从印刷干燥和印刷换热两个方面进行分析。

对于印刷干燥技术而言，2000 年以前，有关该技术的改进主要集中于干燥系统及烘箱的结构，以达到结构优化、提高干燥效率的功效。例如，美国 RESEARCH 公司 1996 年 8 月 23 日申请的公开号为 US5713138A、名称为“Coating dryer system”的专利，以及 VAN DENEND HERBERT 在 1988 年 7 月 12 日申请的公开号为 US4756091A、名称为“Hybrid high-velocity heated air/infra-red drying oven”的专利。此外，1987 年 10 月 14 日，RHEINHOLD & MAHLA 公司申请了一件公开号为 DE3734818A1、名称为“Drying channel，in particular for textile synthetic fibres”的烘道相关专利。2000 年以后，干燥系统、烘箱及烘道技术也都有了进一步的发展，技术分类更加细化，其中关于风道、风嘴结构改进的专利开始逐渐增多，技术效果也更加丰富，除继续关注优化结构和提高干燥效率外，对于提高干燥效果、节能方面的专利数量也在有所增加。例如，2014 年 12 月 15 日申请的公开号为 KR1020140142953A、名称为“Heat air nozzle apparatus for drying and conveying of textile”的风嘴相关专利，以及 2011 年 11 月 25 日申请的公开号为 CN102489438A、名称为“Drying channel of coating machine”的风道相关专利。

印刷换热技术的发展开始于 20 世纪 50 年代，稍晚于干燥技术。早期印刷换热技术集中于对换热器的改进，从而达到提高换热效率、节能的功效，例如，TOYO ENGINEERING 公司 1981 年 6 月 4 日申请的公开号为 DE3039787A1、名称为“Heat exchanger”的专利。2000 年以后，出现对余热利用技术的关注，以达到优化结构、提高换热效率，并最大化节能的功效，例如，德国曼罗兰公司 2009 年 11 月 2 日申请的公开号为 WO2010053278A2、名称为“Vertical and horizontal integrated heat exchange units equipped with a waste heat recovery system”的 PCT 专利。2005 年至今进入换热技术第二快速发展时期，该技术领域的相关专利申请大幅增加，但换热系统及换热器的研究仍然为主流，其中在热源方面的研究明显增多，主要体现在对热泵及复合热源设备的研究；此外，为了顺应节能环保的时代发展趋势，对于干燥产生的余热回收利用已成为近些年研究的重点。

3.1.2 中国专利技术分析

本节将对本研究中涉及的 365 件壁纸印刷干燥换热相关中国专利，从申请趋势、地域分布和申请人排名三个方面对其总体态势进行分析，并进行技术功效、技术发展路线等方面的深入分析。

1. 总体态势

（1）申请趋势分析。

图 7-3-7 所示为印刷干燥换热技术的中国专利申请趋势。

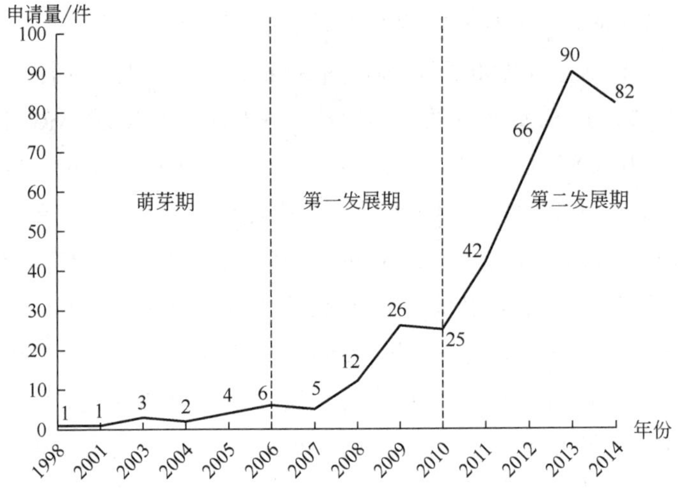

图 7-3-7　中国印刷干燥换热技术专利申请趋势

与该技术的全球专利申请趋势（见图 7-3-1）相比，相关专利申请整体走势相似，也经历了萌芽期、第一发展期和第二发展期。该技术在中国专利的申请始于 1998 年，申请量基本呈逐年递增的态势，技术发展保持增长势头。

萌芽期（1998—2006 年）。该时期为印刷干燥换热技术在中国的起步发展阶段，年均相关专利申请量为 2.8 件，涉及了 16 位专利申请人。萌芽期的相关专利申请总量为 17 件，其中，76%的专利为印刷干燥技术专利，包括 2 件风道技术专利，其申请人为汕头市远东轻化装备有限公司，名称均为“双层组合式烘道”，申请号分别为 CN03140194.5 和 CN03273536.7。此外，三菱电机株式会社、浙江美格以及自然人霍兆坤还申请了换热技术相关专利。

第一发展期（2007—2009 年）。从 2007 年开始，印刷干燥换热技术在中国进入了第一个快速发展期，年均相关专利申请量达到 14 件，申请人数量增长到 28 位。在该阶段，88%的专利与印刷干燥技术有关，多以实现提高干燥效率和优化结构为目的。对于印刷换热技术而言，三菱电机株式会社在 2007 年 6 月 29 日申请了申请号为 CN200780053572.4、名称为“全热交换元件以及其制造方法”的专利，而绍兴京昇光信息科技有限公司在 2009 年的 10 月 20 日申请了名称同为“涂布机热回收利用节能装置”的 2 件专利，这 2 件专利的申请号分别为 CN200910308514.2 和 CN200910308514.2。

第二发展期（2010 年至今）。经历了 3 年第一发展期后，从 2010 年开始，印刷干燥换热技术在中国进入了第二快速发展的时期，专利申请总量是萌芽期和第一发展期申请总量的 5 倍，年均申请量达到 61 件，申请人的数量增长到 189 位。该时期申请的专利仍以印刷干燥技术为主，重要申请人除包括本研究的竞争对手西安德高外，还包括深圳浩能、陕西北人等公司。第二发展期的专利多以达到节能、提高干燥效率和效果为主。

（2）地区分布分析。

图 7-3-8 为印刷干燥换热技术的中国专利申请地区分布图。

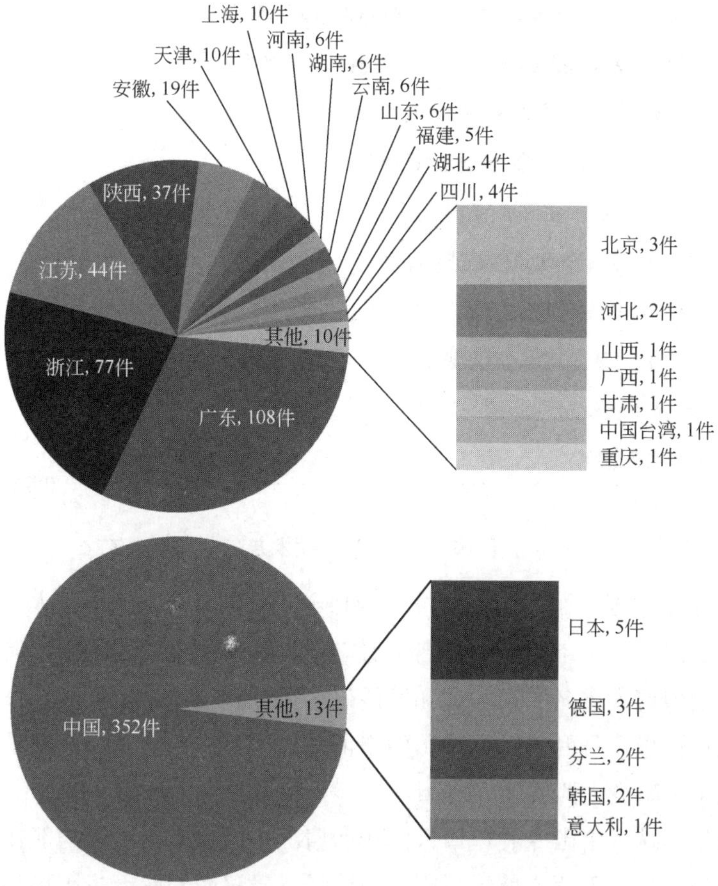

图 7-3-8 中国印刷干燥换热技术专利申请地区分布图

从图 7-3-8 可知，该技术专利申请人多分布在中国的南方地区，申请量最多的是广东，申请总量为 108 件，其次是浙江和江苏，申请量分别为 77 件和 44 件，重要申请人包括深圳市浩能科技有限公司、浙江美格机械股份有限公司及吴江华尔美特装饰材料有限公司等。

此外，陕西在该领域的地位也不容小觑，申请总量排名第四，重要申请人包括西安航天华阳、陕西北人和西安德高，虽然陕西的申请人数量并不多，但每个申请人申请的专利量却较多，反映出该三家公司集中了陕西地区该技术的优势研发力量。

不仅中国的单位或自然人可以在中国申请专利，国外的单位或自然人等也可依照相关规定在中国申请专利。就该技术而言，日本、德国、芬兰、韩国、意大利等国的单位或个人也在中国申请了相关专利，包括德国的曼罗兰集团（MAN ROLAND）、海德堡公司（HEIDELBERGER），日本的三菱集团等。这些公司虽在中国申请的相关专利数量偏少，但其具有较强的竞争实力，建议企业密切跟踪其发展动态，除关注专利申请外，还应关注其转让、并购等知识产权运营情况。

（3）申请人排名。

图 7-3-9 为印刷干燥换热技术的中国专利申请人排名。

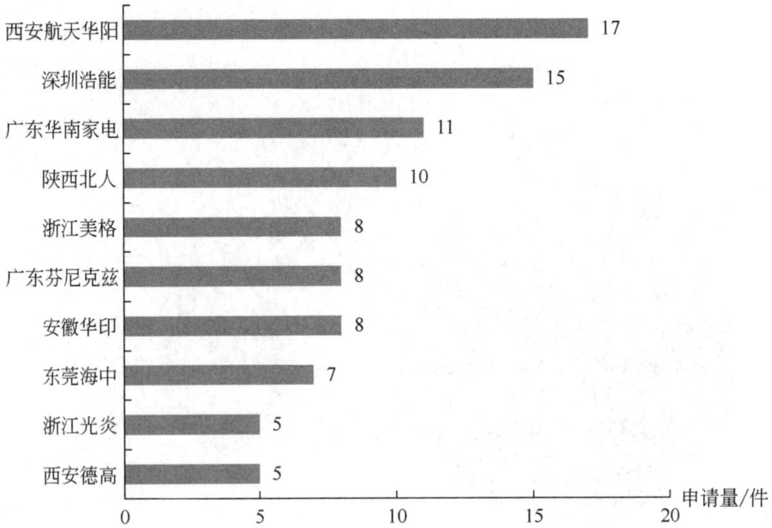

图 7-3-9　中国印刷干燥换热技术专利申请人排名

图 7-3-9 列出了中国印刷干燥换热技术专利申请量排名前十的申请人。虽然陕西的申请总量低于广东、浙江，但从申请人的排名来看，作为其重要申请人的西安航天华阳和陕西北人却分别位于中国申请人排名的第一位和第四位，其专利申请量明显高于作为浙江重要申请人的浙江美格的申请量，且西安航天华阳的申请量位居第一，而作为广东重要申请人之一的深圳浩能的申请量则略少于西安航天华阳。

从印刷干燥换热技术中国专利申请人的排名情况可以看出，深圳浩能在该领域具有一定的研发实力，申请量仅次于西安航天华阳的申请量，建议西安航天华阳可将其视为潜在竞争对手，重点关注该公司的相关专利。

2. 技术功效

图 7-3-10 为中国壁纸印刷干燥换热技术功效矩阵图。

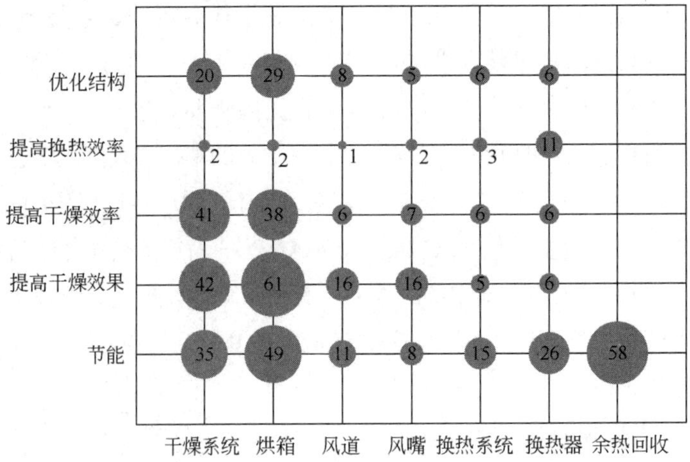

图 7-3-10　中国壁纸印刷干燥换热技术-功效矩阵图

图 7-3-10 所示中国壁纸印刷干燥换热技术功效矩阵图的横坐标为各技术分支（代表相应的技术手段），包括干燥系统、烘箱、风道、风嘴、换热系统、换热器、余热回收 7 个技术分支，纵坐标为功效（代表相应的技术需求），包括优化结构、提高换热效率、提高干燥效率、提高干燥效果、节能 5 个功效分支。由图 7-3-10 可知，中国壁纸印刷干燥换热相关技术专利的技术功效分布情况与全球的相类似，研究重点也主要是干燥系统特别是烘箱的改进，稍有不同的是，中国专利对烘箱的改进更多地聚焦于提高干燥效果和节能，而对于通过烘箱改进达到优化结构以及提高干燥效率方面的改进则相对较少。此外，技术发展的空白点也集中在对提高换热效率而进行的技术改进方面，相关专利的申请量较少，也适合作为进一步研究和在中国专利布局的重点之一。

图 7-3-11 所示为中国壁纸印刷干燥换热技术需求历年专利申请分布，表 7-3-2 所示为中国壁纸印刷干燥换热技术需求发展。

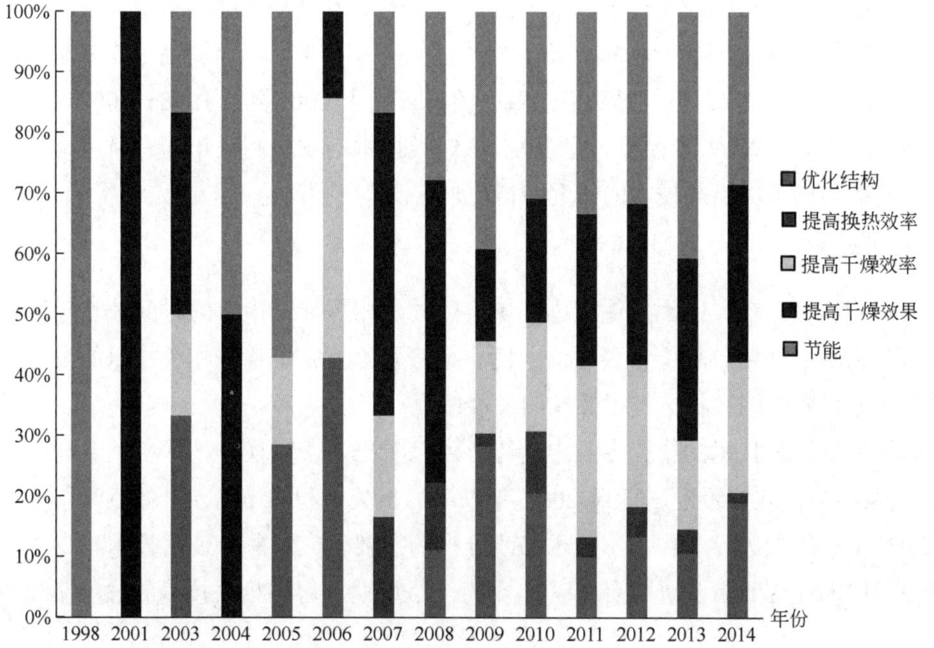

图 7-3-11　中国壁纸印刷干燥换热技术需求历年专利申请分布

表 7-3-2　中国壁纸印刷干燥换热技术需求发展

申请年	优化结构	提高换热效率	提高干燥效率	提高干燥效果	节能
1998 年	0	0	0	0	1
2001 年	0	0	0	1	0
2003 年	2	0	1	2	1
2004 年	0	0	0	1	1
2005 年	2	0	1	0	4
2006 年	3	0	3	1	0

续表

申请年	优化结构	提高换热效率	提高干燥效率	提高干燥效果	节能
2007年	0	1	1	3	1
2008年	2	2	0	9	5
2009年	13	1	7	7	18
2010年	8	4	7	8	12
2011年	6	2	17	15	20
2012年	13	5	23	26	31
2013年	13	5	18	37	50
2014年	22	2	25	34	33

图 7-3-11 和表 7-3-2 反映了 1998—2014 年中国壁纸印刷干燥换热相关技术需求发展情况，从中可以看出，在中国，一直以来节能和提高干燥效果都是壁纸印刷干燥换热技术的需求重点，分别从 1998 年和 2001 年开始了相关技术的专利申请，而提高干燥效率和优化结构的技术需求则出现于 2003 年，提高换热效率的需求始于 2007 年。1998—2008 年，5 类技术需求专利交替申请，2009 年至今，则呈现了 5 类技术需求专利每年均有所申请的情形，侧面反映了壁纸印刷干燥换热技术的研究变得更加广泛、多面。

3. 技术路线

与国外专利相比较，中国出现印刷干燥换热技术相关专利申请的时间较晚。这主要是由于中国的专利制度开始较晚，专利申请的发展趋势并不能完全代表相关技术的发展状况，仅在一定程度上说明中国在相关技术领域的发展情况。

从印刷干燥换热技术的中国专利申请趋势可以看出，干燥换热技术相关专利的申请始于 1998 年，但申请量增长缓慢，直到 2007 年以后，相关专利的申请才开始逐渐增多，故本研究以 2007 年后的相关专利作为本技术路线分析的主要研究对象，使用技术聚集法，找出每个时期每个技术分支的主要研究点，以 1 年为一个周期，得到相关技术的发展路线图（见图 7-3-12）。

参见图 7-3-7 和图 7-3-12，2007 年之前，印刷干燥技术处于中国发展的萌芽期，在该时期，该技术的发展主要集中在对干燥系统及烘箱的改进研究，从而达到优化结构、提高干燥效果的功效，例如，德国曼罗兰公司 2001 年 6 月 12 日申请的公开号为 CN1192882C、名称为“单张纸印刷机内的干燥装置”专利，以及陕西北人 2006 年 12 月 19 日申请的公开号为 CN201032325Y、名称为“烘箱”的专利。

2007—2009 年，印刷干燥技术在中国进入第一发展时期，该技术的发展仍以干燥系统和烘箱技术结构为主。2010 年后，申请人关于风道技术的专利申请开始逐渐增多，例如，深圳市浩能科技有限公司 2011 年 11 月 25 日申请的公开号为 CN102489438B、名称为“涂布机烘道”的专利，以及广东芬尼克兹节能设备有限公司 2014 年 8 月 7 日申请的公开号为 CN204020225U、名称为“一种印刷烘干机的风道系统”的专利等。

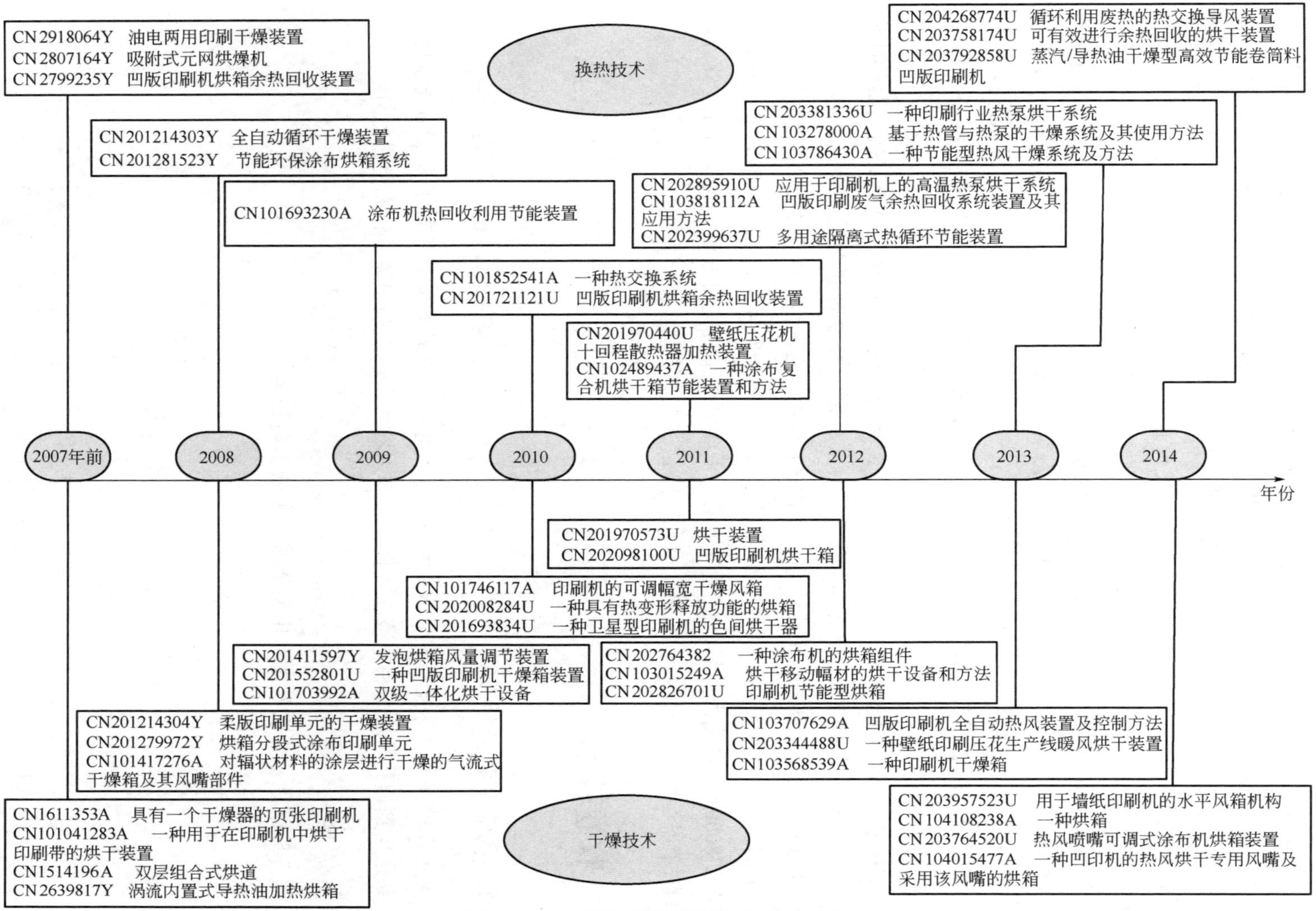

图7-3-12　中国壁纸印刷干燥换热技术路线图

印刷换热技术与印刷干燥技术的总体发展趋势相似，2007 年前在中国处于萌芽期，主要集中在换热元件和余热回收的研究，以达到提高换热效率和节能的功效，例如，浙江美格机械有限公司 2005 年 10 月 5 日申请的公开号为 CN1676324A、名称为“凹版印刷机烘箱余热回收装置”的专利，以及三菱电机株式会社 2006 年 10 月 3 日申请的公开号为 CN101233381B、名称为“总热交换元件及总热交换器”的专利。

进入第二发展期后，对于印刷换热技术的研究主要集中于余热回收，以达到节能的效果，例如，陕西北人印刷机械有限责任公司 2008 年 6 月 30 日申请的公开号为 CN201214303Y、名称为“全自动循环干燥装置”的专利，以及绍兴京昇光信息科技有限公司 2009 年 10 月 20 日申请的公开号为 CN101693230A、名称为“涂布机热回收利用节能装置”的专利等。

2010 年至今，印刷换热技术在中国进入了第二发展期，对换热系统及换热器的研究仍然为主流，但在热源方面的研究明显增多，以热泵以及复合热源设备为主，包括李亚光 2010 年 12 月 23 日申请的公开号为 CN201926275U、名称为“热泵加热的干燥系统”的专利，以及陕西北人印刷机械有限责任公司 2013 年 4 月 12 日申请的公开号为 CN103278000A、名称为“基于热管与热泵的干燥系统及其使用方法”的专利等；此外，余热回收的研究也是目前技术研究的一个大方向。

3.2 收卷技术

3.2.1 全球专利分析

本研究对有关收卷技术的全球专利进行了检索，并对检索结果进行了人工筛选和技术标引，共采集到相关全球专利申请 334 件。本节对相关全球专利申请总体态势进行分析。

1. 申请趋势

图 7-3-13 所示为收卷技术相关全球专利的申请趋势。

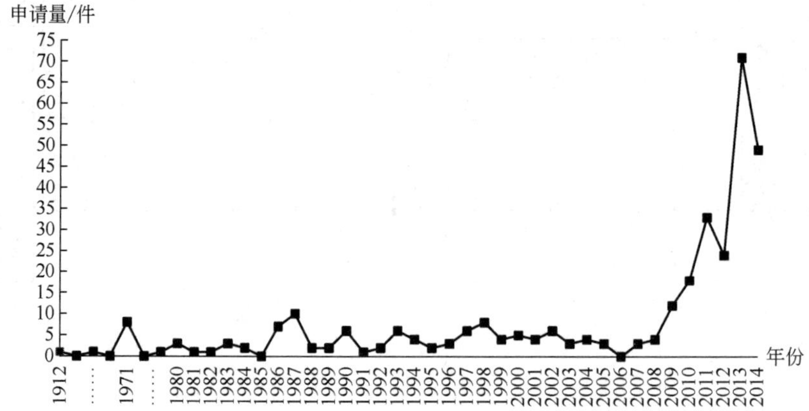

图 7-3-13　全球收卷技术专利申请趋势

收卷技术的发展历史可以追溯到20世纪初期。

图7-3-13显示了收卷技术相关全球专利的申请趋势，根据收卷技术发展趋势的变化，可以将其分为缓慢发展的萌芽时期（1912—1984年）、第一发展时期（1985—2007年）、第二发展时期（2008年至今）。这三个阶段具有不同的发展特点。

萌芽时期经历了漫长的72年。由于萌芽初期时间跨度较长，且该时期申请趋势较为平缓，年申请量为0～2件，图7-3-13中对1912—1971年与1971—1980年的申请趋势省略示出，这两个阶段申请总量分别为7件和6件。此期间处于收卷技术起步阶段，该技术的科研研发一直没能形成规模，年申请量一直保持在个位数，在1971年达到了一次高峰（8件专利申请）。截至1984年，该技术的全球专利申请总量仅为31件，其中日本申请专利占到将近50%，有15件。其中，检索到第一件专利是英国专利申请（公开号GB191206183A），该专利涉及用于壁纸收卷装置的改进结构。

在萌芽时期，专利申请的重点主要集中在收卷装置的设计方面，所追求的技术效果是解决输送料过程中物料出现折痕的问题。

进入第一发展时期（1985—2007年），年申请量开始有所提升，年申请量在5件上下波动，说明该技术有所发展。该时期共91件专利，其中日本申请专利有62件，而中国仅有6件。结合萌芽时期申请人的统计，说明日本在收卷技术方面着手较早，并且在该技术专利布局较多，从申请数量来看，相对应研发能力较强。

在第一发展时期，该技术已经开始出现对收卷过程的控制方法及装置研究，并且所占比例较大。

2008年进入快速发展的第二发展阶段，申请量有了大幅度的增加，从2008年的4件，增加到2013年的71件，年平均增长率为335%。这主要与中国申请量急剧增加有关，该时期总申请量为162件，中国就占139件。前两个时期申请量较大的日本只有20件专利。可以看出目前阶段是中国收卷技术迅速发展的黄金时期。

在第二发展时期，专利申请的重点主要集中在导向纠偏装置、控制系统以及自动收料结构等。总体而言，从申请趋势出发，该技术仍有广阔的发展空间，该领域的专利申请量还将大幅提高。

另外，从图7-3-13中可以看出2014年申请量有所下降，这主要是由于专利文献公开迟滞，部分专利尚未公开，没有反映该年份专利申请量的真实情况，在图7-3-13中列出仅供参考。

2. 地域分布

图7-3-14为收卷相关技术全球专利的地域分布图。

一般来说，申请人只有在对某国市场有预期的情况下，才会在该国申请专利，因此专利申请数量这一数值不仅可以反映国家的整体技术研发实力，还可反映各国市场的相对受关注程度。

图7-3-14显示了收卷相关技术全球专利的地域分布情况，本研究统计了各国家和地区受

理的相关专利申请数量，从中可以看出，全球收卷技术专利申请量最多的国家是中国（187 件），其次是日本（96 件）。

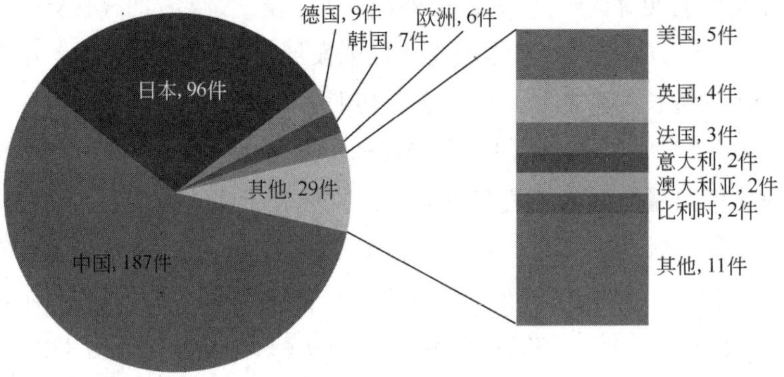

图 7-3-14　全球收卷技术专利申请地域分布图

结合相关技术申请趋势，可以看出：中国在萌芽期申请量为 0，第一发展时期申请量仅为 6 件，一方面由于中国专利制度出现较晚，另一方面说明中国收卷技术出现较晚，但在第二发展时期中国后来居上，一跃成为第一申请人，说明中国收卷技术迅速发展，对相关技术的关注度较高，研发能力也不断增强。而在前两个时期申请专利较早和较多分布的日本，后期申请专利较少，说明日本该项技术已经发展成熟，或者是遇到技术瓶颈期，发展缓慢，该技术受关注度较低。

建议后续研究可参考日本相关企业相关技术以寻求技术启示。

除了两大申请地域以外，其他主要分布于美国和欧洲的发达国家和地区，特别是德国、法国等。

需要说明的是，相关欧洲专利申请可以在其 38 个成员国内生效，但是其通常是经成员国的专利公告后才生效。

3. 申请人排名

图 3-7-15 是全球收卷技术专利申请人排名。

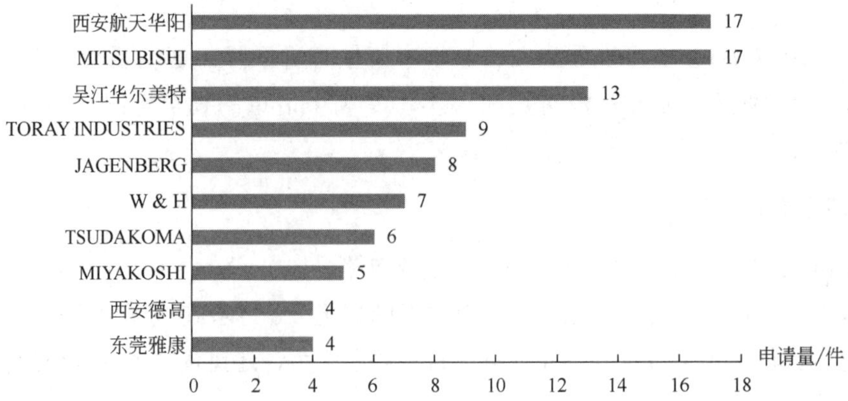

图 7-3-15　全球收卷技术专利申请人排名

图 7-3-15 根据全球申请量列出了全球排名前十位的申请人，其中，中国企业占到了 4 家，这与图 7-3-14 地域分布图中 57%的专利分布在中国地区的趋势是一致的，也足见中国在这一领域的整体实力。收卷技术正处于急剧发展时期。

从图 7-3-15 中可以获得以下方面信息：申请量最多的是中国企业西安航天华阳，全球申请量为 17 件。

日本三菱重工业有限公司（MITSUBISHI）专利申请同样有 17 件，该公司生产的印刷设备优势主要体现在：飞达装置采用仿真设计技术；采用新式油墨键；使用墨辊温度控制系统。其生产的三菱单张纸胶印机代表了一个多世纪来所开发的尖端技术的最高水平和机械电子领域内新成就之大成，能够提供不同规格尺寸系列印刷机。

位于第三名的是吴江华尔美特（专利申请 13 件），公司成立于 2009 年，研发重心为新产品花型设计和色彩，其申请的收卷技术从 2012 年开始，主要涉及纠偏装置、收卷装置和收料装置。

东丽株式会社（TORAY INDUSTRIES）为一家日本公司，其申请量共有 9 件。

位于第五名的 JAGENBERG 是一家德国企业，为圆刀、圆形纸刀、切割刀套、横切割机以及纸张涂刷设备的制造商。检索到其第一件相关技术专利申请在 1964 年（优先权号 FR64988161），涉及一种卷绕装置。

位于第六名的温德默勒与霍尔舍公司（W & H）是一家德国企业，有着 140 多年的历史，是世界柔性包装机械制造业的领先者。

津田驹（TSUDAKOMA）为一家日本公司，作为纺织机械的专业厂家，自创业以来已跨越 100 多年的历史。其申请专利较早，集中在 1982—2003 年申请。在 1982 年申请的第一件相关技术专利 JP59074845A“物料张紧维持装置”，设置有可变扭矩的调节机构，适应张力的变化，避免物料绕组折痕。前期其技术主要集中在硬件、控制的改进，体现在张紧装置、控制系统等方面的研究。后期集中在绕组卷绕方法、方式的优化上。

3.2.2 中国专利分析

本研究对有关收卷技术的中国专利进行了检索，并对检索结果进行了人工筛选和技术标引，共采集到相关中国专利申请 187 件。本节对相关中国专利申请总体态势进行分析。

1. 申请趋势

图 7-3-16 所示是中国收卷技术申请专利趋势。

收卷技术中国专利申请量呈现增长态势（见图 7-3-16），可以看出，中国专利的申请量与全球申请量的情况比较吻合。其发展趋势可分为三个时期：缓慢发展的萌芽期（1987—2007 年）、第一发展阶段（2008—2012 年）、第二发展阶段（2013 年至今）。此外，与全球该技术申请趋势相比，中国在该领域的萌芽期相对较短。值得注意的是，在该领域的专利申请中，国外申请人在中国提出的专利申请非常少，仅有 4 件。

缓慢发展的萌芽期（1987—2007 年）。该阶段处于起步阶段，专利申请量增长缓慢，其中，1988—1997 年申请量为 0 件，图中省略示出。萌芽期申请总量为 6 件，年均申请量不足 1 件。中国的相关技术起步较晚，检索到的第一件国内相关专利是在 1987 年由德国海德堡公司提出的，这一方面与中国专利制度出现较晚，直至 1985 年才开始施行有关，另一方面也说明中国收卷技术本身也出现较晚。该专利内容涉及一种印刷机的送纸装置，在送纸器闭合时对夹住的印刷品实际上不发生移动。

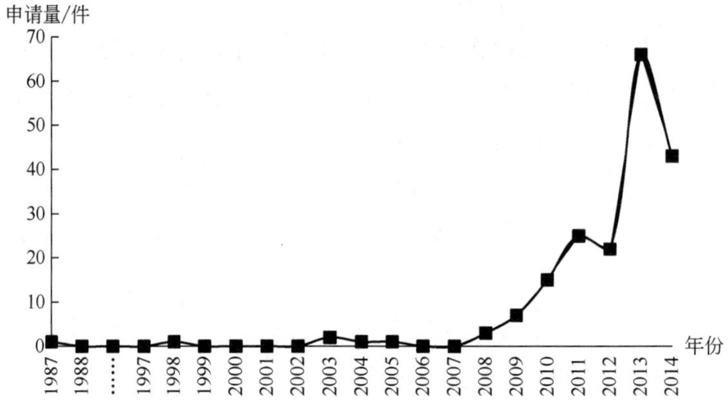

图 7-3-16　中国收卷技术专利申请趋势

第二件专利为中国台湾自然人于 1998 年提出的申请，该专利文献内容涉及可防止布匹压痕的改良结构的卷布机，发明目的在于提供一种通过改进卷布机的导布轴的结构，并在张布器的两侧撑架底缘，设可绕经导布轴的软质圆护带，以达到使布匹通过时不产生死线痕的效果，但未涉及对张力控制装置的改进。

另外，在国内申请的 6 件专利中还有 2 件于 2003 年来自日本申请人津田驹工业株式会社，其申请涉及织物的卷布装置及卷取方法，首次涉及对张力装置卷绕辊及控制装置。可见，国内收卷起源技术较为薄弱，主要掌握在国外申请人手中。

直至 2004 年中国大陆才出现第一件相关收卷技术专利，是由山东清源集团有限公司提出的“聚乙烯吹塑机双层双卷附机”（中国专利 CN200420038817.X），该专利文献直至 2014 年失效，足见其重要性，该技术涉及一种通过设置卷绕辊卡座及与之匹配的卷绕辊，进而彻底解决因导引辊转动灵活性差而引起的聚乙烯薄膜被非正常拉伸问题，避免了因非正常拉伸所导致的聚乙烯薄膜表面起皱现象，稳定了产品质量。

从第一发展阶段（2008—2012 年）申请趋势可以看出，国内相关技术虽然起步较晚但发展速度较快，从 2008 年的 4 件增长到 2012 年的 22 件，年平均增长率 112.5%。另外，申请总量也有大幅提高，共 73 件，出现了 51 位申请人。其中，西安航天华阳有 10 件相关专利，主要涉及收卷装置及收料装置，从专利数量上可以体现出其在收卷技术领域的核心地位。其次，申请较多的申请人是吴江华尔美特，其 4 件均在 2012 年提出，主要集中在收卷装置和输送纠偏装置等方面的申请。

此次关注的竞争对手西安德高在这一阶段提出了 1 件专利申请，是 2012 年名称为“壁纸无芯收卷机牵引气缸和摆臂气缸的气路控制系统”的专利申请。

在纺织印染装置的使用过程中，一般均采用国际通用的印刷印品误差检测标记（马克线）来检测印刷标记由于浸墨、烘干、料膜卷径的变化等因素所引起的料膜张力变化。通过间接检测印刷标记来反映张力的变化，进而实现张力的控制。

总体而言，该阶段专利申请涉及纠偏、收卷以及伺服控制系统等技术领域。

进入第二发展阶段（2013 年至今），专利申请总量呈急剧增长态势。2013 年申请了 66 件，相比于 2012 年的 22 件，申请量增长了 2 倍，年申请总量增加了 44 件，足见相关中国专利申请的增长速度之快。该领域对收卷装置、纠偏装置以及控制系统均有研究。但此次关注的竞争对手西安德高申请了 3 件专利，均在 2013 年，该阶段其研发重点由张力控制系统转向了结构上的改进，如张力架、导带横向纠偏装置及环形印花导带。说明西安德高在张力调节控制系统领域技术已经很成熟，继而将研究重点转向追求结构简单、使用方便及低成本等方面。

另外，值得关注的是日本企业宫腰株式会社 2014 年在中国对卷取装置提出了申请（CN201410050581.X），通过设置自由辊和接触辊，使卷纸即使在卷取最大径的情况下，也能够防止卷绕皱褶的产生，同时拆卸方便。

图 7-3-16 中趋势显示，到 2014 年专利申请量有所下降，这是由于专利文献公开迟滞，部分专利尚未公开，没有反映该年份专利申请量的真实情况，在图中列出仅供参考。

2. 地区分布

图 7-3-17 是中国收卷技术专利申请地区分布图。

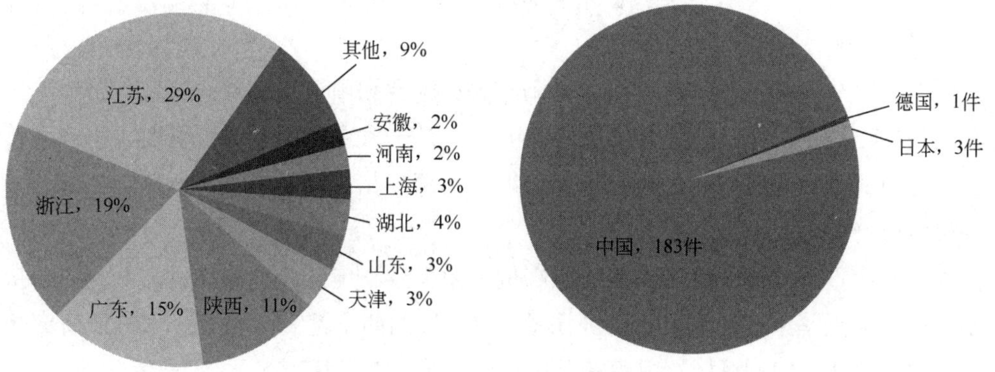

图 7-3-17　中国收卷技术专利申请地区分布图

收卷技术相关中国专利共 187 件，其中，国内申请人专利申请 183 件，占到了总量的 97.9%。国外申请人在华专利申请仅为 4 件。

图 7-3-17 显示了收卷技术中国专利的地区分布情况，从中可以看出，江苏省申请量最多，占到了总申请量的 29%，其次是浙江、广东和陕西。

其他省份申请人的申请量均在 10 件以下，其中申请量在 5 件以上的省份还有天津、山东、湖北和上海。

在华申请的国外申请人主要来自德国和日本，其中德国公司专利申请量只有 1 件，但进入国内申请时间最早；日本公司的相关专利申请量为 3 件。考虑到目前国外公司关于该技术的中国专利申请数量不多，中国企业可借此机会加快引进、消化、吸收国外比较先进的技术，并在此基础上加以创新。除德国海德堡公司申请的 1 件专利外，日本公司的 3 件中国专利中有 2 件专利在中国收卷技术萌芽期即已申请，说明日本的收卷技术起步较早，且在早期重视中国市场，然而随着中国收卷技术的不断发展，日本的收卷技术对中国市场的影响力却在逐渐减小。

3. 申请人排名

图 7-3-18 所示是中国收卷技术专利申请人排名。

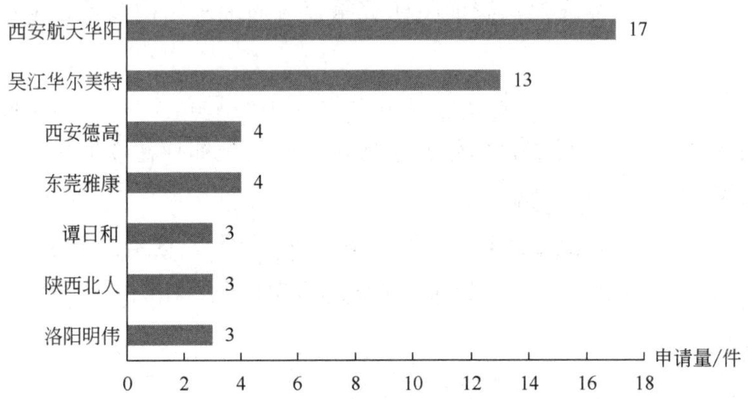

图 7-3-18　中国收卷技术专利申请人排名

从图 7-3-18 中可以看出，西安航天华阳相关技术专利申请量最多，共为 17 件。

其次是吴江华尔美特，公司成立于 2009 年，是一家专业从事墙纸研发、生产和营销的企业。该公司的产品主要包括平面纸、无纺纸、丝绸刻花、深压纹及其他特殊工艺等多种产品，获得多项产品版权专利证书。

另外，此次重点关注的申请人西安德高位于相关专利申请总量第三位，专利申请量为 4 件，不到西安航天华阳印刷包装设备公司的 1/4，说明西安德高在收卷技术方面研究相对较少。此外，陕西北人印刷机械有限责任公司也位于申请总量第五名。

3.3　自动套色/套压技术

3.3.1　全球专利分析

本研究对有关自动套色/套压技术的全球专利进行了检索，并对检索结果进行了人工筛选和技术标引，共采集到相关全球专利申请 486 件。本节对相关全球专利申请总体态势进行分析。

1. 申请趋势

图 7-3-19 所示是套色/套压相关技术全球专利的申请趋势。

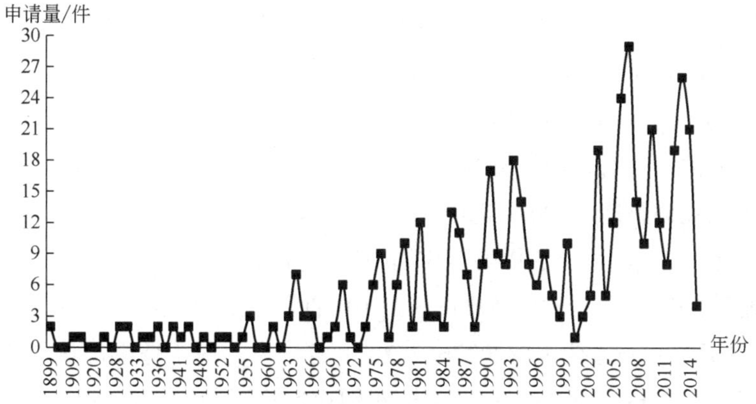

图 7-3-19　全球套色/套压技术专利申请趋势图

如图 7-3-19 所示，根据其专利申请量的变化，可以将其发展分为缓慢发展的萌芽期（1899—1959 年）、第一发展期（1960—1993 年）、第二发展期（1994—2007 年）、技术发展调整期（2008 年至今）四个阶段。

1899—1959 年 60 年的时间中，套色/套压技术缓慢发展，申请量几乎没有太大波动，申请总量为 27 件，年申请量在 1～3 件波动。萌芽期的全球专利申请量较少，涉及的技术主要集中在多色印刷机结构上的设计及改进，但套准技术专利也在该时期偶见申请。该阶段相关专利的申请国家主要集中在英国、法国、德国、瑞士及美国，其中英国相关专利的申请较早，且申请总量较多，占到了全球申请总量的 70%。例如，英国申请人 FRANZ RICHARD EMIL KOEHLER 早在 1899 年就申请了一件公开号为 GB189908753A、名称为"Improvements in or relating to Printing Machines for Printing in One or More Colours"的专利，涉及彩色印刷机结构的改进。此外，英国 ION 公司还较早在 1939 年申请了公开号为 GB530314A、名称为"Control mechanism for printing presses"的套准控制技术相关专利。

进入第一发展期（1960—1993 年），相关专利申请量开始小幅上升，30 多年的时间共申请了 203 件相关专利。从申请地域来看，该阶段专利申请主要集中在日本、英国、德国和美国等，申请量均在 20 件以上，其中日本申请量最多。而中国相关专利仅有 2 件，其中一件为王建成在 1989 年申请的公开号为 CN2054746U、名称为"胶印机的准确套印装置"的专利，用于准确地调整印刷版的横向位置和上下规距，具有成本低廉、易于安装及易于操作等优势。另一件为江阴市江南轻工机械厂 1992 年申请的公开号为 CN2124811U、名称为"彩色印刷机的套色纵向调整装置"，用于解决套色调整光电控制成本高和手轮机械控制精度低的问题。

另外，本研究关注的斯托克公司（STORK）在该阶段提出了一件专利，即斯托克在 1992 年申请的公开号为 ES2072694T3、名称为"APPARATUS OF SILKSCREEN PRINTING

WITH CONTINUOUS REGISTRY OF ROTATING CLICHES"的专利，涉及一种标记信号检测与误差校正装置。该专利具有15件同族专利，是一件比较重要的套准技术专利。

进入第二发展期（1994—2007年），相关专利的申请变化较大，2000年之前，申请量呈下降趋势，申请量仅36件；2000年以后的申请量开始有所增加，申请量达到114件。这一阶段西安德高在2007年提出一件公开号为CN201042862Y、名称为"用于圆网印花单元的六向对花操作机构"的专利申请，涉及一种提供设计合理、能降低次品率、提高工作效率的用于圆网印花单元的六向对花操作机构。

进入到技术发展调整期（2008年至今）后，申请趋势放缓，年均申请量在20件左右，在2008年前后受世界金融危机的影响，申请量有所回落。但在2010年以后，相关专利的申请开始增长。截至2013年，专利申请总量达到104件，包括80多件中国专利。例如，2012年8月西安德高申请的公开号为CN202764272U、名称为"用于壁纸深压纹压花机的纠偏机构"的专利，通过伺服电机驱动减速机并带动滚珠丝杠正反转交替进行，滚珠丝杠旋转时通过螺母带动轴承座和调心轴承，完成纠偏动作，解决介质运动速度和操作空间限制导致的产品质量问题。

2. 地域分布

图7-3-20是套色/套压相关技术全球专利的地域分布图。

由图7-3-20可知，全球套色/套压技术专利申请量最多的国家是中国和日本，其中日本的申请量与中国申请总量差距不大，均占到全球申请总量的20%以上。

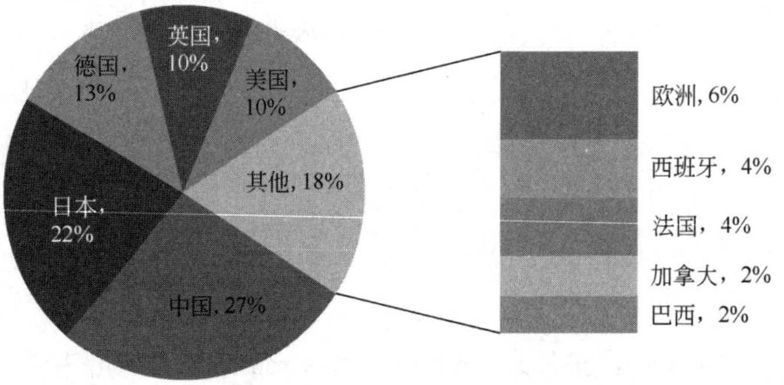

图7-3-20　全球套色/套压技术专利申请地域分布图

从该技术的全球专利申请趋势分析可以看出，中国和日本在套色/套压技术领域虽起步较晚，但是发展却较为迅速，后来居上，特别是中国，在该技术的发展调整期，其相关专利的申请量占到了该时期申请总量的近80%。

94件日本相关专利中，大日本印刷株式会社（DAINIPPON PRINTING）申请了20件专利，其中较早的一件专利申请在1984年，该专利的公开号为JP60176763A、名称为"REGISTER MONITORING IN MULTICOLOR ROTARY PRESS"，涉及多色印刷机的检测装置。该公司的研发重点在于套准标记及方法、检测装置及校正方法等方面。

此外，申请量位于第四的是英国，英国相关专利的申请只出现在萌芽期和第一发展时期，之后几乎没有相关专利的申请。说明套色/套压技术虽然较早在英国发展起来，但后期的发展却呈停滞之态，恐与英国近现代工业发展放缓有关。

3. 申请人排名

图 7-3-21 所示是全球套色/套压技术专利申请人排名。

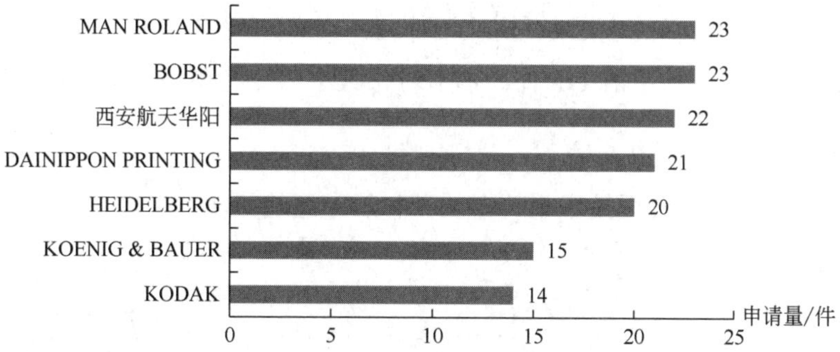

图 7-3-21 全球套色/套压技术专利申请人排名

本技术领域依据申请量排名统计了全球前七位的申请人，其中，德国企业为 3 家，日本、瑞士、美国、中国企业各有 1 家。虽仅有一家中国企业——西安航天华阳，但其申请总量却占明显优势。

位于第一名的博斯特（BOBST）申请量为 23 件，公司 1890 年成立于瑞士洛桑，业务涉及 50 多个国家，该公司的中国全资子公司——博斯特（上海）有限公司，主要从事全自动平压平模切机和轮转凹印机等包装印刷机械设备的生产、销售和技术支持。

与博斯特并列排名第一的曼罗兰（MAN ROLAND）为一家德国企业，其专利技术主要集中在偏差校正方法及装置等技术领域。该公司主要提供卷筒纸胶印机、单张纸胶印机以及数码印刷系统。

西安航天华阳以 22 件的申请总量位于主要申请人第三名，与排名第一的申请人的申请量仅相差 1 件，可见西安航天华阳在该领域具有较为优势的地位和研发能力。整体而言，各位申请人之间申请量不相上下，说明各申请人之间研发水平相对差距不大。另外，各申请人申请量的集中度较高，与刮印及收卷技术趋势相比，也说明该技术领域比较受重视。

大日本印刷株式会社（DAINIPPON PRINTING）排名第四，申请总量为 20 件。该公司成立于 1876 年，是日本最大的印刷及媒介公司，率先在日本推出凹版相片印刷技术。

海德堡（HEIDELBERG）同样为一家德国企业，在全球单张纸印刷机市场上占据四成以上的份额。其产品还包括印前制版设备和印后加工设备，以及能够将所有印刷生产步骤整合起来的软件系列等。另外，1998 年在中国成立海德堡中国有限公司，在中国设立多处代表处，并且在上海成立海德堡印刷设备（上海）有限公司进行装配。

德国企业科尼希&鲍尔（KOENIG & BAUER）（也称为高宝公司）是世界上四大印刷机制造与供应商之一，成立于 1817 年。高宝股份公司的产品涉及胶印、柔性版、网纹胶印、凹印、数字印刷和特种印刷等多种印刷方式。

美国柯达（KODAK）作为世界上最大的影像产品及相关服务的生产和供应商，自 2003 年公司重组，实施战略转型后开始转向数字印刷行业，截至目前共有 14 件相关专利申请，内容主要涉及多色印刷机的偏差检测及校正控制方法。

3.3.2 中国专利分析

本研究对有关收卷技术的中国专利进行了检索，并对检索结果进行了人工筛选和技术标引，共采集到相关中国专利申请 115 件。本节对相关中国专利申请总体态势进行分析。

1. 申请趋势

图 7-3-22 所示是套色/套压技术相关中国专利的申请趋势。

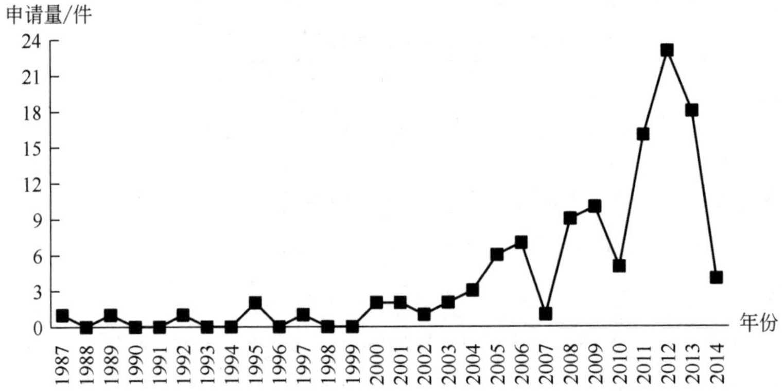

图 7-3-22　中国套色/套压技术专利申请趋势

中国软包装设备制造业开始于 20 世纪 80 年代中期，起步较晚，这个时期开始出现对自动套印控制系统的研究。从专利分析的角度看，图 7-3-22 显示出了套色/套压技术相关中国专利的申请情况，其发展过程可以分为三个阶段：1987—1999 年的萌芽期、2000—2007 年的第一发展阶段和 2008 年至今的第二发展阶段。

该技术的中国发展萌芽期（1987—1999 年）为 12 年，相对于全球发展萌芽期而言，其发展时间明显缩短。这一阶段的发展特点与全球该专利该发展阶段的特点相似，申请量几乎没有太大波动，发展平缓，年申请量保持在 1～2 件。从专利申请情况来看，中国的相关技术专利申请较晚，并且第一件相关专利由德国海德堡公司申请（专利申请号为 CN87103417.4，名称为“彩色印制中套印误差的确定”），该专利的内容涉及一种彩色印刷过程套印误差确定方法及装置，用于提高精度和测量的可靠性。直至 1989 年，中国的申请人才开始申请该技术的专利，即王建成于 1989 年 7 月 27 日在中国申请了第一件套印调整相关专利（专利申请号为 CN89214333.9，名称为“胶印机的准确套印装置”），该专利涉及套印技术的准确套印装置，通过在原机基础上增加部件，实现一机多用，精准调整印刷版的横向位置和上下位置。

1995 年开始出现自动套印技术中国专利，温州市鹿城印刷机械厂在 1995 年 3 月 6 日申请了申请号为 CN95204692.X、名称为“印刷机自动套印装置”的专利，其目的是在国内已有的微处理工业控制技术基础上进行设计，实现印刷机自动套印，并将国外大规模集成电路板分割设立，以利于安装设计与维修。中国科学院西安光学精密机械研究所于 1999 年提出的专利申请（专利申请号为 CN97108566.8，名称为“彩色套印机自动套准装置及其色标寻址方法”），涉及一种彩色套印机自动套准装置及其色标寻址方法，采用光电编码器结合光电扫描头和控制系统进行色标寻址，以双探头光电扫描头结合计数器和控制系统完成套色偏差量的检测。

截至 1999 年，涉及该技术的专利申请量有 6 件，包括套印装置 3 件及自动套印装置（包括光电设备的研究）3 件。可见，这一阶段研发重点已经在套印装置的基础上，转向电子套印装置、光电检测设备等技术。这在一定程度上与电子技术的发展有关。随着技术的发展，能够正确、准确地检测出色标信号，并且能根据自动检测出的色标检测自动调整增益已经成为印刷机自动套准系统中一个主要且较难准确实现的环节。

第一发展阶段（2000—2007 年）。2000 年以后，中国该技术的专利申请量开始有了明显的增长态势。这一阶段申请总量为 24 件。这一时期共出现了 20 位申请人。在中国申请人中，西安航天华阳申请了 2 件相关专利，西安德高和中国台湾维伦科技股份有限公司各申请了 1 件相关专利。在该阶段，国外申请人在中国申请了 6 件相关专利，涉及 4 位国外申请人，其中德国海德堡公司申请了 1 件相关专利，美国高斯国际美洲公司和保洁公司分别申请了 1 件和 2 件相关专利，日本京瓷美达株式会社申请了 2 件相关专利。由此可见，该阶段国外技术所占比重较大，说明国内技术该阶段还处于摸索阶段，技术相对不够成熟。

自 2008 年该技术进入第二发展阶段，中国专利申请总量有了大幅度的提升，发展速度较快。除 2010 年专利申请量下降，这一时期整体上呈现逐步增长的趋势。这一时期，专利申请总量 85 件，包括西安航天华阳 19 件、西安德高 6 件，以及宜昌市正中科技有限公司 6 件。西安德高申请的 6 件专利中，有 4 件专利涉及色标检测的控制系统，2 件专利则是关于纠偏结构的改进。西安德高在 2008 年申请了一件申请号为 CN200820221864.6、名称为“一种基于印刷机色标检测信号的自动调整增益系统”的专利，用于准确检测印品色标并能根据所检测色标信号快速、准确地对色标信号增益进行自动调整。此外，同年还申请了申请号为 CN200820221863.1、名称为“一种高速调整印刷机印刷偏差的执行模块”的专利。

这一时期，仅出现了 2 件来自国外的专利申请，分别来自德国的海德堡公司和日本的小森公司。其中，德国海德堡公司一直以来在很多领域都申请中国专利，看重中国市场，该公司在 2010 年提交了一件申请号为 CN201010284985.7、名称为“用于借助递推分析求得对版偏差的方法和装置”（CN102029783B）的专利申请，其目的在于提供用于求得承印物上的对版偏差和/或套准偏差的装置和方法，在该过程考虑叠印效应的影响。日本小森公司于 2008 年提出了名称为“印刷品的颜色不对准量检测方法和设备”（申请号为 CN200810087073.3）的专利申请，用于提供一种印刷品颜色不对准量检测方法和设备，以达到能够精确地获得印刷品的颜色不对准量，而无须使用高精度、高分辨率摄像机的效果。

2. 地区分布

图 7-3-23 是套色/套压相关技术中国专利的地域分布图。

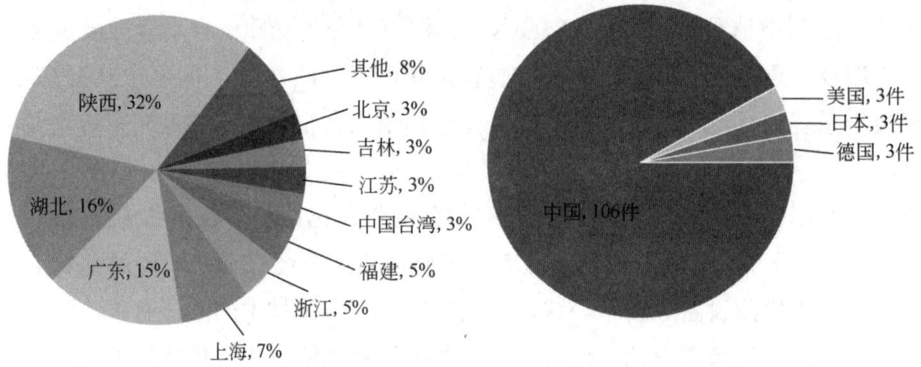

图 7-3-23　中国套色/套压技术专利申请地区分布图

从图 7-3-23 中可以看出，国内套色/套压技术专利申请量最多的地区是陕西，占到了总量的 32%，这个主要与申请量较多的申请人西安航天华阳及西安德高有关。其次是湖北和广东，分别占总量的 16%、15%。其中，湖北主要与主要申请人宜昌市正中科技有限公司申请较多有关，广东申请人主要有万昌印刷包装、广东装饰材料有限公司等较多申请有关。

另外，在华申请的国外申请人主要来自美国、日本和德国，申请总量为 9 件，总和不到申请总量的 10%。但是这三个国家的企业主要在技术前期在中国有专利申请，说明其在国内技术较为薄弱时已经开始在中国进行专利布局。整体而言，国外进入中国的申请人及申请数量均较少，国内企业应把握机遇，提高知识产权保护意识，加快研发具有自主知识产权技术的产品。

3. 申请人排名

图 7-3-24 是套色/套压技术中国专利申请人排名。

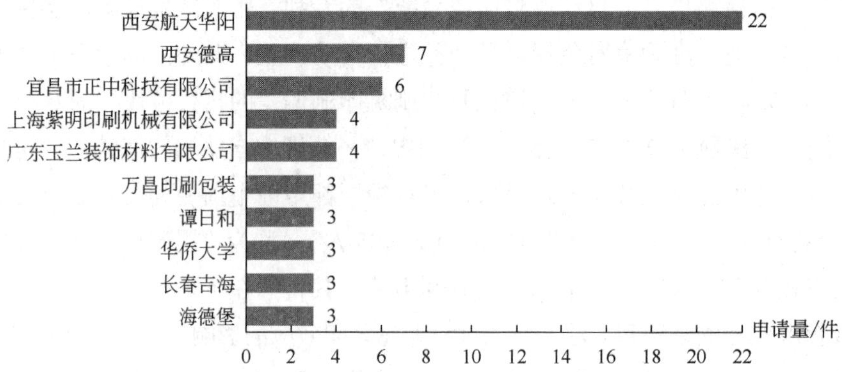

图 7-3-24　中国套色/套压技术专利申请人排名

由图 7-3-24 可知，西安航天华阳的相关技术专利申请量最多，远高于其他申请人，是西安德高专利申请量的 3 倍多。

此次重点关注的申请人西安德高位于专利申请总量排名第二位，多于其他申请人的申请量，说明西安德高较重视套色/套压技术的研发。

宜昌市正中科技有限公司相关技术专利申请有 6 件，排名第三。该公司位于湖北，主要从事多色组合式凹版印刷机自动套色系统及印刷图像监测系统的研发和生产。从专利角度来看，该公司的专利均集中在 2012 年申请，其专利内容主要涉及套印色标组的标记方法及在线/离线套印检品系统。

另外，德国海德堡公司也跻身主要申请人前十名，并且出现在相关技术的每一个技术阶段，说明该企业相关技术不仅起步较早，而且发展较为成熟，并且从其专利布局来看，说明其比较重视中国市场。

3.4 刮印技术

3.4.1 全球专利分析

本研究对有关刮印技术的全球专利进行了检索，并对检索结果进行了人工筛选和技术标引，共采集到相关全球专利申请 256 件。本节对相关全球专利申请总体态势进行分析。

1. 申请趋势

图 7-3-25 所示是全球刮印技术专利申请趋势。

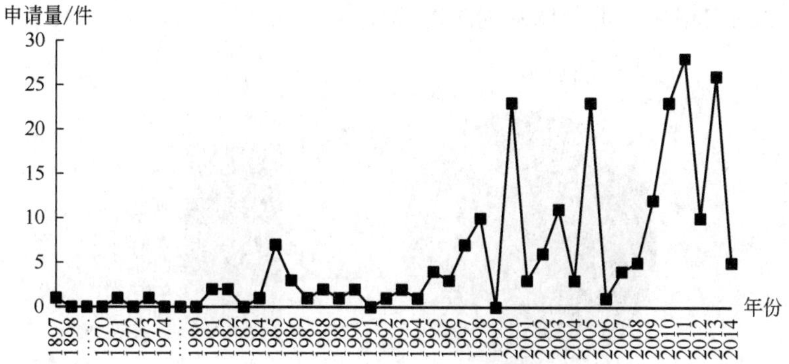

图 7-3-25 全球刮印技术专利申请趋势

如图 7-3-25 所示，刮印技术的发展可分为缓慢发展的起步发展时期（1897—1980 年）、第一发展时期（1981—1999 年）、第二发展时期（2000 年至今）。

在起步发展时期（1897—1980 年），刮印相关专利的申请量一直维持在较低水平，发展较为平缓，每年全球专利数量不超过 3 件。该时间相关专利申请主要分布在英国、德国、美国、加拿大和奥地利等国。其中，英国专利申请最早且数量最多，共为 10 件。另外，刮印技术的第一件专利（公开号为 GB189700796A、名称为“Improvements in or relating to Calico and similar Printing Machines”）由英国申请人 JAMES ALLAN SACKVILLE 于 1897 年提出申请。该专利涉及一种印花或印刷设备的改进，通过对刮刀、辊等部件安装及结构的改进，去除多余的颜色。这一时期的专利技术，主要集中在刮刀装置及丝网印刷装置的研究上。

第一发展时期（1981—1999 年）约为 20 年，专利申请总量有所提高，共计 49 件，但是年均申请量仍维持在 10 件以内，虽然该领域相关技术有所发展，但仍处于降低水平。该时期，申请人地域分布明显增多，涉及数十个国家，其中，以德国和美国的专利数量最多，分别为 10 件和 11 件。德国刮印专利主要涉及丝网印刷装置。美国刮印专利主要涉及刮刀及刮刀辅助结构的改进。而在起步发展时期占据明显优势的英国，在该时期的相关专利申请量仅有 5 件。

而在前两个阶段，均为未出现中国专利。

进入第二发展时期（2000 年至今），专利的申请量波动较大，但总体呈增长态势，这个时期相关专利申请总量为 183 件。该 183 件专利中，仅中国专利就有 83 件。中国在这一时期才出现相关技术申请，在一个时期内中国经历了刮印技术的萌芽与快速发展。中国主要的申请人是福建省晋江市佶龙机械工业有限公司和西安航天华阳，申请专利量均为 13 件。其中，福建省晋江市佶龙机械工业有限公司提出专利申请时间均为 2011 年，相关专利内容主要集中在圆网印刷刮刀调整装置、圆网头及清洗装置。西安航天华阳提出专利申请的时间为 2011—2013 年。

另外，西安德高在该时期也有 12 件专利申请，其提出专利申请的时间为 2002—2013 年。纵观该时期中国申请人的专利申请情况，可以发现西安德高是中国最早提出刮印技术的企业，虽然该公司专利量不是最多，但是其对该技术的关注较早，技术发展较早。其专利内容主要涉及圆网印刷机的刮刀装置及刮刀辅助部件，以实现精量供墨、提高刮刀寿命的效果。

2. 地域分布

图 7-3-26 是刮刀相关技术全球专利的地域分布图。

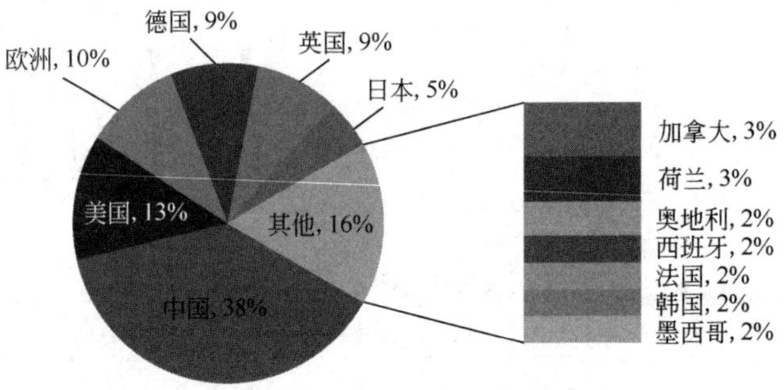

图 7-3-26　全球刮印技术专利申请地域分布图

从图 7-3-26 中可以看出，全球刮印技术专利申请量最多的是中国，有接近 40%的申请量。从全球刮印技术申请趋势可以看出，中国虽然在该领域起步较晚，直到第二发展时期才出现，但是在该领域的技术发展速度却较快。

另外，美国有较高比例的申请量，占据申请总量的 13%，这主要与荷兰斯托克公司在该国的相关申请有关，说明该公司比较关注在美国的专利布局。

从荷兰斯托克公司在各国的专利布局来看，其在欧洲有 10 件专利，在美国有 10 件，在中国有 5 件专利。其中德国和英国是其在欧洲的主要目标国。

3. 申请人排名

图 7-3-27 所示为刮刀技术全球专利主要申请人情况。

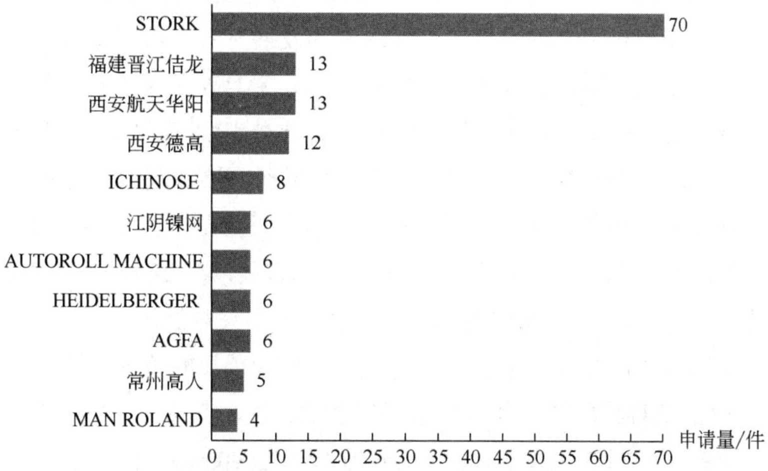

图 7-3-27 全球刮印技术专利申请人排名

由图 7-3-27 可知，全球刮印技术专利申请排名前 11 位的申请人中，中国企业有 5 家，体现了中国的刮印技术在全球范围内具有一定的竞争力，但与排名第一的荷兰斯托克公司（STORK）相比还有一定的差距。斯托克公司在全球范围内申请了 70 件刮印相关专利，申请量远远高于其他十家公司的申请量，在该领域具有绝对的技术优势。

此外，作为本研究关注的主要申请人之一的西安德高公司，排名第四，申请了 12 件刮印相关专利。而单从申请量来看，福建晋江佶龙在该领域也具有一定的研发实力，其相关专利也可被关注。

3.4.2 中国专利分析

本研究对有关刮印技术的中国专利进行了检索，并对检索结果进行了人工筛选和技术标引，共采集到相关中国专利申请 84 件。本节对相关中国专利申请总体态势进行分析。

1. 申请趋势

图 7-3-28 所示是中国刮印技术专利申请趋势。

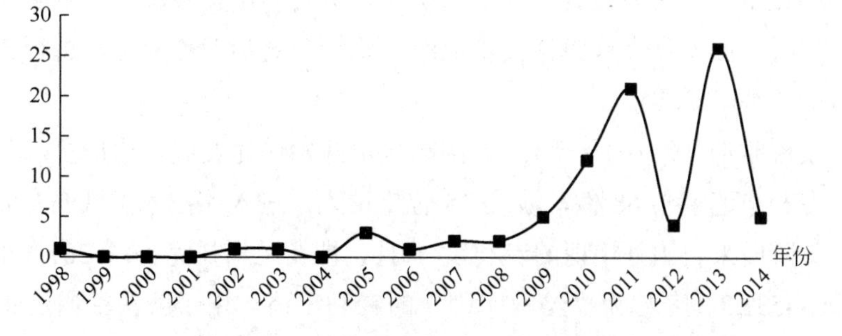

图 7-3-28 中国刮印技术专利申请趋势

如图 7-3-28 所示，刮印技术在中国出现较晚，其发展分为起步发展时期（1998—2003年）、第一发展时期（2004—2009 年）、第二发展时期（2010 年至今）。

刮印技术在中国的起步发展时期（1998—2003 年）明显短于全球的起步发展期，仅用了五年的时间。这时期，相关专利申请量维持缓慢的发展态势，申请总量只有 3 件专利，年均申请量不到 1 件，说明该阶段该技术处于降低水平。并且该 3 件专利中的 2 件专利为国外申请人申请的中国专利，例如，日本一濑国际株式会社在 1998 年 3 月 16 日申请的申请号为 CN98101013.X、名称为“旋转筛网纺织印花机”的专利，该专利通过配置于旋网之中的具有一个面向旋网内壁的喷嘴的清洗液喷射器在旋网整个长度范围内至少往复一次，缩短旋转筛网清洗时间，改善生产效率。该专利的专利权至今仍有效，在 2014 年 10 月 29 日由绍兴一伸机械有限公司独占许可，而在 2015 年 6 月 17 日转至绍兴瑞群纺织机械科技有限公司。可见，该专利技术在筛网的清洗过程中至今仍然是一项比较重要的技术。

国内企业西安德高对刮印技术发展给予了较多的关注，其中一半的专利涉及圆网刮刀技术，例如，该公司最早于 2002 年底申请的申请号为 CN02259039.0、名称为“平网印花机气浮式刮刀架装置”的专利。该专利涉及的装置采用集中供气，压力连续可调，四气缸供气压力相同，分两组同时动作并直接带动刮刀实现上下交替动作的方法，以达到压力精确且沿刮刀长度上均匀分布，同时整台车一致性好，能够满足平网印花机对刮刀压力大小和均匀性要求的目的。

此外，荷兰斯托克公司于 2003 年在中国申请了一件刮印相关专利（申请号为 CN03817622.X，名称为“旋转式丝网印刷装置的刮墨板单元”），该专利提供 了一种旋转式丝网印刷装置的涂刷器单元，包括刀片涂刷器、涂刷器保持器以及弹性件，其中涂刷器单元设有行程限制装置，并且涂刷器刃缘通过涂刷器保持器施加一个预定力在圆柱形丝网内侧，进而达到避免旋转丝网过度变形而损坏的效果。

第一发展时期（2004—2009 年）相对起步发展时期，专利申请量有所提升，但增速较缓。该阶段专利申请量共 13 件，年均申请量为 2.6 件。该阶段早期专利的申请人主要是荷兰斯托克公司（专利量为 3 件），占到了这一时期专利申请量的近 1/4。这 3 件专利均集中在 2005 年提出申请，专利内容主要涉及用于丝网印刷的基底材料的制造方法及装置，该材料包括作为部件的丝网、抗蚀剂材料层和保护薄膜，从而在将要实现的丝网开口中实现高填充程度的抗蚀剂材料，达到减小薄弱点出现的效果。2008 年西安航天华阳申请了 2 件相关专利，内容涉及圆网印刷刮刀装置及调整装置。西安德高申请了 7 件相关专利，分别涉及壁纸圆网印刷机的圆网印花单元、刮刀装置、壁纸圆网印刷机浆刀调整装置及壁纸圆网印刷机非同心传动机构。可以看出西安德高针对该技术已经开始转向对刮刀辅助部件进行改进，以适应高精度、高质量的壁纸印刷要求。

进入第二发展时期（2010 年至今），刮印技术开始快速发展，申请量增长较快。这一时期，刮印技术专利申请量共 68 件，涉及 25 位申请人，进入该技术领域的企业或个人也明显增多。此外，该阶段来自国外申请的专利仅 1 件，即荷兰斯托克公司 2012 年提出的申请号为 CN201080034531.2、名称为“丝网印刷”的专利申请，用于解决油墨沉积和更锐利印刷的问题。

2. 地区分布

图 7-3-29 是刮印技术中国专利的地区分布图。

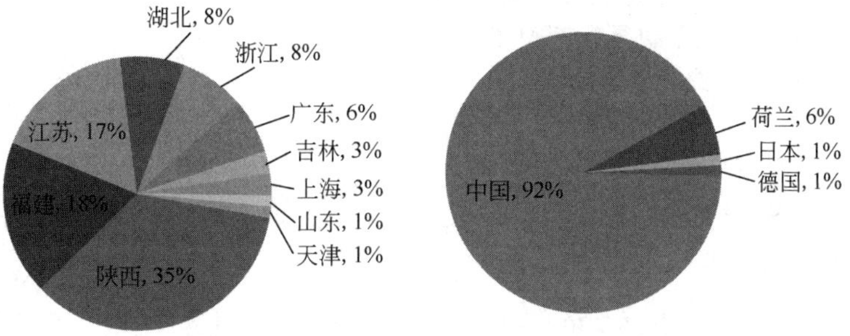

图 7-3-29 中国刮印技术专利申请地区分布图

从图 7-3-29 中可以看出，陕西省的相关专利申请量最多，占到了总申请量的 35%，这主要与申请较多的西安航天华阳以及申请较早、技术阶段跨域时间较长的西安德高有关。

福建和江苏两个省份的相关专利申请量也较多。其中，福建省专利分布较多是由于福建省晋江市佶龙机械工业有限公司申请量较大。该省份共 15 件专利，其中 13 件专利的申请人为福建省晋江市佶龙机械工业有限公司，该 13 件专利的申请主要集中在 2011 年和 2012 年，涉及圆网印刷刮刀调整装置、圆网头及清洗装置等。江苏省相关专利的申请量共 13 件，涉及 3 位申请人，即江阴市镍网厂有限公司、常州市高人制辊有限公司和吴江华尔美特。其中，江阴市镍网厂有限公司申请了 6 件相关专利，常州市高人制辊有限公司申请了 5 件相关专利，前者的相关专利申请集中在 2011 年，集中于对圆筒印刷丝网材质特别是 镍网结构及尺寸的改进；后者的相关专利申请集中在 2013 年，主要涉及圆网印刷圆网支架装置及调节装置。另外，还有吴江华尔美特申请了 2 件相关专利。

其他主要申请人分布地区还有湖北、浙江、广东等，但申请量均不到申请总量的 10%。

刮印中国专利的国外申请人主要有 3 个。其中，日本一濑国际株式会社最早进入中国进行刮印技术专利申请；荷兰斯托克公司申请的中国相关专利有 5 件，申请集中在 2000 年以后，说明该企业从这个时期开始关注中国市场，并重视相关专利在中国的布局；另外，德国曼罗兰公司在 2011 年申请了 1 件刮印中国专利。

3. 申请人排名

图 7-3-30 所示为刮印技术中国专利主要申请人情况。从中可以看出，西安航天华阳和福建省晋江市佶龙机械工业有限公司相关技术申请量最多，并列排名第一。而西安德高在相关技术的申请量仅次于排在第一名的企业，专利量相差 1 件。从申请总量角度而言，该公司与西安航天华阳在刮印技术领域研发能力相当。

此外，排列第四的是斯托克公司，为此次重点关注的申请人。斯托克公司为荷兰企业，从其在中国专利的整体布局来看，说明其对中国市场的关注度较高。

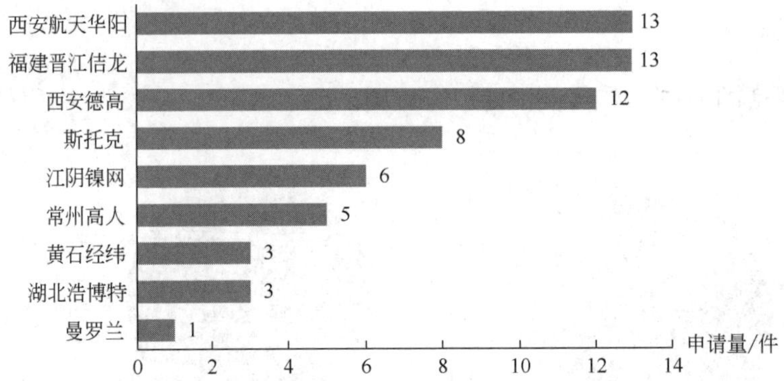

图 7-3-30　中国刮印技术专利申请人排名

从图 7-3-30 中可以看出，西安航天华阳刮印相关专利申请量最多，共有 13 件，体现了其在该技术领域的优势地位。但是相对于国内企业西安德高，其在该技术的申请时间较晚，其申请的第一件刮印相关专利为 2008 年申请的申请号为 CN200820030298.0、名称为“壁纸圆网印刷机的刮刀座调整装置”的实用新型专利，解决了现有技术中存在的刮刀座调整不便以及不能在印刷的同时调整刮刀位置的问题。

仅就相关专利申请量的比较而言，福建省晋江市信龙机械工业有限公司与西安航天华阳在刮刀技术领域研发能力相当。该公司专利申请出现于第二发展时期（2011—2012 年），专利技术主要集中在圆网印刷刮刀调整装置、圆网头及清洗装置。

此外，西安德高与斯托克公司的申请量也比较多，这两个公司均为此次重点关注的申请人，并且这两个公司的专利申请均出现在整个技术的三个申请阶段，说明这两个企业的刮刀技术研发活动开展相对较早，且对该技术的关注度较高。不同的是两者的技术关注点，西安德高比较重视刮刀装置结构的改进，特别是辅助部件的改进；而荷兰斯托克公司的研发重点则在于丝网印刷基底材料的制造等。

第 4 章　重点技术专利分析

4.1　西安德高重点专利

西安德高，全称为西安德高机电企业集团，是专业研制、生产、销售纺织印染大型成套设备的民营高新技术企业。旗下有西安德高印染自动化工程有限公司、西安德高佳美印染设备有限公司、西安德高电子有限公司、西安德高数控制造有限公司、西安德高新材料有限公司等多个具有独立法人资格的专业子公司。

西安德高的主要壁纸生产设备包括 DGSY 系列型立式平网印花机、DGSH 系列热风型恒温发泡烘箱、DGE 系列墙纸生产线、圆网印花机独立传动、自动对花系统等。

西安德高的专利主要是以西安德高印染自动化工程有限公司和西安德高佳美印染设备有限公司为申请人申请的，重点集中在套色/套压的套准和导向纠偏两个方面。具体重点技术专利情况如表 7-4-1 所示。

表 7-4-1　西安德高重点技术专利

申请号	名称	附图
CN201320000850.2	圆网印花机用导带横向纠偏装置	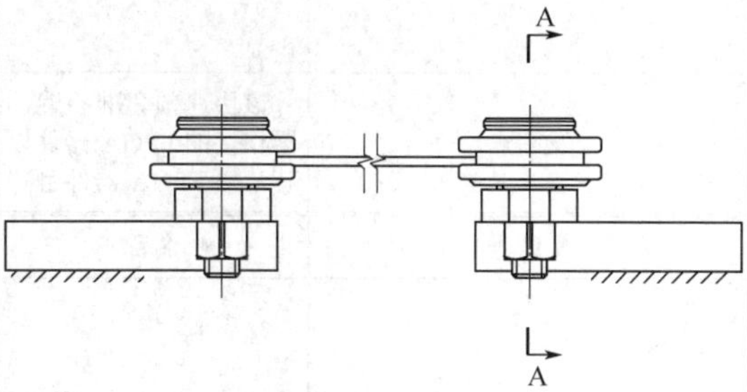
发明点	该导带横向纠偏装置，包括间隔设置且分别位于被纠偏导带两侧的两个导带横向纠偏机构，每个导带横向纠偏机构均包括安装板以及通过固定螺钉固定连接在该安装板上的靠轮固定板，该固定螺钉安装在该靠轮固定板的中间位置处，该靠轮固定板的一端通过第一六角螺母连接有第一靠轮轴，该第一靠轮轴上通过第一轴承连接有第一靠轮，该第一靠轮上开有用于容纳该被纠偏导带的第一凹槽，该靠轮固定板的另一端通过第二六角螺母连接有第二靠轮轴，该第二靠轮轴上通过第二轴承连接有第二靠轮，该第二靠轮上开有用于容纳该被纠偏导带的第二凹槽	

续表

申请号	名称	附图
CN200820221863.1	一种高速调整印刷机印刷偏差的执行模块	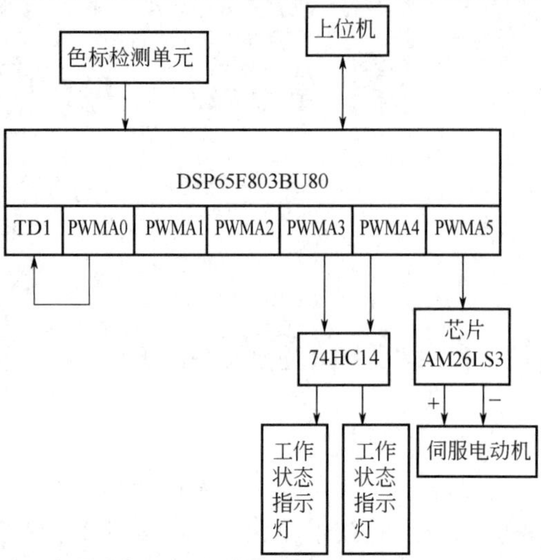
发明点	该印刷偏差的执行模块，包括实时对印刷机所印制产品进行检测的色标检测单元、通过 PWM 输出电路与该印刷机的各色位伺服电动机相接的电动机相位调整模块以及与该电动机相位调整模块相接的上位机，该色标检测单元接该电动机相位调整模块	
申请号	名称	附图
CN200820221870.1	一种用于印刷机的快速预套准装置	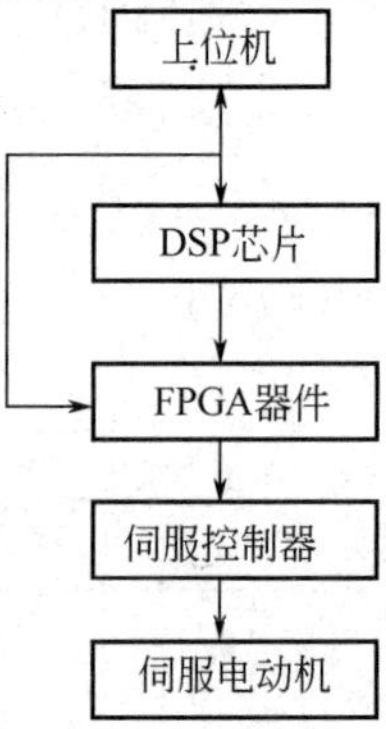
发明点	该快速预套准装置，由嵌入式 DSP 芯片、与印刷机各色位伺服电动机的伺服控制器相接的 FPGA 器件以及分别与 DSP 芯片和 FPGA 器件相接的上位机组成，该 DSP 芯片接 FPGA 器件且二者组成预套准控制单元	
申请号	名称	附图
CN200820221865.0	一种基于印刷机色标检测信号的自动调整增益系统	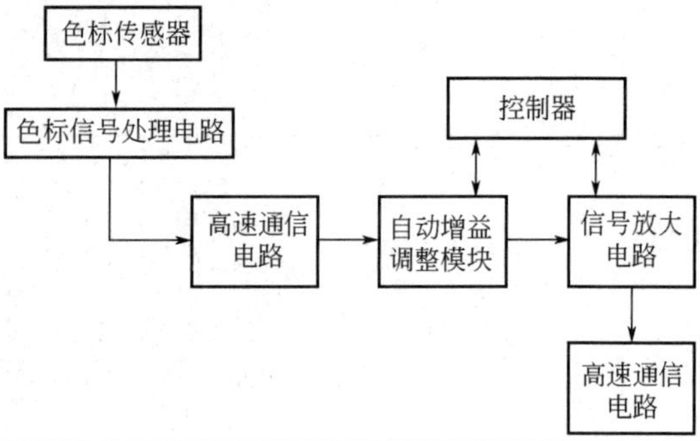

续表

申请号	名称	附图
发明点	该色标检测信号的自动调整增益系统，包括实时对印制产品进行色标检测的色标传感器以及对该色标传感器所检测的色标信号增益实时进行动态调整的自动增益调整模块，该色标传感器为模拟信号传感器，色标传感器所输出信号经信号放大、隔离及跟随处理电路后传送至由嵌入式 DSP 芯片和 EPGA 器件组成的自动增益调整模块，自动增益调整模块接对其输出信号进行放大处理的信号放大电路，该自动增益调整模块和信号放大电路均与控制器相接	
申请号	名称	附图
CN200720031731.8	用于圆网印花单元的六向对花操作机构	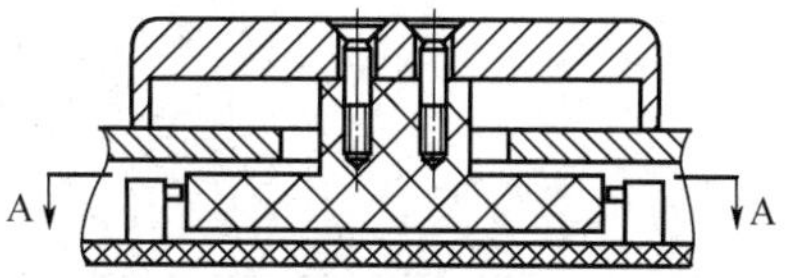
发明点	该六向对花操作机构，包括手柄，该手柄滑动和转动设置在隔板的一侧，并通过连接件与设置在隔板另一侧的绝缘块连接，位于绝缘块的周围设置有微动开关，微动开关连接固定在线路板上	

4.2 斯托克重点专利

STORK 由 Gaitjan Bilderbeek 和 Henk Edens 于 1947 年 8 月 4 日在荷兰的博克斯梅尔创立，发展至今已有将近 70 年的历史，是一家在纺织和印刷打印市场全球领先的公司。其产品主要包括圆网印花、圆网整合、旋转屏幕、喷墨印刷、数字墨水、直接激光雕刻、雕刻漆和化学品、墙纸设备、涂层和整理、软件开发、服务、精密金属制品。

荷兰斯托克公司（STORK）在全球申请了 124 件专利，其中，对企业帮助较大的是其申请的刮刀相关专利，具体情况如表 7-4-2 所示。

表 7-4-2 斯托克重点技术专利

公开号	名称	附图
AU592185B2	Doctor blade mounting system	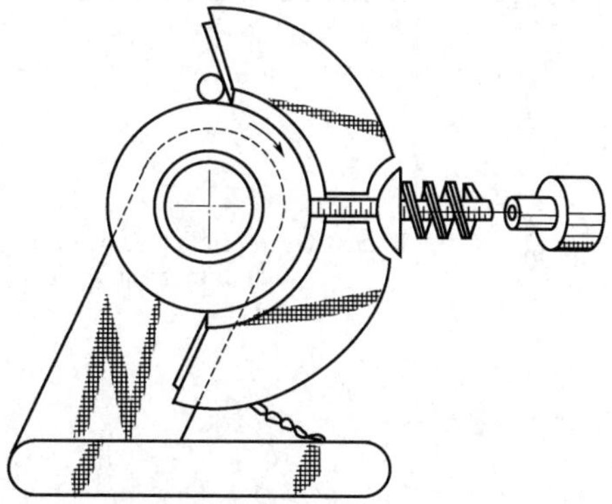
发明点	涉及油墨计量系统，增加刮刀夹持器，减少刮刀与输墨辊之间的磨损	

续表

公开号	名称	附图
EP650833A1	Squeegee assembly	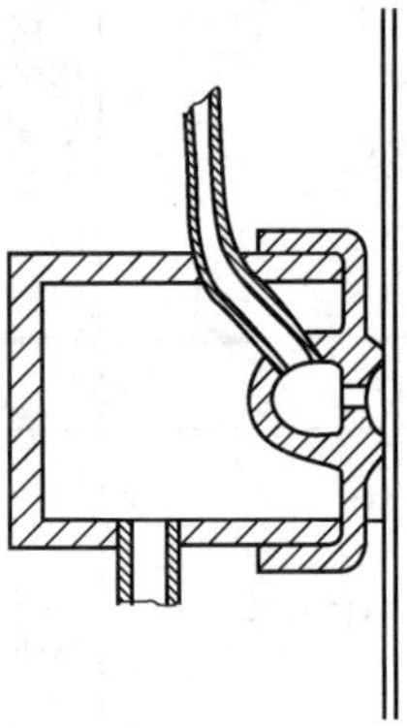
发明点	刮刀组件，至少包括两个彼此成一定距离的环形刮刀，其特征在于两个刮刀之间设有刮刀压力腔室的开口，精确供墨，便于调节	

公开号	名称	附图
EP1094949B1	Squeegee device	
发明点	刮刀装置，包括支撑框架和刮刀元件，增加电磁装置、与之连接的开关装置及弹簧装置，通过磁场与轴承壁之间的相互作用，控制间隙，防止油墨泄漏	

公开号	名称	附图
EP1052094B1	Rotary screen-printing device with support means for a squeegee	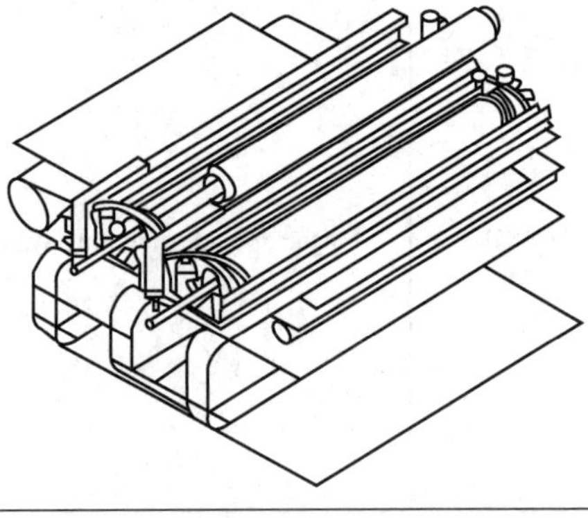
发明点	增加可移动的支撑构件，解决刮刀固定、不易拆卸的问题，易于更换、便于清洗	

续表

公开号	名称	附图
WO2004009359A1	Squeegee unit for a rotary screen-printing device	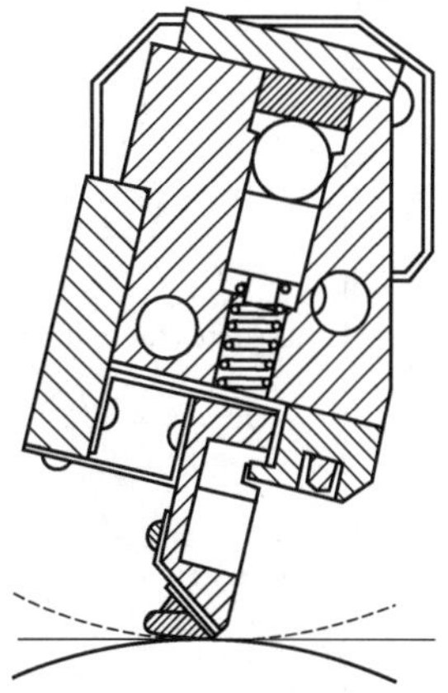
发明点	刮刀上设置刮刀边缘，通过弹性元件可以移动，靠近或偏移刮刀夹持器，移动距离在 0.5～1mm	

4.3 恩麦逊重点专利

恩麦逊公司（EMERSON & RENWICK），也称为爱默生，是一家于 1918 年成立于英国的公司。该公司在设计和研发壁纸生产设备上均扮演着重要角色，并与英国及世界各地的行业领导厂家有紧密的合作关系。

恩麦逊的最新研发成果包括：①无限印刷，可以使设计师的思路跳出传统圆网周长以外的图案设计；②网头设计，通过直接伺服驱动器使无限网头提高了精度和灵活性，以及可在几分钟内完成不同规格适配圈的更换，让停机时间降至最低；③可调幅宽压纹机，可处理 500～1200mm 的辊筒高度；④洗涂及顶印，融合洗涂及顶印印刷站，使通常是分线的工艺实现连线生产。

恩麦逊在全球申请了 43 件专利，其中，对企业帮助较大的是其申请的换热相关专利，具体情况如表 7-4-3 所示。

表 7-4-3 恩麦逊重点技术专利

公开号	名称	附图
GB814031D0	Heat exchanger core method and apparatus	无
发明点	组装热交换器组件的装置，包括管供给装置和翅片供给装置，可以顺序和在垂直方向上供给元件，适用于大幅面热交换器的生产	

续表

公开号	名称	附图
EP1060811A3	Apparatus for building a heat exchanger core	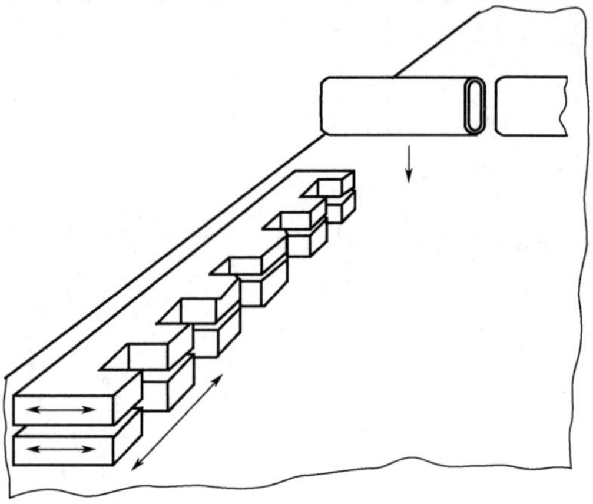
发明点	热交换器芯装置包括多个平行并且隔开的翅组件，管供给装置及翅组件供给装置	

公开号	名称	附图
GB101697D0	Heat exchanger tube	无
发明点	涉及热交换管的结构，通过轧制金属带在横向方向上向内折叠，提供平行放置、上下区域的热交换管	

第 5 章　主要结论与建议

5.1　结论

截至 2015 年 6 月 30 日，壁纸生产成套设备领域全球专利申请总量为 1996 件，而中国专利申请总量为 733 件。其中，印刷技术全球专利申请总量为 1423 件（印刷干燥换热技术占比 75%，圆网刮印技术占比 18%），包括 458 件中国专利（印刷干燥换热技术占比 79%，圆网刮印技术占比 18%）。收卷技术全球专利申请总量为 334 件（导向纠偏技术占比 29%，防皱技术占比 41%），包括 187 件中国专利（导向纠偏技术占比 43%，防皱技术占比 32%）。自动套色/套压技术全球专利申请总量为 486 件（套准技术占比 88%），包括 115 件中国专利（套准技术占比 69%）。

5.1.1　印刷干燥换热技术

作为本研究首要关注的印刷干燥换热技术，经过萌芽期和第一发展期后，现已进入第二发展期，相关专利的申请仍呈增长趋势，涉及的申请人总量达到 440 多家，包括 189 家中国申请人。其中，印刷干燥换热技术专利的主要申请人包括德国的曼罗兰公司和海德堡公司，日本的大日本印刷株式会社和日本凸版印刷株式会社，以及中国的西安航天华阳等。而从全球范围来看，印刷干燥换热技术的专利布局集中在中国、日本、美国和德国，而中国的申请人主要分布在江苏、浙江、广东和陕西。

通过技术功效分析得出，印刷干燥换热相关技术的改进集中于干燥系统和烘箱这两个方面，无论是在全球范围内还是在中国，这两个方面的专利申请量都占据了较大的比例。此外，出于节能的目的，对印刷干燥产生的大量余热进行回收利用也是企业进行专利布局的重点，而针对印刷干燥换热领域中风道、风嘴、换热系统和换热器的改进则较少。

从印刷干燥换热技术的发展路线可以看出，提高干燥、换热效率和效果一直是该技术改进的目标，针对不同的热源有着不同的改进方法，然而随着环境污染问题的日益加重，印刷干燥余热回收和利用已渐渐成为该技术发展的另一个重要方向。

由此可见，企业目前所面临的技术难题，也是该领域的技术薄弱点，除参考竞争对手恩麦逊的换热相关专利外，还可关注一下上述国内外主要申请人的印刷干燥技术专利，甚至还可以通过借鉴其他领域的风道、风嘴、换热技术专利，以解决目前的技术难题。

5.1.2 收卷技术

壁纸收卷过程中，常出现抽芯、打褶和串卷等问题，这就需要对壁纸张力进行控制。目前面临由于壁纸的挺度不一，卷径变化引起的打皱问题；由于导向机构的设计缺陷导致跑偏现象的问题，依据上述技术分析，作出如下结论与建议。

收卷技术从全球和中国申请趋势来看，都经历了萌芽期、第一发展时期和第二发展时期。从全球申请地域分布情况来看，中国占据了大于总量一半的比重。并且，中国申请人占据了全球排名前十位中的四席，说明该技术领域中国的研发水平较强。其中，西安航天华阳申请量排名第一。

从国内专利主要申请人来看，主要集中在西安航天华阳、吴江华尔美特和西安德高。建议西安航天华阳在收卷技术领域关注这两家企业的发展动态。

日本企业申请相关技术出现时间最早，经历的时间较长，相关技术发展较为成熟。公司相关技术的研发拓展可借鉴国外先进技术，建议将日本相关企业视为重点关注的对象。如三菱重工业有限公司（MITSUBISHI）、津田驹（TSUDAKOMA）及东丽株式会社（TORAY INDUSTRIES）等。

另外，中国专利申请中也有两家专利申请量较多的日本企业，分别是津田驹（TSUDAKOMA）及宫腰株式会社。特别是宫腰株式会社，其在 2014 年针对卷取装置在中国提出了申请（CN201410050581.X），通过设置自由辊和接触辊，使卷纸即使在卷取最大径的情况下，也能够达到防止卷绕皱褶的产生、拆卸方便的效果。此外，日本企业津田驹（TSUDAKOMA）在中国有两家分公司：津田驹机械设备（上海）有限公司和津田驹机械设备（常熟）有限公司。建议企业将这两家日本公司作为潜在的竞争对手，重点关注其技术动态。

另外，在收卷技术领域，国外申请人在中国仅申请了少量专利。因此，建议西安航天华阳在国外企业还没有占领中国市场时，尽早进行专利布局。学习国外先进技术，利用国外企业未进入中国或者已经失效的专利信息，加大研发力度，在技术切入上少走弯路。

5.1.3 套色/套压技术

套色/套压技术无论从全球还是中国都比收卷和刮印技术整体申请量要多，说明该技术受到国内外申请人的重视。

从全球技术来看，套色/套压技术经历的发展时期较长，从 1899 年跨越了萌芽期、第一发展阶段、第二发展阶段和技术发展调整期四个发展时期。全球该技术第一件专利出现在英国。中国相关技术出现得较晚，直至 1987 年才出现第一件专利申请，为德国海德堡公司提出的公开号为 CN87103417A 的专利申请。到 1989 年，由中国申请人申请了第一件相关专利，公开号为 CN2054746U，专利内容涉及套印技术的准确套印装置，通过在原机基础上增加部件，实现一机多用，精准调整印刷版的横向位置和上下位置。

从全球套色/套压技术申请的地域分布情况来看，中国仍然是主要分布国家，但位于第二的日本的申请量与中国申请总量差距不大，两个分布国家比例都在总量的 20%以上。除了两大申请地域以外，其他主要分布于美国和欧洲的发达国家和地区，特别是德国、英国等。从专利申请量可以看出各个国家在该领域的研发能力相当。

全球套色/套压技术主要申请人排名前十位中，国外企业居多，中国企业只有一家，为西安航天华阳，位列第三，可见，西安航天华阳具有较强的研发能力。瑞士企业博斯特（BOBST）、德国曼罗兰（MAN ROLAND）及日本企业大日本印刷株式会社（DAINIPPON PRINTING）也拥有较多的专利申请量。

国内技术主要申请人集中在西安航天华阳和西安德高。

5.1.4　刮印技术

刮印技术相对于收卷技术而言，同样经历了萌芽期和发展期，但是波动较大，技术整体发展趋势较缓慢。

从全球刮印技术申请的地域分布情况来看，中国是主要的申请国家，占据了 38%的比例。除中国之外，其他申请国家主要集中在美国、日本和欧盟发达国家，如德国、英国等；从国外申请人来看，本次主要关注的竞争对手荷兰斯托克公司（STORK）位于第一名，说明该企业在刮印技术领域的研发能力较强。同时，排名前十位的申请人中有五家中国企业，其中，西安航天华阳和福建省晋江市佶龙机械工业有限公司仅次于荷兰斯托克公司，并列排名第二。

从中国该技术申请的地域分布情况来看，主要分布在陕西、福建、江苏、湖北和浙江等地区，与收卷技术的主要分布地区相同。国内专利主要申请人集中在西安航天华阳、福建省晋江市佶龙机械工业有限公司、西安德高和荷兰斯托克印刷公司。其中，西安德高在该技术领域申请专利较早（在国内刮印技术起步发展时期就进行专利布局），申请量也较多，建议西安航天华阳重点关注该企业的技术发展动态。

另外，相对于前几个技术分支而言，荷兰斯托克公司在中国申请相关专利较多。斯托克公司的发明专利数量较多，技术含量较高，科技研发能力较强，建议企业今后注重追踪该公司的研发动向。此外，在相关技术领域申请中国专利的国外申请人中还包括日本一濑国际株式会社（最早于 1998 年进入中国进行相关技术申请）和德国曼罗兰公司。

5.2　建议

5.2.1　印刷干燥换热技术

从印刷干燥换热技术的全球专利申请趋势可以看出，印刷干燥换热技术已经进入了第二个高速发展的阶段，申请人总量达到 440 多家，初步说明该技术逐渐发展成熟，而是否还有上升的空间以及上升空间的大小，还有待进一步的追踪与市场反馈，建议企业对该技术的研发投入持谨慎态度，将研发成本控制在合理的范围内。

目前，印刷干燥换热技术专利集中于对干燥系统特别是烘箱的改进方法，而对风道及风嘴等细节的研究则显得略少，这也正是企业待解决的技术问题之一，虽借鉴有限，但体现了该研究的重要性和价值。通过分析发现如下专利可以对该问题的解决提供一些启示与帮助：①中国深圳浩能的涂布机烘道系列专利，其中，申请号分别为 CN201110382412.2 和 CN201120478291.7、名称为“涂布机烘道”的专利，主要是通过烘道风嘴的出风口吹出与基体的传动方向平行（方向相同或相反）的热风，吹出的热风均匀地通过传动中的基材，避免冲击导致受热不均的情形，使得基材可以从下至上均匀地干燥，提高成平率，此外由于风向单一，还可改善烘道内的空气循环，避免热风产生对冲；而申请号分别为 CN201210309248.7 和 CN201220429880.0、名称为“涂布机烘道”的专利，则采用在传送装置上下交错布置风嘴，各单边吹风风嘴的吹风方向一致（相同或相反），通过单边吹风风嘴和双边吹风风嘴相结合的方式对涂布材料进行干燥，提高了浆料的干燥效率，同时保证浆料的均匀性。②德国海德堡公司在 2005 年 3 月 18 日申请的公开号为 JP2005078844、名称为“A sheet-fed printing machine”的专利，该专利的发明点在于通过将一个喷嘴与其相邻喷嘴间的中心距离及其与待干燥印品间的垂直距离间的比例控制在 0.750～2.500，提高干燥效率。

此外，对于印刷换热技术而言，作为本研究主要竞争对手之一的恩麦逊公司的 3 件换热器专利具有一定的借鉴作用。其中，专利“Heat exchanger core method and apparatus”（公开号为 GB814031D0），涉及一种组装热交换器组件的装置，包括管供给装置和翅片供给装置，可以顺序和在垂直方向上供给元件，适用于大幅面热交换器的生产；专利“Apparatus for building a heat exchanger core”（公开号为 EP1060811A3），提供了一种热交换器芯装置，该装置包括多个平行并且隔开的翅组件，管供给装置及翅组件供给装置；专利“Heat exchanger tube”（公开号为 GB101697D0），通过改进热交换管的结构，使轧制金属带在横向方向上向内折叠，提供平行放置、上下区域的热交换管，提高换热效率。

5.2.2 收卷技术

收卷技术发展至今已有 100 多年历史，但该技术的真正快速发展却是在近十年，正处于技术生命周期中的成长期，考虑到在该时期技术壁垒尚未形成，建议企业可以增加研发投入，进行全球的专利布局，巩固及扩大在该领域的竞争实力。

对于壁纸生产收卷技术而言，中国吴江华尔美特和西安德高，以及日本津田驹公司的相关专利均具有一定的参考价值。吴江华尔美特集中于对收卷导向纠偏技术的研究，包括申请号分别为 CN201210089439.7 和 CN201220128090.9、名称为“壁纸输送纠偏装置”的专利，通过在纠偏架的一端设置连接轴，并将该连接轴与电机输出轴相连接，解决了壁纸在输送过程中容易晃动，而无法正确进入印压装置的加工位中等问题，方便后续的加工生产，良品率大大提高；还包括申请号分别为 CN201310704922.6 和 CN201320843535.6、名称为“一种具有定位除尘功能的收料装置”的专利，采用在导料辊上设置压板和在其两端设置限位块的方式，防止墙纸在收卷过程中出现跳动，保证了收卷的位置和质量。西安德高公司在 2013 年 1 月 1 日申请了一件申请号为 CN201320000850.2、名称为“圆网印花机用导带横向纠偏装置”的收卷导向纠偏相关专利，该专利的发明点在于改进了纠偏机构的结构，采用了纯机械纠偏，无电气检测，所以故障率低，性能稳定，检修方便。日本津田驹公司申请了 2 件防皱相关专利，其中一件专利为“织物卷取方法及其装置”（申请号为 CN03123716.9），用于在送布装置与卷布辊之间的织物路径上，设有拉幅装置和沿织幅方向延伸的织物摩擦构件，在拉幅装置对织物进行拉幅后，使织物在织物摩擦构件上滑动，从而将织物卷取到卷布辊上，达到收卷方向和织幅方向均防皱的效果；另一件专利为“织机的卷布装置”（申请号为 CN03103372.5），其发明点在于能够按照织造条件适当控制压接部件的圆周速度，将织物上产生的变形向外侧排出，防止折痕和皱折的产生。

5.2.3　自动套色/套压技术

与印刷干燥换热技术的发展历程相类似，自动套色/套压技术目前也进入了该技术生命周期中的成长期至成熟期的过渡阶段，经过两次快速发展之后，技术发展已相对成熟，技术壁垒已逐渐形成，建议企业在该领域的研究投入谨慎增加，且投入的方向应由单纯的专利申请转向风险的预防，尽早地防患于未然。

自动套色/套压技术的创新主要方面在于套色/套压误差校正，而德国海德堡公司、日本小森公司及中国西安德高的相关专利具有一定的代表性。其中，海德堡公司在套色/套压误差方面的研究历史相对较早，并且最早在中国进行专利布局，1987 年 4 月 18 日，海德堡公司在中国申请了一件申请号为 CN87103417.4、名称为“彩色印制中套印误差的确定”的专利，其发明点在于为了提高精度和测量可靠性，实质上预先规定了角形十字线标志，并在现有十字线标志形式上校准了扫描装置；而在 2010 年 9 月 16 日，海德堡公司又在中国申请了一件名称为“用于借助递推分析求得对版偏差的方法和装置”（申请号为 CN201010284985.7）的套色/套压误差校正相关专利，其创新之处在于当在承印物上测量时递推地至少考虑一个在前的和/或一个随后的印刷图像的叠印效应。日本小森公司在 2008 年 4 月 11 日申请了一件申请号为 CN200810087073.3、名称为“印刷品的颜色不对准量检测方法和设备”的中国专利，基于测量的密度信息来获得参考颜色和不同于参考颜色的颜色之间的、作为颜色不对准量的位置移动量，为误差校正提供依据。中国西安德高在 2008 年 10 月 16 日申请了一件申请号为 CN200820221863.1、名称为“一种高速调整印刷机印刷偏差的执行模块”的实用新型专利，该专利的特点是简化了偏差检测机构的结构，由一个电机相位调整模块对实际检测到的色标信号进行快速的分析处理后，相应对印刷机的各色位伺服电机运转进行控制，从而快速、准确解决印刷产品的套色误差问题。

此外，对于自动套色/套压技术中的套准的色标检测问题而言，中国科学院西安光学精密机械研究所和西安德高也提供了不同的解决方案。诸如，中国科学院西安光学精密机械研究所的申请号为 CN97108566.8、名称为“彩色套印机自动套准装置及其色标寻址方法”的专利，采用光电编码器结合光电扫描头和控制系统进行色标寻址，大大提高了色标检测的自动化程度和精度。而西安德高的解决方案是通过色标传感器连接自动增益调整模块，对其检测到色标信号增益进行实时动态调整的，提高相近色标的检测精度，对企业解决该问题具有较强的借鉴作用。

5.2.4 刮印技术

刮印技术的快速发展发生在近 20 年，与已快进入成熟期的印刷干燥换热技术和自动套色/套压技术相比，该技术还有一定的发展空间，适合企业继续关注，针对技术难点加大研发投入，以及提高专利申请。

荷兰斯托克公司作为印刷领域的优势企业，在刮印技术方面也投入了不少的研发力量，申请了 35 件刮印相关专利，其中 2 件专利有助于企业解决刮印技术相关问题，分别是：①公开号为 EP650833A1、名称为“Squeegee assembly”的专利，提供了一种刮刀组件，至少包括两个彼此成一定距离的环形刮刀，其中两个刮刀之间设有刮刀压力腔室的开口，精确供墨，便于调节；②公开号为 EP1094949B1、名称为“Squeegee device”的专利，涉及一种刮刀装置，包括支撑框架和刮刀元件，增加电磁装置、与之连接的开关装置及弹簧装置，通过磁场与轴承壁之间的相互作用，控制间隙，防止油墨泄漏。

作为本研究另一重要竞争对手的西安德高公司，2013 年 1 月 1 日申请了一件申请号为 CN201320000848.5、名称为“壁纸生产线用壁纸刮涂机构”的专利，采用三个直线滑动平台和一个旋转减速机，实现了刮涂刀架在水平和竖直平面内的位移调整以及轴向的旋转调整，且能满足厚度均匀、厚度方便可调的需求，工作可靠性高，使用效果稳定。该专利对于企业刮印技术的持续改进，也具有一定的参考价值。